U0197607

超导电力技术基础

王银顺 著

科学出版社

北京

内 容 简 介

本书介绍了超导电力技术中的基础理论和实验技术。全书共 10 章,主要内容包括超导电性基础,实用超导材料的各向异性、均匀性、机械特性、稳定性、交流损耗,高温超导带材的临界电流和 n 值的非接触测量原理和技术,实用超导材料的制备工艺,低温绝缘材料及其特性,低温容器设计及低温制冷,超导电力装置的电流引线、超导开关和超导磁通泵的原理及设计方法等。

本书可作为高等院校超导电力工程、机械设计工程、超导磁体技术、实用超导材料等相关专业的高年级本科生、研究生及教师的参考用书,也可作为从事超导电力应用研究的专业技术人员的参考书。

图书在版编目(CIP)数据

超导电力技术基础/王银顺著.—北京:科学出版社,2011
ISBN 978-7-03-031563-2

Ⅰ.①超…　Ⅱ.①王…　Ⅲ.①超导电技术　Ⅳ.①TN101

中国版本图书馆 CIP 数据核字(2011)第 113161 号

责任编辑:陈　捷 / 责任校对:张怡君
责任印制:赵　博 / 封面设计:蓝正设计

科学出版社 出版
北京东黄城根北街 16 号
邮政编码:100717
http://www.sciencep.com

北京中石油彩色印刷有限责任公司印刷
科学出版社发行　各地新华书店经销
＊
2011 年 6 月第 一 版　　开本:B5(720×1000)
2022 年 1 月第六次印刷　　印张:22 1/2
字数:440 000
定价:**158.00 元**
(如有印装质量问题,我社负责调换)

前　言

自从超导电性被发现以来,超导电性及其应用一直是当代科学技术中最活跃的前沿研究领域之一。经过近半个世纪的探索和研究,20 世纪 60 年代,人们制备出实用化的 NbTi 超导线和 Nb₃Sn 超导线,超导技术特别是超导磁体技术才得到了实际的应用,但是由于需要液氦温度(4.2K)的工作环境,超导技术难以大面积推广。

虽然超导绕组产生的交流损耗比常规铜绕组产生的交流损耗低得多,但是由于超导体工作在液氦温度 4.2K 时,产生的 1W 的功率消耗相当于室温下消耗至少 500W 的制冷功率,因此超导装置运行成本高且不能补偿超导体的交流损耗,在经济上没有明显的优越性。直到 1980 年,低温超导电力应用仍没有取得实质性进展。

1986 年,高温超导电性的发现,使得超导装置工作在液氮温度(77K)成为现实,使人们看到了超导技术广泛应用的曙光。20 世纪 90 年代后期,高温超导材料实用化技术取得了重大的突破,高温超导带材很快进入了商业化阶段,国际上大规模地开展了超导电力技术研究,已开发出超导电缆、超导限流器、超导变压器、超导电机和超导储能等超导电力装置样机,并进行了应用试验,随后超导电缆实现了商业化试验运行。除能源领域外,超导技术在信息、交通、科学仪器、医疗技术、国防及重大科学工程等方面均具有重要的应用价值。

超导电力技术是一门综合性很强的多学科交叉技术,涉及超导技术、电力技术、低温绝缘技术、低温制冷技术以及材料科学技术等,是当前高新科学技术的一个重要研究领域,具有重要的科学意义和应用价值。我国已将超导电力技术作为独立的主题列入国家高新技术研究发展计划(国家 863 计划)。同时,超导电力技术也是未来智能电网的关键技术之一。可以预见,超导电力技术将成为相当规模的实用技术,在节能减排、低碳经济、再生能源等领域发挥重要作用。

本书在简单介绍超导电性基本理论的基础上,对实用超导材料的电磁特性、稳定性、交流损耗、制备工艺、低温绝缘、非接触测量、低温装置及制冷、电流引线等方面进行了介绍,反映了当前国内外高温超导电力应用基础的研究水平。本书的特点是在介绍基本原理的基础上在相关章节加入了实验内容。全书共分 10 章,第 1 章简单介绍超导电力技术应用范畴;第 2 章介绍超导电性基本原理、临界参数;第 3 章介绍实用超导材料临界电流的机械特性和电磁特性;第 4 章详细介绍超导磁体的稳定性、失超特性及其保护技术;第 5 章系统介绍超导体在工频下的各种交流损耗,包括磁滞损耗、磁通流动损耗、耦合损耗和涡流损耗,并介绍交流损耗的测量方法;第 6 章简要介绍实用超导材料的制备工艺;第 7 章介绍高温超导带材临界电流及 n 值的非接触测量原理和技术、临界电流及 n 值不均匀性的评估计算方法;第 8 章介绍低温气体、低温液体、有机绝缘薄膜材料、无机绝缘材料以及低温黏合剂的绝缘特性;第 9 章介绍热传导理论、低温装置设计和低温制冷技术;第 10 章系统介绍各种电流引线包括导冷引线、气冷引线、珀尔帖引线以及混合电流引线的设计原理和方法,并介绍了超导开关和超导磁通泵技术的原理。

在本书的撰写过程中,参考并引用了国内外一些与超导电力技术相关的研究成果和书目,在此谨对这些成果的著作权人表示诚挚的感谢和敬意。同时,也感谢皮伟博士、滕玉平先生给予的帮助。最后,特别感谢我的妻子杨海艳女士,感谢她承担了家庭重担,全力地支持、关怀和理解。

由于学识有限,书中难免有疏漏和不妥之处,敬请广大读者批评指正。

王银顺

华北电力大学

新能源电力系统国家重点实验室

高电压技术与电磁兼容北京市重点实验室

2011 年 3 月于北京

目　　录

第1章 超导电力技术简介

1.1 引 言

1911年,荷兰莱登实验室的昂尼斯(Onnes)在测量金属在低温下的电导率时发现:当温度下降到液氦 4.2K 时,水银的电阻完全消失,他把这种现象称为超导电性。1933年,迈斯纳(Meissner)和奥森菲尔德(Ochsenfeld)两位科学家发现,如果把超导体放在磁场中冷却,那么当材料电阻消失的同时,磁通线将从超导体中排出,这种现象被称为完全抗磁性。后来,人们也把这种现象称为迈斯纳效应(Meissner effect)。1962年,约瑟夫森(Josephson)从理论角度预言了超导量子隧道效应的存在。随后,安德森(Anderson)和罗威尔(Rowell)等从实验角度证实了约瑟夫森的预言:当两块超导体通过绝缘薄层(厚度为 1nm 左右)连接起来,一块超导体中的电子可穿过绝缘层势垒进入另一块超导体中,这就是超导体的量子隧道效应,也称为约瑟夫森效应(Josephson effect)。

由于具有零电阻、抗磁性和量子隧道效应等奇特的物理特性,超导体自从其被发现以来,超导电性及其应用一直是当代科学技术中最活跃的前沿研究领域之一。超导技术的应用主要包括两个方面:电工学应用和电子学应用。表 1.1 列出了超导电工技术的主要研究方向及其应用领域。

表 1.1 超导电工技术的主要研究方向及其应用领域

	研究方向		应用领域
电工应用	超导电力技术	超导电力电缆	低能耗大容量电力输送
		超导限流器	输电网的安全稳定性
		超导储能系统(SEMS)	电力质量调节和电网稳定性
		超导变压器	节能电力变压器
		超导电动机	船舶电力推进
		超导发电机	大型发电机和同步调相机
	超导磁体技术	强磁场磁体	粒子物理和核物理类的大科学工程、核磁共振成像、核磁共振谱仪、科学仪器、磁分离技术、磁性扫雷技术、高性能的材料制备、作物育种等
		磁悬浮技术	磁悬浮列车和磁悬浮推进、飞轮、轴承和高精度陀螺仪等

由表 1.1 可见,超导技术在能源、信息、交通、科学仪器、医疗技术、国防以及重大科学工程等方面均具有重要的应用价值。自从超导体被发现以来,实现超导技术的广泛应用一直是科技人员的共同追求。经过近半个世纪的探索和研究,20 世纪 60 年代,人们制备出实用化的 NbTi 超导线和 Nb₃Sn 超导线,超导技术特别是超导磁体技术才在实验室得到了实际的应用,但是由于需要液氦温度(4.2K)的工作环境,超导技术难以大面积推广。20 世纪 80 年代以来,超导核磁共振成像系统逐步进入医院,用于临床诊断。1986 年,IBM 苏黎世研究中心研制出铜氧化合物超导体。1987 年,美国华裔科学家朱经武和中国科学家赵忠贤相继研制出钇-钡-铜-氧(YBCO)超导体,他们把超导体的临界温度提高到了 90K 以上,使得超导装置工作在液氮温度(77 K)成为现实,使人们看到了超导技术广泛应用的曙光。20 世纪 90 年代后期,高温超导材料实用化技术取得了重大的突破,高温超导带材很快进入了商业化阶段,发达国家政府和跨国公司大规模地开展超导应用技术研究,大部分应用产品已开发出样机,并进行了应用试验。目前,各国正进一步加大投入,开始以商业化产品为目标的新一轮研究与开发,超导技术不断取得突破。从"七五"计划以来,在国家 863 计划和国家重点基础研究计划的支持下,我国在超导物理理论、超导材料及超导技术等方面取得了长足的进步,目前基本处于与国际同步发展的水平。

超导电工技术主要是利用超导体的高密度无阻载流特性发展起来的相关应用技术,主要包括超导电力技术和超导磁体技术两个方面。

1.2　超导电力技术

超导电力技术是利用超导体的无阻高密度载流能力及超导体的超导态-正常态相变的物理特性发展起来的应用技术。表 1.2 列出了超导电力技术的主要研究方向及其对电力工业的作用和影响。

表 1.2　超导电力技术的主要研究方向及其应用领域

应　用	特　点	对电力工业的作用和影响
超导限流器	① 正常时,阻抗为零,故障时,呈现一个大阻抗 ② 集检测、触发和限流于一体 ③ 反应和恢复速度快 ④ 对电网无副作用	① 提高电网的稳定性 ② 改善供电可靠性 ③ 保护电气设备 ④ 降低建设成本和改造费用 ⑤ 增加电网的输送容量

应　用	特　点	对电力工业的作用和影响
超导储能系统	① 反应速度快 ② 转换效率高 ③ 可短时间向电网提供大功率	① 快速进行功率补偿 ② 提高大电网的动态稳定性 ③ 改善电能品质 ④ 改善供电可靠性
超导电缆	① 功率输送密度高 ② 损耗小,体积小,重量轻 ③ 单位长度电抗值小	① 实现低压大电流高密度输电 ② 减少城市用地
超导变压器	① 极限单机容量高 ② 损耗小,体积小,重量轻 ③ 液氮冷却	① 减少占地 ② 符合环保和节能的发展要求
超导电机	① 极限单机容量高 ② 损耗小,体积小,重量轻 ③ 同步电抗小 ④ 过载能力强	① 减少损耗和占地 ② 同步电抗小,有利于提高电网稳定性 ③ 用于无功功率补偿,提高电力质量和电网运行稳定性

　　从表 1.2 可以看出,采用超导电力技术,不仅可以明显改善电能的质量,提高电力系统运行的稳定性和可靠性,降低电压等级,提高电网的安全性,使超大规模电网的实现成为可能,而且还可以大大提高单机容量和电网的输送容量,并大大降低电网的损耗。不仅如此,通过超导储能还可大大改善可再生能源的电能质量,并使其与大电网有效地联结。

　　由于超导电力技术具有常规电力技术不可比拟的优势,自从超导体被发现以来,人们就开展了超导电力技术的研究开发工作。20 世纪 60 年代,随着实用化低温超导材料的制备走向成熟,美国、日本和苏联等相继开展了超导电力装置的研制,但是由于液氦温度的冷却成本高、难度大,这些超导电力装置并没有投入实际试验运行。90 年代以来,随着高温超导带材走向商品化,世界各国相继开展了超导电力技术的研究开发。美国、日本、欧洲和韩国等都批准了发展超导电力技术的相关计划:美国批准了 SPI 计划以发展超导电力技术及相关技术,由美国能源部组织国家实验室、大学和相关公司及电力公司联合攻关;日本 NEDO、通产省和各大电力公司(如东京电力、九州电力)以及东芝、日立等公司都投资超导电力技术的研究开发;日本政府批准了 Super-ACE 计划以促进超导电力技术的产业化;韩国政府批准了 DAPAS 计划,并以商业化为目标,投入资金达 1.5 亿美元;欧洲一些大的公司如 ABB、西门子、NEXANS 等也积极投资于该方面的研究,以争取未来的市场,在超导电磁感应加热器研发方面,Zenergy 公司已有产品销售。

近年来,国际上超导电力装置研发的重点是高温超导限流器、超导储能系统、高温超导电缆、高温超导变压器和高温超导电机。这些超导电力装置已研制出样机,并已经进入示范试验运行阶段,其中,超高电缆已实现挂网试运行。

近10年来,我国在超导电力技术方面也取得了重大进展:在超导电缆方面,成功研制出75m长、10.5kV/1.5kA和30m长、35kV/1.5kA三相交流高温超导电缆,并实现了挂网试验运行;在超导限流器方面,研制出10.5kV/1.5kA桥路型和35kV/1.5kA磁饱和型高温超导限流器样机,并投入变电站试验运行;在超导变压器方面,成功研制630kVA/10.5kV三相高温超导变压器样机和单相300kVA机车牵引变压器样机,其中三相高温超导变压器已投入配电网试验运行;在超导储能方面,先后研制出100kJ/25kV、500kJ/150kVA和35kJ/7kW的高温超导储能样机,并在电力系统动态模拟实验室进行了模拟试验运行。

1.3　超导电力装置

随着我国电力需求量的日益增大和电力工业的发展,人们对电力系统的安全可靠性和电能质量提出越来越高的要求,同时,环保、节能和电力设备的小型化、轻量化也成为共同的追求目标。超导电力技术的应用能够克服常规电力技术的固有缺陷,实现电力工业的重大革新,对于满足我国电力工业发展需要具有重大的意义。超导电力装置主要包括下面7种。

1. 超导限流器

超导故障电流限制器,即超导限流器具有以下优点:能在高压下运行;在正常运行时可通过大电流而只呈现很小的阻抗甚至零阻抗,只在短路故障时呈现一个大阻抗,因而其限流效果非常明显;反应速度快(能在毫秒级的时间内作出反应);能自动触发和自动复位,同时集检测、触发和限流功能于一体。由于超导限流器具有这些无可比拟的优点,因而被认为是目前最好的而且也是唯一的行之有效的短路故障电流限制装置。

通过超导限流器限制短路电流后,不仅可以大大提高电网的稳定性、改善供电的可靠性和安全性、增加电网的输送容量,而且可以显著降低断路器的容量、大大降低电网的建设成本和改造费用、延长电气设备的寿命。因此,超导限流器的研究符合我国电力工业持续发展的需求,具有重大的现实意义。

超导限流器从开发适用于配电网的示范样机开始,逐步向适用于高压输电网(电压等级110kV及以上)的限流器方向发展,同时,其种类也将呈现多样化的趋势。

2. 超导储能系统

由于超导储能系统存储的是电磁能,在应用时无须能量形式的转换,因而超导储能系统的响应速度极快,这是其他储能形式无法比拟的,同时,它的功率密度极高,这就保证了它能够非常迅速地以大功率形式与电力系统进行能量交换。相对于其他几种储能技术而言,无论如何发展都不可能消除能量形式转换这一过程,所以无论是现在还是将来,超导储能技术将始终在功率密度和响应速度这两方面保持绝对优势。另外,超导储能系统的功率规模和储能规模可以做得很大,它具有系统效率高、技术较简单、没有旋转机械部分、没有动密封问题等优点。

超导储能技术在进行输/配电系统的瞬态质量管理、提高瞬态电能质量、电网暂态稳定性和紧急电力事故应变等方面具有不可替代的作用,为实现我国西电东送和打造新的电力市场机制提供了技术基础,具有广阔的应用前景。

超导储能系统主要是发展小型分布式储能系统,用于改善用户端的电力质量和供电可靠性,也可以用于输电网以改善电网的稳定性。

3. 超导电缆

我国城市人口密集,电力负荷增长迅速。随着经济的发展,许多大中城市中心区的电力负荷增容,将面临着地下电缆通道空间有限、新增干线敷设困难的局面。

由于采用具有很高的传输电流密度的超导材料作为导体和采用液态氮作为冷却介质,超导电缆具有体积小、重量轻、损耗低以及无火灾隐患的优点。在城市电网设施的改造及增容过程中,超导电缆因其所具有的优越性是常规电缆很好的替代产品,特别是在低电压大容量的场合,超导电缆具有明显的竞争力。随着超导电缆制造技术的发展及超导材料成本的降低,超导电缆将会在短距离大电流输电场合得到应用。

超导电缆的应用,将使城市配电网的结构更为简单合理,为实现高密度供电提供技术基础。

4. 超导变压器

超导变压器具有体积小、重量轻、损耗低和无火灾隐患的优点。特别是容量大于 30MVA 的场合,超导变压器具有更为明显的优势。此外,超导变压器还具有一定的短路电流限制功能。在特殊场合,如地下变电站或电力机车,对电气设备的占空有严格限制,超导变压器也能发挥其体积小的优势。

因此,超导变压器在输电和配电系统方面都具有广阔的应用前景,超导变压器的应用对于减少电气设备占地面积、实现变电站的紧凑化具有重要的意义。

5. 超导电动机

超导电动机的应用对象主要是大型舰船的电力推进系统,而超导同步发电机的应用对象主要是电网的同步调相,对电网进行无功功率补偿,以改善电压品质和电网的稳定性。

6. 超导FACTS装置

正如国际电力工业界所说的那样,超导电力技术和电力电子技术是电力工业的两大发展方向。因此,有机地结合超导电力技术和电力电子技术的优势而形成的新型FACTS装置是超导电力技术的重要发展方向之一。传统的FACTS装置主要基于电力电子技术和电力电容器技术,如果能够将超导储能装置引入FACTS装置,可以大大拓展FACTS装置的功能。

7. 多功能超导电力装置

多功能超导电力装置基于超导体的无阻高密度载流特性以及超导态/正常态转变特性,可以在一种超导电力装置上实现两种或两种以上超导电力装置的功能,从而达到优化系统结构、降低超导电力装置成本的目的。目前,德国与日本合作已完成了将限流功能和电压变换功能集成的超导限流-变压器的概念设计,并正在进行可行性研究;美国正在进行具有大容量电能传输功能与限流功能的超导限流-电缆的研制工作。多功能超导电力装置的发展趋势是以配电网应用为主,逐步实现在更高电压等级、更大容量的场合下应用,开辟超导电力技术新的应用领域和生长点。

1.4　超导磁体技术

超导磁体具有许多常规磁体所不可比拟的优点,如无能量消耗、可以在大空间产生强磁场、体积小、重量轻等。超导磁体在科学仪器、大型科学工程、交通、工业、生物医学和军工等领域已获得实际应用,具有广泛的应用前景。

1.4.1　超导磁体在科学工程上的应用

在一些大型科学工程中,如高能加速器、受控核聚变实验装置等,已有超导磁体在运行。早期的加速器通常采用常规电磁铁来产生主导磁场,它不仅体积庞大,而且耗电大。由于磁场强度的限制,要获得较高能量,不得不增大加速环的半径,因此大大增加了加速器的生产费用。采用超导磁体后,磁场可以提高数倍,这样,在环半径相同的情况下,加速器能量也可以相应提高数倍,而且还可以大大降低电能消耗和运行费用。

国际热核聚变实验反应堆(international thermonuclear experimental reactor, ITER)是人们长期以来梦想解决能源问题的重要途径。为了实现核聚变反应,目前采用的办法之一是磁约束,即将高温等离子体约束在一起,并悬置于真空中。为此就必须在数十米空间内产生 10T 量级的磁场,这只有用超导磁体才有可能实现这一要求。

1992 年,欧洲原子能委员会、俄罗斯、日本和美国联合开始实施 ITER 的设计和研究开发计划。该计划首先是要建立一个大半径为 8.14m、小半径为 2.8m、等离子体电流为 21MA 的托卡马克(Tokamak)装置。ITER 装置的磁体系统由 20 个超导径场线圈、9 个极向场线圈、一个中心螺旋管线圈以及校正线圈等组成。目前,我国已加入 ITER 计划。这个计划的实施无疑将大大推动超导磁体技术的发展。

我国从 20 世纪 70 年代开始就开展超导核聚变装置的研制工作。1970 年,西南核物理研究院开始为核聚变研究设计研制超导磁镜等离子体试验装置,该装置由相距 506mm 的两个超导螺线管组成。1980 年,超导磁镜等离子体试验装置建成并开始投入试验。1994 年,中国科学院等离子体物理研究所对苏联库恰托夫研究所赠予的第一代超导 Tokamak 装置 T-7 的 NbTi 超导线圈加以改造,在合肥建成我国第一台大型超导 Tokamak 装置 HT-7。之后在此基础上,他们又进而建造了更大型超导 Tokamak 核聚变试验装置 EAST(HT-7U),该装置大半径为 1.75m,中心场为 3.5T,是我国规模最大的低温超导磁体装置。

1.4.2 超导磁体在科学仪器上的应用

超导磁体的另一个广泛应用的领域是科学仪器装置,如核磁共振成像(MRI)和核磁共振谱仪(NMR)。目前,核磁共振成像已广泛应用于医学诊断中,如用于早期肿瘤和心血管疾病等的诊断。由于磁共振成像仪需要在一个大空间内有一个高均匀度和高稳定性的磁场,而超导磁体不仅能完全满足这一要求,而且在磁场强度方面比常规磁体更有明显的优势。超导磁体可通过超导开关形成闭环电流运行,这样工作电流可不受外界干扰,从而形成一个常规磁体所无法达到的稳定状态,其磁场稳定性可达 $10^{-7}/h$ 以上。

利用核磁共振原理制成的核磁共振谱仪已广泛用于物理、化学、生物和医药等学科的研究中。由于核磁共振谱仪谱线间距离及信噪比都与磁场有关,为了从波谱分析中得到更多的信息,增加化学移位信号的分离,提高分辨率,必须提高频率和磁场。目前,100MHz(相应磁感应强度为 2.35T)以上核磁共振谱仪都采用超导磁体,日本筑波的物质科学研究所已经研制出 950MHz 的超导核磁共振谱仪系统。

1.4.3　超导磁体在电磁感应加热方面的应用

电磁感应加热广泛应用于有色金属加工领域。传统的电磁感应加热装置采用高频交流常规线圈产生高频磁场,在金属表面产生涡流进行加热的原理。常规导体线圈本身产生很大的焦耳热,需要用水循环冷却,其总体效率仅仅达到 49%,造成了极大的能源浪费。但是,如果采用超导磁体产生很强的磁场,被加工的有色金属在强磁场中旋转,在其表面产生涡流来实现加热,其效率大于 90%。

此外,在交通、工业和军工等领域,超导磁体的应用研究也十分活跃。例如,日本于 1972 年研制出一台超导磁悬浮实验列车。日本研制的超导磁悬浮列车采用安装在车上的传统的 NbTi 超导磁体与在轨道上常规磁悬浮线圈相互作用产生排斥力使车体悬浮起来的原理。目前,日本已建成 18.41km 线路,列车最高速度达 550km/h。

参 考 文 献

林良真. 2005. 我国超导技术研究现状及展望. 电工技术学报,1:1—7.

林良真,肖立业. 2008. 超导电力技术. 科技导报,1:53—58.

周孝信,卢强,杨奇逊,等. 2009. 中国电气工程大典(第 8 卷):电力系统工程. 北京:中国电力工业出版社.

Barnes P N,Sumption M D,Rhoads G L. 2005. Review of high power density superconducting generators: Present state and prospects for incorporating YBCO windings. Cryogenics,45: 670—686.

Elschner S,Bruer F, Noe M,et al. 2006. Manufacture and testing of MCP2212 Bifilar coils for a 10MVA fault current limiter. IEEE Transactions on Applied Superconductivity,13(2):1980—1983.

Funaki K,et al. 1998. Development of 500kVA-calss oxide superconducting power transformer operated at liquid-nitrogen temperature. Cryogenics,38: 211—220.

Furuse M,Fuchino S,Higuchi N. 2003. Investigation of structure of superconducting power transmission cables with LN_2 counter-flow cooling. Physica C,386: 474—479.

Hanai S, Kyoto M, Takahashi M. 2007. Design and test results of 18. 1T cryocooled superconducting magnet with Bi2223 insert. IEEE Transactions on Applied Superconductivity,17(2):1422—1425.

Hatta H,Nitta T, Oide T, et al. 2004. Experimental study on characteristics of superconducting fault current limiters connected in series. Superconductor Science and Technology,17: S276—280.

Hiltunen I, Korpela A,Mikkonen R. 2005. Solenoid Bi-2223/Ag induction heater for aluminum and copper billets. IEEE Transactions on Applied Superconductivity,15(2): 2356—2359.

Hui D, Wang Z K, Zhang J Y, et al. 2006. Development and test of 10. 5kV/1. 5kA HTS fault current limiter. IEEE Transactions on Applied Superconductivity,16(2): 687—690.

Iwakuma M, Nishimura K, Kajikawa K,et al. 2000. Current distribution in superconducting parallel conductors wound into pancake coils. IEEE Transactions on Applied Superconductivity,18(1): 861—864.

Iwakuma M, Tomioka A, Konno M, et al. 2007. Development of a 15kW Motor with a fixed YBCO superconducting field winding. IEEE Transactions on Applied Superconductivity,17(2): 1607—1610.

Kim D W, Jiang H M, Lee C H, et al. 2005. Development of the 22. 9kV class HTS power cable in LG cable. IEEE Transactions on Applied Superconductivity,15(2): 1723—1726.

Kimura A，Yasuda K. 2005. R&D of superconductive cable in Japan. IEEE Transactions on Applied Super-
conductivity，15(2)：1818－1822.

Lin Y B，Lin L Z，Gao Z Y,et al. 2001. Development of HTS transmission power cable . IEEE Transactions
on Applied Superconductivity，11(1)：2371－2374.

Luongo C A，Baldwin T，Ribeiro P，et al. 2003. A 100MJ SMES demonstration at FSU-CAPS. IEEE Trans-
actions on Applied Superconductivity，13(2)：1800－1805.

Magnusson N，Runde M. 2003. Efficiency analysis of a high-temperature superconducting induction heat-
er. IEEE Transactions on Applied Superconductivity，13(2)：1616－1619.

Magnusson N,Runde M. 2006. A 200kW MgB_2 induction hearer project. Journal of Physics Series，43：
1019－1022.

Meinert M,Leghissa M，Schlosser R，et al，2003. System test of a 1-MVA-HTS-transformer connected to a
converter-fed drive for rail vehicles. IEEE Transactions on Applied Superconductivity，13（2）：
2348－2351.

Reis C T，Dada A，Masuda T，et al. 2004. Planned grid installation of high temperature cable in Albany，
NY. IEEE Transactions on Applied Superconductivity,14(2)：1436－1440.

Runde M，Magnusson N. 2003. Design，building and testing of a 10kW superconducting induction heater.
IEEE Transactions on Applied Superconductivity,13(2)：1612－1615.

Schlosser R，Schmidt H，Leghissa M，et al. 2003. Development of high-temperature-superconducting trans-
formers for railway application. IEEE Transactions on Applied Superconductivity，13(2)：2325－2330.

Schwenterly S W，McConnel B W，Demko J A，et al. 1999. Performance of a 1MVA HTS demonstration
transformer. IEEE Transactions on Applied Superconductivity，9(2)：680－684.

Tixador P，Valentin G D,Maher E. 2003. Design and construction of a 41kVA Bi/Y transformer. IEEE
Transactions on Applied Superconductivity，13(2)：2331－2336.

Tsukamoto O. 2005. Roads for HTS power applications to go into the real world：Cost issues and technical
issues. Cryogenics，45：3－10.

Tsukamoto O. 2008. Present status and future of high temperature superconductor power applications//Japan
Proceedings of ICEC 22-ICMC2008，Seoul.

Wang Y S，Han J J，Zhao X，et al. 2006. Development of a 45kVA single-phase model HTS transformer.
IEEE Transactions on Applied Superconductivity，16(2)：1477－1480.

Wang Y S，Zhao X，Han J J，et al. 2007. Development of a 630 kVA three-phase HTS transformer with
amorphous alloy cores. IEEE Transactions on Applied Superconductivity,17(2)：2051－2054.

Wang Y S，Zhao X，Li H D，et al. 2004. Development of solenoid and double pancake windings for a three-
phase 26kVA HTS transformer. IEEE Transactions on Applied Superconductivity，14：924－927.

Wang Y S，Zhao X,Li H D，et al. 2005. A Three-phase 26kVA HTS power transformer//Proceedings of the
Twentieth International Cryogenic Engineering Conference (ICEC20).

Weber C. 2008. Status of HTS projects in the US//Engineering & Operations Technical Conference,Indian-
apolis，Indiana.

Xin Y，Hou B，Bi Y F，et al. 2005. Introduction bof China's first live grid installed HTS power cable sys-
tem. IEEE Transactions on Applied Superconductivity，15(2)：1814－1817.

Zueger H. 1998. 630kVA high temperature superconducting transformer. Cryogenics，38(11)：1169－1172.

第2章 超导电性基础

2.1 超导体的基本特性

2.1.1 零电阻效应

1. 零电阻特性

零电阻特性是指超导体在一定温度下电阻突然消失,在超导状态下可以无阻碍地传输直流电流。如果将超导体绕制成闭合环路,并在其中感应激发电流,那么形成的"持续电流"在数年内没有明显衰减的现象。持续电流实验测得的超导体电阻率上限小于 $10^{-26}\ \Omega\cdot cm$,而常规的良导体如金属铜在 4.2K 时的电阻率为 $10^{-9}\ \Omega\cdot cm$,比超导体电阻率大约 17 个量级。图 2.1 为超导体典型的电阻-温度实验曲线。当温度降低到某一温度——临界温度 T_c 之下时,超导体的电阻率突然降为零。

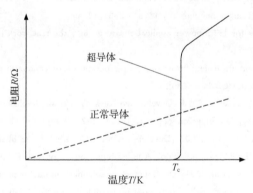

图 2.1 超导体的电阻-温度转变曲线

超导体的零电阻特性是指直流电阻等于零、载流子完全不受晶格散射等作用的影响、没有能量损耗的宏观特性,它反映了超导现象是一种宏观量子效应。

2. 零电阻效应理论

自 1911 年超导现象被发现以来,一直有人试图建立超导理论,来解释这些超导现象,从而建立了许多描述超导体物理特征的模型。其中,简单易懂的超导电性理论属于唯象理论,比较直观的理论模型是二流体模型,它能够描述超导体内载流子运动及电磁场分布的规律;结合电磁学基本的麦克斯韦(Maxwell)方程,它可以很直观地描述一些超导现象。基于量子力学中电子与晶格相互作用的一系列假说,1957 年巴丁(Bardeen)、库珀(Cooper)和施里弗(Schrieffer)提出了库珀对(Cooper Pair)概念,建立了 BCS 理论——超导量子理论,从微观角度描述了超导电性,并成功地解释了大多数超导现象。为了使读者容易理解,本章将仅仅介绍唯象的二流体模型和 BCS 理论。

1) 二流体模型

二流体模型是一种唯象模型,具有如下三个基本假设:

(1) 超导电子和正常电子的定义:在超导态中,超导体的载流子密度 n 由正常电子(e_N, n_N)和超导电子(e_S, n_S)组成

$$n = n_S + n_N \tag{2.1}$$

式中,e_N 和 n_N 分别为正常电子的电荷和密度;e_S 和 n_S 分别为超导电子的电荷和密度。

(2) 正常电流密度和超导电流密度在超导体中相互渗透、独立运动,依据不同温度和磁场条件相互转化,并构成超导体总的电流密度 J:

$$J = J_S + J_N \tag{2.2}$$

(3) 若正常电子运动速度为 v_N,则在导体内构成的正常电流密度 J_N 为

$$J_N = n_N e_N v_N \tag{2.3}$$

由于正常电子在导体内定向运动时,会受到晶格振动、杂质或缺陷的散射作用,因此电阻不为零。

若超导电子运动速度为 v_S,在导体内不受晶格、杂质或缺陷的散射作用,电阻为零,在超导体内形成的超导电流密度 J_S 为

$$J_S = n_S e_S v_S \tag{2.4}$$

按照经典力学观点,在电场 E 中,质量为 m_S、电荷为 e_S 的超导电子不受晶格振动或杂质散射,做加速运动,遵从牛顿第二定律

$$m_S \frac{dv_S}{dt} = e_S E \tag{2.5}$$

结合式(2.4)和式(2.5)有

$$\frac{\partial J_S}{\partial t} = \frac{n_S e_S^2}{m_S} E \tag{2.6}$$

若超导电流密度 J_S 为稳定(直流)超导电流密度,则 $\partial J_S / \partial t = 0$,$E=0$,由欧姆定律 $J_S = \sigma E$ 知,只有 σ 为无穷大,也就是电阻率 $\rho=0$;反之,若超导电流密度 J_S 随时间变化,即 $\partial J_S / \partial t \neq 0$,电场 $E \neq 0$,则超导体上出现电场 E 驱动正常电子,从而产生损耗(有关超导体在交流情况下的损耗问题,将在第 5 章详细介绍)。因此,

再一次说明了超导体零电阻只有在稳定(直流)运行条件下才会出现。

为了描述超导电子密度随温度的变化,引入与温度有关的序参量 $\omega(T)$,

$$\omega(T) = \frac{n_S}{n} \qquad (2.7)$$

当温度 $T > T_c$ 时,导体处于正常态,这时 $\omega(T) = 0$,超导电子密度 $n_S(T) = 0$;当温度 $T = 0K$ 时,全部电子转化为超导电子,$\omega(T) = 1$,超导电子密度 $n_S(0) = n$;当处于 $0 < T < T_c$ 温度范围时,导体处于超导态,这时 $0 < \omega(T) < 1$,$0 < n_S < n$,超导电子出现。因此,从正常态转变为超导态的临界温度 T_c 可以理解为序参量从 $\omega(T) = 0$ 到 $\omega(T < T_c) \neq 0$ 取得最小值所对应的温度。

根据吉布斯(Gibbs)自由能密度和序参量 $\omega(T)$ 的关系,在 $T < T_c$ 时,稳定系统的序参量与温度的关系为

$$\omega(T) = 1 - t^4 \qquad (2.8)$$

代入式(2.7)得到

$$n_S(T) = n_S(0)(1 - t^4) \qquad (2.9)$$

式中,$t = T/T_c$。

在温度降到绝对零度,即 $T = 0K$ 时,全部电子转化为超导电子;随着温度的升高,超导电子密度减小;当温度升高到临界温度时,$T = T_c$,超导电子密度等于零,导体由超导态转化为正常态,即超导体失超。

2) 超导电性微观理论——BCS 理论

虽然二流体模型简单定性地解释了宏观超导现象,但是它毕竟是一种唯象模型,不能够从根本上解决超导电性机理问题。为了能够深刻地理解超导电性的零电阻效应,下面基于量子统计力学中的玻色-爱因斯坦(Bose-Einstein)凝聚及分布理论和量子力学中电子与晶格相互作用理论,介绍 BCS 理论模型,从微观角度描述超导电性,解释大多数超导现象。

从基本粒子观点出发,现实物质世界是由两类粒子组成的:一类是费米子(Fermions),自旋 $s = \pm 1/2,\pm 3/2,\pm 5/2,\cdots$;另一类是玻色子(Bosons),自旋为整数,$s = 0,\pm 1,\pm 2,\pm 3,\cdots$。电子是费米子,自旋 $s = \pm 1/2$;光子是玻色子,自旋 $s = 0$。自旋参数是描述微观粒子的重要基本参量。依据量子统计力学理论,对于费米子,一个能态上只能有一个粒子,服从费米-狄拉克(Fermi-Dirac)分布:

$$f_F(E) = \frac{1}{e^{(E-\mu)/k_B T} + 1} \qquad (2.10)$$

式中,μ 为化学势;E 为电子能量;k_B 为玻尔兹曼(Boltzmann)常量。

对于玻色子,多个粒子可以同时占有一个能态,服从玻色-爱因斯坦分布:

$$f_B(E) = \frac{1}{e^{(E-\mu)/k_B T} - 1} \qquad (2.11)$$

如果所有玻色子占据同一能态,这种现象称为玻色-爱因斯坦凝聚。

众所周知,宏观力学规律遵从牛顿力学定律,宏观电磁现象满足麦克斯韦方程,而微观粒子遵从薛定鄂(Shrödinger)方程。在经典物理学中,描述宏观现象的物理量有质量、能量、动量、力、角动量、位移等;而在微观理论上,描述微观粒子的物理量有质量和自旋等,单个粒子的能量、动量、力、角动量、位移等失去意义。微观粒子的运动规律用波函数(wave function)进行描述,波函数的意义是其绝对值的平方表示微观粒子出现的概率密度(如果波函数归一化)。

为了求两电子系统的能态,假定自旋相反($s = \pm 1/2$)和动量相反($\pm k$)的双电子系统的波函数为

$$\Psi = \sum_k a_k e^{ik \cdot r_1} e^{-ik \cdot r_2} = \sum_k a_k e^{ik \cdot (r_1 - r_2)} \quad (2.12)$$

式中,r_1 和 r_2 分别为两电子空间坐标矢量;a_k 为自由粒子本征平面波函数的展开系数。

波函数(2.12)必须满足两电子的薛定鄂方程

$$-\frac{\hbar^2}{2m}(\mathbf{V}_1^2 + \mathbf{V}_2^2)\Psi + V(r_1, r_2)\Psi = E\Psi \quad (2.13)$$

式中,$V(r_1, r_2)$ 为两电子之间的有效相互作用势能;$\hbar = h/(2\pi)$,h 为普朗克(Planck)常量。

将式(2.12)代入方程(2.13),两边同乘以 $e^{-ik' \cdot (r_1 - r_2)}$,然后对全空间进行积分,并利用本征态的正交归一特性得到如下关系:

$$(E - 2\varepsilon_k)a_k = \sum_{k'} V_{kk'} a_{k'} \quad (2.14)$$

式中,ε_k 为单粒子本征能;$V_{kk'}$ 为一对相反动量态之间相互作用势的期望值(平均值)。如果动量 k 在费米(Fermi)能级 k_F 以下,那么 a_k 将消失。原因是如果电子非常迅速通过离子实,离子实近似静止不动,所以在某一切断动量 $k > k_C$ 时,$V_{kk'}$ 很小。假定势能 $V_{kk'}$ 在费米能 E_F 以下($E < E_F$)和在切断能 $E_F + E_C(k_C)$ 以上 [$E > E_F + E_C(k_C)$] 均为零,而处于两者之间时为常数 $-V$,($V > 0$),即假定两电子之间相互吸引,相互作用势能为负,

$$V_{k,k'} = \begin{cases} -V & k \geqslant k_F, \quad k' \leqslant k_C \\ 0 & \text{其他情况} \end{cases} \quad (2.15)$$

对式(2.14)两边求和,势能项可以提到求和号外,则有

$$a_k = -V \frac{\sum\limits_{k=k_F}^{k_C} a_{k'}}{E - 2\varepsilon_k} \quad (2.16)$$

两边对 k 求和,并考虑归一化条件得

$$\frac{1}{V} = \sum_{k=k_F}^{k_C} \frac{1}{2\varepsilon_k - E} \quad (2.17)$$

由于量子态的数量极大,求和可以由加权 N_F 积分代替,N_F 是在费米能 E_F 处的态密度,因此有

$$\frac{1}{V} = N_F \int_{E_F}^{E_F + E_C} \frac{1}{2\varepsilon - E} d\varepsilon = \frac{N_F}{2} \ln\left(\frac{2E_F + 2E_C - E}{2E_F - E}\right)$$

$$E\left[1 - e^{-2/(N_F V)}\right] = 2E_F\left[1 - e^{-2/(N_F V)}\right] - 2E_C e^{-2/(N_F V)}$$

$$E \approx 2E_F - 2E_C e^{-2/(N_F V)} \tag{2.18}$$

由式(2.18)得到一对电子存在相互吸引作用时的能量(库珀对)与其不存在相互吸引作用时的能量之差为

$$\Delta E \approx -2E_C e^{-2/(N_F V)} \tag{2.19}$$

由式(2.19)可以看出,对于任意值 V,不管多么小,双电子能态始终小于两个单个电子费米能量,而系统总是处于能量最小的态。因此,尽管两个电子带同种电荷,但是只要两者之间有吸引相互作用,不管多么微弱,都有利于电子形成束缚对,这种电子对称为库珀对。应当特别指出,在超导体中,库珀对的出现是整个电子系统的集体效应,而非真正两个电子直接结合成对,其结合作用强弱决定于所有电子的状态。在经典电磁理论中,同性电荷之间存在库仑相互排斥作用,那么库珀对如何形成呢?按照 BCS 理论,电子之间借助电子与声子相互作用把一对电子耦合起来,相当于两电子之间存在相互作用;这种耦合基于库仑作用力的吸引使得每个电子向周围的正离子靠拢,电子在晶格中移动时改变邻近正电荷的分布,从而形成局部区域高的正电荷分布,对于邻近其他电子来讲造成吸引相互作用。因此电子吸引自旋、动量相反的电子,电子在通过晶格为媒介而产生吸引力,从而形成库珀对。

库珀对隐含着重要的对称性。由于电子是费米子,其波函数必须是反对称性的。但是库珀对中有两个电子,一对电子的波函数相互交换改变两次符号,使得其对称性不发生变化,两电子自旋相反,总的自旋为零,这就意味着库珀对是玻色子。库珀对中每一个电子必须戴两顶"帽子":其一是作为库珀对整体成员的一部分担当玻色子的作用;其二是因其自身是费米子,还必须担当费米子的角色,为两者提供排斥作用使得配对成为可能。另外,库珀对是自旋为零的玻色子,也意味着任意数目的玻色子可以处在同一能态上,尤其是它们全部可以处在基态上,即所有库珀对凝聚在基态上,这被称为玻色-爱因斯坦凝结。

为了解释形成库珀对的载流子产生超导电性,简要说明常规导体电阻的产生机理:在常规导体中,单个电子定向移动会受到晶格的非弹性散射,将部分能量传递给晶格,使得晶格振动幅度增加即温度升高,产生焦耳热。这是常规导体电阻产生的由来。在超导体中,库珀对作为载流子在导体内定向运动时,如果一个电子与晶格发生非弹性散射,损失部分能量,库珀对中另一个自旋相反、动量相反的电子就会得到同样的散射能量,作为库珀对其整体在散射过程中能量不发生任何变化,即没有能量消耗,因此电阻为零,产生超导电性。

　　随着温度的升高,费米面附近出现热激发的正常电子,每破坏一个库珀对将产生两个正常电子,库珀对减少,正常电子增加;当温度达到临界温度 T_c 时,库珀对消失,此时超导体转变为正常导体。

　　虽然 BCS 理论成功地解释了大多数低温($<25K$)超导现象,但是在解释高温超现象的微观机理方面遇到了困难。目前,高温超导电性的微观机制尚不清楚,但是可以确定的是高温超导电性仍然起源于成对电子的束缚态,即载流子配对的思想仍然适用,并且在高温超导体中电子之间的关联很强,超出了 BCS 理论所要求的弱相互作用范围。

2.1.2　完全抗磁性——迈斯纳效应

　　当超导体处于磁场中,在非超导态时,磁场可以穿过其体内,内部磁场不为零,如图 2.2(a)所示;在处于超导态时,超导体内磁通完全排出体外,内部磁场为零,也就是超导体具有完全抗磁性特性,如图 2.2(b)所示,这种效应为迈斯纳效应。由于完全抗磁性,超导体在磁场中可以产生悬浮效应,如图 2.2(b)所示,YBCO 超导块处于钕铁硼(NdFeB)常规磁性材料产生的磁场中,在处于超导态时,YBCO 超导块体内磁通被排出体外,产生磁悬浮力,使得 YBCO 超导块悬浮于空中。下面从唯象理论对超导体的迈斯纳效应进行解释。

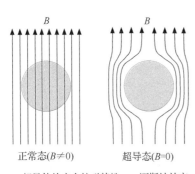

正常态($B\neq0$)　　　超导态($B=0$)

(a) 超导体的完全抗磁特性——迈斯纳效应　　　　　(b) 超导YBCO块在磁场中的悬浮

图 2.2　超导体迈斯纳效应示意图

　　与其尺度相比库珀对的密度和位相变化缓慢,金兹堡(Ginzburg)和朗道(Landau)首先提出,在超导体中,由于库珀对都处于局部同一状态,可以定义集体波函数 $\Psi(\boldsymbol{r},t) = \sqrt{n}e^{i\varphi}$,这里 $|\Psi|^2 = n$ 是库珀对密度,φ 是位相。根据波函数 Ψ 与库珀对产生的电流密度,可以由速度 v 乘以电荷 e 的数学期望值得到

$$\boldsymbol{J} = 2\int \Psi^* ev\Psi \,\mathrm{d}\boldsymbol{r} \tag{2.20}$$

磁场中粒子的动量为

$$p = mv + 2eA \tag{2.21}$$

式中，p、e 和 m 分别为库珀对的动量、电子电荷和质量；A 为磁矢势。

前面提到，在量子力学中，动量、速度没有意义，因此动量和速度以算符形式表示（量子化）：

$$v = -\mathrm{i}\,\frac{\hbar}{m}\,\nabla - \frac{2e}{m}A \tag{2.22}$$

那么电流密度为

$$
\begin{aligned}
J &= 2\int \Psi^* \, ev\Psi \, \mathrm{d}x \\
&= 2\int \sqrt{n}\exp(-\mathrm{i}\varphi)e\left(-\mathrm{i}\,\frac{\hbar}{m}\,\nabla - \frac{2e}{m}A\right)\sqrt{n}\exp(\mathrm{i}\varphi)\,\mathrm{d}x \\
&= \frac{2ne}{m}(\hbar\nabla\varphi - 2eA) \tag{2.23}
\end{aligned}
$$

两边取卷积得到电流密度 J 和 磁感应强度 B 的关系为

$$\nabla \times J = -\frac{4ne^2}{m}\,\nabla \times A = -\frac{4ne^2}{m}B \tag{2.24}$$

式（2.24）叫做伦敦（London）方程。又因为 $\nabla \times B = \mu_0 J$ ，μ_0 为真空磁导率，所以

$$\nabla \times \nabla \times B = \mu_0\,\nabla \times J \tag{2.25}$$

将式（2.24）代入式（2.25）并整理得

$$\nabla^2 B = \frac{4\mu_0 ne^2}{m}B \tag{2.26}$$

定义

$$\lambda = \sqrt{\frac{m}{\mu_0 n(2e)^2}} \tag{2.27}$$

那么方程（2.26）变为

$$\nabla^2 B = \frac{1}{\lambda^2}B \tag{2.28}$$

为了简单说明超导体的迈斯纳效应，选择半无限大超导体，如图 2.3 所示，x 正轴方向超导体为半无限大，y 轴和 z 轴方向为无限伸展，磁场方向沿 z 轴方向。超导体处于均匀的、沿 z 轴方向的磁场中，那么方程（2.26）可简化为仅有 x 分量的一维微分方程

$$\frac{\mathrm{d}^2 B(x)}{\mathrm{d}x^2} = \frac{1}{\lambda^2}B(x) \tag{2.29}$$

边界条件

$$B(x) = \begin{cases} B_0 & x = 0 \\ 0 & x = \infty \end{cases} \tag{2.30}$$

方程（2.29）的解为

$$B(x) = B_0 e^{-\frac{x}{\lambda}} \tag{2.31}$$

式中,λ 为穿透深度。如果库珀对密度 n 大约为 $10^{28} \, \text{m}^{-3}$,那么 λ 大约为 $10^{-6} \, \text{cm}$。

超导体内电流密度为

$$J_y = \frac{B_0}{\mu_0 \lambda} e^{-\frac{x}{\lambda}} = J_0 e^{-\frac{x}{\lambda}} \tag{2.32}$$

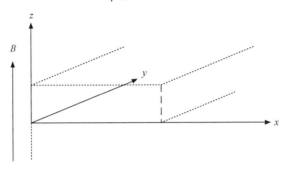

图 2.3　均匀磁场中沿 x 方向半无限大超导体

图 2.4 给出了半无限大超导体表面磁感应强度和电流密度随导体内部深度的变化。由图 2.4 可知,在超导体很薄的穿透深度层内 x 接近等于 $\lambda(10^{-6} \, \text{cm})$,磁感应强度和电流密度随指数衰减;当 $x > 3\lambda$ 后,无论是磁感应强度还是电流密度均衰减接近于零。外磁场在超导体表面感应出无阻持续电流,而超导电流产生的磁场反过来恰恰抵消外磁场(B_0),所以从宏观上看超导体内 $B=0$,合理地解释了迈斯纳效应。当然,严格地讲,在超导体穿透深度薄层内,超导体的磁感应强度并不为零;不过由于穿透深度太小,可近似看做超导体内的磁感应强度为零,表现为整体完全抗磁性。

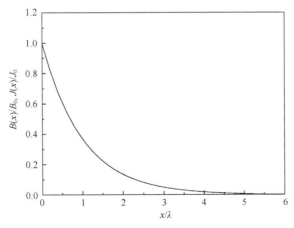

图 2.4　半无限大超导体表面磁感应强度及电流密度随深度的变化

在宏观电磁理论中,为了形象地描述磁感应强度的概念,以离散的磁力线的疏密程度描述磁场大小,那么磁通量是否为离散存在呢?

现在考虑磁通量 Φ 穿过一闭合超导环路,且在其内部无电流,即 $\boldsymbol{J} = 0$,则由方程(2.23)可知

$$\hbar \boldsymbol{\nabla} \varphi = 2e\boldsymbol{A} \tag{2.33}$$

沿着超导体环路积分有

$$\hbar \oint \boldsymbol{\nabla} \varphi \cdot \mathrm{d}\boldsymbol{l} = 2e \oint \boldsymbol{A} \cdot \mathrm{d}\boldsymbol{l}$$

$$\hbar \Delta \varphi = 2e \int \boldsymbol{\nabla} \times \boldsymbol{A} \cdot \mathrm{d}\boldsymbol{A} = 2e \int \boldsymbol{B} \cdot \mathrm{d}\boldsymbol{A} = 2e\Phi$$

所以

$$\Delta \varphi = \frac{2e\Phi}{\hbar} \tag{2.34}$$

由于沿超导环路积分位相变化只能是 2π 的整数倍,即

$$\Delta \varphi = 2\pi m \tag{2.35}$$

必须成立,这里 m 是整数。将式(2.35)代入式(2.34)得

$$\Phi = \frac{2\pi\hbar}{2e}m = \frac{h}{2e}m = \Phi_0 m \tag{2.36}$$

式中,$\Phi_0 = 2.07 \times 10^{-15}\,\mathrm{T} \cdot \mathrm{m}^2$。这就意味着磁通量不是连续变化的,它只能以 Φ_0 的整数倍增加或减小,这称为磁通量的量子化。

2.1.3　约瑟夫森效应

与半导体材料器件、热电偶器件类似,超导体也存在结的概念。考虑两超导体

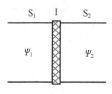

图 2.5　约瑟夫森结示意图

中间被很薄的绝缘层隔开,绝缘层的厚度非常小,以至于库珀对可以通过隧道效应穿过超导结。这种几何结构叫做约瑟夫森结(Josephson junction),如图 2.5 所示,S_1 和 S_2 为超导体,I 为绝缘体,Ψ_1 和 Ψ_2 分别是超导体 S_1 和 S_2 对应的波函数。

令 η 为库珀对通过隧道效应(tunneling effect)穿过中间绝缘层的特征速率,由含时薛定鄂方程可以求出由于隧道效应波函数的变化速率,有

$$\mathrm{i}\hbar \frac{\partial \Psi_1}{\partial t} = \hbar\eta \Psi_2 \tag{2.37a}$$

$$\mathrm{i}\hbar \frac{\partial \Psi_2}{\partial t} = \hbar\eta \Psi_1 \tag{2.37b}$$

设 $\Psi_1 = \sqrt{n_1}\,\mathrm{e}^{\mathrm{i}\varphi_1}$ 和 $\Psi_2 = \sqrt{n_2}\,\mathrm{e}^{\mathrm{i}\varphi_2}$,$n_1$ 和 n_2 对应两边超导体的库珀对密度,φ_1 和 φ_2

为各自对应的位相,将 Ψ_1 和 Ψ_2 代入式(2.37a)得

$$i\hbar \frac{1}{2} \frac{1}{\sqrt{n_1}} \frac{\partial n_1}{\partial t} e^{i\varphi_1} + i\hbar \sqrt{n_1} e^{i\varphi_1} i \frac{\partial \varphi_1}{\partial t} = \hbar\eta \sqrt{n_2} e^{i\varphi_2}$$

整理得

$$\frac{\partial n_1}{\partial t} + 2in_1 \frac{\partial \varphi_1}{\partial t} = -2i\eta \sqrt{n_1 n_2} e^{i(\varphi_2 - \varphi_1)} \tag{2.38}$$

其实部为

$$\frac{\partial n_1}{\partial t} = 2\eta \sqrt{n_1 n_2} \sin(\varphi_2 - \varphi_1) \tag{2.39}$$

由于流过结的电流密度 J 与库珀对密度 n_1 的变化速率成正比,$J \propto \dfrac{\partial n_1}{\partial t}$,若结两边超导体 S_1 和 S_2 完全一样,那么 $n_1 \approx n_2$,把所有常数归结到一个系数 J_0,则有

$$J = J_0 \sin(\varphi_2 - \varphi_1) \tag{2.40}$$

这与以前常规导体或结的电流密度完全不同:在没有施加电压的情况下,在结上出现与量子位相差有关的正弦波形电流,这种现象叫做直流约瑟夫森效应(DC Josephson effects)。

现在给结两端加电压 V,并将能量项加到电荷为 $-2e$ 的库珀对的哈密顿量(Hamiltonian)中

$$i\hbar \frac{\partial \Psi_1}{\partial t} = \hbar\eta\Psi_2 - eV\Psi_1 \tag{2.41a}$$

$$i\hbar \frac{\partial \Psi_2}{\partial t} = \hbar\eta\Psi_1 + eV\Psi_2 \tag{2.41b}$$

将波函数 Ψ_1 和 Ψ_2 代入式(2.41a)有

$$\frac{\partial n_1}{\partial t} + 2in_1 \frac{\partial \varphi_1}{\partial t} = -2ir \sqrt{n_1 n_2} e^{i(\varphi_2 - \varphi_1)} + i\frac{2eV}{\hbar} n_1 \tag{2.42}$$

虚部为

$$\frac{\partial \varphi_1}{\partial t} = -\eta \sqrt{\frac{n_2}{n_1}} \cos(\varphi_2 - \varphi_1) + \frac{eV}{\hbar} \tag{2.43}$$

同理,将 Ψ_1 和 Ψ_2 代入式(2.41b)可得到

$$\frac{\partial \varphi_2}{\partial t} = \eta \sqrt{\frac{n_1}{n_2}} \cos(\varphi_1 - \varphi_2) - \frac{eV}{\hbar} \tag{2.44}$$

结两边取相同超导体,所以 $n_1 \approx n_2$,式(2.44)减去式(2.43)得到

$$\frac{\partial(\varphi_2 - \varphi_1)}{\partial t} = -\frac{2eV}{\hbar} \tag{2.45}$$

对方程(2.45)进行积分并代入方程(2.42),整理后取其实部得到

$$J = J_0 \sin\left(-\frac{2eV}{\hbar}t\right) \tag{2.46}$$

由此可以看到,电流是交变的,振荡频率与基本常数比 $e/\hbar$ 和电压之积成正比,这种现象叫做交流约瑟夫森效应(AC Josephson effects)。

如果将两个约瑟夫森结连接起来组成环路就形成超导量子干涉仪(superconducting quantum interference device,SQUID),如图 2.6 所示。由方程(2.34)可知,沿环路的位相差一定是 $2e\Phi/\hbar$;由方程(2.40)可知全部电流是两个约瑟夫森结分支电流之和,每一个分支表现为约瑟夫森结位相差的正弦函数,因此两分支电流的组合电流为

$$\begin{aligned} J &= J_0\left[\sin\left(\varphi_0 + \frac{e}{\hbar}\Phi\right) + \sin\left(\varphi_0 - \frac{e}{\hbar}\Phi\right)\right] \\ &= 2J_0 \sin\varphi_0 \cos\left(\frac{\pi\Phi}{\Phi_0}\right) \end{aligned} \tag{2.47}$$

式中,φ_0 为总位相。由于两支电流的干涉,全电流是磁通量的周期(余弦)函数,这就是这种结构的器件叫做干涉仪的缘故。SQUID 环路磁通最小值为一个磁通量子

$$\Phi_0 = \frac{h}{2e} = 2.07 \times 10^{-15}(\text{T} \cdot \text{m}^2) \tag{2.48}$$

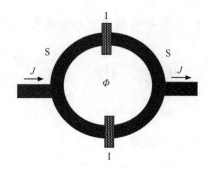

图 2.6　两个相同约瑟夫森结并联形成 SQUID

约瑟夫森效应是超导电子学(弱电)应用的重要基础,目前已广泛应用于超导电压基准、超导谐振腔、超导滤波器和超导量子干涉仪等领域中。用 SQUID 测量电流振荡(频率)是探测磁场最灵敏的方法。在测量中,SQUID 可以把很多其他小信号转换为磁场,因此其也能用于测定这些小电流信号,如心磁、脑磁等微弱电流信号。超导隧道结可作为高速、低耗逻辑器件的基本器件。

2.1.4　超导体的临界参量

1. 临界温度 T_c

在低于某一温度值时超导体开始呈现超导现象,即超导体从正常态转变到超

导态的温度称为临界温度,记为 T_c。通常情况下,超导转变通常发生在 T_c 附近的一个温度范围,这个范围称为转变宽度。高纯、单晶、无应力的金属超导体样品转变宽度小于 10^{-3} K,而实用高温超导材料由于内部的不均匀性等原因,其转变宽度通常在 0.5~1K。

2. 临界磁场强度 H_c

超导体处于外磁场中,当磁场强度超过某一值时,超导体将失去超导电性。使得超导体失去超导电性的磁场强度称为临界磁场强度,记为 H_c。在小于 T_c 的温度下,H_c 是一个随温度变化的函数,随温度的降低而升高。与临界温度 T_c 类似,超导体在临界磁场强度 H_c 附近的超导-正常态转变也存在转变宽度。

3. 临界电流密度 J_c

虽然超导体能够无阻载流,但是承载无阻载流的能力是有限的。随着电流的增加,超导体也将在某一电流值以上失去超导电性,使超导体失去超导电性的电流值称为超导体的临界电流,记为 I_c。在实际应用中,常用电流密度比较方便,因此临界电流对应的电流密度叫做临界电流密度,记为 J_c。随着承载电流的增加超导体向正常态的转变也不是突变的,一般以载流超导体端电压达到 $1\mu V/cm$ 为判据来定义临界电流。临界电流密度 J_c 随温度、磁场强度的增加而单调地减小。

超导体的三个基本临界参量 T_c、H_c 和 J_c 不是互相独立的,相互之间有着很强的关联性。图 2.7 所示为超导体的三个临界参量之间的相互关系示意图。在由

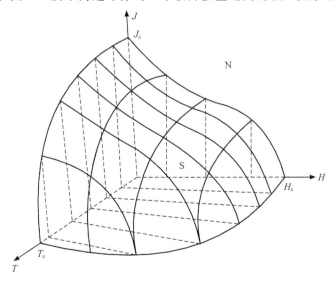

图 2.7　超导体临界参数及其相互关系

(T_c, J_c, H_c) 组成的曲面和 (T_c, J_c)、(J_c, H_c)、(H_c, T_c) 三个平面围成的体积内，任一点的状态都是超导态 S，而这个体积的外部任何一点的状态都是正常态 N，(T_c, J_c, H_c) 曲面上任一点的状态为临界状态。目前，已发现的 Tl 系高温超导体的 T_c 最高达 135K，临界磁感应强度 B_c 超过 25T，理论最高值可达 100T 以上。表 2.1 列出几种超导体的晶体结构、临界温度，以及根据金兹堡-朗道理论计算得到 0K 温度时的上临界磁场的磁感应强度 B_{c2} $(B_{c2} = \mu_0 H_{c2})$、穿透深度 λ 和相干长度 ξ。

表 2.1　几种超导体的宏观和微观特征参量

超导体	晶体结构	晶格常数/nm			T_c/K	$\mu_0 H_{c2}(0K)$/T	$\lambda(0K)$/nm	$\xi(0K)$/nm
NbTi	A2				9.3	13	300	4
V_3Ga	A15	0.4816			15	23	90	2~3
V_3Si	A15	0.4722			16	20	60	3
Nb_3Sn	A15	0.5289			18	23	65	3
Nb_3Al	A15	0.5187			18.9	32		
Nb_3Ga	A15	0.5171			20.3	34		
$Nb_3(Al_{75}Ge_{25})$	A15				20.5	41		
Nb_3Ge	A15	0.5166			23	38	90	3
NbN	B1				16	15	200	5
V_2(Hf,Zr)	C15				10.1	24		
$PbMo_6S_8$	Chevrel				15	60	200	2
MgB_2	六边形	0.3086		0.3521	39	~16(ab) ~2.5(c)	140	5.2
$La_{1.85}Sr_{0.15}CuO_{4-\delta}$	I4/mmm	0.3779	0.3779	0.1323	40	50	80(ab) 400(c)	~4(ab) 0.7(c)
$YBa_2Cu_3O_{7-\delta}$ (YBCO, Y123)	Pmmm	0.3818	0.3884	1.1683	90	670(ab) 120(c)	150(ab) 900(c)	~2(ab) 0.4(c)
$Bi_2Sr_2CaCu_2O_{8-\delta}$ (Bi2212)	A2aa	0.541	0.542	3.093	90	280(ab) 32(c)	300(ab)	3(ab) 0.4(c)
$(Bi,Pb)_2Sr_2Ca_2Cu_3O_{10+\delta}$ (Bi2223)	Perovskite (正交)	0.539	0.54	37	110			
$Tl_2Ba_2CaCu_2O_{8+\delta}$ (Tl2212)	I4/mmm	0.3856	0.3856	2.926	110		215(ab)	~2.2(ab) 0.5(c)
$Tl_2Ba_2Ca_2Cu_3O_{10-\delta}$ (Tl2223)	I4/mmm	0.385	0.385	3.588	125	120	205(ab) 480(c)	1.3(ab)
$HgBa_2Ca_2Cu_3O_{8+\delta}$	Pmmm	0.385		1.585	133	160		1.42(b)

注：(ab) 表示晶体结构 ab 平面；(c) 表示垂直于 ab 平面的 c 轴方向；~16(ab) 中的"~"表示"接近于"，下同。

2.2　超导体的分类及其磁化曲线

2.2.1　超导体的相干长度

前面在介绍超导体的迈斯纳效应时,根据伦敦方程给出了超导体的磁场穿透深度 λ 的概念。为了清楚阐述超导体分类目的,这里对超导体的另一个重要微观参量相干长度 ξ 进行简单介绍。

根据 BCS 理论,超导体产生无阻超导电性是基于载流子形成库珀对的,而库珀对之间的结合能很弱,组成库珀对的两电子间发生相互关联的距离被称为相干长度,记为 ξ。ξ 很长,采用二级超导相变理论计算,可达 $10^{-4}\,\mathrm{cm}$,是晶格尺寸的 10000 倍以上。因此,超导相互关联是一种长程相互作用,它可以发生在跨越许多晶格的空间内,并且在同一空间内可存在许多组超导电子对。

Pippard 引入非局域超导电动力学,发展了伦敦理论,提出了超导相干长度的概念。由伦敦方程可知,超导体的穿透深度 λ 是只和材料本身特性相关的物质常数,但是实际上它还与温度有关。根据金兹堡-朗道理论和实验结果对伦敦穿透深度进行修正

$$\lambda(T) = \frac{\lambda(0)}{\left[1 - \left(\dfrac{T}{T_\mathrm{c}}\right)^4\right]^{-\frac{1}{2}}} \tag{2.49}$$

式中,$\lambda(0)$ 是温度为 0K 时超导体的穿透深度。表 2.1 中倒数第二列给出了几种超导材料 0K 时的穿透深度值。

库珀对是整个电子系统的集体效应,是整个电子体系与晶格离子耦合所致,耦合强弱由所有的电子状态决定。理论和实验表明,超导体相干长度与温度有关。考虑温度的影响,超导体的相干长度为

$$\xi(T) = \xi(0)\left(\frac{T_\mathrm{c}}{T_\mathrm{c} - T}\right)^{-\frac{1}{2}} \tag{2.50}$$

式中,ξ_0 是温度为 0K 时超导体的相干长度,其数值见表 2.1 中的最后一列。

2.2.2　超导体的分类

实验发现,处于磁场中的超导体随着磁场强度的增加,一些超导体即使在外磁场强度超过临界磁场强度而失去超导电性前始终不允许磁通线穿入,而另一些超导体则允许磁通线穿入其中一部分,使超导体进入内部成为局部正常区与超导区相间的状态,同时仍保持零电阻。因此,人们对超导体进行了分类。

按照金兹堡-朗道理论,根据超导体的穿透深度 λ 和相干长度 ξ 的比值大小,超导体可以为两类。定义金兹堡-朗道参数 κ 为

$$\kappa = \frac{\lambda(T)}{\xi(T)} \tag{2.51}$$

如果 $\kappa < 1/\sqrt{2}$,超导体具有正界面能,则称其为第 I 类超导体;如果 $\kappa > 1/\sqrt{2}$,超导体具有负界面能,则称其为第 II 类超导体。为了形象理解超导体的相干长度和穿透深度,图 2.8 给出了第 I 类和第 II 类超导体的相干长度和穿透深度的直观示意图。图中,超导电子密度 $n_S(r)$(波函数绝对值的平方)是超导体在正常区和超导区界面处的空间分布;$B(r)$ 是磁通密度(磁感应强度)在界面处的空间分布。$B(0)$ 区对应正常区(N),$n_S(0)$ 区对应超导区(S);$B(r)$ 和 $n_S(r)$ 的混合区对应正常区与超导区的界面区。

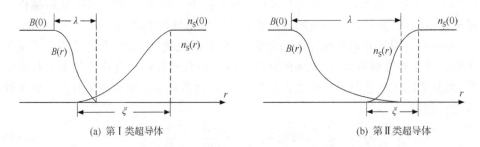

(a) 第 I 类超导体　　　　　　　　　　(b) 第 II 类超导体

图 2.8　第 I 类和第 II 类超导体界面及相干长度和穿透深度示意图

2.2.3　第 I 类超导体及其磁化曲线

第 I 类超导体又称为 Bippard 超导体或软超导体,它只存在一个临界磁场强度 H_c;当温度低于临界温度($T<T_c$)时,外磁场中 $H<H_c$,超导体处于迈斯纳态,呈现完全抗磁性,超导体内磁感应强度处处等于零,磁化强度 M 与外磁场强度 H 大小相等、方向相反,即 $M=-H$;随着外加磁场的升高,当达到临界磁场强度 H_c 时,超导体立即完全转变到正常态。在已经发现的金属超导体中,除钒、铌和锝以外的金属超导体都属于第 I 类超导体。图 2.9(a)和(b)分别为第 I 类超导体在正常态(N)和超导态(S)的磁感应强度曲线和磁化曲线。由图 2.9(b)可知,第 I 类超导体的磁化曲线是可逆的,它只存在两种状态:超导态(迈斯纳态)和正常态。由图 2.9(a)可知,一般情况下第 I 类超导体由于 H_c 较低,无法在强磁场下应用;只在超导体表面约 10^{-6} cm(穿透深度 λ)范围内承载电流,没有体电流,因此第 I 类超导体在超导电力及超导磁体方面没有应用价值。

2.2.4　第 II 类超导体及其磁化曲线

第 II 类超导体分为理想第 II 类超导体和非理想第 II 类超导体。

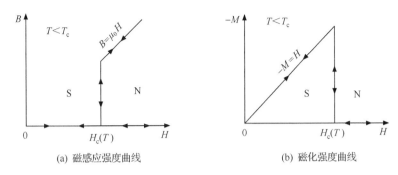

(a) 磁感应强度曲线　　　　　　　(b) 磁化强度曲线

图 2.9　温度为 T 时第 I 类超导体的磁化曲线

1. 理想第 II 类超导体

理想第 II 类超导体又称为硬(hard)超导体、"干净"(clean)超导体。与第 I 类超导体不同,当温度低于临界温度时,第 II 类超导体具有两个临界磁场,分别称为下临界磁场 H_{c1}(简称下临界场)和上临界磁场 H_{c2}(简称上临界场),当然两者也是温度和磁场强度的函数。当外磁场满足 $H < H_{c1}$ 时,超导体处于迈斯纳态(S_1),具有完全抗磁性,体内磁感应强度处处为零。当外磁场满足 $H_{c1} < H < H_{c2}$ 时,超导态和正常态同时并存称为混合态(mixed)(S_2),而磁力线通过超导体内正常态区域,称为磁通涡旋区。图 2.10(a)是第 II 类超导体处于混合态的示意图,图中阴影部分表示正常区(N),其他部分为超导区(S);磁场穿过正常区。图 2.10(b)是混合态中一个正常区和超导区单元,中心区域为正常区,区域大小为 2ξ,λ 为磁场穿透深度。如图 2.10(b)所示,磁场从正常区穿过,在中心区域外围产生涡旋式屏蔽电流,这也是混合态有时称之为涡旋态的原因;从中心区向外,磁场逐渐减小直至消失,即磁场完全被屏蔽掉。

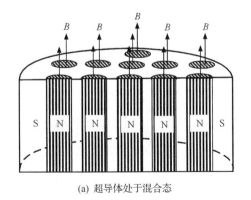

(a) 超导体处于混合态　　　　　(b) 正常区和超导区磁场和电流分布

图 2.10　第 II 类超导体处于混合态

当外磁场的磁场强度 H 进一步增加时,超导态区域缩小,正常态区域扩大;当 $H \geqslant H_{c2}$ 时,超导态全部转变为正常态。图 2.11 为理想第 II 类超导体的磁感应强度和磁化曲线随外磁场变化的示意图。由图 2.11 可知,理想第 II 类超导体的磁感应强度和磁化曲线是可逆的。理想第 II 类超导体的相图如图 2.12(b) 所示,存在超导态(S_1)、混合态(S_2)和正常态(N)。图 2.13 为理想第 II 类超导体的临界电流密度 J_c 随外磁场变化的关系图。由图 2.13 可知,临界电流密度 $J_c(H)$ 随外磁场的增加而降低,当 $H > H_{c1}$ 时,临界电流消失。理想第 II 类超导体的晶体结构比较完整,不存在磁通钉扎中心,并且磁通线均匀排列,在磁通线周围的涡旋电流 i 将彼此抵消,超导体内无电流通过即 $I_v = 0$,如图 2.14(a) 所示,在传输电流方面与第 I 类超导体有些相似,仅在外表很小区域有载流能力,因而整个超导体内部不具有传输电流的能力。由于理想第 II 类超导体的下临界场 H_{c1} 很低,极大地限制了其在电力及磁体领域的应用。实用的超导体都是非理想第 II 类超导体,多数化合物超导体如 $NbTi$、Nb_3Sn、MgB_2 和高温超导氧化物,都属于非理想第 II 类超导体。

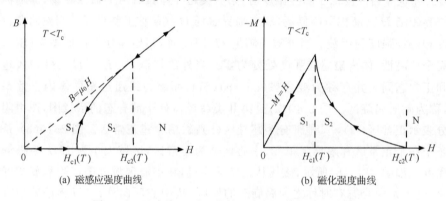

(a) 磁感应强度曲线　　　　　　　　　(b) 磁化强度曲线

图 2.11　温度为 T 时理想第 II 类超导体的磁化曲线

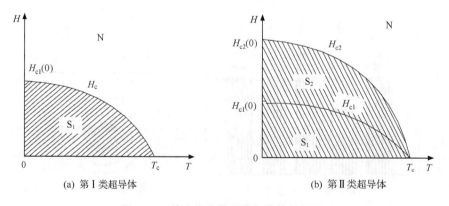

(a) 第 I 类超导体　　　　　　　　　　(b) 第 II 类超导体

图 2.12　第 I 类和第 II 类超导体的相图

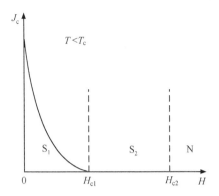

图 2.13　理想第Ⅱ类超导体临界电流密度 J_c 随磁场的变化

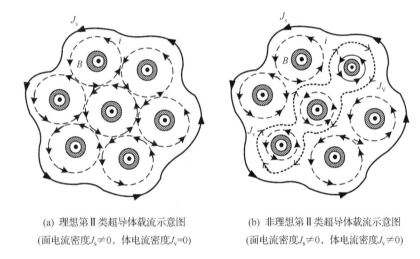

(a) 理想第Ⅱ类超导体载流示意图　　　　　　(b) 非理想第Ⅱ类超导体载流示意图
(面电流密度 $J_s \neq 0$，体电流密度 $J_v = 0$)　　　(面电流密度 $J_s \neq 0$，体电流密度 $J_v \neq 0$)

图 2.14　第Ⅱ类超导体载流分布示意图
——表示面电流密度 J_s；– –表示涡旋电流密度 i；----表示体电流密度 J_v；
⊙表示正常区磁通密度 B 的方向；阴影区域表示正常区；白色区域表示超导区

2. 非理想第Ⅱ类超导体

　　非理想第Ⅱ类超导体也称为硬(hard)超导体、"脏"(dirty)超导体，与理想第Ⅱ类超导体类似，它也具有临界磁场(上临界场 H_{c1} 和下临界场 H_{c2})和混合态，但是它的磁化曲线是不可逆的，并具有捕获磁通和剩磁特性，如图 2.15 所示。当超导体处于超导态时，增大磁场强度 H，在 $H < H_{c1}$ 时，超导体处于完全抗磁的迈斯纳态(S_1)，超导体内磁感应强度为零，磁化强度与磁场强度大小相等、方向相反。当磁场强度继续增大，在 $H_{c1} < H < H_{c2}$ 时，超导体处于混合态(S_2)，磁通进入超导体

内,超导体内磁感应强度和磁化强度随磁场强度变化呈非线性。当磁场强度继续增大,直到 $H>H_{c2}$ 时,超导体失去超导电性,转变为正常态(N),磁场完全穿透,即 $-M=0$。然后,减小磁场强度 H,这时磁感应强度和磁化强度不是按照升磁场时的轨迹变化,即使磁场强度降为零,超导体内磁感应强度和磁化强度也不为零。超导体内仍然存在的磁感应强度和磁化强度分别叫做剩余磁感应强度 B_r 和剩磁 M_r。如果磁场变化一周,那么磁化强度随磁场变化的关系曲线是非线性闭合曲线,即磁滞回线,如图 2.15(b)所示。磁化曲线不可逆是由于第Ⅱ类非理想超导体内晶体缺陷、杂相、不均匀性、辐射损伤等引起的,与超导体加工工艺密切相关。这些缺陷对磁通具有钉扎作用,阻碍磁通线进出超导体。磁通线所处区域处于正常态,称为钉扎中心。电流流经区域处于超导态,如图 2.14(b)所示,磁通线排列不均匀,在超导体内磁通线周围的涡旋电流 i 不能完全相互抵消,除在表面具有传输电流能力外,体内也具有“净”电流 I_v 通过,从而整个超导体具有传输电流的能力。第Ⅱ类非理想超导体的 H_{c1} 通常很低,但 H_{c2} 可以很高,在很大磁场范围内具有很强的载流能力。图 2.16 为非理想第Ⅱ类超导体在一定温度 T 下,临界电流密度 J_c 和磁场强度 H 的变化关系。与理想第Ⅱ类超导体临界电流密度 J_c 和磁场强度 H 的变化关系相比(见图 2.13),非理想第Ⅱ类超导体在混合态具有很强的载流能力。非理想第Ⅱ类超导体的晶体结构存在缺陷,并且存在磁通钉扎中心,其体内的磁通线排列不均匀,体内各处的涡旋电流不能完全抵消,出现体内电流,从而具有高临界电流密度。

实际上,真正适合于实际应用的超导材料都是非理想第Ⅱ类超导体。在超导电力应用中,人们最关心的是超导体在一定温度和磁场条件下的无阻载流能力。本书后面章节如果没有特别说明,所述超导体均指非理想第Ⅱ类超导体。

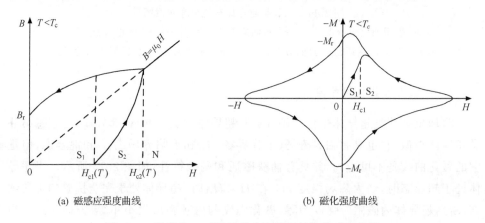

(a) 磁感应强度曲线　　　　　　　　(b) 磁化强度曲线

图 2.15　温度为 T 时第Ⅱ类非理想超导体的磁化曲线

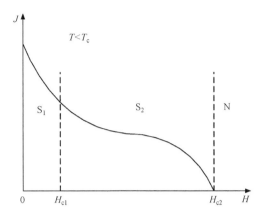

图 2.16 温度为 T 时非理想第 Ⅱ 类超导体临界电流密度随磁场强度的变化

超导体内钉扎中心越多,钉扎作用就越强,载流能力也就越大。因此,在实用超导材料的生产过程中,采用冷加工、掺杂、辐照等工艺增加磁通钉扎能力,以提高载流能力。

2.3 超导体的临界特性参数的测量

临界温度 T_c、临界电流密度 J_c(临界电流 I_c)和临界磁场强度 H_c(临界磁感应强度 B_c)是描述超导体超导特性的三个基本参量。由于这三者之间不是独立的,相互之间有影响,本节仅仅介绍零磁场下临界温度和磁场下的临界电流密度的常用测量方法;对于临界磁场强度的测量,由于上临界磁场强度很高,实验测量很困难(如目前高温超导体的上临界磁场强度在液氦温度 4.2K 时可达 100T 以上),因此只简单介绍下临界磁场强度的测量方法。

2.3.1 低温实验常用的低温温度计

为满足各种不同应用场合的要求,已研制出多种等级的实用温度计。由于这些元件大多与元件的电性质有关,因此实用温度计常称电温度计。表 2.2 给出了常用低温温度计的适应温度范围、复现性、迟滞时间等特性参数。在实际工作中,应根据测量的具体要求,权衡绝对精度、灵敏度、复现性、迟滞时间、热效应与磁效应,以及成本和元件尺寸等因素,选取适当的温度传感器,以满足日益发展的各种低温温度测量的需要。

表 2.2 常用低温温度计特性参数

温度计类型	温度计名称	适应范围/K	复现性/K	精度/K	迟滞时间/s	其他
实用温度计	铂电阻	$10\sim900$	$10^{-4}\sim10^{-3}$	$10^{-3}\sim10^{-2}$	$0.1\sim10$	性能稳定,可用作标准温度计,有磁阻效应
	锗电阻	$1\sim100$	$10^{-4}\sim10^{-3}$	$10^{-2}\sim10^{-3}$	$0.1\sim10$	性能较好,用作20K以下标准温度计,有磁阻效应
	铑铁电阻(0.5克原子％铁)	$0.5\sim300$	$10^{-4}\sim10^{-3}$	$10^{-3}\sim10^{-2}$	$0.01\sim10$	与铂、锗电阻类似,有磁阻效应
	炭电阻	$0.5\sim300$	$0.1\sim0.5$	$10^{-2}\sim10^{-1}$	$0.01\sim10$	便宜,低温下灵敏度高,稳定性差
	p-n二极管温度计	$2\sim400$	$10^{-2}\sim10^{-1}$	$\sim10^{-2}$	$0.01\sim10$	便宜、方便,灵敏度高,复现性较差,磁阻大
	康铜-铜热电偶	$70\sim300$	$\sim10^{-2}$	0.1	~1	便宜、方便,复现性在热电偶中较好
	镍铬-康铜热电偶	$20\sim1000$	$10^{-2}\sim10^{-1}$	0.1	~1	便宜、方便,磁阻小
	金铁热电偶	$1\sim300$	$\sim10^{-2}$	$10^{-2}\sim10^{-1}$	~1	简易、反应快,有磁阻效应
	铜＋0.1克原子％铁-铜热电偶	$1\sim300$	$\sim10^{-2}$	$10^{-2}\sim10^{-1}$	~1	与金铁热电偶相似
热力学温度计	定容气体温度计	$4\sim1000$	10^{-3}	10^{-3}	$0.1\sim100$	精度高,使用与计算繁杂
半热力学温度计	He蒸汽压温度计	$1.8\sim5$	$10^{-4}\sim10^{-3}$	2×10^{-3}	$0.1\sim100$	温区小,准确性好,比气体温度计简易方便
	H₂蒸汽压温度计	$14\sim33$	$\sim10^{-3}$	1×10^{-2}	$0.1\sim100$	
	N₂蒸汽压温度计	$63\sim126$	$10^{-3}\sim10^{-2}$	1×10^{-2}	$0.1\sim100$	
	O₂蒸汽压温度计	$54\sim155$	$10^{-3}\sim10^{-2}$	1×10^{-2}	$0.1\sim100$	

2.3.2 超导体的临界温度的测量

随着温度的降低,当温度达到或低于临界温度 T_c 时,超导体发生由正常态转变为超导态的相变过程,在这个过程中超导体的某些物理特征参数将发生明显变化,只要能够测量这些特征参量变化所对应的温度,就可以确定超导体的临界温度 T_c。这些特征参数包括电阻率、磁化率(直流、交流)、比热容等,根据这些参数随温度的变化即可测量出超导体的临界温度。其他临界温度 T_c 的比热容测量法参照相关文献,本节只介绍常用的电测法和磁测法两种测量超导体临界温度的方法。

由于超导体临界温度除与临界电流密度有关外,还与磁场强度有关(见图 2.7),为了说明测量方法又不失共性,这里只介绍零磁场(自场)和零电流下的临界温度的测量方法。

1. 电测法

无阻载流特性是超导现象的基本特征之一,所以最简单、最直观的临界温度的测量就是测量超导体不同温度下电阻与温度的关系,得到电阻突变时对应的温度,从而达到测量超导临界温度的目的。

1) 超导体临界温度的确定

超导体从正常态转变为超导态时,电阻在很小的温度范围内逐渐为零,而不是在某一严格温度点突然变为零。图 2.17 所示为电阻随温度降低的 R-T 曲线。为了定义超导体临界温度,在 R-T 曲线正常态转变部分作一条切线,定义该切线各点值为 100%,依次以第一条切线各点值的 90%、50%、10% 三个比例分别画三条直线,三条直线与 R-T 曲线的三个交点所对应的温度分别记为 $T_{0.9}$、$T_{0.5}$ 和 $T_{0.1}$,其中 $T_{0.5}$ 定义为超导体的临界温度,$T_c = T_{0.5}$,$T_{0.9}$ 和 $T_{0.1}$ 之间的差定义为超导体的转变宽度,$\Delta T_c = T_{0.9} - T_{0.1}$,一般 ΔT_c 小于 $3\% T_c$。

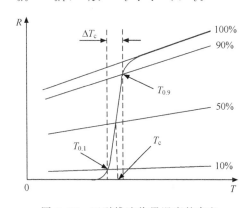

图 2.17　四引线法临界温度的定义

2) 四引线测量技术

四引线方法是精确测量导体电阻的比较成熟的方法,如图 2.18 所示,样品上共连接 4 根引线:1、1′和 2、2′,其中 1、1′为电流引线,直接与电源相连;2、2′为电压引线(抽头),直接与电压表相连。电压引线在电流引线以内。由于电源与超导样品相连存在接触电阻,当通电流时产生焦耳热,电压引线接头与电流引线接头之间相隔一定距离,消除接触电阻对 2、2′之间超导部分的影响,因此电流引线电阻及与超导体接触电阻对电压引线 2、2′之间的电压测量无关。虽然电压引线 2、2′与超导体之间也存在接触电阻,但是由于电压测量回路的输入阻抗足够大,吸收电流很小,因此电压引线接触电阻对电压测量没有影响。根据欧姆定律,只要测量出2、2′间的电压值,再除以样品电流即可得到超导样品电压引线之间的电阻值。

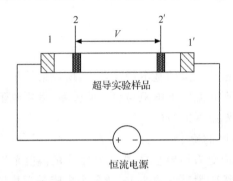

图 2.18　四引线法接线示意图

　　实验测量过程中,施加电流尽可能小,以便减小低温消耗。将超导样品从室温开始逐渐冷却,记录温度和电压,得到如图 2.17 所示 R-T 曲线,即可得到零场下超导样品的临界温度 T_c。

　　2. 磁测法

　　由于超导体处于超导态时与常规磁性材料类似,磁化曲线不可逆。当温度大于临界温度时,超导体处于正常态,不具有磁性材料特性。当超导体温度达到或低于临界温度时,超导体呈现出磁性特征,磁化率发生陡然变化,因此,可以利用常规磁性材料的磁化法测量超导体的临界温度。

　　1) 磁化率测量方法

　　测量物质磁化率或磁化强度的方法有很多,如采用振动样品磁强计(VSM)、SQUID、冲击法、法拉第天平、交变梯度磁强计、交流磁场计等。在宏观电磁特性测量中,尤其在超导材料特性测量方面,一般采用 VSM 和 SQUID。下面简要介绍 VSM 和 SQUID 的工作原理。

　　(1) VSM 的工作原理。

　　VSM 主要由磁场与磁场控制、检测部分、探测线圈与磁矩检测部分、变温及控温系统和振动系统构成。将磁性样品置于磁场中时,在样品中感应出磁场。如果将磁性样品放入 VSM 探测线圈中并做正弦振动时,由于样品中磁通变化,在探测线圈中会感应出电压信号,该信号与样品磁矩成正比,因此利用 VSM 可以测量材料的磁化强度、磁化率等特性参数。

　　(2) SQUID 磁强计的工作原理。

　　在第 2.1.3 节叙述约瑟夫森结时,已经对 SQUID 器件的特性进行了系统介绍,这里主要介绍其作为整体装置的工作原理。SQUID 磁强计一般简称 SQUID,

与 VSM 类似,它主要由磁场装置、检测系统、变温及控温系统构成。其中,检测系统包括磁通转换器、SQUID 器件、输出及磁通锁相放大器。磁通转换器由探测线圈和信号线圈组成,样品靠近探测线圈放置;信号线圈贴近 SQUID,探测线圈与信号线圈连接组成闭合回路。当样品在探测线圈之间运动时,探测线圈中产生的磁通变化与样品磁化强度成正比,由于 SQUID 器件对磁通变化极为敏感,从而实现样品磁化特性的精确测量。

SQUID 磁强计的灵敏度很高,比 VSM 高两个量级,可靠性、重复性好,但是不能用 VSM 的方法在扫场过程中进行测量,SQUID 磁强计的测量速度比 VSM 要慢。

2) 交流磁化率测量法

虽然四引线法是测量超导体临界温度的最直接方法,但是这种方法要求超导体必须能够承载电流,对于粉末状、块状或具有晶粒特性的超导体,如高温超导体,传输电流是晶间电流,晶内电流不能够作为传输电流。对于小样品或大电流情况,由于四引线方法必须焊接四根引线,这给连接带来很大困难,并且有可能损伤超导样品。交流磁化率测量法是非接触测量方法,没有引线,无须注入电流,能够测量晶内超导电流产生的磁场,因而在超导体临界电流测量方面得到了广泛应用。

为了简单方便解释交流磁化率法测量超导体临界温度的原理,以无限大超导平板几何模型为例说明电阻率和磁化率的关系。如图 2.19 所示,无限大超导平板的厚度为 a,沿 x 轴方向,板在 yz 平面内为无穷大,交变磁场沿 z 方向。假定外加磁场是圆频率为 ω 的时谐场,$B(0,t)=B_0\exp(-j\omega t)$,根据麦克斯韦方程,利用分离变量法得到超导板内磁场为

$$B(x,t) = B_0 \frac{e^{ikx} + e^{ik(a-x)}}{1 + e^{ikd}} \tag{2.52}$$

式中,$k=(1+i)/\delta$,δ 为趋肤深度(skin depth),

$$\delta = \sqrt{\frac{2\rho}{\mu_0\omega}} \tag{2.53}$$

磁化率为

$$\tilde{\chi} = \chi' - i\chi'' \tag{2.54}$$

磁化率的实部和虚部分别为

$$\chi' = \frac{\mathrm{sh}u + \sin u}{u(\mathrm{ch}u + \cos u)} - 1 \tag{2.55}$$

$$\chi'' = \frac{\mathrm{sh}u - \sin u}{u(\mathrm{ch}u + \cos u)} \tag{2.56}$$

其中

$$u = \frac{a}{\delta} = \sqrt{\frac{\omega\mu_0 a^2}{2\rho}} \tag{2.57}$$

由式(2.55)和式(2.56)可知,磁化率与电阻率有一一对应关系。如果电阻率 $\rho \to 0$,$u \to \infty$,那么,$\chi' \to -1$,$\chi'' \to 0$;如果电阻率 $\rho \to \infty$,$u \to 0$,那么,$\chi' \to 0$,$\chi'' \to 0$。通过对不同温度下超导体磁化率实部的测量,$\chi' = -1$ 对应的温度即为超导体的临界温度。需要说明的是,这里的转变是指零电阻率转变,并不说明超导体是否处于迈斯纳态。

图 2.20 为超导体交流磁化率实部 χ' 与温度 T 的关系曲线示意图。与四引线电测法相同,超导体磁化率转变对应一温度范围,因此临界温度和超导体的转变宽度的确定也可以按照类似电测法采用的方法进行。在 χ'-T 曲线正常态转变部分作一条直线 $\chi' = 0$,与 χ' 轴交点为 0;在 $\chi' = -0.1, -0.5, -0.9$ 的三条直线与 χ'-T 曲线的三个交点所对应的温度分别记为 $T_{0.1}$、$T_{0.5}$ 和 $T_{0.9}$,其中,$T_{0.5}$ 定义为超导体临界温度 T_c,即 $T_c = T_{0.5}$,$T_{0.9}$ 和 $T_{0.1}$ 的差定义为超导体的转变宽度 $\Delta T_c = T_{0.1} - T_{0.9}$。

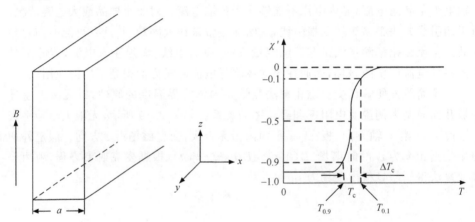

图 2.19　厚度为 a 的无限大超导板　图 2.20　超导体交流磁化率实部与
温度的关系曲线

2.3.3　超导体临界电流 I_c 的测量

超导体在低于临界温度时处于电阻为零的超导态,但是超导体传输电流的能力有一定限度,不能无限无阻地传输电流,也就是说当传输电流大于某一值后,超导体也将从超导态转变为正常态,即通常意义上的失超(quench)。超导体能够无阻传输的最大直流电流称为临界电流 I_c。超导体临界电流的测量方法也有多种,本节只介绍电测法和磁测法两种方法。

1. 电测法

超导体临界电流最直观的方法是测量超导体的电阻(或电压)。在低于临界温度和临界磁场强度时,当电流达到临界电流时,超导体上出现电压或电阻陡然变大时所对应的电流就是超导体的临界电流。超导体临界电流除与温度有关外,还与磁场有关,见图 2.7。为了说明测量方法又不失共性,这里只介绍零磁场(自场)下某一温度 $T(T < T_c)$ 时的临界电流测量方法。

1) 临界电流的定义

与临界温度的测量原理相似,超导体从超导态向正常态的转变,即从零电阻或零电压向有阻或有电压的一个转变,但不会如式(2.58)描述"理想导体"那样出现电压发生突变现象,如图 2.21 中所示 $n = \infty$ 所对应的直线。

$$U = \begin{cases} 0 & I \leqslant I_c \\ \infty & I > I_c \end{cases} \tag{2.58}$$

式中,U 为理想导体两端的电压;I_c 为理想导体的临界电流。

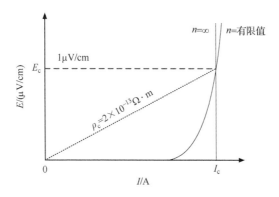

图 2.21　超导体电流电压关系

实际超导体电压随电流变化是非线性的,一般满足式(2.59)所示幂指数关系:

$$U = U_c \left(\frac{I}{I_c} \right)^n \tag{2.59}$$

式中,U_c 为 $I = I_c$ 时超导体两端的电压;n 为幂指数,与温度和磁场有关,见式(2.60),表征超导体在工作电流接近 I_c 时,电压随电流增加向正常态转变的剧烈程度。显然,$n = 1$ 对应常规导体,$n = \infty$ 对应式(2.58)所描述的理想导体,即电阻不是零就是无穷大两个状态,

$$n = \frac{U_{\text{eff}}(H, T)}{k_B T} \tag{2.60}$$

式中,$U_{\text{eff}}(H, T)$ 为超导体有效钉扎势,它除与超导材料本身内禀特性有关外,还与加工工艺有关;k_B 为玻尔兹曼常量。

一般将式(2.59)折算成单位长度超导体电压的形式

$$E = E_c \left(\frac{I}{I_c} \right)^n \tag{2.61}$$

式中，E 和 E_c 的单位采用 $\mu V/cm$。在图 2.21 中，"$n=$有限值"所对应的曲线为方程(2.60)所描述的幂指数关系曲线。

超导体临界电流的确定需要给定判据，按照国际和国家标准，对于电测法测量超导体临界电流，采用的判据有两个：电场判据 $E_c=1\mu V/cm$ 和电阻率判据 $\rho_c = 2\times10^{-13}\Omega\cdot m$，两者是等价的。

在图 2.21 中，水平虚线 $E_c=1\mu V/cm$ 代表电场判据，通过原点的倾斜虚线代表电阻率判据。

2）临界电流的测量

与超导体临界温度测量方法电路相同，临界电流的接线方法也采用四引线方法。电流源是直流电源。待测样品按如图 2.18 所示方法连接后，首先将样品冷却到临界温度之下某温度 T，然后给样品施加电流，记录电压和电流曲线，单位长度电压为 $1\mu V/cm$ 或电阻率为 $2\times10^{-13}\Omega\cdot m$ 所对应的电流即为该超导体在温度 T 下的临界电流。一般低温超导体 n 值很大(>25)，电流接近临界电流时电压变化很陡，所以临界电流参数 I_c 可以描述超导体载流能力；但是对于高温超导体，在液氮温区 n 值一般不超过 20，这时描述超导体的载流特性除了临界电流 I_c 外，还应该考虑 n 值的影响。尤其是在超导电力和超导磁体强电应用场合不能忽视 n 值的影响，有关 n 值的定义及其影响这方面的内容将在本书第 3 章详细讨论。

2. 磁测法

由于临界电流的磁测法是基于超导体临界态模型计算的，这里有必要对临界态模型进行简要介绍，以便能够更好地理解临界电流磁测法的原理。

1）临界态模型

由于实用超导体都是非理想第 II 类超导体，体内钉扎中心对磁通的作用力称为钉扎力。当钉扎力和电磁力（洛伦兹力）平衡时，钉扎力接近最大值，此状态称为临界态。最简单、直观的临界态模型（critical state model，CSM）是比恩（Bean）模型。Bean 模型指出，超导体的临界电流密度是与磁场无关的常数，在超导体内电流密度 J 只能取三个值，要么是零($J=0$)，要么是临界电流密度($J=\pm J_c$)。具体表现为，有磁场分布的区域电流密度 J 为临界电流密度 $\pm J_c$，无磁场分布的区域电流密度为零，即

$$J = \begin{cases} 0 & B=0 \\ \pm J_c & B\neq 0 \end{cases} \tag{2.62}$$

根据麦克斯韦方程

$$\nabla\times B = \pm\mu_0 J_c \tag{2.63}$$

能够获得磁场分布。

为了说明利用 Bean 临界态模型计算超导体磁通密度和电流密度分布方法，简

单起见,考虑处于均匀外磁场 H 中的超导平板几何模型。模型厚度为 $2a$,沿 x 方向;板在 yz 方向无限延伸;磁场 H 沿 z 方向,见图 2.22(a)和图 2.22(b)。图 2.22(a)和 2.22(b)分别是超导板处于外磁场 H、无传输电流($I=0$)和有传输电流 I、无外磁场($H=0$)时根据 Bean 临界态模型计算的磁场和电流分布。

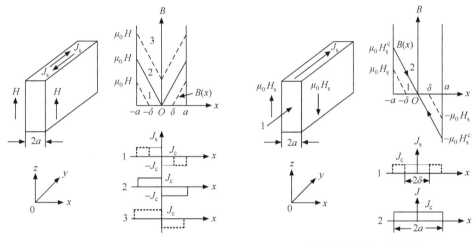

(a) 超导板处于外磁场 H 中, 传输电流 $I=0$ (b) 超导板传输电流 I, 外磁场 $H=0$

图 2.22 根据 Bean 临界态模型计算的磁感应强度及电流密度分布

首先考虑 2.22(a)所示超导体处于均匀外磁场 H 和传输电流 $I=0$ 的情况,方程 (2.63)变为一维微分方程,考虑边界条件

$$B(-a) = B(a) = B \tag{2.64}$$

可以得到超导体内磁通密度分布

$$B(x) = \mu_0[H - J_c(|x| - a)] \qquad |x| \leqslant a \tag{2.65}$$

由于外场 H 沿 z 轴方向。超导体内感应磁通密度 $B(x)$ 也沿 z 轴方向。超导体内感应出超导电流密度 J_s,由于超导电流对外磁场 H 的屏蔽效应,超导电流所产生的磁场必须与外磁场反向,因此超导体内电流平行于 xy 平面且沿顺时针方向,即超导体左右半部分的电流方向相反。相对于外磁场,超导体内磁通密度左右对称[见图 2.22(a)中右上图],虚线 1 与 x 轴的交点为($\pm\delta, 0$),表示外磁场进入超导体内距离中心 O 的位置,此时在磁场穿过的区域($-a, -\delta$)和(δ, a),电流密度等于临界电流密度,$J_s = \pm J_c$,$\pm$ 表示左右两半部分电流密度方向相反;而左右两半部分的磁感应强度大小相等,方向相同。在($-\delta, \delta$)区域内磁通密度为零,超导电流密度也为零,$J_s = 0$,电流分布如图 2.22(a)中右下图 1 所示情况。随着磁场的增加,当增加到恰好磁场到达中心 O 处,见实线 2,此时磁场完全穿透超导体,这时的磁场叫做完全穿透场(full penetrated field),简称穿透场,$H_p = J_c a$,整个超

导体内均有磁场,且整个超导体的电流密度均为临界电流密度,$J_s = \pm J_c$,$\pm$意义与 1 相同,此时相对应的电流密度分布见图 2.22(a)右下图实线 2 所示。磁场 H 进一步增加,超导体内磁感应强度和中心处磁感应强度都线性增加[见图 2.22(a)中右下图虚线 3],只要不超过超导体上临界场 H_{c2},超导体完全穿透后,整个超导体内电流密度始终为临界电流密度 $J_s = \pm J_c$。

考虑 2.22(b)超导体有传输电流 I、外磁场 $H = 0$ 的情况,方程(2.63)变为一维微分方程,由于传输电流方向沿 y 轴正方向,所以麦克斯韦方程(2.63)右侧只取正号,考虑边界条件

$$H(-a) = -H(a) = H_s \qquad\qquad (2.66)$$

式中,H_s 为传输电流在超导板表面产生的磁场,$H_s = I/(2\mu_0)$;当电流增大到超导体临界电流 $I = I_c$ 时,超导体表面磁场达到最大,$H_s^c = I_c/(2\mu_0)$,可以得到超导体内磁通密度分布:

$$B(x) = \pm\mu_0[H - J_c(|x| - a)] \qquad |x| \leqslant a \qquad (2.67)$$

$\pm$ 分别表示对应图 2.22(b)超导板左半部分和右半部分磁感应强度的分布,传输电流 I 沿 y 轴方向,在超导体左右两部分产生的磁场大小相等、方向相反。电流总是先从超导体表面流入,然后逐渐向超导体内渗透。如图 2.22(b)所示,超导体内电流密度左右对称,虚线 1 表示传输电流产生的磁场进入超导体内中心 O 的距离为 δ,此时在磁场穿过区域 $(-a, -\delta)$ 和 (δ, a),电流密度等于临界电流密度,$J_s = J_c$,大小相等,方向相同;而磁场大小相等,方向相反,$B(x) = -B(-x)$。在区域 $(-\delta, \delta)$ 区域内磁通密度为零,超导电流密度也为零,即 $J_s = 0$,电流分布如图 2.22(b)中右下图 1 所示情况。随着传输电流的增加,电流产生的磁场也相应增加,当增加到恰好使磁通密度左右同时到达中心 O 处,见图 2.22(b)右上图中的实线 2,此时磁场完全穿透超导体,超导体的传输电流密度等于临界电流密度,即 $J_s = J_c$,见图 2.22(b)右下图中实线 2 表示的电流密度分布,此时传输电流产生的磁场等于超导体的穿透场 $H_p = J_c a$,超导板内磁通密度沿中心轴线对称分布,但是方向相反。

虽然超导体内电流密度及其磁通分布可以由 Bean 模型简单地进行描述,但是它的前提是假定临界电流密度 J_c 是与磁场 H 无关的常数,然而实际情况是临界电流密度与磁场密切相关。但是 Bean 临界态模型能够使复杂的数学计算得到简化,常常用于超导体电磁特性的计算中,这些电磁特性包括磁通跳跃、失超及其传播特性、交流损耗等。关于这方面的内容,将在第 4、5 章中介绍。目前,超导临界态有很多种模型,如临界电流密度与磁场成反比的 Kim 模型等,虽然能够反映出临界电流密度与磁场的关系,但是也不能完全反映实验事实。尽管 Bean 模型预测结果与实验有出入,但是由于其简单、直观、容易理解,仍然是目前用得最多的临界态模型。

2) 临界电流磁测法

按照一维近似和 Bean 临界态模型,超导体内临界电流密度与磁化强度的关系为

$$J_c(H) = \frac{M_- - M_+}{2a} = \frac{\Delta M}{2a} \tag{2.68}$$

式中,M_- 和 M_+ 分别为磁化曲线或磁滞回线降场和升场至某一磁场 H 时超导体的磁化强度;a 为磁化测量中超导样品在垂直磁场方向上的平均半厚度。

如果磁滞回线是完全对称的曲线,那么 $M_- = -M_+ = M(H)$,式(2.68)简化为

$$J_c(H) = \frac{M(H)}{a} \tag{2.69}$$

超导体在磁场中被磁化,在超导体内感应出磁屏蔽电流(感应电流),屏蔽电流产生磁矩。利用 SQUID 或 VSM 测量超导体磁化强度 M(单位体积磁矩)或磁滞回线,就可以获得超导体的临界电流密度。如图 2.23 所示的磁滞回线,在磁场为 H_1、H_2、H_3 和 H_4 处的临界电流密度可以根据式(2.69)计算获得。

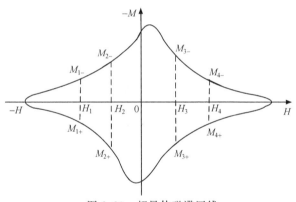

图 2.23　超导体磁滞回线

另外,磁测临界电流密度还可以通过测量交流磁化率 χ 虚部 χ'' 取峰值时的方法获得。假定在交流磁化法测量中同时施加直流磁场和交流磁场,所施加的直流背景磁场为 H,交流磁场幅值为 H_{ac},且满足 $H \gg H_{ac}$。满足这种条件下,在一定频率下,测量超导体交流磁化率虚部 χ'' 随交流磁场幅值 H_{ac} 的变化关系,在交流磁场 H_{ac} 等于某值 H_0 时,交流磁化率虚部 χ'' 最大,那么即可得到超导体在直流磁场 H 时的临界电流密度

$$J_c(H) = \frac{2H_0}{d} \tag{2.70}$$

式中,d 为超导体厚度。与临界温度的磁测量法一样,临界电流密度的磁测量也是非接触测量,没有电测量中存在的电流引线的导热和接触电阻的焦耳热影响。在直流磁化测量中没有交流损耗,而交流磁化测量中交流磁场振幅往往比较小(高斯

量级),感应屏蔽电流密度低,磁滞损耗及涡流损耗很低,而且变温测量容易,通过温度扫描方法测量磁滞回线 $M(T)$ 和磁化率曲线 $\chi(T)$ 容易,因此能够很方便地得到超导体临界电流密度随温度及磁场的关系 $J_c(H,T)$。

必须指出,磁测法测量临界电流密度虽然方便、快捷,但是这种测量方法基于 Bean 临界态模型,对于非均匀或各向异性超导材料,测量得到的临界电流密度不同于传输临界电流密度,且与磁场方向有关,而且往往比电测法得到的临界电流密度要大。此外,对于具有晶粒特性的超导材料,磁测法得到的临界电流密度是晶内临界电流密度和晶间临界电流密度之和,而晶内临界电流密度通常比晶间临界电流密度大一个数量级。磁测法得到的临界电流密度能够反映超导材料的磁通捕获、磁通钉扎、磁通蠕动等特性。因为只有晶间临界电流密度才具有宏观传输电流的能力,所以电测法测量的临界电流密度与磁测法测量的晶间临界电流密度相同。在实际应用中,超导体临界电流的测量仅仅采用磁测法还不够,应该根据具体应用情况,采用相应的临界电流密度的测量方法。

2.3.4　临界磁场的测量

前面提到,超导体的临界温度 T_c、临界电流密度 J_c 和临界磁场 $H_c(H_{c1},H_{c2})$ 三个基本临界参量不是相互独立的,因此,临界磁场的测量也必须指定相应的温度。本节重点介绍临界磁场的测量方法,讨论在温度 T 恒定的前提($T<T_c$)下超导体的临界磁场测量方法。简单地讲,根据超导体处于超导态的无阻载流特性,临界磁场的测量常用的方法也有两种:电测法和磁测法。

1. 临界磁场的电测法

超导体临界磁场的电测法也是最直观、最简洁明了的测量方法,它采用四引线法,见图 2.18。所不同的是,待测超导样品放置于直流背场磁体中,在低于临界温度 T_c 的温度 T 下,给样品施加小电流,然后给磁体励磁,使得超导体所处磁场逐渐增大,测量超导体电阻与磁场变化曲线,当待测超导体样品电阻陡然下降,见图 2.24,电阻 $R_{0.5}$ 所对应的磁场即为临界磁场。

2. 临界磁场的磁测法

根据测量临界温度的交流磁化法测量交流磁化率 χ 来测量超导体的临界磁场。图 2.25 给出了导体电阻率与交流磁场圆频率和交流磁化率之间的关系。当电阻率很大时,交流磁化率 $\chi(\chi'-\mathrm{i}\chi'')$ 趋于零;当电阻率很小时,部分交流磁化率仍然有一定值。如果频率确定,电阻率 ρ 趋于零时,趋肤深度 δ[见式(2.53)]也趋于零,此时交流磁化率实部 χ' 趋于 -1,说明样品接近完全抗磁状态——迈斯纳

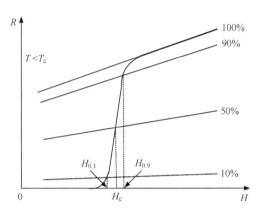

图 2.24　四引线法临界磁场的定义

态,它反映了超导体具有磁屏蔽的能力。另一方面,在电阻率 ρ 趋于零时,交流磁化率的虚部 χ'' 也趋于零,说明没有损耗发生,交流场完全被排出超导体(因为交流损耗与磁化率的虚部成正比,有关这方面的内容将在第 5 章详细介绍,这里不再赘述)。相反,如果电阻率足够大,趋肤深度远大于超导样品尺度 d,$\delta \gg d$,则磁化率实部 χ' 趋于零,说明没有抗磁性;同时虚部 χ'' 也趋于零,损耗也为零,这是因为电阻率 ρ 很大时,完全抑止了超导样品中感应电流的产生,磁场完全穿透样品。从图 2.25 中右部可知,当电阻率足够大时,以至于穿透深度 δ 大于样品尺寸 d,交流磁化率 χ 很小,几乎不随电阻率变化,所以交流磁化法不适合测量大电阻率超导体的临界电流和临界磁场。

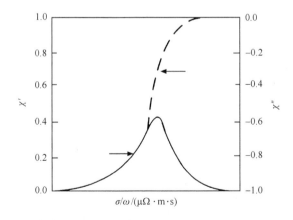

图 2.25　交流磁化率与电阻率的关系

在一定温度 T ($T < T_c$) 下,将超导样品置于磁体中,超导体处于超导态,改变交流磁场测量磁化率 $\chi(\chi' - \mathrm{i}\chi'')$ 与磁场的关系曲线。当磁场强度达到临界磁场强

度后,第Ⅰ类超导体将由超导态转变为有阻的正常态,交流磁化率实部的绝对值 χ' 陡然增加,虚部 χ'' 也从零陡然增加,此时对应的磁场即为该温度 T 下第Ⅰ类超导体的临界磁场 $H_c(T)$。

第Ⅱ类超导体有两个临界磁场 H_{c1} 和 H_{c2}。在温度 $T(T<T_c)$ 下,超导样品所处磁场逐渐增加,记录磁化率 χ 的实部 χ' 和虚部 χ'' 随磁场增加的变化曲线。当实部 χ' 从迈斯纳态时的值 -1 开始增加,同时虚部 χ'' 开始大于零,此时的磁场为该温度下超导样品的下临界场 $H_{c1}(T)$。继续增加磁场,当实部 χ' 由负值增加接近于零,虚部 χ'' 从峰值缓慢变小,此时的磁场为该温度下的上临界场 $H_{c2}(T)$。需要注意的是,样品表面保持光洁,保证样品表面不存在位垒和磁通钉扎,以减小测量误差。

需要补充的是,利用交流磁化率还可以测量超导体的不可逆场的磁场强度 $H_{irr}(T)$。不可逆场是超导体内钉扎力等于零、磁通涡旋开始自由流动时对超导体施加的磁场,这时超导体临界电流密度为零,不能无阻传输电流。对于传统的低温超导体,不可逆场 $H_{irr}(T)$ 和上临界场 $H_{c2}(T)$ 很接近,一般认为上临界场就是不可逆场,$H_{irr}(T)=H_{c2}(T)$。但是氧化物高温超导体的不可逆场的磁场强度远远小于其上临界场的磁场强度。不可逆场的磁场强度是高温超导电力应用中需要考虑的重要参数,因此这里有必要简单介绍确定高温超导材料的不可逆场的磁场强度的方法。

通常测量不可逆场的方法是采用零场冷却(ZFC)和有场冷却(场冷,FC)两种方法来测量。首先将待测样品预设温度 T,施加直流磁场 H_{dc},接着升温到正常态温度,在此过程中测量零场冷却的交流磁化率曲线 χ-T,然后降温到预设温度 T,保持直流磁场 H_{dc} 不变,冷场升温,记录冷场升温磁化率,得到冷场磁化率温度曲线 χ-T。由于低温下,超导体磁通钉扎能力强,施加的磁场进入样品较少,表现出显著抗磁性,因此零场冷却磁化率实部 χ' 的低温部分小于场冷的实部 χ'。在场冷方式中,温度较高时所施加的磁通密度在降温过程中因为钉扎效应而留在超导体内,抗磁性小。测量不同温度场冷和零场冷却磁化曲线。当场冷和零场冷却两种情况下得到的磁化曲线接近重合时,即磁化曲线变为可逆磁化曲线,此时的温度定义为不可逆温度 $T_{irr}(<T_c)$;然后再测量此温度下两种情况的交流磁化率的交点所对应的磁场,即不可逆场。

另外,还有其他测量不可逆场的方法。采用磁化率虚部 χ'' 的峰值定义不可逆场 $H_{irr}(T)$,可在设定温度下测量交流磁化率和温度的关系 χ-T 曲线,得到磁化率虚部 χ'' 取峰值时的温度 T_p,选择磁化率实部 $\chi'=-0.05$ 时的上临界场 $H_{c2}(T)$,则不可逆场 $H_{irr}(T)=H_{c2}(T)=H(T_p)$。

值得注意的是,高温超导体在 4.2K 温度的上临界场 H_{c2} 很高,经计算超过 100T,目前无法提供如此高的恒定磁场。因此,对于高的上临界场的测量,需要间接测量推算,如先测量温度比较高(仍然低于临界温度)的上临界场,然后根据拟合推算获得低温下的上临界场。

参 考 文 献

纪圣谋,丁世英,徐键键.2007.超导体的交流磁化率测量.低温物理学报,29(3):207—214.

林良真,张金龙,李传义,等.1998.超导电性及其应用.北京:北京工业大学出版社.

刘在海.1992.超导磁体交流损耗和稳定性.北京:国防工业出版社.

罗虹,丁世英,林良真.2002.Bi2223/Ag 超导带材的超低频交流损耗.低温物理学报,24:161—165.

米克秒.1980.超导电性及其应用.北京:科学出版社.

时东陆,周午纵,梁维耀.2008.高温超导应用研究.上海:上海科学技术出版社.

吴杭生,管惟炎,李宏成.1979.超导电性.第二类超导体和弱连接超导体.北京:科学出版社.

中国科学院物理研究所.1973.超导电材料.北京:科学出版社.

Anderson P W, Rowell J M. 1963. Probable observation of the Josephson superconducting tunneling effect. Physical Review Letter, 10:230—232.

Ashcroft N W, Mermin N D. 1976. Solid State Physics. Orlando:Harcourt.

Bardeen J, Cooper L N, Scriefer R. 1957. Theory of superconductivity. Physics Review,108: 1175—1204.

Bean C P. 1964. Magnetization of high-field superconductors. Reviews of Modern Physics,36: 31—39.

Bednorz J G, Mueller K A. 1986. Possible high T_c superconductivity in the Ba-La-Cu-O system. Physics B, 64(2):189—193.

Brandt E H, Indenbom M. 1993. Type -II-superconductor strip with current in a perpendicular magnetic field. Physics Review, B48:12983—12995.

Carr W J. 1983. AC Loss and Macroscopic Theory of Superconductors. New York:Gordon and Breach Science Publisher, Inc.

Cooper L N. 1956. Bound electron pairs in a degenerate Fermi gas. Physics Review,140:189—1190.

Ekin J W. 2007. Experimental Techniques for Low -Temperature Measurement. New York: Oxford University Press Inc.

Jako R. 1993. Magnetic properties and AC-losses of superconductors with power law current-voltage characteristics. Physica C, 212:292—295.

Josephson D. 1962. Possible new effects in superconductive tunneling. Physics Letters,1:251—253.

London F,London H. 1935. Romagnetic equations of the superconductors. Proceedings of the Royal Society, A149: 71—88.

Meissner W, Ochsenfeld R. 1933. Ein Neuer Effekter bei Eintritt der Supraleitfahigkeit. Naturwissenschaften, 21:787—788.

Muller K H,Andrikidos C, Liu H K, et al. 1994. Intergranular and intragranular critical currents in silver-sheathed Pb-Bi-Sr-Ca-Cu-O tapes. Physics Review, B50:10218—10223.

Murase S, Itoh K, Wda H, et al. 2001. Critical temperature measurement method of composite superconductors. Physica C, 357—360:1197—1200.

Norris W T. 1970. Calculation of hysteresis losses in hard superconductors carrying ac: Isolated conductors and edges of thin sheets. Journal of Physics D: Applied Physics, 3: 489—496.

Ren C, Ding S Y, Zeng Z Y, et al. Dependence of the flux-creep time scale on sample size for melt-textured $YBa_2Cu_3O_7$ by ac-susceptibility measurements. Physics Review, B53: 11348—11351.

Saint-James D, Sarma G, Thomas E T. 1969. Type II Superconductivity. Oxford: Pergamon.

Shinji T, Shirabe A, Yasuhiro I, et al. 2001. Transport current properties of Y-Ba-Cu-O tape above critical current regions. IEEE Transactions on Applied Superconductivity, 11: 1844—1847.

Wang Y S, Xiao L Y, Lin L Z, et al. 2003. Effects of local characteristics on the performance of full length Bi2223 multifilamentary tapes. Cryogenics, 43(2): 71—77.

Wilson M N. 1983. Superconducting Magnets. Oxford: Clarendon Press.

Yeh V, Wu S Y, Li W H. 2008. Measurements of superconducting transition temperature T_c of Sn nanoparticles. Colloids and Surface A: Physicochemical Engineering Aspects, 313-314: 246—249.

Yukikazu Iwasa. 1994. Case Studies in Superconducting Magnets. New York: Plenum Press.

Zhang Y H, Luo H, Wu X F, et al. 2001. Effect of flux creep on I_c measurement of electric transport. Superconductor Science Technology, 14(6): 346—349.

第3章 超导体的机械特性和各向异性特性

在实际应用中,超导体会受到机械应力的作用,如超导装置在加工中会受到预应力作用,在冷却的过程中还会受到热应力(冷收缩应力)作用,在通电运行时会受到电磁力(洛伦兹力)作用。另外,在超导电工应用中,超导体往往以线圈的形式出现,线圈中各点的磁场大小和方向各不相同,对于超导体尤其是高温超导体,由于其本身固有的结构特性,其临界电流和 n 值也表现出强烈的各向异性。因此,实用超导材料的机械特性和各向异性是超导电工应用中需要重点考虑的重要特性。

3.1 超导材料的机械特性

传统的低温超导材料如 NbTi、Nb_3Sn 及 Nb_3Al 等是合金材料,具有较强的机械特性。但是,高温超导材料是氧化物陶瓷材料,比较脆,机械性能差。当机械应力(拉应力、弯曲应力)达到某些值时,载流能力将会下降。本节将重点介绍超导材料在拉应力和弯曲应力作用下,超导材料临界电流的变化特性。

3.1.1 机械特性的一般描述

一般金属或合金材料机械特性由强度、屈服强度、拉应力(抗拉强度)、应变(拉应变、弯曲应变)、延伸率、断面收缩率、硬度、冲击韧性等参数描述。基于本书内容和超导材料的实际应用情况,我们仅仅介绍描述超导材料的机械特性常用参数即拉伸应力、拉伸应变、弯曲应变对超导材料临界电流的影响规律。

一般情况下,材料在拉伸机械应力作用下,经历四个阶段:弹性阶段、屈服阶段、强化阶段和径缩阶段。如图 3.1 所示,阶段 I 为线性弹性阶段,拉伸初期的应力-应变曲线为一直线,此阶段应力最高限称为材料的比例极限 σ_e。阶段 II 为屈服阶段,当应力增加至一定值时,应力-应变曲线出现近似水平线段,在此阶段内,应力几乎不变,而应变 ε 却急剧增长,材料失去抵抗变形的能力,这种现象称为屈服,相应的应力称为屈服应力或屈服极限,并用 σ_s 表示。阶段 III 为强化阶段,经过屈服后,材料又增强了抵抗变形的能力。强化阶段的最高点所对应的应力,称为材料的强度极限,用 σ_b 表示,即强度极限是材料所能承受的最大应力。阶段 IV 为颈缩阶段,当应力增至最大值 σ_b 后,试件的某一局部显著收缩,应力减小,最后在缩颈处断裂。区域 III 和 IV 统称为塑性区,在此区域内去掉应力后,材料不会恢复到原来初始长度,发生永久形变。对于超导材料来讲,最大拉伸应力和应变限制在弹性变化阶段Ⅰ,以保证超导体正常载流能力不至于下降,因此将在弹性阶段内描述超导材料机械拉伸特性。在一般材料的实际设计中,允许有 0.2% 的塑性形变,所以约定在发生 0.2% 塑性形变处所对应的应力 σ 为屈服强度。

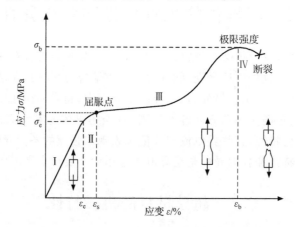

图 3.1　金属或合金材料拉伸应力与应变示意图

3.1.2　拉伸特性

在超导电力应用中,载流超导体会受到预应力、热收缩应力和电磁力的共同作用,超导材料在某一临界应力 $\sigma_c(\sigma_c < \sigma_e)$ 情况下,载流能力不受影响,但是超过临界应力 σ_c 后,载流特性发生不可逆转的退化,因此,超导材料的机械应力特性是超导电力装置结构设计需要考虑的关键因素之一。

图 3.2 是超导材料临界电流随拉应力的变化曲线。临界应力 σ_c 是按如下规则定义的:一定温度下,给超导材料施加应力 σ,当临界电流 i_c(归一化临界电流,即拉应力作用下超导体临界电流与自由超导体临界电流之比)降为无拉应力作用时,

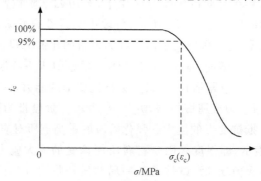

图 3.2　超导材料临界电流随拉伸应力示意图

临界电流的 95% 所对应的应力为该超导材料的临界应力 σ_c,对应的应变称为临界拉伸应变 ε_c。

3.1.3 弯曲特性

在超导电工应用中,超导体常常以线圈的形式出现,超导材料的绕制弯曲半径必须限定在一定范围内。超导材料弯曲应变定义为

$$\varepsilon_r = \frac{t}{2r} \tag{3.1}$$

式中,ε_r、t 和 r 分别对应超导材料弯曲应变、厚度和弯曲半径。

图 3.3 是超导材料临界电流随弯曲应变 ε_r 的变化曲线。与临界拉伸应力(应变)σ_c(ε_c)定义相同,也是按照一定温度下,超导材料以一定弯曲半径弯曲,当临界电流降为无任何弯曲临界电流的 95% 时,所对应的弯曲应变(弯曲半径)为该超导材料的临界弯曲应变(弯曲半径)ε_c(r_c)。

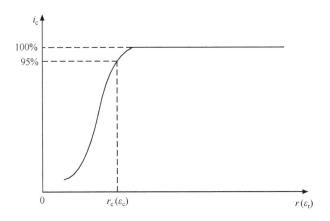

图 3.3 超导材料临界电流随弯曲应变应变示意图

实用超导材料除给出自场下、磁场下临界电流外,机械特性参数也是衡量超导材料的重要参数。表 3.1 给出美国超导公司(AMSC)研制出的第二代高温超导材料(344S)几何和机械特性的典型参数。这些参数在超导电力装置的设计中非常重要,通过计算应力和应变来决定超导电力装置是否需要额外加固和保护,以免出现机械损坏。

表 3.1 美国超导公司第二代高温超导材料(344S)的几何和机械性能参数

几何及机械特性	最小厚度/mm	最大厚度/mm	最小宽度/mm	最大宽度/mm	最小弯曲半径/mm	最大拉伸应力/MPa	最大拉伸力/kg	最大拉伸应变/%
数值	0.36	0.44	4.24	4.55	17.5	200	20	0.3

3.2　超导材料的电磁各向异性

第 2 章提到,超导材料的临界电流随磁场的增加而单调地减小。低温超导材料是合金材料,其临界电流的减小程度只与磁场的大小有关,而与磁场的方向没有关系。所谓超导材料的各向异性,是指超导体临界电流不仅与磁场的大小有关,还与磁场的方向密切相关。因此,低温超导体没有电磁各向异性。高温超导材料是氧化物陶瓷材料,具有晶粒特性和强烈的各向异性,因此,超导材料的各向异性主要是指高温超导材料的各向异性,其具体参数主要是临界电流的各向异性参数。除此之外,由于高温超导材料从超导态向正常态转变的变化程度比低温超导体慢,以 n 值大小来描述,即高温超导体的 n 值比低温超导体的 n 值低很多。如图 3.4 所示,横轴表示归一化电流即传输电流与临界电流的比值,纵轴表示超导体上单位长度上的电压;假定低温超导体(LTS)和高温超导体(HTS)具有相同的临界电流,n_L 和 n_H 分别是低温超导体和高温超导体的 n 值。一般情况下,超导体 n 值是将超导材料电流电压曲线按照幂指数定律在 $0.1\mu V/cm \leqslant E \leqslant 1\mu V/cm$ 内拟合得到的参数。

$$E = E_c \left(\frac{I}{I_c(B,T)} \right)^{n(B,T)} \tag{3.2}$$

式中,$E_c = 1\mu V/cm$ 是临界电流定义判据。

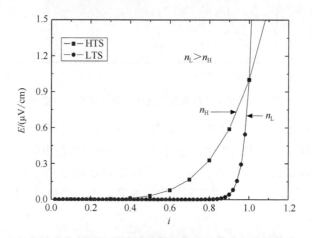

图 3.4　典型的高温和低温超导材料电压电流曲线

与临界电流相似,n 值不仅与磁场的大小有关,而且与磁场的方向密切相关。因此,高温超导材料的各向异性除临界电流的各向异性外,还应包括 n 值的各向异性。

3.2.1　高温超导材料临界电流的各向异性

高温超导材料具有强烈的各向异性。图 3.5 为超导材料临界电流各向异性的典型曲线图,其中,小图是磁场相对超导带材的方向,$B_{/\!/}$ 和 $B_{\perp}$ 分别是平行和垂直于超导带表面的磁场的磁感应强度。很显然,垂直场对临界电流的影响比平行场影响严重得多。

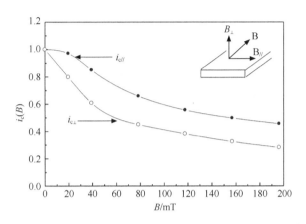

图 3.5　超导带材临界电流各向异性示意图

1. 第一代高温超导材料(Bi2223)临界电流的各向异性

目前,商业化高温超导材料有两种:Bi 系超导带材(第一代超导材料)和 Y 系超导涂层导体材料(第二代超导材料)。对于第一代超导材料的各向异性特性,没有精确的统一表达式。但是,目前比较公认的描述在 77K 温度临界电流随磁场大小和方向变化的经验模型有以下几种。在直流磁场 B 中,临界电流与磁场的关系为

$$I_c(B,\theta) = \frac{I_{c0}}{48 - 6.8e^{-B_{/\!/}/B_0} - 40.2e^{-B_{\perp}/B_0}} \tag{3.3}$$

式中,$I_c(0)$ 为超导材料自场(零外磁场)下的临界电流;$B_{/\!/}$ 和 $B_{\perp}$ 分别为平行和垂直场分量的绝对值;$B_0 = 1\text{T}$ 是拟合常数。用式(3.3)在温度 77K 和低磁场下的计算结果与实验结果符合得较好,但在磁场较高时($B > 1\text{T}$)与实验结果误差较大。

按照 G-L 理论,引入有效质量张量模型,临界电流与磁场的关系为

$$I_c(B,\theta) = I_c(\varepsilon_\theta, B) \tag{3.4}$$

式中

$$\varepsilon_\theta = \sqrt{\varepsilon^2 \cos^2\theta + \sin^2\theta} \tag{3.5}$$

ε_θ 是与角度 θ 有关的参数,θ 是磁场与超导带宽面的夹角;

$$\varepsilon^2 = m_{ab}/m_c = (B_{c2}^c/B_{c2}^{ab})^2 \tag{3.6}$$

式中，ε 为各向异性参数；m_{ab} 和 m_c 分别为超导体晶粒沿 ab 面和 c 轴的有效质量；B_{c2}^c 和 B_{c2}^{ab} 分别为沿超导晶粒 ab 面和 c 轴上的上临界场；θ 是磁场与超导带宽面的夹角。

在 20～77K 温度范围，理论计算与实验吻合；但是在温度低于 20K 时，理论计算与实验偏差较大，因此，不适合在低温下应用。

考虑磁通线由约瑟夫森涡旋（Josephson vortex）和饼涡旋（pancake vortex）组成，二维涡旋模型表明临界电流与磁场的关系为

$$I_c(B,\theta) = I_c(B\sin\theta) \tag{3.7}$$

虽然式（3.7）简单明了，没有可调参数，但是在角度 θ 比较大时，计算结果与实验结果不符。除了式（3.3）外，超导体临界电流在磁场下的关系均与一些微观模型参数相关，实用性差。如果忽略具体微观机理，式（3.8）能够更加简单明了地说明临界电流与磁场的各向异性经验关系，没有任何可调参数，所有参数均为实验参数。

$$I_c(B,\theta) = \frac{I_{c/\!/}(B_{/\!/})I_{c\perp}(B_\perp)}{I_c(0)} \tag{3.8}$$

这里，$B_{/\!/} = B\cos\theta$；$B_\perp = B\sin\theta$；$I_{c/\!/}(B_{/\!/})$ 和 $I_{c\perp}(B_\perp)$ 分别对应平行场和垂直场下临界电流随磁场的变化关系；$I_c(0)$ 为自场临界电流。如果通过实验获得 $I_{c/\!/}(B_{/\!/})$ 和 $I_{c\perp}(B_\perp)$，那么由式（3.8）可以得到任何磁场方向下的临界电流。图 3.6 给出了实验及利用式（3.8）计算的临界电流随磁场方向的变化规律，由图中曲线可知，两者符合得很好。值得注意的是，在 77K、磁场低于 0.15T 时，用式（3.8）计算的结果与实验结果符合；但是在磁场比较高时，没有进行实验。然而，在超导电力应用领域，磁场一般在 0.1T 左右，所以式（3.8）对于超导电力装置的设计、运行等具有重要参考价值。

如果考虑任何温度、任何磁场下临界电流与磁场角度的关系，则有

$$I_c(T,B,\theta) = I_{c0,77}F(T)G(T,B,\theta) \tag{3.9}$$

式中，$I_{c0,77}$ 表示自场下、温度 77K 时的超导临界电流。在温度范围为 20～110K 时，与温度有关的函数

$$F(T) = \begin{cases} 5.92 - 0.065T & T < 75K \\ 3.69 - 0.035T & T > 75K \end{cases} \tag{3.10}$$

在磁场为 0～5T 时，函数 $G(T,B,\theta)$ 通过实验拟合为

$$G(T,B,\theta) = \begin{cases} [1 + |(B\sin\theta)/B_0(T)|^{\alpha(T)}]^{-1} & \theta < \theta_c \\ [1 + |(B\sin\theta_c)/B_0(T)|^{\alpha(T)}]^{-1} & \theta > \theta_c \end{cases} \tag{3.11}$$

式中，θ_c 为临界角度，大约为 6°，与 Bi 系超导带材中晶粒错位角度接近；指数 $\alpha(T)$ 由式（3.12）确定

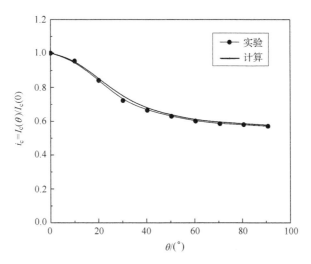

图 3.6　临界电流随磁场方向的变化

$$\alpha(T) = 0.2116 + 8.3 \times 10^{-3} T + (12 + 0.3T) \times 10^{-4} I_{c0} \tag{3.12}$$

B_0 是特征磁场,

$$B_0(T) = 3 \times 10^{-2} + (320 - 3.93T) \times 10^{-5} I_{c0} \tag{3.13}$$

式中,I_{c0} 是温度为 T 时超导带材自场下的临界电流。

式(3.9)~式(3.13)比较复杂,多项式拟合形式较多,适合于磁场范围在 0~5T 内随磁场大小和方向变化的超导带材临界电流的计算,不适合磁场高于 5T 的超导带材临界电流的计算。

考虑温度和磁场后,另一种描述临界电流的经验公式为

$$I_c(T,B) = I_c(77,0) \frac{I_c(T,B_\perp)}{I_c(77,0)} \frac{I_c(T,B_{/\!/})}{I_c(T,0)} \tag{3.14}$$

式中,$I_c(77,0)$ 是温度 77K、自场下的临界电流。方程(3.14)中没有可调参数,需要测量整个温区内垂直和平行磁场范围内的临界电流。

当第一代高温超导体在 77K 温度,磁场范围为 0.5~2T,磁场 B 与带宽面夹角 θ 在 0~70° 时,表明临界电流密度与磁场大小和方向关系的经验公式为

$$J_c(B,\theta) = 21.2 \exp[-f(\theta)B] \tag{3.15}$$

其中与角度变化有关的函数为

$$f(\theta) = 2.02 \times 10^{-8} \theta^5 - 2.95 \times 10^{-6} \theta^4 + 1.04 \times 10^{-4} \theta^3$$
$$+ 1.09 \times 10^{-3} \theta^2 + 3.0 \times 10^{-2} \theta + 1.7 \tag{3.16}$$

2. 第二代高温超导材料(YBCO)临界电流的各向异性

与第一代高温超导带材电磁各向异性特性类似,第二代高温超导带材在磁场

中也表现出各向异性,即临界电流随磁场的增加而降低,且临界电流不仅与磁场的大小有关,而且与磁场的方向有关。垂直场下,临界电流衰减程度远大于平行磁场下临界电流衰减程度。但是其各向异性程度比第一代高温超导材料优越,即垂直场下临界电流的减小程度比第一代高温超导材料小,但是平行场下临界电流受磁场影响却比第一代高温超导材料稍大。

与第一代高温超导带材临界电流各向异性解析表达式不同,第二代高温超导带材各向异性的解析表达式比较少,在较低磁场情况下,用得比较多的经验公式为

$$I_c(B) = I_{c0}(1 + \frac{1}{B_0} \sqrt{\gamma^{-2}B_{/\!/}^2 + B_\perp^2} B_0)^{-\alpha} \tag{3.17}$$

式中,$B_{/\!/}$ 和 $B_\perp$ 分别为平行和垂直于 YBCO 表面的磁场分量;I_{c0} 为自场下临界电流;$B_0 = 20\text{mT}$;$\alpha = 0.65$;$\gamma = 5$。

当磁场与 YBCO 超导带材的夹角在 $\theta = 45°$ 左右时,经过实验数据拟合,描述 YBCO 超导体临界电流各向异性的近似表达式可以采用 Kramer 定律,获得临界电流密度与温度 T、磁场大小 B 和方向 θ 的关系

$$J_c(B,T,\theta) = \frac{C}{B\sin\theta}\left[\frac{B\sin\theta}{B_c(T)}\right]^{0.9}\left[1 - \frac{B\sin\theta}{B_c(T)}\right](1-t)^{2.65}\exp(-3.8\sqrt{t}) \tag{3.18}$$

$$B_c(T) = 150(1-t)^{1.5}\exp(-4\sqrt{t}) \tag{3.19}$$

式中,t 为归一化温度,$t = T/T_c$;$B_c(T)$ 为上临界场的磁感应强度;C 为拟合常数。

注意:式(3.18)不适合 $\theta = 0°$ 和 $90°$ 的情况,它是根据实验曲线既不平行也不垂直时拟合得到的经验公式。

此外,如果磁场变化范围比较低(<0.15T),可以近似地采用 Kim-Like 模型描述临界电流随磁场的变化关系:

$$I_c(B) = \begin{cases} (1 - 3.13|B| - 433.8|B|^2 + 7007.8|B|^3)I_{c0} & |B| \leqslant 0.03T \\ \left(1 + \frac{|B|}{0.069}\right)^{-1}I_{c0} & |B| > 0.03T \end{cases}$$

$$\tag{3.20}$$

虽然式(3.20)没有可调参数,但是仍然是多项式展开形式,不能保证计算精度。顺便指出,传统的低温超导体以及圆截面高温超导材料的临界电流是各向同性的,其临界电流常常选择 Kim-Like 模型

$$I_c(B) = \frac{I_c(0)}{a + be^{-B/B_0}} \tag{3.21}$$

式中,$I_c(0)$ 为自场下超导体的临界电流;对于高温超导材料,$B = (B_{ab}^2 + B_c^2)^{1/2}$,$B_{ab}$ 和 B_c 分别为平行于超导晶粒 ab 面和 c 轴的磁场;a、b 和 B_0 都是拟合常数,由实验确定。

3. Bi2212 高温超导材料临界电流的特性

Bi2212 超导材料的临界温度低于第一代和第二代高温超导材料,往往制作成

圆截面结构多丝超导线或电缆,没有各向异性,主要用于超导磁体方面。其临界电流密度与磁场 B 和温度 T 的关系近似为

$$J_c(B,T) = J_0(1-t)^\gamma \left[(1-\chi)\frac{B_0}{B+B_0} + \chi\exp(-\beta b)\right] \tag{3.22}$$

式中,J_0 和 B_0 为拟合常数;t 和 b 分别为归一化温度和归一化磁场,$b = B/B_c(T)$,

$$B_c(T) = B_{c0}\exp(-\alpha T) \tag{3.23}$$

临界温度 T_c 是磁场的函数

$$T_c(B) = \frac{T_{c0}}{\alpha}\lg\left(\frac{B_{c0}}{B}\right) \tag{3.24}$$

式中,T_{c0} 为零磁场下 Bi2212 超导体的临界温度;B_{c0} 为 $T = 0$K 时 Bi2212 超导体的临界磁场。

式(3.22)~式(3.24)中,各个常数分别为:$B_{c0} = 465.5$T,$T_{c0} = 87.1$K,$J_{c0} = 865.5 \times 10^6$A/m^2,$B_0 = 7.5 \times 10^2$T,$\alpha = 10.33$,$\beta = 6.76$,$\gamma = 1.73$,$\chi = 0.55$。

3.2.2 高温超导材料 n 值的各向异性

前面已经提到,高温超导材料的 n 值较低温超导材料低很多。一般来讲,具有较高 n 值的超导体超导电性优于具有较低 n 值的超导体,然而较高 n 值的超导体比较低 n 值的超导体更容易发生失超。对于高温超导材料而言,单一临界电流参数不能完全反映其载流特性,必须考虑 n 值特性才能完整衡量其无阻载流特性。因此,描述高温超导材料的临界参数除临界电流之外,还应该加上 n 值。

n 值是临界电流测量中电压电流曲线的拟合参数,与临界电流与磁场的影响相似,它不仅和磁场的大小有关,也和磁场的方向密切相关。目前,虽然有关高温超导带材的 n 值各向异性的研究有些报道,但是不是很多。

第一代高温超导材料的 n 值随磁场大小和方向变化的关系如下:

$$n(B,\theta) = \frac{n_0}{30.8 - 7.5e^{-B_\parallel/B_0} - 22.3e^{-B_\perp/B_0}} \tag{3.25a}$$

$$n(T,B,\theta) = n_0\frac{0.4522(1.586 - 8 \times 10^{-3}T)}{0.4522 - \lg G(T,B,\theta)} \tag{3.25b}$$

这里 n_0 是 77K 温度、自场下超导材料的 n 值,其他参数与式(3.3)中所述相同,$G(T,B,\theta)$ 与式(3.11)相同。

在任何温度和磁场下,另一种描述 n 值的经验公式为

$$n(T,B) = n_0\left\{\frac{I_c(T,B)}{I_c(T,0)} + x\left[1 - \frac{I_c(T,B)}{I_c(T,0)}\right]\right\} \tag{3.26}$$

式中,n_0 为自场下拟合的与温度无关的常数;x 也为常数,等于 0.1。

对于第二代高温超导材料 n 值的各向异性研究,很少有成熟的解析表达式报道。在磁场低于 0.5T 范围内,第二代高温超导材料的 n 值随磁场变化很小;当磁

场高于 0.5T 时,其 n 值随磁场的大小和方向变化显著,关于这方面的研究也没有简单的解析表达式。

与临界电流情况相似,传统的低温超导体和圆截面高温超导材料的 n 值也是各向同性的,其临界电流常常选择 Kim-Like 模型

$$n_c(B) = \frac{n_c(0)}{c + d\,e^{-B/B_0}} \tag{3.27}$$

式中,$n(0)$ 是自场下超导体的 n 值;对于高温超导材料,$B = (B_{ab}^2 + B_c^2)^{1/2}$,$B_{ab}$ 和 B_c 分别是平行于超导晶粒 ab 面和 c 轴的磁场;c、d 和 B_0 都是拟合常数,由实验确定。

另一种描述第一代超导材料 n 值各向异性的经验公式为

$$n(B,\theta) = 16.8\exp[-g(\theta)B] \tag{3.28}$$

其中,与角度变化有关的函数为

$$\begin{aligned} g(\theta) = &\,1.81 \times 10^{-9}\theta^5 + 5.1 \times 10^{-7}\theta^4 - 4.87 \times 10^{-5}\theta^3 \\ &+ 1.29 \times 10^{-3}\theta^2 + 6.0 \times 10^{-2}\theta + 0.97 \end{aligned} \tag{3.29}$$

3.3 低温超导材料的临界电流特性

低温超导材料是合金材料,一般常用的实用低温超导材料是 NbTi 和 Nb$_3$Sn 复合超导线或带材料。所以,临界电流随磁场的变化较高温超导体简单,至少临界电流没有各向异性特性。

3.3.1 NbTi 超导材料的临界电流随磁场的变化

在磁场强度为 5T 左右时,低温超导材料 NbTi 的临界电流随磁场和温度的变化特性近似服从 Morgan 公式

$$\begin{aligned} J_c(B,T) = &\,J_{ref}\left[1 - \frac{0.315319(T-4.2) + 0.01528(T-4.2)^2 - 0.00161(T-4.2)^3}{1 - 0.163089(B-5)}\right] \\ &\cdot \left[\frac{1 - 0.231741(B-5)}{1 - 0.021249(B-5) - 0.020418(B-5)^2}\right] \end{aligned} \tag{3.30}$$

式中,J_{ref} 是 NbTi 超导体在温度为 4.2K 和磁场为 5T 情况下的临界电流密度,即 $J_{ref} = J_c(5T, 4.2K) = 9.15 \times 10^8\,\text{A/m}^2$。

低温超导线 NbTi 的临界温度与磁场的关系由 Lubell 公式描述

$$T_c(B) = \begin{cases} 9.2\left(1 - \dfrac{B}{14.5}\right)^{0.59} & B < 10T \\[2mm] 9.2\left(1 - \dfrac{B}{14.8}\right)^{0.59} & B \geqslant 10T \end{cases} \tag{3.31}$$

临界磁场和临界温度之间的关系为

$$B_{c2}(T) = B_{c2}(0)\left[1 - \left(\frac{T}{T_c}\right)^{\gamma}\right] \tag{3.32}$$

式中，B_0、T_c 和 γ 均为常数；对于 NbTi，$B_0 = 14.5\text{T}$，$T_c = 9.2\text{K}$，$\gamma = 1.7$。

3.3.2　临界电流随归一化磁场和归一化温度变化的模型

对于 NbTi 超导体，定义归一化磁场 $b = B/B_{c2}$ 和归一化温度 $t = T/T_{c0}$，其中，B_{c2} 是超导体上临界场，T_{c0} 是超导体临界温度，那么，临界电流密度随磁场和温度的变化可以近似表示为

$$J_c(B, T) = J_{ref}\frac{C}{B}b^{\alpha}(1-b)^{\beta}(1-t^{\gamma})^{\chi} \tag{3.33}$$

式中，C 为拟合常数；α 和 β 为描述临界电流随磁场减小的参数，分别为 0.57 和 0.9；γ 和 χ 为描述临界电流随温度变化的参数，分别为 1.7 和 2.32；J_{ref} 与式(3.30)中的意义相同。

超导体的上临界场为

$$B_{c2}(T) = B_{c2}(0)(1 - t^{\gamma}) \tag{3.34}$$

对于 NbTi 超导体，式(3.32)与式(3.34)意义相同。超导体临界温度随磁场的变化关系为

$$T_c(B) = T_{c0}(1 - b)^{1/\gamma} \tag{3.35}$$

对于 NbTi 超导体，式(3.34)和式(3.35)中的相关常数有 $T_{c0} = 9.2\text{K}$，$B_{c2}(0) = 14.5\text{T}$，$\gamma = 1.7$。

3.3.3　Nb₃Sn 临界电流随磁场变化的模型

对于 Nb$_3$Sn 超导体，其临界电流密度除受磁场、温度影响外，对机械应变 ε 相当敏感，其临界温度随磁场的变化近似于线性关系

$$T_c(B) = T_{c0}(1 - b) \tag{3-36}$$

式中，T_{c0} 是磁场为零时 Nb$_3$Sn 超导体的临界温度；$T_{c0} = 18.3\text{K}$；$b = B/B_{c2}(0)$ 是归一化磁场，$B_{c2}(0)$ 为温度 0K 下 Nb$_3$Sn 超导体的上临界场磁感应强度；在温度 T 时，上临界场 $B_{c2}(T)$ 与温度的关系与式(3.34)相同，但是参数 $B_{c2}(0) = 27.9\text{T}$，$T_c = 18.3\text{K}$，$\gamma = 0.62 \sim 0.72$。在温度范围 $3.4\text{K} \leqslant T < 7\text{K}$，$\gamma = 0.62$；在温度范围 $7\text{K} \leqslant T < 11.5\text{K}$，$\gamma = 0.72$。

参数 T_{c0} 和 $B_{c2}(0)$ 分别是 Nb$_3$Sn 超导材料在磁场为零时的临界温度和温度为零时的上临界场磁感应强度。由于 Nb$_3$Sn 对应变 ε 敏感，在实用 Nb$_3$Sn 超导材料中，必须考虑应变 ε 对临界电流密度、临界温度或者上临界场的影响，此时的临界温度和上临界场修改为

$$T_{c0} = T_{c00}(1 - a|\varepsilon|^{\alpha})^{1/3} \tag{3.37}$$

$$B_{c2}(0) = B_{c20}(1 - a|\varepsilon|^\alpha) \tag{3.38}$$

式中，T_{c00} 和 B_{c20} 分别为 Nb_3Sn 自由或者不受机械应力时的临界温度和温度为 $0K$ 时的上临界场磁感应强度；对于二元和三元 Nb_3Sn，T_{c00} 分别为 $24K$ 和 $28K$；B_{c20} 分别为 $16T$ 和 $18T$；a 为拟合参数：

$$a = \begin{cases} 1250 & \varepsilon > 0 \\ 900 & \varepsilon < 0 \end{cases} \tag{3.39}$$

综合以上定义的各个参数，Nb_3Sn 超导材料的临界电流随磁场和温度的变化关系为

$$J'_c(B, T, \varepsilon) = C \frac{1}{\sqrt{b}B_{c2}}(1 - b)^2(1 - t^2)^2 \tag{3.40}$$

式中，C 为拟合常数，对于二元和三元 Nb_3Sn 超导体，分别为 $2.22 \times 10^{10} A \cdot T^{1/2}/m^2$ 和 $1.34 \times 10^{10} A \cdot T^{1/2}/m^2$；上临界场 B_{c2} 为

$$B_{c2}(T) = B_{c2}(0)(1 - t^2)\left(1 - \frac{t}{3}\right) \tag{3.41}$$

当磁场很低时，式(3.40)是发散的，为了避免这种情况发生，常常将 Nb_3Sn 超导体总的临界电流密度 $J_c(B, T, \varepsilon)$ 定义为

$$\frac{1}{J_c(B, T, \varepsilon)} = \frac{1}{J'_c(B, T, \varepsilon)} + \frac{1}{J_{00}} \tag{3.42}$$

其中，参数 J_{00} 由式(3.43)给出

$$J_{00}(T) = J_{c0}(1 - t^2)^2 \tag{3.43}$$

式中，J_{c0} 为温度为 $0K$ 时 Nb_3Sn 超导体的临界电流密度，对于二元和三元 Nb_3Sn 超导体，它们分别为 $4.62 \times 10^{10} A/m^2$ 和 $3.35 \times 10^{10} A/m^2$。

　　无论是 $NbTi$ 超导体还是 Nb_3Sn 超导体，由超导态向正常态转变的速度非常迅速，即电压-电流曲线很陡，如果按照幂指数定律拟合该曲线，n 大于 25。所以，低温超导体临界电流的定义采用 $E_c = 1\mu V/cm$ 或 $0.1\mu V/cm$ 为判据，临界电流相差很小。因此，一般低温超导体的 n 值不作为其重要临界参数，只要已知临界电流 I_c 的特性，就可以基本满足应用要求。

3.4　超导材料的不可逆场

　　不可逆场 B_{irr} 也是实用超导材料的重要参量，尤其是在实际应用中，载流超导体的磁场必须低于不可逆场。一般不可逆场 B_{irr} 比上临界场 B_{c2} 低。图 3.7 为超导材料的不可逆场、上临界场和下临界场均随温度的变化曲线示意图，实际应用磁场应该小于不可逆场。可喜的是高温超导材料的上临界场和不可逆场都高于超导电力装置中的磁场，满足超导电力应用的需要。

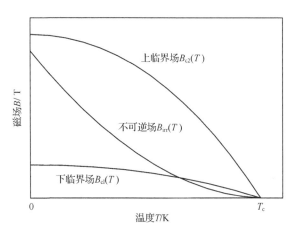

图 3.7　超导材料不可逆场、上临界场、下临界场示意图

表 3.2 列出了 Bi 系和 Y 系高温超导材料在液氦温度和液氮温度下的不可逆场 B_{irr}、上临界场 B_{c2}。

表 3.2　高温超导材料不可逆场

条　件	特　性	YBCO	Bi2212	Bi2223
温度	临界温度 T_c/K	92	85	110
膜结构 4.2K	上临界场 B_{c2}/T	～300	85	＞100
	不可逆场 B_{irr}/T	＞30	＞30	＞30
膜结构 77K	上临界场 B_{c2}/T	～56	～35	＞20
	不可逆场 B_{irr}/T	＞10	～0.005	～0.2

3.5　几种高温超导材料临界电流密度与温度的关系

与低温超导体不同,高温超导体是氧化物陶瓷,具有晶体特性和强烈的各向异性。高温超导体临界温度转变范围宽,临界电流密度与温度之间的关系为

$$\frac{J_c(T)}{J_c(0)} = \left(1 - \frac{T}{T_c}\right)^x \qquad T < T_c \tag{3.44}$$

式中,$J_c(0)$ 为拟合常数,相当于 $T=0$K 时超导体的临界电流密度。

表 3.3 列出了高温超导材料的临界温度与指数 x。

表 3.3　高温超导材料临界温度及指数

超导材料	临界温度 T_c/K	指数 x
Bi2223/Ag	105~110	1.4
Bi2212/Ag	85~92	1.8
Tl-1223film/YSZ	107	1.0
Y-123 RABiTS	93	1.2

3.6　常用超导材料的热力学特性

3.6.1　常用超导材料的热学特性

低温超导材料是合金材料,常用的低温超导材料是 NbTi 和 Nb$_3$Sn,它们在液氦温度为 4.2K 下的杨氏模量分别为 82MPa 和 162MPa,极限拉伸强度分别为 2200MPa 和 420MPa;高温超导材料是氧化物陶瓷,它们在热力学特性方面相差很大。表 3.4 列出了几种高温超导材料在典型温度 300K、200K、120K 和刚好在临界温度 T_c 之上的密度和一些热力学参数。

表 3.4　高温超导材料的密度和热力学参数

材　料	温度/K	YBCO	Bi2212	Bi2223	BPSCCO	Ag
密度 ρ/(g/cm^3)	300	6380	5350	6500	4350	10500
杨氏模量 E/MPa	300	97	39	96	54	76
	77	97	—	—	54	—
极限拉伸强度 σ_U/MPa	300	50	20	—	70	370
屈服强度 σ_Y/MPa	300	—	20	—	—	55
比热容/[J/(kg·K)]	120	245	220	240	192	200
热导率 k/[W/(m·K)]	200K	2.9	6.0	1.1	1.4	400
	T_c	3.0	5.5	1.0	1.9	—
	77	3.0	5.6	1.0	1.9	420
电阻率 ρ/($\mu\Omega$·m)	300	10	60	—	8	0.017
	T_c^*	10	60	—	8	0.004

　*指刚好在临界温度之上,即若超导体的临界温度为 105K,那么它的电阻率只能在 106~110K 才能测量。

Bi2223 超导材料在较宽的温度范围内的比热容可以由式(3.45)近似求得

$$C_p = \begin{cases} 4.5683 \times 10^{-3} T^3 & T \leqslant 10K \\ -3.088 + 0.64996T + 8.23239 \times 10^{-3} T^2 \\ \quad + 3.2406 \times 10^{-4} T^3 & 10K \leqslant T \leqslant 40K \\ -58.32 + 3.18672T - 7.8786 \times 10^{-3} T^2 \\ \quad + 6.5556 \times 10^{-6} T^3 & 40K \leqslant T \leqslant 300K \end{cases} \quad (3.45)$$

Bi2233（BSCCO）的密度 $\gamma = 6500kg/m^3$，BPSCCO 的密度 $\gamma = 4350kg/m^3$，γ 乘以 C_p 即可得到体热容 γC［单位为 $J/(m^3 \cdot K)$］，其热导率 k 为

$$k(T) = \begin{cases} 0.02T & T < 0.5T_c \\ 0.195 + 9.424 \times 10^{-3} T + 3.4 \times 10^{-4} T^2 \\ \quad - 6.237 \times 10^{-6} T^3 + 2.673 \times 10^{-8} T^4 & 77K < T < 113K \\ 4.749 - 0.102T + 9.901 \times 10^{-4} T^2 \\ \quad - 4.167 \times 10^{-6} T^3 + 6.531 \times 10^{-9} T^4 & 113K \leqslant T < 200K \end{cases}$$

$$(3.46)$$

YBCO 超导涂层导体的热导率没有统一的解析表达式。表 3.5 给出了不同温度下 YBCO 超导涂层导体的热导率。

表 3.5　YBCO 超导涂层导体的热导率　　　　　［单位：$W/(K \cdot m)$］

温度/K	20	50	90	110	295
YBCO123 (a-b)熔融织构	14	27	22	21	～18
YBCO123(c)熔融织构	3.5	4.4	3.2	3.0	～2.8
YBCO123(ab)+40%211 熔融织构	10	19	16	15	～14
YBCO 烧结	5	8	5	5	5

对于实用化复合 YBCO 涂层导体材料，不同产品供应商提供的产品的比热容和热导率均不同。对于纯 YBCO 材料，其密度为 $\gamma = 6380kg/m^3$。以美国超导公司（AMSC）生产的两种 YBCO 涂层导体 344C（铜加强材料）和 344SS（不锈钢加强材料）为例，在 2～300K 温度范围内，344C 的比热容 C［$J/(kg \cdot K)$］近似为

$$C(T) = \begin{cases} 1.1 - 0.4T + 5 \times 10^{-2} T^2 - 4 \times 10^{-5} T^3 & 2K \leqslant T < 50K \\ -125.2 + 5.6T - 1.9 \times 10^{-2} T^2 & 50K \leqslant T < 100K \\ 80 + 2T - 3 \times 10^{-3} T^2 & 100K \leqslant T \leqslant 300K \end{cases}$$

$$(3.47)$$

344C 的热导率 k［$W/(m \cdot K)$］近似为

$$k(T) = \begin{cases} -3.5332 + 9.6273T - 0.1282T^2 + 5 \times 10^{-4} T^3 & 2K < T \leqslant 50K \\ 208.45 + 0.2165T - 5 \times 10^{-6} T^2 & 50K < T < 300K \end{cases}$$

$$(3.48)$$

344SS 的比热容 C［$J/(kg \cdot K)$］近似为

$$C(T) = \begin{cases} 0.265 - 2.5 \times 10^{-2}T + 3.35 \times 10^{-2}T^2 - 3 \times 10^{-6}T^3 & 2K < T \leqslant 50K \\ -120 + 4.6T - 1.0 \times 10^{-2}T^2 & 50K < T \leqslant 100K \\ 45 + 2.1T - 3 \times 10^{-3}T^2 & 100K < T \leqslant 300K \end{cases} \tag{3.49}$$

344SS 的热导率 $k[W/(m \cdot K)]$ 近似为

$$k(T) = \begin{cases} -2.7641 + 5.2919T - 0.1143T^2 & 2K < T \leqslant 20K \\ 58.9552 - 0.6221T + 4.5 \times 10^{-3}T^2 & 20K < T \leqslant 85K \\ 32.767 + 5.74 \times 10^{-2}T - 6 \times 10^{-7}T^2 & 85K < T \leqslant 300K \end{cases} \tag{3.50}$$

低温超导材料 NbTi 的比热容 $C[J/(kg^3 \cdot K)]$ 与温度的关系近似为

$$C(T) = 0.152 + 2.10 \times 10^{-3}T^3 \tag{3.51}$$

NbTi 的密度 $\gamma = 6550kg/m^3$，乘以式（3.51），则 NbTi 的体热容量纲转化为 $\gamma C[J/(m^3 \cdot K)]$。

若超导体的分流温度 T_{sh} 定义为

$$T_{sh} = T_b + (T_c - T_b)\left(1 - \frac{I}{I_c}\right) \tag{3.52}$$

式中，T_b 和 I 分别是超导体所处低温环境温度和传输电流，那么 NbTi 超导体的体热容可以简单地表示为

$$\gamma C = \begin{cases} 812T + 12.9T^3 & T > T_{sh} \\ 812T\dfrac{B}{B_{c0}} + 42.73T^3 & T \leqslant T_{sh} \end{cases} \tag{3.53}$$

式中，B_{c0} 是温度为 0K 时 NbTi 的上临界场磁感应强度，即 $B_{c0} = B_c(0K)$；B 为磁场的磁感应强度。

对于常用产品化 NbTi/Cu 二元复合超导体，在磁场 B 下，其体热容为

$$\gamma C(T) = \frac{1}{f+1}[(6.75f + 50.55)T^3 + (97.43f + 69.81B)T] \tag{3.54}$$

式中，f 是复合导体中 Cu 与超导体 NbTi 的体积比。

不同温度 T 下 NbTi 的热导率 k 为

$$k(T) = \begin{cases} 0.38887T^{0.1532} - 0.371 & 4K < T \leqslant 6K \\ 0.13957T^{0.782} - 0.4262 & 6K < T \leqslant 100K \end{cases} \tag{3.55}$$

对于 Nb_3Sn 超导体，在其临界温度 $T_c(18.3K)$ 附近区域，它的体热容 γC 近似为

$$\gamma C = 10.324T + 10.24T^3 \tag{3.56}$$

在临界温度 $T_c(18.3K)$ 附近区域热导率 k 为

$$k(T) = \begin{cases} 6.8 \times 10^{-4} T^3 + 8 \times 10^{-4} T^2 - 1.217 \times 10^{-2} T + 0.0308 & 2.5\text{K} < T \leqslant 9.5\text{K} \\ -2.1 \times 10^{-3} T^3 + 9.18 \times 10^{-2} T^2 - 1.0891 T + 4.525 & 9.5\text{K} < T \leqslant 19.5\text{K} \\ -3.1 \times 10^{-3} T^2 + 0.1702 T + 0.3985 & 19.5\text{K} < T \leqslant 30\text{K} \end{cases}$$

$$(3.57)$$

由于 Nb_3Sn 的热导率比常规金属小很多,在实际讨论复合 Nb_3Sn 超导体传热问题中,临界温度以上时 Nb_3Sn 超导体的热导率可以忽略,复合超导体的热导率主要由正常金属基材决定。在较宽温度范围内,Nb_3Sn 超导体的比热容见表 3.6。

表 3.6　不同温度下 Nb_3Sn 超导体的比热容

温度 T/K	比热容 C/[J/(kg·K)]	温度 T/K	比热容 C/[J/(kg·K)]
4	0.12	50	97
6	0.42	70	140
8	0.98	100	200
10	4.23	120	220
15	8.96	150	232
20	17.1	200	250
25	28	250	256
30	45	300	262
40	70	400	274

注:比热容 C 乘以密度 $\gamma = 8950\text{kg/m}^3$ 即转换为体热容 γC。

有关多组元复合超导材料的热容和热导率计算方法,参见附录 A1。

3.6.2　常用超导材料的热收缩特性

超导材料工作在低温环境,从室温到低温温区,超导材料会发生热收缩现象,因此在超导实际应用过程中,通常将超导材料与其他加固结构材料一起使用,考虑超导材料的热收缩效应,使其能够与其他结构材料达到机械匹配从而消除热应力。超导材料的热收缩特性通常用给定温度 T 下的线收缩率来描述

$$\alpha = \frac{1}{L} \frac{\mathrm{d}L}{\mathrm{d}T} \tag{3.58}$$

式中,L 为温度 T 时的超导体长度。另一个重要概念是线膨胀系数,它定义为

$$\frac{\Delta L}{L_0} = \frac{L_0 - L}{L_0} \tag{3.59}$$

式中,L_0 为室温下超导体的长度;L 为超导体冷却到温度 T 时的长度。表 3.7 分别列出了常用低温和高温超导材料从室温 293K 冷却到液氮温度(77K)和液氦温

度(4.2K)时的线膨胀系数,以及室温(293K)时的热收缩率。

表 3.7　超导材料的热收缩特性

材　料	$\Delta L/L/\%$							$\alpha/(\times 10^{-6} K^{-1})$
温度/K	4	40	77	100	150	200	250	293
Nb$_3$Sn	0.16	0.16	0.14	0.13	0.095	0.065	0.030	7.6
Nb$_3$Sn(10vol%)/Cu	0.30	—	0.28	—	—	—	—	—
Nb-45Ti	0.188	0.184	0.169	0.156	0.117	0.078	0.038	8.2
Nb-Ti/Cu	0.265	0.262	0.247	0.231	0.179	0.117	0.054	12.5
Bi2212(a-b)面	0.152	0.150	0.139	0.132	0.106	0.074	0.036	8.3
Bi2212(c)轴	0.295	0.289	0.266	0.250	0.199	0.136	0.064	15.1
Bi2223/Ag 带	—	0.31	0.30	0.28	0.22	0.15	0.07	13
Bi2223(a-b)面	0.15	0.15	0.14	0.13	0.11	0.07	0.04	8.3
Bi2223(c)轴	0.30	0.29	0.27	0.25	0.20	0.14	0.060	15
Bi2223/75vol%Ag 合金带	0.22	—	0.23	—	—	—	—	16
YBCO(a)轴	—	—	0.12	0.12	0.10	0.070	0.04	7.4
YBCO(b)轴	—	—	0.16	0.15	0.13	0.10	0.05	9.6
YBCO(c)轴	—	—	0.34	0.33	0.25	0.17	0.09	17.1

　　无论是实用高温超导材料还是实用低温超导材料,它们实际上都是复合超导材料。低温超导材料所用基体材料是高热导率的铜、铝等;Bi2223 高温超导材料的基体是银或银合金、不锈钢加强材料,而 YBCO 涂层导体的衬底材料比较复杂、种类繁多。表 3.8 给出几种常用超导体基底材料和衬底材料从室温 293K 冷却到液氮温度(77K)和液氦温度(4.2K)时的线膨胀系数和热收缩率。

表 3.8　基体材料和衬底材料的热收缩特性

材　料	$\Delta L/L_{293K-77K}/\%$	$\Delta L/L_{293K-4.2K}/\%$	$\alpha_{293K}/(10^{-6} K^{-1})$
无氧铜	0.302	0.324	16.7
银	0.37	0.41	18.5
铝	0.415	0.393	22.5
青铜 (Cu-10wt%Sn)	0.35	0.38	18.2
黄铜	0.34	0.37	17.5
镍	0.212	0.224	12.5

续表

材　料		$\Delta L/L_{293K-77K}/\%$	$\Delta L/L_{293K-4.2K}/\%$	$\alpha_{293K}/(10^{-6}K^{-1})$
铁		0.190	0.198	11.5
铌		0.13	0.143	7.1
硅		0.022	0.023	2.32
软焊料		0.480	0.514	25.5
不锈钢 SS 304		0.28	0.29	15.1
不锈钢 SS 304L		0.28	0.31	15.5
不锈钢 SS 316		0.28	0.30	15.2
Monel 铜镍合金		0.24	0.25	14.5
铁镍合金	Fe-36Ni	~0.037	0.038	3
	Fe-9Ni	0.188	0.195	11.5
Hastelloy C 合金		0.216	0.218	10.9
Inconel 718 合金		0.22	0.24	13.0
钛铝合金	Ti-6%Al-4%V	0.163	0.173	8.0
	Ti-5%Al-2.5%V	0.17	0.20	8.3
YSZ(Y-stabilized Zirconia)		—	—	10.3
石英(平行于光轴)		0.104	—	7.5
金刚石		0.024	0.024	1.0
Al_2O_3		0.078	0.079	5.4
MgO		0.137	0.139	10.2
α-SiC		0.03	—	3.7
$SrTiO_3$		—	—	11.1
$LaAlO_3$		—	—	12.6
$NdGaO_3$		—	—	7.8
AlN	平行于 a 轴	0.032	—	3.7
	平行于 c 轴	0.025	—	3.0

　　表 3.9 列出了部分金属基底材料在室温及低温下的机械特性,可以更好地了解实用复合超导材料的机械特性。

　　有关其他金属结构材料、非金属材料、绝缘材料和结构材料的机械特性和热力学收缩特性,见附录 A2。

表3.9　基底材料和衬底材料的机械特性

材料	温度/K	极限拉伸强度 σ_U/MPa	屈服强度 σ_Y/MPa	弹性模量 E/MPa
铜（退火）	295	315	280	70
	77	415	380	77
铝	295	160	70	70
	77	310	90	100
银（退火）	295	—	—	71
	77	310	90	100
不锈钢 304L	295	550	200	190
	77	1450	260	200
不锈钢 304H	295	1030	620	190
	77	1860	1050	200
不锈钢 316	295	1290	1100	185
	77	1790	1400	195
Inconel 合金	295	900	850	220
	77	1160	1040	230
Inconel 合金	295	1500	1280	179
	4	1900	1490	182

参 考 文 献

王秋良. 2008. 高磁场超导磁体科学. 北京：科学出版社.

Cody G D, Cohen R W. 1964. Thermal conductivity of Nb₃Sn. Reviews of Modern Physics, 36(1):121−23.

Dutoit B, Sjoestroem M, Stavrev S. 1999. Bi(2223) Ag sheathed tape I_c and exponent n characterization and modeling under DC applied magnetic field. IEEE Transactions on Applied Superconductivity, 9(2): 809−812.

Ekin J W. 2007. Experimental Techniques for Low-Temperature Measurement. New York: Oxford University Press Inc.

Fujiwar T, Noto P K, Sugita K, et al. 1994. Analysis on influence of temporal and spatial profiles of disturbance on stability of pool-cooled superconductors. IEEE Transactions on Applied Superconductivity,4(2): 56−60.

Haid B J, Lee H G, Iwasa Y, et al. 2002. A permanent high-temperature superconducting magnet operated in thermal communication with a mass of solid nitrogen. Cryogenics, 42(3): 229−244.

Hao Z D, Clem J R. 1992. Angular dependences of the thermodynamic and electromagnetic properties of the high-Tc superconductors in the mixed state. Physics Review, B46: 5853.

Iawasa Y. 1994. Case Studies in Superconducting Magnets. New York: Plenum Press.

Kes P H, Aarts J, Vinokur V M, et al. 1990. Dissipation in highly anisotropic superconductors. Physics Review Letter, 64: 1063.

Kim Y B, Hempstead C F, Strnad A R. 1962. Critical persistent currents in hard superconductors. Physics Review Letter, 9(7): 306—309.

Kiss T, van Eck H, ten Haken B, et al. 2001. Transport properties of multifilamentary Ag-sheathed Bi-2223 tapes under the influence of strain. IEEE Transactions on Applied Superconductivity, 11(3): 3888—3891.

Lee P J. 2001. Engineering Superconductivity. New York: John Wiley and Sons.

Luan W Z, Wang Y, Hua C Y, et al. 2003. The novel device for the BSCCO superconductor critical current measurement. Physica C: Superconductivity, 386, 15: 179—181.

Lubell M S. 1983. Empirical scaling formulas for critical currents and critical fields for commercial NbTi. IEEE Transactions on Magnetics, 19(3): 754—757.

Markiewill W D. 2004. Elastic stiffness model for the critical temperature T_c of Nb_3Sn including strain dependence. Cryogenics, 44(11): 767—782.

Oomen M P, Ranke R, Leghissa M. 2003. Modelling and measurement of ac loss in BSCCO/Ag-tape windings. Superconductor Science Technology, 16: 339—354.

Otto A, Harley E J, Mason R. 2005. Critical current retention in axially strained reinforced first generation high temperature superconducting Bi2223 wire. Superconductor Science Technology, 18(12): S308—312.

Raffy H, Labdi S, Laborde O, et al. 1991. Critical current anisotropy of BiSrCaCuO thin films under magnetic fields. Superconductor Science Technology, 4 S100.

Rostila L, Soederlund L, Millonen R, et al. 2007. Modeling method for critical current of YBCO tapes in cable use. Physica C, 467: 91—95.

Schmitt P, Kummeth P, Schultz L, et al. 1991. Two-dimensional behavior and critical current anisotropy in epitaxial $Bi_2Sr_2CaCu_2O_{8+x}$ thin films. Physics Review Letter, 67: 267.

Stavrev S, Dilli F, Dutoit B, et al. 2005. Comparison of the ac losses of BSCCO and YBCO conductors by means of numerical analysis. Superconductor Science Technology, 18: 1300.

Stavrev S, Dutoit B, Nibbio N. 2002. Geometry considerations for use of Bi-2223/Ag tapes and wires with different models of $J_c(B)$. IEEE Transactions on Applied Superconductivity, 12(3): 1857—1865.

Stavrev S, Grilli F, Dutoit B, et al. 2005. Comparision of the AC losses of BSCCO and YBCO conductors by bmeans of numerical analysis. Superconductor Science Technology, 18: 1300—1312.

Stavrev S, Yifeng Y, Dutoit B. 2002. Modelling and AC losses of BSCCO conductors with anisotropic and position-dependent J_c. Physica C, 378-381: 1091—1096.

Sugano M, Osamura K. 2004. Stress-strain behavior and degradation of critical current of Bi2223 composite tapes. Physica C: Superconductivity, 402(4): 341—346.

Torii S, Akita S, Iijima Y, et al. 2001. Transport current properties of Y-Ba-Cu-O tape above critical current region. IEEE Transactions Applied Superconductivity, 11(1): 1844—1847.

van Eck H J N, van der Laan D C, ten Haken B, et al. 2003. Critical current versus strain research at the University of Twente. Superconductor Science Technology, 16(9): 1026—1029.

Wang Y S, Zhao X, Xu X, et al. 2004. Angular and magnetic field dependence of the critical current density of multifilamentary Bi2223 tapes. Superconductor Science Technology, 17: 705.

第4章 超导体的稳定性

在第2章中已经介绍,第Ⅰ类超导体的临界场 H_c 太低,载流能力差,没有实际用处。第Ⅱ类理想超导体的上临界场 H_{c2} 比第Ⅰ类超导体临界场 H_c 高,但是仅仅高几倍,混合态范围小,且在混合态表现出流阻特性,无阻载流能力极低,实际用处也不大。而非理想第Ⅱ类超导体尽管磁化曲线不可逆,具有磁滞效应,但是它的上临界场很高,传统低温超导体的上临界场达到 25T,高温超导体上临界场达到 100T 以上,混合区范围宽,具有很强的无阻载流能力,因此,实用超导体都是非理想第Ⅱ类超导体。

在实际应用中,超导体总是以线圈或类线圈形式出现,在励磁过程中(施加电流),超导体自身载流同时处于磁场当中,会受到电磁应力作用,如果没有充分机械固定,超导体会产生机械位移。由于摩擦而产生热量,叫做机械扰动。另一种扰动是超导体自身发生磁通跳跃(flux-jump)。本章主要从磁通跳跃现象和机械扰动两方面介绍超导体稳定性理论,并叙述改善超导体稳定性的方法。超导体的稳定性方法有绝热稳定法(也叫熔稳定法)、动力学稳定法和低温稳定法。

一般来说,三维导体的热传导方程为

$$\gamma C \frac{\partial T}{\partial t} = \mathbf{\nabla}(k\,\mathbf{\nabla}T) + G_j + G_d - G_q \tag{4.1}$$

式中,T 为温度;k 为导体热导率;γC 为体热容;γ 为密度;$G_j = \rho j^2$ 为单位体积焦耳热;G_d 为导体单位体积发热项,来源于磁热(磁通跳跃)、机械产生的损耗等;G_q 为单位体积冷却项,在绝热近似中不存在。下面在本章各节中将分别用到简化的热力学传导方程(4.1)。

4.1 超导体的临界态

在2.3.3节中,采用最简单的 Bean 临界态模型说明了超导体内磁场和电流的分布。这里为了了解超导体内磁通运动和钉扎效应之间的关系以及磁通跳跃现象,简要介绍超导体的临界态。所谓临界态是指,在一定温度下,磁场和传输电流的分布使得超导体内的洛伦兹力和磁通钉扎力平衡,这种状态就叫做临界态。

在磁场 B 中,载流密度为 J 的超导体单位体积所受到的洛伦兹力(也叫磁通驱动力)为

$$\mathbf{F}_L = \mathbf{J} \times \mathbf{B} = \frac{1}{\mu_0}[\mathbf{\nabla} \times \mathbf{B}] \times \mathbf{B} \tag{4.2}$$

方向由磁通密度高的地方指向磁通密度低的地方,其本质是非均匀磁通分布的磁压力总是试图驱动非均匀磁通格子均匀分布,结果是磁通梯度为零,无载流能力,因此为了维持磁通具有稳定的非均匀分布,在超导体内应该存在钉扎中心来束缚磁通运动。为了提高超导体的载流能力,往往通过掺杂、热处理、辐照等工艺引入缺陷、杂质等形成磁通钉扎中心,在超导体内形成磁通涡旋梯度或非均匀磁通格子。不考虑热激活磁通运动,假定单位体积超导体钉扎中心对磁通具有钉扎作用力 F_p,如果磁通钉扎力大于洛伦兹力,即 $|F_p| > |F_L|$,不产生磁通;反之,若洛伦兹力大于磁通钉扎力,即 $|F_L| > |F_p|$,则产生磁通。当洛伦兹力与磁通钉扎力处于相等的状态时,即 $F_L = -F_p$,恰好是磁通不发生运动的临界状态,这种状态称为超导体的临界态,此时超导体的电流密度称为临界电流密度 J_c。J_c 取不同形式时会有不同的临界电流模型,在 2.3 节中 J_c 等于常数,与磁场无关的最简单模型称为 Bean 临界电流模型。实际情况是,超导体临界电流与磁场是有关的,因此人们根据实际情况还采用其他 Kim-Like 模型、指数模型等。

4.2　超导体的绝热稳定化

大量实验表明,超导体常常发生磁通跳跃现象。处于磁场中的超导体,由于屏蔽电流的作用使得超导体内部磁场为零。随着磁场的增加,超导体内屏蔽电流区域增大,零场区域减小直至完全穿透,当磁场达到某一值时,屏蔽电流变得不再稳定,磁通突然大量进入或从超导体内排出,产生温升;如果温度超过临界温度,超导体将从超导态变为正常态,即超导体失超,这种磁通突然进入或排出超导体的过程被称为超导体的磁通跳跃现象。图 4.1 为磁通跳跃现象示意图,在超导体磁化曲线上,磁矩垂直地陡然增大或减小,超导体表现出不稳定性。

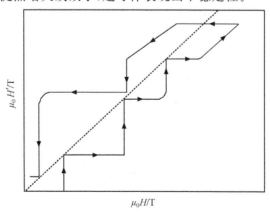

图 4.1　磁通突然涌入超导体内发生磁通跳跃现象

产生磁通跳跃的原因基本上有三类：第一是由于超导体内部磁扩散系数 D_M 和热扩散系数系数 D_T 的差异造成的。超导体的热扩散系数比常规金属铜或铝的小三到四个量级，而其磁扩散系数却比铜或铝的大三到四个量级，例如，NbTi 和 Nb_3Sn 超导体的磁扩散系数是铜或铝的 $10^3 \sim 10^4$ 倍，而其热扩散系数却是铜或铝的 $10^{-4} \sim 10^{-3}$ 倍。因此，在正常金属中，磁扩散过程是慢过程，热扩散过程是快过程；在超导体中，情况恰恰相反，磁扩散过程是快过程，而热扩散过程是慢过程。第二是由于超导体内磁通钉扎力和洛仑兹力随温度变化的差异，超导体钉扎力随温度升高而降低，而洛仑兹力与温度无关。若超导体处于超导临界态，磁通钉扎力和洛仑兹力相等。由于外界偶然扰动，使得超导体温度升高 ΔT_1，导致超导体钉扎力下降，钉扎力小于洛仑兹力将使得超导体临界电流降低及磁通运动。根据 Lenz 定律，磁通线的运动受到磁通钉扎力的作用，阻碍磁通线运动从而产生黏滞阻力并做功，导致能量损耗，最后转变成热能。能量损耗产生热量，热量的增加导致超导体温度进一步升高，形成正反馈循环。这一变化过程如图 4.2 所示。

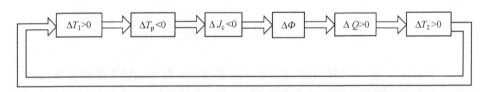

图 4.2　磁通跳跃正反馈过程示意图

如果超导体温升 $\Delta T_2 < \Delta T_1$，运动的磁通数量会越来越少，温升也越来越小，形成负反馈，磁通最后停止下来，临界电流恢复到原来水平，这种磁通跳跃叫做不完全（部分）磁通跳跃。相反，如果 $\Delta T_2 > \Delta T_1$，运动磁通越来越多，温度不断上升，不断发生磁通跳跃，每次磁通跳跃后产生热量，使超导体温度继续升高，形成正反馈，最后导致超导体失超，这种磁通跳跃叫做完全磁通跳跃。第三种原因是低场区磁通湮灭（flux-annihilation），其表现在磁化曲线上，当磁场反向后，在下临界场 H_{c1} 附近，磁化强度突然变小，如图 4.3 所示，FA 表示磁化强度曲线在磁场 $\pm H_{c1}$ 附近出现奇异凹陷。磁通湮灭的发生导致磁通线突然变化，也会产生正反馈，形成磁通跳跃的恶性循环，直至导致超导体失超。

以下几节将分别介绍防止超导体磁热不稳定的各种方法：限制磁通运动的方法称为绝热稳定化（也称内在稳定性）；采用散热措施限制温升的方法称为低温动态稳定；采用较高比热容材料作为基体材料来限制温升的方法称为焓稳定法。当然，如果能够找到温度越高、磁通钉扎能力越强的超导材料，那么这种材料本身就是稳定的，称为内禀稳定化。可惜，到目前为止，还没有发现这种材料。

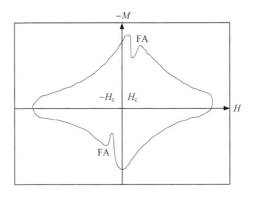

图 4.3　低场区磁通湮灭

4.3　磁通跳跃的绝热稳定性

如 4.2 节所述,超导体的热扩散系数比磁扩散系数低近四个量级,热传播速度很慢,因此可将超导体磁热不稳定性磁通跳跃热传导过程当做绝热条件近似处理。为了简便起见,首先考虑无载流磁场中半无限大超导平板,如图 4.4 所示,宽度为 $2a$,在 yz 方向无限延伸。图 4.4(a) 给出了超导板场形和几何结构;图 4.4(b) 给出了磁场变化磁通进入超导体后,超导板因温升而产生的磁场变化,图中,实线为温度扰动前磁场分布,虚线为扰动后磁场分布,坐标以超导板中心为原点。

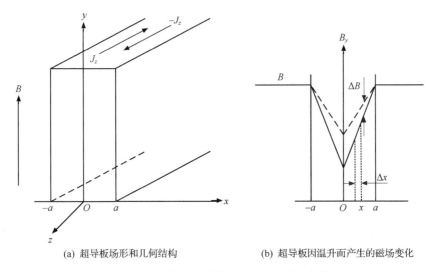

(a) 超导板场形和几何结构　　　　　(b) 超导板因温升而产生的磁场变化

图 4.4　温升使得半无限大超导平板磁场变化

　　假定将热量 ΔQ_s 加到与周围绝热的超导板上,超导板处于平行于 yz 平面的均匀磁场 B 中,将使超导体温度升高 ΔT,同时超导板临界电流密度降低

$$\Delta J_c = J_c \frac{\Delta T}{T_c - T_b} \tag{4.3}$$

式中,T_c 和 T_b 分别为超导体的临界温度和超导板处于超导态的初始温度;J_c 为临界温度下磁场 B 中超导板的临界电流密度。

　　随着临界电流密度的降低,屏蔽电流进入磁通流动范围,并开始衰减从而产生热量,磁通进入超导体内在超导板内重新分布。图 4.4(b) 中实线为采用 Bean 模型得到的超导体内的初始磁通分布(完全穿透情况),$B(x) = \mu_0 J_c(a - x)$,虚线为温度升高后超导板内磁通的分布。根据超导板的对称性,只计算右半部分。由于磁通变化,在超导体内感应出电压 $E(x)$,在超导板右半部分 $(0, a)$ 区间内任意一点 x 处,选取宽度 Δx 薄片,在此面积范围内磁通变化为 $\Delta\varphi(x)$,其电流为 $J_c\Delta x$,在此小区间内产生的热量 $\Delta q(x)$ 为

$$\Delta q(x)\Delta x = \int I(x)E(x)\mathrm{d}t = J_c\Delta x\Delta\varphi(x) \tag{4.4}$$

在 $(0, x)$ 范围内磁场的变化导致的磁通变化为

$$\Delta\varphi(x) = \int_0^x \Delta B(x)\mathrm{d}x = \int_0^x \mu_0\Delta J_c(a - x)\mathrm{d}x = \mu_0\Delta J_c\left(ax - \frac{x^2}{2}\right) \tag{4.5}$$

那么超导板内单位体积内产生的平均热量为

$$\Delta Q = \frac{1}{a}\int_0^a \Delta q(x)\mathrm{d}x = \frac{1}{a}\int_0^a \mu_0 J_c\Delta J_c\left(ax - \frac{x^2}{2}\right)\mathrm{d}x$$

$$= \frac{\mu_0 J_c\Delta J_c a^3}{3} \tag{4.6}$$

将式(4.3)代入式(4.6)整理得到

$$\Delta Q = \frac{\mu_0 J_c^2 a^2 \Delta T}{3(T_c - T_b)} \tag{4.7}$$

考虑初始施加热量 ΔQ_s 后,整个超导板的热平衡方程是

$$\Delta Q_s + \frac{\mu_0 J_c^2 a^2}{3(T_c - T_b)}\Delta T = \gamma C\Delta T \tag{4.8}$$

式中,C 为超导板质量比热容;γ 为超导板的密度。因此,超导板单位体积有效体热容为

$$\gamma C_e = \frac{\Delta Q_s}{\Delta T} = \gamma C - \frac{\mu_0 J_c^2 a^2}{3(T_c - T_b)} \tag{4.9}$$

式(4.9)中第一项是超导体体热容,第二项是屏蔽电流所储存的能量,降低了超导板的有效热容,很小的热量扰动就可使超导板温度快速上升。如果两项相等,那么超导板有效体热容趋于零,即使扰动 ΔQ_s 很小,温升 ΔT 趋于无穷大,即温度无限上升,导致超导体完全失超,磁通跳跃发生。如果第二项远小于第一项,有效体热

容 γC_e 与超导板体热容 γC 相差不大,即使有热源 ΔQ_s 扰动,温升 ΔT 很小,扰动能量被超导板所吸收,抑制超导板磁通跳跃的发生。为了叙述方便,定义一参数 β,称为绝热稳定参数

$$\beta = \frac{\mu_0 J_c^2 a^2}{\gamma C (T_c - T_b)} \tag{4.10}$$

如果 $\beta < 3$,或者超导板半厚度满足

$$a < \sqrt{\frac{3\gamma C (T_c - T_b)}{\mu_0 J_c^2}} \tag{4.11}$$

才能满足有效体热容大于零的条件,避免磁通跳跃的发生。式(4.11)是绝热稳定化判据。由式(4.11)可知,为了抑制磁通跳跃的发生,超导板的半厚度应该小于由式(4.11)右侧确定的值。为了对 a 的尺寸有感性认识,下面举出一个实例。在 $T_b = 4.2$ K,6T 磁场中,NbTi 超导体临界电流密度 $J_c = 1.5 \times 10^9$ A/m^2,密度 $\gamma = 6.2 \times 10^3$ kg/m^3,比热容 $C = 0.89$ J/(kg · K),临界温度 $T_c = 6.5$ K,将上述参数代入式(4.11)计算,得到超导板半厚度 $a < 115\mu$m,即满足这个条件才能避免磁通跳跃的发生。当 a 接近 115μm 时,有效体热容 γC_e 很小,超导板对于热扰动依然敏感。在实际超导线的应用中,为了安全起见,通常实际超导线尺寸取判据式(4.11)计算值的一半。在本例中,实际超导线尺寸为 a 取 57.5μm。对于 Nb$_3$Sn 超导体,在磁场 2T 时,临界电流密度 $J_c = 2 \times 10^{10}$ A/m^2,体热容 $\gamma C = 1.2 \times 10^3$ J/(m^3 · K),临界温度 $T_c = 16$K,计算可知避免发生磁通跳跃的尺寸小于 9μm。

由于比热容 C 随温度升高增加很快,温升速度会减慢;所以从某种程度上讲,温升提高了防止磁通跳跃发生的能力。如果磁通跳跃从 T_b 开始,在达到 T_c 以前磁通跳跃已经停止,这种现象叫做局部磁通跳跃。

如果超导板外磁场从零开始升高,磁通进入超导体内,假定穿透深度为 δ(参见 2.3.3 节),当磁通跳跃发生的磁场定义为特征磁场 B_{FJ},磁通跳跃将首先在外磁场 $B = B_{FJ}$ 时发生,将式(4.11)中的 a 以 δ 代替得到

$$B_{FJ} = \mu_0 J_c \delta = \sqrt{3\mu_0 \gamma C (T_c - T_b)} \tag{4.12}$$

磁通跳跃发生在 $B_p > B_{FJ}$ 的磁场范围内。

图 4.5 给出了直径为 10mm 圆截面超导线的磁通跳跃场实验结果,实线表示低场中 $T_c = 8.6$K 时式(4.12)的计算结果,虚线表示样品中心穿透场随温度的变化。理论计算和实验均表明,超导体的磁通跳跃特征场随温度变化。

上面只对传统的低温超导体磁通跳跃尺寸 a 进行举例计算,a 在几微米到几十微米量级。因此,超导体细丝化,可以防止磁通跳跃的发生,这是增加超导体磁热稳定性的措施之一。为了对第一代 Bi2223 超导材料和第二代 YBCO 超导材料防止磁通跳跃发生的最大尺寸有所了解,表 4.1 和表 4.2 列出了利用磁热稳定性判据计算的两类高温超导体的最大尺寸。

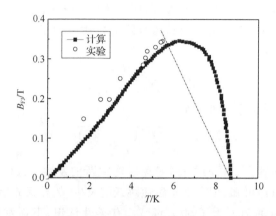

图 4.5　磁通跳跃特征场随温度变化的计算值与实验结果的比较

表 4.1　YBCO 超导材料在温度为 20K 和 77K 时的尺寸

温度/K	20	77
临界电流密度 $J_c/(\text{A/m}^2)$	1.0×10^{10}	1.0×10^{9}
电阻率 $\rho/(\Omega\cdot\text{m})$	1.5×10^{-6}	5.0×10^{-6}
热导率 $k/[\text{W}/(\text{m}\cdot\text{A})]$	1.8	6.7
体热容 $\gamma C/[\text{J}/(\text{m}^3\cdot\text{K})]$	0.86×10^{6}	0.96×10^{6}
临界尺寸 a_{FJ}/mm	0.4	4.95

　　由表 4.1 可知，YBCO 高温超导材料在 77K 时的临界尺寸比在 20K 时的临界尺寸大一个量级以上，在 77K 时的绝热稳定性比在 20K 时的绝热稳定性高。

表 4.2　Bi2223 超导材料在温度为 20K 和 77K 时的尺寸

温度/K	临界电流 I_c/A	临界电流密度 $J_c/(\text{MA/m}^2)$	体热容 $\gamma C/[\text{J}/(\text{m}^3\cdot\text{K})]$	临界尺寸 a_{FJ}/mm
4	228	1932	0.8	0.2
10	217	1839	7.7	0.7
20	194	1644	68.5	2.4
30	163	1381	240	5.5
40	135	1144	534	9.8
50	108	915	881	16
60	80	678	1219	25
70	53	449	1540	43
80	24	203	1825	103

从表 4.2 可知,对于 Bi2223 超导材料,当温度为 80K 时,其临界尺寸 a_{FJ} 达到 10.3cm;当温度为 70K 时,a_{FJ} 达到 4.3cm。目前,生产的第一代 Bi2223 和第二代 YBCO 高温超导材料,其宽度小于 10mm、厚度小于 0.5mm,从绝热磁通跳跃稳定判据考虑,运行于 77K 条件下是稳定的,可以使用单芯线材。当然,从交流损耗、机械特性等方面综合考虑,Bi2223 单芯线不能满足实际应用,实用 Bi2223 超导材料是采用粉末管装工艺(PIT)加工成的多芯线材。

高温超导材料在温度为 77K 时的体热容比传统的低温超导体高两个量级以上,且随温度变化增加非常快,温升有可能阻止磁通跳跃的发生,即极有可能发生局部磁通跳跃。所以,高温超导体比低温超导体的绝热稳定性高。

4.4　超导体的自场稳定性

4.3 节考虑了无载流超导体在外磁场中的磁热稳定性,实际超导体总是载有电流的,从而产生磁场,叫做自场。本节讨论超导体的自场磁热稳定性。考虑超导体截面为圆形,如图 4.6 所示,超导体半径为 a,当超导体载流为 I 时,在超导体表面和内部产生的磁场为

$$B(r) = \begin{cases} \dfrac{a}{r}B_0 - \dfrac{\mu_0 \lambda J_c}{2r}(a^2 - r^2) & 0 < r \leqslant a \\[3mm] \dfrac{\mu_0 I}{2\pi r} & r \geqslant a \end{cases} \tag{4.13}$$

式中,B_0 为超导体表面磁场磁感应强度,$B_0 = \mu_0 I/(2\pi a)$;λ 为超导填充因子,即超导体与导体总体积之比,本节超导体是纯超导体,所以 $\lambda = 1$。为了以后讨论复合导体的自场稳定性方便,这里形式上加上填充因子 λ。通过给超导体加一个热源 ΔQ_s 来研究自场磁热稳定性,超导体与周围绝热。假定在横截面上外加热量及内部产生的热量均匀分布,由于施加热量 ΔQ_s,超导体温度升高 ΔT,导致临界电流密度降低 ΔJ_c,磁通随之进入超导体内部,在半径为 r 处的磁通变化为

$$\Delta \varphi(r) = \int_c^r \Delta B(r) \mathrm{d}r = \frac{\mu_0 \lambda \Delta J_c}{2}\left(a^2 \ln \frac{r}{c} - \frac{r^2}{2} + \frac{c^2}{2}\right) \tag{4.14}$$

式中,c 为超导体电流从表面穿透的深度,由 $I = \lambda J_c \pi(a^2 - c^2)$ 确定。

由此磁通变化引起的单位体积能耗为

$$\Delta Q = \frac{1}{\pi a^2}\int_0^a \Delta \varphi(r) \lambda J_c 2\pi r \mathrm{d}r$$
$$= \mu_0 \lambda^2 J_c \Delta J_c a^2 \left(-\frac{1}{2}\ln\varepsilon - \frac{3}{8} + \frac{\varepsilon^2}{2} - \frac{\varepsilon^4}{8}\right) \tag{4.15}$$

式中,$\varepsilon = c/a$。与 4.3 节临界电流变化表达式类似,将式(4.3)代入式(4.15),并根据热平衡方程有

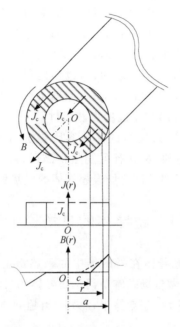

图 4.6　载流 I 的圆截面超导体内磁场和电流分布

$$\Delta Q_{\mathrm{s}} + \frac{\mu_0 \lambda^2 J_{\mathrm{c}}^2 a^2}{T_{\mathrm{c}} - T_{\mathrm{b}}} \Delta T \left(-\frac{1}{2}\ln\varepsilon - \frac{3}{8} + \frac{\varepsilon^2}{2} - \frac{\varepsilon^4}{8} \right) = \gamma C \Delta T \tag{4.16}$$

有效体热容 γC_{e} 为

$$\gamma C_{\mathrm{e}} = \frac{\Delta Q_{\mathrm{s}}}{\Delta T} = \gamma C - \frac{\mu_0 \lambda^2 J_{\mathrm{c}}^2 a^2}{T_{\mathrm{c}} - T_{\mathrm{b}}} \left(-\frac{1}{2}\ln\varepsilon - \frac{3}{8} + \frac{\varepsilon^2}{2} - \frac{\varepsilon^4}{8} \right) \tag{4.17}$$

当有效体热容 $\gamma C_{\mathrm{e}} = 0$ 时，发生磁通跳跃。定义稳定化参数 β_{t}，即

$$\beta_{\mathrm{t}} = \frac{\mu_0 \lambda^2 J_{\mathrm{c}}^2 a^2}{\gamma C (T_{\mathrm{c}} - T_{\mathrm{b}})} = \left(-\frac{1}{2}\ln\varepsilon - \frac{3}{8} + \frac{\varepsilon^2}{2} - \frac{\varepsilon^4}{8} \right)^{-1} \tag{4.18}$$

ε 是几何系数，实际上它与传输电流和临界电流的比值有关。定义 i 为传输电流与其临界电流之比，那么

$$i = \frac{I}{I_{\mathrm{c}}} = \frac{\lambda J_{\mathrm{c}} \pi (a^2 - c^2)}{\lambda J_{\mathrm{c}} \pi a^2} = 1 - \frac{c^2}{a^2} = 1 - \varepsilon^2 \tag{4.19}$$

式(4.18)变为 *

$$\beta_{\mathrm{t}} = \frac{\mu_0 \lambda^2 J_{\mathrm{c}}^2 a^2}{\gamma C (T_{\mathrm{c}} - T_{\mathrm{b}})} = \left[-\frac{1}{4}\ln(1-i) - \frac{3}{8} + \frac{(1-i)}{2} - \frac{(1-i)^2}{8} \right]^{-1}$$

$$\tag{4.20}$$

在大电流运行情况下[1]，$i \to 1-$，$\beta_{\mathrm{t}} \to 0+$，与外加磁场感应屏蔽电流情况完全

---

* 1) 1－表示从小于 1 的方向趋近于 1，如 0.99, 0.999, 0.9999, …, 1；0＋表示从大于 0 方向趋近于 0，如 0.1, 0.011, 0.0001, …, 0。

不同(见 4.3 节),这是因为自场不稳定情形中,传输电流 I 必须保持为常数。当传输电流 I 接近临界电流 I_c 时,极小的温升足以导致 $I_c(T_b+\Delta T)<I_t$,超导体失超,不可能恢复到超导态。图 4.7 为自场稳定化参数 β_t 随传输归一化电流变化的关系曲线,当 $i\rightarrow1$ 时,$\beta_t\rightarrow0$。

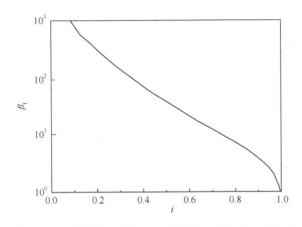

图 4.7　自场稳定化参数 β_t 与传输归一化电流 i 的关系

为了定量理解超导体自场不稳定性,以 NbTi 复合超导体进行举例说明。NbTi复合超导体的临界电流密度 $J_c=1.5\times10^9A/m^2$,超导丝半径 $a=0.25mm$,超导填充因子 $\lambda=0.4$,体热容 $\gamma C=2.7\times10^3J/(m^3\cdot K)$,临界温度 $T_c=6.5K$,运行温度 $T_b=4.2K$,将上述参数代入式(4.18)可得,$\beta_t=4.5$。绝热条件下,查图 4.7,对应的 $i=0.89$,此时超导线将发生磁通跳跃。如果要进一步提高传输电流能力,防止自场磁热不稳定性发生,需要采取其他稳定化方法达到,如动态稳定性方法、熔稳定性方法和低温稳定化方法。

4.5　超导体的动态稳定性

在绝热稳定化磁通跳跃稳定化理论中,仅仅考虑超导体自身热磁特性,与周围没有任何热交换,忽略在磁通运动过程中的热传递,对于大部分超导材料而言,这是比较好的近似。但是在实际工程应用中,加工直径为几十微米的超导丝成本高、工艺复杂且非常困难,因此,无论是高温超导体还是低温超导体,采用多个超导丝嵌在具有低电阻率、高热导率的稳定金属基体材料内形成复合超导多丝结构,这种结构可增加超导体与周围稳定基体材料的热交换,将超导体内热量及时传出,从而提高超导体的热稳定性。第 6 章中提到的实用超导材料的加工工艺,就是为了提高超导体的动态稳定性。这些稳定基体材料一方面可以阻止磁通运动,极大地降低释放的热量;另一方面可增加超导体的散热能力。一般稳定基体材料采用铜、铝、银等高热导率、低电阻率材料,这些金属基体材料热扩散速度很快,但是磁扩散速度却很慢;超导体正好相反,磁扩散速度很快,但是热扩散速度很慢。若将二者复合成为一体,将使得传出热量速度增加,同时减小磁扩散速度。在超导体内,如果由于磁通运动或热扰动导致超导体产生热量速率小于传出热量速率,那么就能够阻止磁通跳跃的发生,保证超导体的磁热稳定性,这就是超导体动态稳定方法的原理。

在热、电、磁随时间变化的情况下,超导体内的热、磁通和电流扩散由式(4.21)描述

$$
\begin{cases}
\mathbf{V}^2 T = \dfrac{1}{D_{\mathrm{T}}} \dfrac{\partial T}{\partial t} \\[2mm]
\mathbf{V}^2 B = \dfrac{1}{D_{\mathrm{m}}} \dfrac{\partial B}{\partial t} \\[2mm]
\mathbf{V}^2 J = \dfrac{1}{D_{\mathrm{m}}} \dfrac{\partial J}{\partial t}
\end{cases}
\tag{4.21}
$$

式中,$D_{\mathrm{T}} = k/(\gamma C)$,$D_{\mathrm{m}} = \rho/\mu_0$ 分别为热扩散系数和(电)磁扩散系数;k 为热导率;γC 意义与前面叙述相同。在超导体为 4.3 节所述厚度为 $2a$ 的半无限大超导板结构情况下,方程(4.21)采用分离变量法求解,它们具有相同的显示形式

$$
\left.\begin{matrix} T(x) \\ B(x) \\ J(x) \end{matrix}\right\} = \sum_{n=0}^{\infty} A_n \sin\left(\frac{n\pi x}{2a}\right) \exp\left(-\frac{n^2 \pi^2 D_i}{4a^2} t\right)
\tag{4.22}
$$

方程(4.22)右边指数衰减项起决定作用,其特征时间常数 τ_i 定义为

$$
\tau_i = \frac{4a^2}{\pi^2 D_i}
\tag{4.23}
$$

在式(4.22)和式(4.23)中,D_i 表示热扩散系数或磁扩散系数;τ_i 表示热扩散特征时间常数或磁扩散特征时间常数。表 4.3 列出了常用高温超导体和低温超导体在 $T = 4.2\mathrm{K}$ 下的热扩散系数、磁扩散系数以及热电参数。

表 4.3　常用高温超导体和低温超导体在 4.2K 时的热扩散系数、磁扩散系数及热电参数

超导材料	热导率 k /[W/(m·K)]	体热容 γC /[J/(m³·K)]	电阻率 ρ /(Ω·m)	热扩散系数 D_{T} /(m²/s)	磁扩散系数 D_{m} /(m²/s)
NbTi	1.1×10^{-1}	5.4×10^3	6.0×10^{-7}	2.0×10^{-5}	4.8×10^{-1}
Nb₃Sn	4×10^{-2}	1.2×10^3	7.0×10^{-7}	3.3×10^{-5}	5.6×10^{-1}
Bi2212	0.5	2.2×10^3	1.0×10^{-6}	2.3×10^{-4}	8.0×10^{-1}
Bi2223	0.1	1.65×10^3	1.0×10^{-6}	6.0×10^{-5}	8.0×10^{-1}
YBCO(77K)	10	1.0×10^6	1.0×10^{-6}	1.0×10^{-5}	8.0×10^{-1}
Cu($B=2$T)	1.0×10^3	6.2×10^3	2.0×10^{-10}	3.0×10^{-1}	1.6×10^{-4}
Cu($B=6$T)	2.6×10^2	6.2×10^3	4.2×10^{-10}	2.3×10^{-1}	3.3×10^{-4}
Ag	1.15×10^3	1.58×10^3	1.48×10^{-10}	7.0×10^{-1}	1.2×10^{-4}

4.5.1　板状复合导体宽边冷却稳定性

现考虑如图 4.8 所示几何结构的复合超导板,中间厚度为 $2a$ 的部分是超导体,两边厚度各为 d 的部分为正常导体稳定铜基体材料。铜基体材料宽面和低温介质直接接触。假定传输电流接近其临界电流 I_c。为了研究超导带材的稳定性,给复合超导体单位体积施加热脉冲 ΔQ_s,使得复合超导板的均匀温度升高 ΔT,导致超导体的临界电流密度降低 ΔJ_c,部分传输电流将从超导体转移到稳定基体材料内。在这一电流转移过程中,如果产生的热功率小于低温介质的传热量,温升 ΔT 将逐渐减小,最终减小到零。这个过程由图 4.8 中的曲线 A、B 和 C 表示。热脉冲扰动以后,由于铜的热导率远大于超导体的热导率,铜的温度最先恢复,超导体的恢复过程主要取决于超导体的热扩散系数。假定温升 ΔT,引起的临界电流密度 J_c 下降 ΔJ_c,减小的电流通过稳定铜基体材料旁路,则产生电场

$$E = \frac{\lambda \rho \Delta J_c}{1-\lambda} \tag{4.24}$$

式中,λ 是超导填充因子,超导体占复合导体的百分比,即 $\lambda = a/(a+d)$;ΔJ_c 的表达式与(4.3)相同;ρ 是铜基体材料的电阻率。

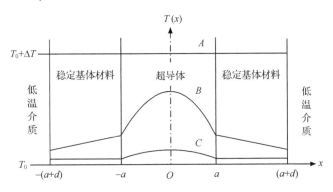

图 4.8　宽面冷却复合超导体几何结构及温度分布

单位体积复合超导体的发热功率为

$$G = \lambda J_c E \tag{4.25}$$

将式(4.3)及式(4.24)代入式(4.25)得

$$G = \frac{\lambda^2 \rho J_c^2}{1-\lambda} \frac{\Delta T}{T_c - T_b} \tag{4.26}$$

由于稳定铜基体材料直接与低温介质接触,向低温介质输入的单位体积热功率为

$$P = \frac{ph\Delta T}{A} \tag{4.27}$$

式中,p、h 和 A 分别为复合超导体的冷却周长、复合导体与低温介质之间的换热

系数和冷却截面积。

由于铜的热导率很高,在铜稳定基材内温度均匀分布,根据热平衡方程(4.1),得到如下方程:

$$\gamma C \frac{\partial (\Delta T)}{\partial t} = \frac{\lambda^2}{1-\lambda} \frac{\rho J_c^2 \Delta T}{T_c - T_b} - \frac{ph \Delta T}{A} \tag{4.28}$$

式中,γ 和 C 分别为铜稳定基材的密度和比热容。

考虑初始条件,在 $t=0$ 时,$\Delta T = \Delta T_0$,方程(4.28)的解为

$$\Delta T = \Delta T_0 \exp(-\beta_s t) \tag{4.29}$$

式中,参数 β_s 定义为稳定参数

$$\beta_s = \frac{1}{\gamma C} \left[\frac{p}{A} h - \frac{\lambda^2 \rho J_c^2}{(1-\lambda)(T_c - T_b)} \right] \tag{4.30}$$

如果稳定参数 $\beta_s > 0$,温升 ΔT 指数衰减,最终为 0,温度达到原来平衡时的状态,超导体是稳定的。由 $\beta_s > 0$,复合超导体的稳定判据为

$$\alpha = \frac{\rho A \lambda^2 J_c^2}{ph(1-\lambda)(T_c - T_b)} \leqslant 1 \tag{4.31}$$

式(4.31)也叫做低温稳定化 Stekly 判据,α 叫做 Stekly 参数,它主要由温度裕度、传热系数和冷却周长确定。

超导体的热导率远低于铜基体材料的热导率,因此在超导体内温度分布不是均匀的,即在超导体内,温度梯度不等于零。在超导体内单位体积产生的热功率近似为

$$G_s = J_c E = \frac{\lambda}{1-\lambda} \frac{\rho J_c^2 \Delta T}{T_c - T_b} \tag{4.32}$$

这里用到了超导体传输电流接近临界电流的假设。

考虑到超导体内温度分布不均匀,温度变化的热传导方程为

$$\gamma C_s \frac{\partial \Delta T}{\partial t} = \frac{\partial}{\partial x} \left[k_s \frac{\partial (\Delta T)}{\partial x} \right] + \frac{\lambda}{1-\lambda} \frac{\rho J_c^2 \Delta T}{T_c - T_b} \tag{4.33}$$

式中,γ 和 C_s 分别为铜稳定基体材料的密度和比热容;k_s 为超导体的热导率。

假定方程(4.33)的解具有如下形式:

$$\Delta T(x) = \sum_{n=0}^{\infty} b_n \exp(-a_n t) \cos \left[\frac{(2n+1)\pi x}{a} \right] \tag{4.34}$$

将式(4.34)代入式(4.33)得到指数衰减项系数 a_n 为

$$a_n = \frac{1}{\gamma C_s} \left[\frac{(2n+1)^2 \pi^2}{a^2} k_s - \frac{\lambda \rho J_c^2}{(1-\lambda)(T_c - T_b)} \right] \tag{4.35}$$

如果 $a_n > 0$,超导体内温度随时间变化衰减,超导体才能够恢复到稳定状态,鉴于级数解中第一项($n=0$)为主要贡献项,因此只需考虑第一项即可

$$a_0 = \frac{1}{\gamma_s C_s} \left[\frac{\pi^2}{a^2} k_s - \frac{\lambda \rho J_c^2}{(1-\lambda)(T_c - T_b)} \right] \tag{4.36}$$

如果 $a_0 > 0$,那么超导体温升将衰减,超导体是稳定的,由式(4.36)得到超导体半厚度必须满足

$$a < \pi \sqrt{\frac{k_s (T_c - T_b)(1-\lambda)}{\lambda J_c^2 \rho}} \qquad (4.37)$$

式(4.37)为复合超导体动态稳定化判据,由热导率 k_s、基体材料电阻率 ρ 和温度裕度 $(T_c - T_b)$ 确定。电阻率 ρ 越小,允许的超导体尺寸越大。值得注意的是,对于金属材料,热导率和电阻率不是独立的两个参量,它们遵循魏德曼-夫兰兹定律(Wiedemann-Franz Law)

$$k\rho = L_0 T \qquad (4.38)$$

式中,L_0 是洛仑兹常量,$L_0 = \pi^2 k_B^2 / (3e^2) = 2.45 \times 10^{-8} (\text{W} \cdot \Omega)/\text{K}^2$。

例如,NbTi/Cu 稳定复合超导线,在 $T_b = 4.2\text{K}$,$B = 2\text{T}$ 的条件下,其热导率 $k_s = 0.11\text{W}/(\text{m} \cdot \text{K})$,$T_c = 8.2\text{K}$,临界电流密度 $J_c = 5 \times 10^9 \text{A}/\text{m}^2$,填充因子 $\lambda = 0.4$,铜电阻率 $\rho = 2 \times 10^{-10} \Omega \cdot \text{m}$,代入式(4.36)得到 $a < 59\mu\text{m}$,与 4.3 节讨论的绝热稳定化尺寸接近。但是,必须注意到,绝热稳定化判据是为了克服磁通跳跃,决定于超导体的热容;而本节讨论的动态稳定化判据则依赖于超导体的热导率和稳定基体材料的电阻率。本节计算模型是超导板模型,如果超导体是圆形截面,那么式(4.37)经过修正也适用于圆形截面超导体,如超导细丝,其半径 a_f 与半厚度 a 的关系修改如下:

$$a_f < \sqrt{8}a \qquad (\text{细丝}) \qquad (4.39a)$$

$$a_f < \sqrt{3}a \qquad (\text{板}) \qquad (4.39b)$$

可以利用两种判据直接计算超导体的尺寸,即磁通跳跃判据式(4.11)和动态稳定判据式(4.37),如果两者计算结果不同,那么应该以较小者为基准。当然,这会对加工工艺提出更为苛刻的条件,极大地增加成本。

4.5.2　板状复合导体侧边冷却稳定性

如图 4.9 所示,复合超导体的几何结构为板状结构,中间厚度为 $2a$ 的部分是超导体,两边厚度各为 d 的部分为正常导体——稳定铜基体材料部分,高度为 $2w$。铜基体材料和超导体侧面与低温介质直接接触,假定传输电流接近其临界电流 I_c。为了研究超导板的稳定性,给超导复合导体单位体积施加热脉冲 ΔQ_s,使得复合超导板温度均匀升高 ΔT,导致超导体的临界电流密度降低 ΔJ_c,在超导体内产生的热量见式(4.7)。假定稳定基体电阻率为 ρ_m,正常态超导体电阻率为 ρ_n,则整个复合导体的等效电阻率 ρ_{eff} 为

$$\frac{1}{\rho_{eff}} = \frac{1-\lambda}{\rho_m} + \frac{\lambda}{\rho_n} \qquad (4.40)$$

式中,λ 为超导填充因子。因为基体材料通常采用热导率高、电阻率低的铜、铝或

银金属材料,其电阻率远远低于超导体电阻率,即 $\rho_{\mathrm{n}} \gg \rho_{\mathrm{m}}$,因此

$$\rho_{\mathrm{eff}} \approx \frac{\rho_{\mathrm{m}}}{1-\lambda} \tag{4.41}$$

磁扩散特征时间常数为

$$\tau = \frac{4a^2}{\pi^2 D} = \frac{4a^2}{\pi^2 (\rho_{\mathrm{eff}}/\mu_0)} = (1-\lambda)\frac{4\mu_0 a^2}{\pi^2 \rho_{\mathrm{m}}} \tag{4.42}$$

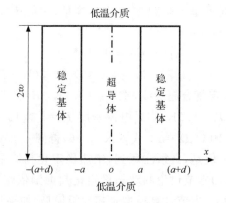

图 4.9　侧边冷却的复合超导体几何结构

复合超导体的热平衡方程为

$$\Delta Q_{\mathrm{s}} + \frac{\lambda \mu_0 J_{\mathrm{c}}^2 a^2}{3(T_{\mathrm{c}} - T_{\mathrm{b}})}\Delta T - \frac{h\tau}{w}\Delta T = \gamma C \Delta T$$

$$\Delta Q_{\mathrm{s}} + \frac{\lambda \mu_0 J_{\mathrm{c}}^2 a^2}{3(T_{\mathrm{c}} - T_{\mathrm{b}})}\Delta T - (1-\lambda)\frac{4\mu_0 w h}{\pi^2 \rho_{\mathrm{m}}}\Delta T = \gamma C \Delta T \tag{4.43}$$

式中,左面第三项是复合导体侧面与冷却介质直接接触向低温介质中散发的热量,所以取负值;h 是超导体与低温介质之间的热交换系数。超导复合导体的有效体热容 γC_{e} 为

$$\gamma C_{\mathrm{e}} = \frac{\Delta Q_{\mathrm{s}}}{\Delta T} = \gamma C - \lambda \frac{\mu_0 w^2 J_{\mathrm{c}}^2}{3(T_{\mathrm{c}} - T_{\mathrm{b}})} + (1-\lambda)\frac{4\mu_0 w h}{\pi^2 \rho_{\mathrm{m}}} \tag{4.44}$$

如果要保证超导体稳定,那么 γC_{e} 必须大于零,所以

$$w_{\mathrm{c}} = \sqrt{\frac{3\gamma C(T_{\mathrm{c}} - T_{\mathrm{b}})}{\lambda \mu_0 J_{\mathrm{c}}^2} + \frac{12(1-\lambda)w_{\mathrm{c}}(T_{\mathrm{c}} - T_{\mathrm{b}})h}{\lambda \pi^2 \rho_{\mathrm{m}} J_{\mathrm{c}}^2}} \tag{4.45}$$

原则上,要得到临界半宽度 w_{c},需要求解使式(4.44)左侧等于零的一元二次方程。比较式(4.45)与式(4.11)知,式(4.45)中根号下左侧第一项与式(4.11)中右侧项完全相同($\lambda=1$),它表示绝热项,而第二项代表冷却项。通过式(4.45)得到不发生磁通跳跃的条件和稳定参数 β_{s} 为

$$\beta_{\mathrm{s}} = \frac{\mu_0 \lambda^2 J_{\mathrm{c}}^2 w^2}{\gamma C(T_{\mathrm{c}} - T_{\mathrm{b}})} = 3\left(1 + \frac{4\nu}{\pi^2}\right) \tag{4.46}$$

其中,无量纲参数 ν 为

$$\nu = \frac{hw}{\gamma C D_{\mathrm{m}}} = \frac{hw\mu_0(1-\lambda)}{\rho_{\mathrm{m}}\gamma C} \tag{4.47}$$

本节介绍的动态稳定处理方法尤其适合于 Nb_3Sn 带材和高温超导带材绕制的双饼结构绕组或线圈。

例如,Nb_3Sn 超导带材,在 $4.2K$ 和 $2T$ 条件下,宽度 $2w=5mm$,厚度 $2a=15\mu m$,铜基体材料厚度 $2d=135\mu m$,临界电流密度 $J_c=2\times10^9 A/m^2$,平均体热容 $\gamma C=10^3 J/(m^3\cdot K)$,临界温度 $T_c=16K$,换热系数 $h=5\times10^4 W/(m^2\cdot K)$,通过式(4.47)计算得到 $\nu=707$,由式(4.46)计算得到 $\beta_s=288$。与 4.3 节比较可知,向低温介质的传热使得超导体稳定参数由绝热稳定参数 $\beta=3$ 提高到 $\beta_s=288$。根据以上参数,再计算式(4.10)和式(4.46),得到复合超导体绝热稳定条件限制的临界电流由 $J_c=3.4\times10^8 A/m^2$ 增加到 $J_c=3.3\times10^9 A/m^2$,实际载流能力得到明显加强。

4.5.3　载流板状复合超导体的动态稳定性

在 4.3 节中,介绍了单片超导板处于平行于超导板宽面的磁场环境下时,采用绝热稳定化方法进行处理,可获得绝热稳定判据。但是,在实际应用中,磁场不可能总是垂直于超导板的宽表面,而且超导带往往密绕,因此,在绝热条件下,一组超导薄板或超导带在垂直场和绝热条件下的磁通跳跃是完全不稳定的。实际情况是,在超导带边缘留有冷却通道,便于低温介质通过;或者在带间插入高导热、低电阻率金属薄片,与冷却介质直接接触,改善冷却环境。为了讨论这种情况下的一组载流薄板动态稳定性,假定有一组载流超导薄板,宽度为 $2w$,每一薄板厚度为 $2a$,磁场 B 垂直于超导板宽面,如图 4.10 所示。

仍然假定超导体单位体积内施加 ΔQ_s 的热脉冲,温度升高 ΔT,临界电流密度下降 ΔJ_c,使得 $\lambda\Delta J_c/(1-\lambda)$ 的电流通过金属基体材料旁路,在金属基体材料中产生焦耳热传入冷却介质。当无传输电流即 $I=0$ 时,磁通穿透分布关于超导体中心线对称,如图 4.10(b)所示;当有传输电流 I 时,磁通分布不再对称,磁通线向左移动,由 O 点移到 O' 点,如图 4.10(d)所示。如果超导体临界电流为 I_c,定义归一化电流 $i=I/I_c$,那么左右两边宽度分别为 b 和 c,容易证明

$$\begin{cases} b = (1-i)w \\ c = (1+i)w \end{cases} \tag{4.48}$$

参照 4.3 节相同的方法计算两边单位体积的能量消耗为

$$\Delta Q = \frac{1}{4wa}\int_0^b \Delta\varphi(r)\lambda J_c a\,dx + \frac{1}{4wa}\int_0^c \Delta\varphi(r)\lambda J_c a\,dx \tag{4.49}$$

将式(4.5)代入式(4.49)得到

$$\Delta Q = \frac{\mu_0 \lambda^2 J_c^2 w^2 \Delta T}{6(T_c - T_b)} [(1-i)^3 + (1+i)^3] = \frac{\mu_0 \lambda^2 J_c^2 w^2 \Delta T}{3(T_c - T_b)}(1 + 3i^2) \quad (4.50)$$

考虑到式(4.48)中的两个尺度,根据 τ_s 的计算公式(4.23)计算时,应该有两个时间常数,进行合理的和保守近似,电流衰减时间常数 τ_s 应取式(4.48)中较大者 c 来计算,因此

$$\tau_s = \frac{4w^2}{\pi^2 D_m}(1+i)^2 = \frac{4\mu_0 w^2}{\pi^2 \rho_n}(1-\lambda)(1+i)^2 \quad (4.51)$$

式中, ρ_n 为超导体失超后的电阻率。

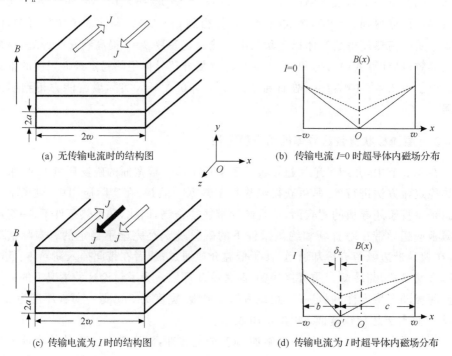

(a) 无传输电流时的结构图　　　　　　(b) 传输电流 $I=0$ 时超导体内磁场分布

(c) 传输电流为 I 时的结构图　　　　　(d) 传输电流为 I 时超导体内磁场分布

图 4.10　磁场垂直于超导板面及载流为 I 时的磁场分析

类似式(4.42),复合超导体的热平衡方程为

$$\Delta Q_s + \frac{\mu_0 \lambda^2 J_c^2 w^2 \Delta T}{3(T_c - T_b)}(1 + 3i^2) - (1-\lambda)(1+i)^2 \frac{4\mu_0 wh}{\pi^2 \rho_n}\Delta T = \gamma C \Delta T$$

$$(4.52)$$

$$\gamma C_e = \frac{\Delta Q_s}{\Delta T} = \gamma C - \frac{\mu_0 \lambda^2 J_c^2 w^2 \Delta T}{3(T_c - T_b)}(1 + 3i^2) - (1-\lambda)(1+i)^2 \frac{4\mu_0 wh}{\pi^2 \rho_n}\Delta T$$

$$(4.53)$$

要保证超导体稳定, γC_e 必须大于零,稳定化参数 β_s 为

$$\beta_s = \frac{\mu_0 \lambda^2 J_c^2 w^2}{\gamma C(T_c - T_b)} = \frac{3}{1 + 3i^2}\left[1 + \frac{4}{\pi^2}(1+i)^2 \nu\right] \quad (4.54)$$

式(4.54)中的 ν 与式(4.46)中的相同。图 4.11 为稳定化参数 β_s 与归一化电流 i 之间的变化关系曲线。对于不同参数 ν，传输电流的增大将引起超导体稳定参数的减小。如果超导体具有较好的换热条件，且 $\nu > 10$ 时，稳定参数 β_s 随归一化电流 i 变化很小，此时，β_s 与 ν 的比值近似为

$$\frac{\beta_s}{\nu} = \frac{\lambda^2 J_c^2 \rho_m}{h(T_c - T_b)(1-\lambda)} \approx \frac{12}{\pi^2} \approx 1.216 \tag{4.55}$$

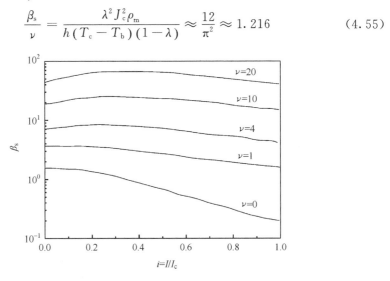

图 4.11 不同传热因子 ν 下稳定化系数与传输电流的关系

当 ν 较小时，传输电流的稳定参数 β_s 可以下降到原来的 $1/4$；当 $\nu = 0, i \to 1$ 时，稳定化参数趋于零，见图 4.7。但是从图 4.11 中看到，当 $\nu = 0, i \to 1$ 时，稳定化参数 ρ_s 却是趋近于 0.35，原因是在对式(4.46)进行计算的过程中，没有考虑温升 ΔT 会引起电流换向中心线向左侧移动距离 δx，如图 4.10 所示，当 $i \to 1$ 时，点 O 正好越过边界，也就是说，超导体载流容量低于传输电流 I，不断产生焦耳热。如果无冷却，$\nu = 0$，将会导致超导体的失超。

4.5.4 载流圆截面复合超导体的自场动态稳定性

在 4.4 节中讨论了圆截面载流超导体绝热稳定性，下面将这一结果推广到动态稳定情况。如图 4.6 所示，给超导体施加单位体积 ΔQ_s 的热脉冲，温度升高 ΔT，临界电流密度下降 ΔJ_c，使得 $\lambda \Delta J_c/(1-\lambda)$ 的电流通过金属基体材料旁路，在金属基体材料中产生焦耳热传入冷却介质。电流流过区域边界为 $c < r < a$，a 为超导体半径。考虑到超导体的对称性，采用柱坐标系进行分析，电流 I 沿轴向 z 方向传输，在周向和径向电流为零，$J_r = J_\varphi = 0$。根据磁热扩散方程(4.21)知

$$\frac{\partial^2 J_z}{\partial r^2} + \frac{1}{r}\frac{\partial J_z}{\partial r} = \frac{1}{D_m}\frac{\partial J_z}{\partial t} \tag{4.56}$$

设方程(4.56)的解的形式为

$$J_z(r,t) = J(r)\exp\left(-\frac{D_m a^2}{\alpha^2}t\right) \tag{4.57}$$

式中,α 为常数。

将式(4.57)代入式(4.56)有

$$\frac{\mathrm{d}^2 J}{\mathrm{d}r^2} + \frac{1}{r}\frac{\mathrm{d}J}{\mathrm{d}r} + \frac{\alpha^2}{a^2}J = 0 \tag{4.58}$$

显然式(4.58)是零阶贝塞尔(Bessel)方程,其通解为

$$J(r) = AJ_0\left(\frac{\alpha r}{a}\right) + DY_0\left(\frac{\alpha r}{a}\right) \tag{4.59}$$

利用边界条件

$$E = \rho_J = 0 \qquad\qquad r = c$$

$$\frac{\partial B}{\partial t} = -\boldsymbol{\nabla}\times E = \rho\,\frac{\mathrm{d}J}{\mathrm{d}r} = 0 \quad r = a$$

对方程(4.59)进行求解,特征时间常数 τ_j 由方程(4.57)求得

$$\tau_j = \frac{\alpha^2}{a^2 D_m} \tag{4.60}$$

考虑式(4.60),并将传热项加到式(4.16)中,得到

$$\Delta Q_s + \frac{\mu_0\lambda^2 J_c^2 a^2}{T_c - T_b}\Delta T\left(-\frac{1}{2}\ln\varepsilon - \frac{3}{8} + \frac{\varepsilon^2}{2} - \frac{\varepsilon^4}{8}\right) - \frac{2}{a}h\tau_j\Delta T = \gamma C\Delta T \tag{4.61}$$

$$\gamma C_e = \frac{\Delta Q_s}{\Delta T} = \gamma C - \frac{\mu_0\lambda^2 J_c^2 a^2}{T_c - T_b}\Delta T\left(-\frac{1}{2}\ln\varepsilon - \frac{3}{8} + \frac{\varepsilon^2}{2} - \frac{\varepsilon^4}{8}\right) + \frac{2}{a}h\tau_j\Delta T \tag{4.62}$$

若要维持超导体的稳定性,式(4.62)必须大于零,定义稳定化参数 β_s 如下:

$$\beta_s = \frac{\mu_0\lambda^2 J_c^2 a^2}{\gamma C(T_c - T_b)} = \left(1 + \frac{2\nu}{\alpha^2}\right)\left(-\frac{1}{2}\ln\varepsilon - \frac{3}{8} + \frac{\varepsilon^2}{2} - \frac{\varepsilon^4}{8}\right)^{-1} \tag{4.63}$$

式中,$\varepsilon = c/a$,ν 由式(4.47)给出。与式(4.18)所示的稳定参数相比,式(4.63)所示的稳定化参数增加了因子$(1+2\nu/\alpha^2)$。对于4.3节中介绍的 NbTi 复合超导体,其临界电流密度 $J_c = 1.5\times10^9 \mathrm{A/m^2}$,超导丝半径 $a = 0.25\mathrm{mm}$,超导填充因子 $\lambda = 0.4$,体热容$\gamma C = 2.7\times10^3 \mathrm{J/(m^3 \cdot K)}$,临界温度 $T_c = 6.5\mathrm{K}$,运行温度 $T_b = 4.2\mathrm{K}$,铜的电阻率$\rho_m = 3.5\times10^3 \Omega\cdot m$,换热系数 $h = 3.5\times10^5 \mathrm{W/(m^2 \cdot K)}$,将这些参数代入式(4.47)可得 $\nu = 12$。如果复合超导体表面涂有 $10\mu m$ 的绝缘层,其热导率 $k = 5\times10^{-2} \mathrm{W/(m \cdot K)}$,周围敷换热系数变为 $h = 5\times10^3 \mathrm{W/(m^2 \cdot K)}$ 的材料,得到 $\nu = 2$。图 4.12 为稳定化参数 β_s 随归一化电流 i 变化的曲线,对于绝热稳定 $\nu = 0$,稳定化参数 $\beta_s = 6.6$ 时,磁通跳跃发生在归一化电流 $i = 0.83$ 处。而采用动态稳

定化措施,可以极大地改善对运行电流的限制。若采用间接冷却 $\nu=1.2$,磁通跳跃发生在 $i=0.96$;而如果采用直接冷却(无绝缘) $\nu=12$ 的复合超导体,稳定传输电流可达 $i=1$。所以,对于多丝稳定化超导体的设计,在完全满足稳定化条件的同时,还可以抑制自场不稳定性的发生。

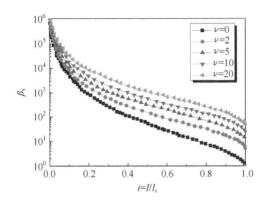

图 4.12　稳定化参数 β_s 随归一化传输电流 i 关系曲线

　　考虑到超导丝的尺寸效应,超导体保持磁通跳跃稳定,其丝半径或半厚度必须满足如下条件:

$$a < \sqrt{8}d \qquad (\text{圆截面细丝}) \tag{4.64}$$

$$a < \sqrt{3}d \qquad (\text{薄板}) \tag{4.65}$$

无载流超导复合导体是稳定的,这里 d 由式(4.66)确定

$$d = \left[\frac{k(T_c - T_b)(1-\lambda)}{\lambda J_c^2 \rho_m}\right]^{\frac{1}{2}} \tag{4.66}$$

式中各参数意义与前面相同。式(4.66)即为通常所讲的动态稳定条件,超导体的稳定性与超导体的热导率 k 和稳定基体材料的电阻率 ρ_m 密切相关。虽然条件式(4.64)~式(4.66)不能保证超导复合体绝对地稳定,但是在所有可能影响因素存在的情况下,超导体要稳定必须满足这个条件,它是超导体保持稳定的必要条件。

　　将超导体细丝化,在恒定磁场条件下,可以满足绝热磁通跳跃稳定条件。如果超导体处于交变磁场中时,由于电磁感应,超导细丝间会发生电磁耦合或部分电磁耦合,这时它们相当于大尺度超导体,即使将超导体加工成几微米到几十微米的细丝,从几何结构上看尺寸满足磁通跳跃稳定判据,但实际上由于耦合,电磁"尺寸"大于磁通跳跃允许的尺寸[见式(4.66)],磁通跳跃仍然不可避免。因此,在细丝化的前提下,对于时变场超导应用领域,将超导线多芯扭绞,使得超导细丝退耦合是消除时变场下磁通跳跃、保证超导体绝热稳定的有效措施和手段。图 4.13 是两根导线的扭绞示意图,扭矩为 L_c(twisted pitch),图中虚线是涡流,箭头表示其方向,沿着 1234567 路径看去,涡流方向并不一致,每隔一个 L_c 翻转一次;同理沿着路

径 $1'2'3'4'5'6'7'$ 看过去,涡流变化方向与上面路径情况一样。所以尽管超导线很长,从涡流的角度看,效果上相当于被切割成许多段,每段长度为 L_c。

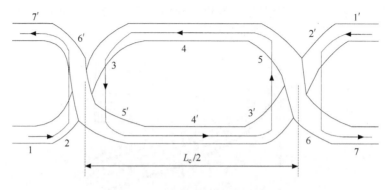

图 4.13　两根超导线扭绞示意图

　　超导体的扭矩与稳定基体电阻率、临界电流密度、超导丝径及时变场变化速率有关,超导体临界扭矩为

$$L_c = \left(\frac{2\rho_m J_c d_f}{dB/dt} \right)^{1/2} \tag{4.67}$$

有关式(4.67)的详细计算,将在第 5 章介绍,这里只给出结果。实际扭矩 L 只要满足小于 L_c 即可;一般选择 $L = L_c/2, L_c/5, L_c/10$ 即可满足要求。例如,对于 NbTi 铜稳定超导线,临界电流密度 $J_c = 2 \times 10^9 \, \text{A/m}^2$, $\rho_m = 3 \times 10^{-8} \, \Omega \cdot \text{m}$,丝径 $d_f = 20 \mu\text{m}$, $dB/dt = 10 \text{T/s}, L_c = 14.2 \text{mm}$。

　　由于涡流产生的磁场与外加磁场方向相反,因此通过扭绞可以保证在时变磁场中超导体的稳定。虽然扭绞可以减小涡流、耦合电流,增加超导体的稳定性,但是,在实际电工应用中,超导体往往以线圈的形式出现。在扭绞的过程中,扭矩过小将导致超导复合导体中超导细丝的结构损坏,不能保证超导体的机械稳定性;对于横向磁场较小的应用场合,扭绞可以减小股间耦合,但是却有效地加强了在纵向磁场的电磁耦合行为。在复合超导体的表面镀上高电阻率的隔离层,如铬、镍等高电阻隔离层,能够有效地限制复合超导体中多丝线之间的电磁耦合;如果能够采用完全绝缘的超导细线扭绞,那么可以消除超导细丝间的全部电磁耦合,遗憾的是这种超导细丝间完全绝缘技术在目前超导多丝复合超导线加工工艺中无法实现。如果超导复合导体中某超导股发生失超时,由于电流的重新分布,使得股间电流不能有效转移,从而大大减小了复合超导体的稳定性,减小了复合超导体的最小失超能。完整地设计高稳定性的复合超导体,需要精确分析相关的电动力学过程和电流分布。诚然,需要考虑复合超导体复杂的三维结构,耦合电流在整个超导体的长度范围内进行股间转换,超导股间的接触电阻取决于超导股的空隙因子,需要进行复杂的数值计算。

4.6　超导体的低温稳定性

低温稳定化问题研究超导体失超后产生的热功率和低温冷却介质的传热功率之间的平衡。如果超导体失超后产生的热功率小于低温介质的传热功率,那么超导体内失超部分区域温度逐渐降低,最终能够恢复到初始运行温度,失超区域也从正常态恢复到超导态。低温稳定化方法就是研究如何有效地将超导体因失超产生的热量及时地传入低温冷却介质中,并采取有效措施使得超导体发热功率小于低温冷却介质的冷却功率。

超导体低温稳定化方法是将高电导率、高热导率的金属作为稳定基体材料形成复合导体。同时将超导体直接浸泡在冷却介质中,使得超导体与冷却介质直接接触,通过冷却介质的沸腾传热来冷却超导体。如果扰动产生,超导体局部变成正常态,因超导体正常态的电阻率大大高于基体材料的电阻率,传输电流将分流进入稳定基体内,从而减小超导线材的发热量。导体中的发热导致超导线温度升高,超导线产生的热量最终传到低温介质中。如果发热功率小于传热功率,超导体将从正常态恢复到超导态。这种稳定化方法即为低温稳定化方法,该方法是 Stekly 于1965 年提出的。

在复合超导体低温稳定性研究中,通常作如下假定:

(1) 超导体处于稳定磁场 B 和恒定温度 T_b 的低温介质中。

(2) 超导体横截面上的温度与表面温度相等,且均匀分布。

(3) 超导体和稳定基体之间理想地热接触和电接触,界面上没有热阻和电阻。

(4) 超导体的正常电阻率远大于稳定基体电阻率,当超导体发生失超时,电流全部转移到稳定基体中。

(5) 稳定基体材料的电阻率与温度和磁场无关。

(6) 超导体向低温冷却介质的传热,其传热系数与温度无关。

4.6.1　Stekly 参数

在超导体低温稳定化方法中,超导体和低温冷却介质直接接触,因此冷却效果与低温介质的传热能力密切相关。低温冷却介质一般采用液氦和液氮,二者在一个大气压下的沸点温度分别为 4.2K 和 77K,潜热分别为 160.62kJ/L 和 2.55kJ/L。超导体与冷却介质之间的传热状态有两种:核沸腾和膜沸腾。由于超导体与低温冷却介质直接接触,核沸腾状态具有较高的传热能力。而膜沸腾状态是在超导体和冷却介质之间形成一层蒸发的低温介质气膜,冷却介质气体的传热能力低于冷却介质液体的传热能力,所以膜沸腾的冷却能力低于核沸腾。小的热功率扰动产生核沸腾,而大的热功率将会产生膜沸腾。假定复合超导体的传输电流密度为

J_t，临界电流密度为 J_c，且 $J_t < J_c$；当外界热扰动足够大时，温度升高，导致临界电流密度降低，以至于温度超过超导体和稳定基体的分流温度 T_{sh}（复合超导体中，电流开始从超导体向稳定基体转移时的温度），此时，$J_t > J_c$，部分电流从超导体向稳定基体中转移，在复合超导体内电流传输方向产生电场

$$E = \frac{\lambda \rho_m}{1-\lambda} [J_t - J_c(T)] \qquad (4.68)$$

其中，ρ_m 为稳定基体的电阻率。单位体积内复合超导体的发热功率为

$$g = \lambda J_t E = \frac{\lambda^2 \rho_m}{1-\lambda^2} J_t [J_t - J_c(T)] \qquad (4.69)$$

当温度为 10K 左右时，超导体临界电流密度随温度变化近似线性关系：

$$J_c(T) = J_{c0} \frac{T_c - T}{T_c - T_b} \qquad (4.70)$$

式中，J_{c0} 是温度为 T_b 时，超导体的临界电流密度。将式（4.70）和式（4.69）代入式（4.69）有

$$g = \frac{\lambda^2 \rho_m J_t^2}{1-\lambda} \left(1 - \frac{J_{c0}}{J_t} \frac{T_c - T}{T_c - T_b}\right) \qquad (4.71)$$

在复合超导体内产生热功率的过程如下：当超导体运行温度 T 小于分流温度 T_{sh} 时，电流全部无阻地流过超导体，没有热功率产生；当超导体温度 T 大于分流温度 T_{sh}，但是小于临界温度 T_c 时，电流从超导体内向稳定基体内转移，产生焦耳热，发热功率随温度呈线性化变化；当温度 T 超过临界温度时，电流全部转移到稳定基体中，用方程表述为

$$g = \begin{cases} 0 & T \leqslant T_{sh} \\ \dfrac{\lambda^2 \rho_m J_t^2}{1-\lambda} \left[1 - \dfrac{J_c}{J_t}\left(1 - \dfrac{T-T_b}{T_c-T_b}\right)\right] & T_{sh} < T \leqslant T_c \\ \dfrac{\lambda^2 \rho_m J_t^2}{1-\lambda} & T > T_c \end{cases} \qquad (4.72)$$

复合超导体与低温介质直接接触，单位体积低温介质向复合超导体的传热功率为

$$Q = \frac{p}{A} h (T - T_b) \qquad (4.73)$$

式中，p、A 和 h 分别是冷却周长、冷却截面积和传热系数。在 $T = T_c$ 时，超导体失超，电流全部转移到稳定基体中，此时 $J_t = J_c$，产生的焦耳热功率和传热功率分别为

$$g_c = \frac{\lambda^2 \rho_m J_c^2}{1-\lambda} \qquad (4.74)$$

$$Q_c = \frac{p}{A} h (T_c - T_b) \qquad (4.75)$$

将 Q_c 与 g_c 的比值定义为参数 α，称为 Stekly 参数

$$\alpha = \frac{g_c}{Q_c} = \frac{\rho_m \lambda^2 J_c^2 A}{(1-\lambda)ph(T_c - T_b)} \tag{4.76}$$

式(4.76)与式(4.31)的动态稳定化判据相同，不过在式(4.31)的分析过程中，假定传输电流 I_t 接近临界电流，而在式(4.76)的分析过程中没有这一苛刻的假设。如果此时发热功率与传热功率相等，即 $\alpha = 1$，复合超导体达到热稳定平衡态。要使复合超导体稳定，发热功率必须小于传热功率，即满足 $\alpha < 1$ 的条件，复合超导体的温度才能逐渐减小到低于临界温度，电流才能重新返回超导体，恢复无阻载流运行状态。

在低温稳定传热分析过程中忽略了导体传热特性，而且超导体与低温冷却介质直接接触，因此，Stekly 参数的低温稳定判据 $\alpha < 1$ 比较保守。

为了考虑热传导对低温稳定分析的影响，以简单一维复合导体为例进行介绍。图 4.14 为复合超导棒，其半径与长度相比可以忽略，整个截面上所有特性均相同，z 轴沿轴线方向，端部温度为 T_0，中间发热区域温度为 T_1。

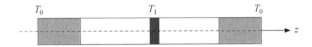

图 4.14　一维超导复合体冷却示意图

沿超导棒的一维热传导方程为

$$\frac{d}{dz}\left[k(T)\frac{dT}{dz}\right] = \frac{p}{A}h(T) - g(T) \tag{4.77}$$

式中，左侧为导热项，右侧第一项为冷却项，第二项为发热项；$k(T)$ 为复合超导体的热导率；A 为截面；p 为冷却周长。考虑到超导体比热容 $C(T)$ 随温度变化较大，常常用焓 $h(T)$ 来表示，

$$h(T) = \int_0^T C(T)dT \tag{4.78}$$

引入热流参量 S

$$S = k(T)\frac{dT}{dz} \tag{4.79}$$

作如下变换：

$$\frac{dS}{dz} = \frac{dS}{dT}\frac{dT}{dz} = \frac{dS}{dT}\frac{S}{k(T)} \tag{4.80}$$

将式(4.80)代入式(4.77)得到

$$S\frac{dS}{dT} = k(T)\left[\frac{p}{A}h(T) - g(T)\right] \tag{4.81}$$

将式(4.81)对温度积分有

$$(S_1^2 - S_0^2) = 2\int_{T_0}^{T_1} k(T)\left[\frac{p}{A}h(T) - g(T)\right]\mathrm{d}T \tag{4.82}$$

式中，S_0 和 S_1 分别为对应温度 T_0 和 T_1 的热流。若超导棒足够长，在远离热源点两端，温度与周围冷却介质温度相同，没有温度梯度，那么 $\mathrm{d}T/\mathrm{d}z = 0$，$S_0 = S_1 = 0$，所以在远离热源点时，热交换界面温度达到平衡。在热交换界面处，当发热功率与散热功率达到平衡时，

$$\int_{T_0}^{T_1}\left[h(T) - \frac{A}{p}g(T)\right]k(T)\mathrm{d}T = 0 \tag{4.83}$$

如果热导率 $k(T)$ 与温度无关，则式（4.83）变为

$$\int_{T_0}^{T_1}\left[h(T) - \frac{A}{p}g(T)\right]\mathrm{d}T = 0 \tag{4.84}$$

式（4.84）是等面积理论，可用简单的几何图形解释，即由发热曲线和冷却曲线组成的两个面积相等的区域。图 4.15 为 NbTi 复合超导体在磁场 6T、临界温度 6.5K、工作温度 4.2K 的沸腾液氦中传热特性的简化图。图中，完全满足等面积准则的发热曲线，表示超导体内热正常区与两端冷超导区之间的热平衡条件。如果发热项积分面积大于图中值，平衡受到扰动，温度上升，正常区进一步扩大。相反，如果发热项积分面积小于图中值，温度降低，正常区进一步缩小直到消失，超导体完全恢复到超导态。因此这个正常区由冷的超导区包围，图 4.15 给出了正常区的稳定化条件，叫做冷端恢复条件。

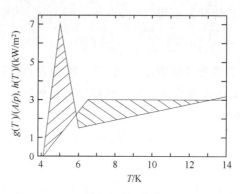

图 4.15　冷端超导区的低温稳定等面积条件

超导体稳定化的目的是热扰动过后超导体恢复到超导态。低温稳定化判据是解释如何通过采用基体材料或不同运行电流密度来实现超导体恢复到超导态。但是低温稳定化判据对于当地扰动过于保守，因为在低温稳定化判据中仅考虑超导体和低温介质之间的热转换，没有考虑热导传热。

在实际应用过程中，复合超导体是密绕的，超导体与低温介质并不都是直接接触，热传导特性起到至关重要的作用。为了研究导体传热对低温稳定化的影响，以

超导磁体线圈的三维热传导模型为例进行分析。在分析热传导之前,先介绍三个与超导体稳定性相关的概念:①最小传播区(minimum propagation zone,MPZ),即在超导体内局部存在的正常区,该区域的发热使超导体失超区域不断扩大直至整体失超,能够引起整个超导体失超的最小失超区域就叫做最小传播区。②最小失超能(minimum quench energy,MQE),即能够引起超导体失超的最小扰动能量,等于储存在正常区内部和外部的能量之和;③失超传播速度(quench propaga-tion velocity,QPV),即超导体中失超区传播的速度。这三个量是衡量超导磁体动态稳定性的重要参数。

4.6.2　一维正常传播区

为了了解最小正常传播区的概念,在点扰动情况下,以简单的一维圆截面载流超导导体局部失超及其传播特性来解释最小失超传播区的概念。如图 4.16 所示,一段载流密度为临界电流密度 J_c 的超导体,中间部分由于热扰动产生局部热点温度超过临界温度 T_c,为了简化计算,假定热点温度 $T = T_c$,该区域转变为正常态,并以 $J_c A\rho L$ 发热,其中,A、ρ 和 L 分别是超导体的截面、电阻率和正常区的长度,热点向两端沿导线传播。假定温度梯度为 $(T_c - T_b)/L$,T_b 是未受热干扰点的温度,在绝热条件下,发热量全部施加在超导体上使得超导体温度升高,根据热平衡方程

$$2kA\left(\frac{T_c - T_b}{L}\right) = J_c^2 \rho A L \tag{4.85}$$

k 是超导体的热导率。所以

$$L = \left[\frac{2k(T_c - T_b)}{J_c^2 \rho}\right]^{1/2} \tag{4.86}$$

如果发热量超过冷却带走的热量,正常区将继续扩大;反之,则正常区逐渐缩小,直至消失,超导体又恢复到超导态。式(4.86)中的 L 是一维最小传播区的长度。

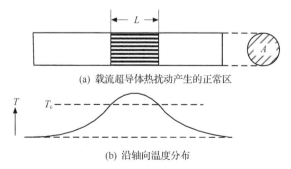

(a) 载流超导体热扰动产生的正常区

(b) 沿轴向温度分布

图 4.16　载流圆截面超导体点扰动下产生的正常区和温度分布

4.6.3 三维最小传播区和最小失超能

图 4.17(a)为磁体线圈结构示意图,4.17(b)是将绕制超导线圈的超导线当做圆柱导线近似,热导率具有各向异性,在轴向热导率为 k_z,在径向热导率为 k_r,因为实际超导磁体中匝间必须绝缘,这种假定是合乎实际情况的。

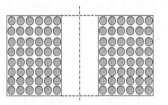

(a) 磁体线圈结构示意图　　　　　　(b) 纯制超导线圈

图 4.17　磁体线圈三维热传导模型

考虑稳态、绝热并忽略其他热源的近似情况,在柱坐标下式(4.1)变为

$$\frac{1}{r}\frac{\partial}{\partial r}\left(rk_r\frac{\partial T}{\partial r}\right)+\frac{\partial}{\partial z}\left(k_z\frac{\partial T}{\partial z}\right)+\lambda_w G(T)=0 \qquad (4.87)$$

式中,λ_w 为复合超导体与线圈的体积比;$G(T)$ 为载流超导体的焦耳热发热项,

$$G(T)=\frac{\lambda^2\rho_m J_t^2}{1-\lambda}\left(\frac{T_c-T}{T_c-T_b}\right)=G_c\left(\frac{T_c-T}{T_c-T_b}\right) \qquad (4.88)$$

G_c 与温度无关,

$$G_c=\frac{\lambda^2\rho_m J_t^2}{1-\lambda} \qquad (4.89)$$

为了简化计算,假定热导率 k 与温度无关,并做变换 $\alpha^2=k_r/k_z,R=r/\alpha$,式(4.87)变为

$$\frac{1}{R}\frac{\partial}{\partial R}\left(R\frac{\partial T}{\partial R}\right)+\frac{\partial^2 T}{\partial z^2}+\frac{\lambda_w G(T)}{k_z}=0 \qquad (4.90)$$

前两项与柱坐标下算子 $\mathbf{V}^2$ 形式相似,假定温度 T 在变换坐标系中,具有球形对称性,则式(4.90)可以写成球坐标系下形式:

$$\frac{d^2 T}{dR^2}+\frac{2}{R}\frac{dT}{dR}+\frac{\lambda_w G(T)}{k_z}=0 \qquad (4.91)$$

对式(4.91)做变换 $\phi=T-T_g,x=R/R_g$,其中 R_g 由式(4.92)给出:

$$R_g=\pi\left[\frac{\pi(T_c-T_g)}{\lambda_w G_c}\right]^{1/2} \qquad (4.92)$$

式中,T_g 表示超导体温度上升到该温度时,电流密度为 J 的载流超导导体开始产生焦耳热,由下式确定:

$$T_g=T_c-(T_c-T_b)J/J_c$$

代入式(4.91)得到

$$\frac{d^2\phi}{dx^2} + \frac{2}{x}\frac{d\phi}{dx} + \pi^2\phi = 0 \tag{4.93}$$

考虑绝热边界条件,$x=0$ 时,$d\phi/dx=0$,式(4.93)的解为

$$\phi = \frac{A}{x}\sin\pi x \tag{4.94}$$

其中,A 为待定常数,当 $x=1$ 或 $R=R_g$,对于所有 A,式(4.94)均为零,即 $T=T_b$。在球坐标系内,热量将在整个半径为 R_g 的区域内产生,即最小传播区,当有扰动或热源小于这一区域时,传导出的热量超过产生的热量,扰动区域将收缩,最后消失;当热源大于这个区域时,这个区域将进一步增大,直至整个超导体失超。在球坐标系中,最小传播区是一个椭球。在超导体中,长半轴为 R_g 沿导体轴向,在横向截面上是一个半径为 $r_g = \alpha R_g$ 的圆面,如图 4.18 所示,图为三维正常区示意图。

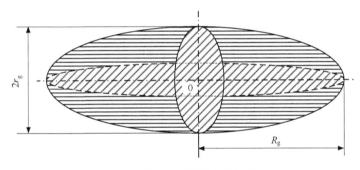

图 4.18 椭球形三维最小失超传播区

为了确定建立最小传播区所需要的能量,需要确定方程(4.94)中的常数 A,可由边界条件 $R=R_g$ 决定。当 $R>R_g$ 时,热传导方程(4.90)变为

$$\frac{d^2T}{dx^2} + \frac{2}{x}\frac{dT}{dx} = 0 \tag{4.95}$$

其通解为

$$T = \frac{B}{x} + C \tag{4.96}$$

式中,B 和 C 是常数。在超导线圈表面上,稳态解应该满足 $T=T_b$ 的边界条件。正常区的增长或消失唯一地由局部条件决定。严格求解需要求解时变方程,相当复杂。这里采用一种不严格的简单方法,在半径为 $R_m(R_m>R_g)$ 的边界上,人为地加入冷却边界条件,再求方程的稳态解。考虑冷却边界条件后,设新边界区域半径为 $R_m=mR_g(m>1)$,$y=T/T_b$,利用 dT/dx 和 T 在 $x=1$(即 $R=R_g$)处必须连续的条件,代入方程(4.93)和式(4.95)得到

$$y = \frac{m\beta}{(m-1)\pi x}\sin\pi x + \beta + 1 \qquad x < 1 \tag{4.97}$$

$$y = 1 + \beta - \frac{m\beta}{m-1}\left(1 - \frac{1}{x}\right) \qquad 1 < x < m \qquad (4.98)$$

其中

$$\beta = (T_g - T_b)/T_b \qquad (4.99)$$

为了确定最小失超能，以 m 为函数计算建立正常区所需的能量，然后取其最小值。考虑在以 R_g 为边界的内、外区域，假定体积比热容随温度的三次方变化，$\gamma C \propto T^3$，那么单位体积内的能量变化为

$$\Delta E = \frac{\gamma C_b (T^4 - T_b^4)}{4 T_b^3} = \gamma H_b (y^4 - 1) \qquad (4.100)$$

式中，C_b 和 H_b 分别为在温度 T_b 时超导体的比热容和焓。在加热区 $R < R_g$，所需要的加热归一化能量是对式(4.100)在椭球正常区积分

$$e_g = \frac{E_g}{E_b} = 3\int_0^1 x^2 (y^4 - 1) \mathrm{d}x \qquad (4.101)$$

其中

$$E_b = \frac{4\pi}{3} \alpha^2 R_g^3 \gamma H_b \qquad (4.102)$$

式(4.102)是温度为 T_b 时，在椭球发热区内的焓。对式(4.101)积分，得到单位体积的归一化能量为

$$e_g = \left[\frac{m\beta}{\pi(m-1)}\right](\nu^4 + 3.8\nu^3 + 9\nu^2 + 11.6\nu + 6.3) - 1 \qquad (4.103)$$

其中，ν 由式(4.104)确定：

$$\nu = \frac{\pi(1+\beta)(m-1)}{\beta m} \qquad (4.104)$$

在 $R_g < R < m R_g$ 环区区域内，单位体积的归一化能量由式(4.101)得到

$$e_h = \frac{E_h}{E_b} = 3\int_1^m x^2 (y^4 - 1)\mathrm{d}x$$

$$= \left(\frac{m\beta}{m-1}\right)^4 \left[3 - \frac{3}{m} + 12\eta\ln m + 18\eta^2(m-1) + 6\eta^3(m^2-1) + \eta^4(m^3-1)\right]$$

$$- (m^3 - 1)$$

$$(4.105)$$

其中

$$\eta = \frac{m - 1 - \beta}{m} \qquad (4.106)$$

所以，建立正常传播区所需要的归一化能量为：$e_t = e_g + e_h$。对于小的 m，峰值温度的增加使得发热区的能量增大；对于大的 m，环区能量增大。取 e_t 的最小值作为建立三维空间正常区传播的最佳估算，即能够引起失超的最小扰动能量。

举例，假定 NbTi 超导磁体运行在 4.2K、6T 的磁场中，其参数如下：临界电流

密度 $J_c = 1.5 \times 10^9 \mathrm{A/m^2}$，运行电流密度 $J = 0.8 J_c = 1.2 \times 10^9 \mathrm{A/m^2}$，超导体的填充因子 $\lambda = 0.3$，铜基体材料电阻率 $\rho_m = 3.5 \times 10^{-10} \Omega \cdot \mathrm{m}$，发热功率 $G_c = 6.6 \times 10^7 \mathrm{W/m^3}$，临界温度 $T_c = 6.5\mathrm{K}$，电流分流温度 $T_g = 4.66\mathrm{K}$，磁体的填充因子 $\lambda_w = 0.5$，将这些参数代入式(4.92)得到 $R_g = 1.67\mathrm{cm}$，若 $\alpha = 1$，最小传播区域的体积为 $V = 4\pi/(3\alpha^2 R_g^2) = 1.95 \times 10^{-3} \mathrm{m^3}$。若超导磁体中的填充材料、NbTi 超导体和稳定铜基体材料分别所占体积比为 0.5、0.15 和 0.35，平均体热容 $\gamma C = 2.7 \times 10^3 \mathrm{J/(m^3 \cdot K)}$，则超导体的温度从运行温度 4.2K 升高到电流分流温度 4.66K 才能建立最小传播区(MPZ)，所需要的能量为 $2.8 \times 10^{-3}\mathrm{J}$，储存在最小传播区内，比最小失超能(MQE)要小。

虽然以上理论分析中讨论的是三维稳态稳定性问题，但是它是建立在各向异性的连续导体为近似前提的假设上，而且仅适合于单丝导体半径小于最小传播区半径(αR_g)的情况。对于更一般的分析，需要掌握各种传热情况，求解热传导方程(4.1)，而且实际情况往往没有解析解，需要数值求解。作为稳定性分析最小失超能的计算，扰动过后建立最小传播区所需要的能量为

$$E_q = A \iint G_d(r,t) \mathrm{d}r \mathrm{d}t \tag{4.107}$$

式中，G_d 为式(4.1)中的发热项；A 为超导体的横截面积。

4.7　绝热复合超导体中正常区传播速度

正常区传播速度也是超导体稳定性参数之一，对于超导磁体的失超检测和保护具有重要意义。

4.7.1　纵向传播速度

考虑简单的一维超导体模型，超导体中正常区以恒定速度 U_l 沿长度方向移动，图 4.19 所示为绝热条件一维正常区边界以速度 U_l 沿 z 轴方向移动。$x < 0$ 代表正常区，$x > 0$ 代表超导区，$x = 0$ 代表正常区与超导区边界。在正常区 $x < 0$ 的热传导方程为

$$\gamma C_n \frac{\partial T_n}{\partial t} = \frac{\partial}{\partial x} \left(k_n \frac{\partial T_n}{\partial x} \right) + \rho_n J^2 \tag{4.108}$$

ρ_n 是正常区超导体电阻率；在超导区 $x > 0$ 的热传导方程为

$$\gamma C_s \frac{\partial T_s}{\partial t} = \frac{\partial}{\partial x} \left(k_s \frac{\partial T_s}{\partial x} \right) \tag{4.109}$$

作变换 $z = x - U_l t$，代入方程(4.108)和式(4.109)得到

$$\frac{\mathrm{d}}{\mathrm{d}z} \left(k_n \frac{\partial T_n}{\partial z} \right) + C_n U_l \frac{\mathrm{d}T_n}{\mathrm{d}z} + \rho_n J^2 = 0 \tag{4.110}$$

$$\frac{\mathrm{d}}{\mathrm{d}z}\left(k_s \frac{\mathrm{d}T_s}{\mathrm{d}z}\right) + C_s U_1 \frac{\mathrm{d}T_s}{\mathrm{d}z} = 0 \qquad (4.111)$$

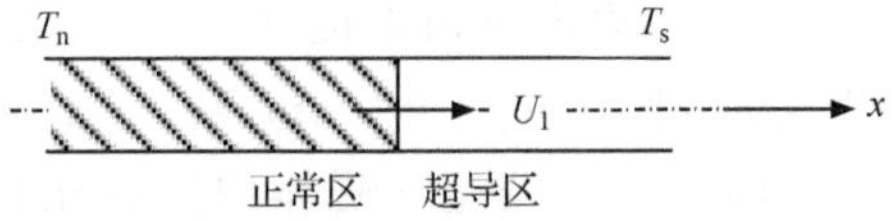

图 4.19　一维正常超导区边界以恒定速度移动

假定正常区和超导区热导率是常数，在靠近 $z=0$ 处，正常区内 $\mathrm{d}^2 T_n/\mathrm{d}z^2 = 0$，式(4.110)和式(4.111)变为

$$C_n U_1 \frac{\mathrm{d}T_n}{\mathrm{d}z} + \rho_n J^2 = 0 \qquad x < 0 \qquad (4.112)$$

$$k_s \frac{\mathrm{d}^2 T_s}{\mathrm{d}z^2} + C_s U_1 \frac{\mathrm{d}T_s}{\mathrm{d}z} = 0 \qquad x > 0 \qquad (4.113)$$

方程(4.113)的解为

$$T_s(z) = A\exp(-\beta z) + T_b \qquad (4.114)$$

T_b 是远离边界超导体运行温度，$\beta = \gamma C_s U_1/k_s$，$T_s(0) = T_c$，$T_c$ 是超导体转变温度，代入式(4.114)得到

$$T_s(z) = (T_c - T_b)\exp(-\beta z) + T_b \qquad (4.115)$$

考虑另一个边界条件，在边界 $z=0$，热流量必须连续，两边热流量相等，所以

$$k_n \frac{\mathrm{d}T_n}{\mathrm{d}z}\bigg|_{z=0^-} = k_s \frac{\mathrm{d}T_s}{\mathrm{d}z}\bigg|_{z=0^+} \qquad (4.116)$$

将式(4.113)和式(4.114)代入式(4.116)得

$$-\frac{k_n \rho_n J^2}{C_n U_1} = -C_s U_1(T_c - T_b) \qquad (4.117)$$

由此可以求出正常区与超导区边界传播速度 U_1

$$U_1 = J\sqrt{\frac{\rho_n k_n}{\gamma C_n \gamma C_s(T_c - T_b)}} \qquad (4.118)$$

4.7.2　横向传播速度

在实际应用中，超导体总是以线圈或绕组形式出现，而且导线外面有绝缘层，因此热导率沿纵向和径向是不同的。在超导磁体线圈上，匝与匝之间的正常区传播是横向传播，定义其传播速度以 U_t 表示。图 4.20(a)是超导线圈中绝缘与超导带几何布置示意图，图 4.20(b)是由第一匝向第二匝传热的热耦合"电路"。图中，T_1 和 T_2 分别是超导带 1 和 2 所在处的温度，T_i 为超导带 1 和 2 之间绝缘层所在处的温度，$R_i/2$ [$R_i = A/(kL)$，单位为 $\mathrm{m}^2 \cdot \mathrm{K/W}$]表示超导带 1 和 2 与绝缘层之间的热阻，$\gamma_i C_i$ [单位：$\mathrm{J}/(\mathrm{m}^3 \cdot \mathrm{K})$]表示绝缘介质的体热容。

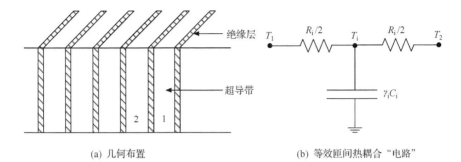

(a) 几何布置　　　　　　　　　　　(b) 等效匝间热耦合 "电路"

图 4.20　超导线圈中绝缘带与超导带布置及匝间热耦合示意图

横向正常区传播时间 τ_t 是超导带 2 的温度从运行温度 T_b 上升到超导转变温度 T'_t 所需要的时间。对于超导带 2，能量密度方程为

$$\delta \int_{T_b}^{T'_t} \gamma C \mathrm{d}T = \int_0^{\tau_t} q_2(t) \mathrm{d}t \tag{4.119}$$

δ 是绝缘层厚度，根据电路模拟图 4.20(b) 中超导带 1 和 2 之间的热流交换，得到如下方程：

$$\frac{T_1 - T_i}{(R_i/2)} = \delta_i \gamma_i C_i \frac{\mathrm{d}T_i}{\mathrm{d}t} + q_2(t) \tag{4.120}$$

式(4.120)表明，来自于超导带 1 的热流分成两部分，一部分由绝缘带吸收，另一部分传导到超导带 2。假定与绝缘层温度 T_i 相比，T_2 变化很小，$q_2(t) \approx T_i/(R_i/2)$；$T_1$ 随温度线性变化，$T_1 = \theta_1 t$，$R_i = \delta_i/k_i$，k_i 表示绝缘层的热导率，那么由近似的 $q_2(t) = T_i/(R_i/2)$ 得到 $T_i \approx q_2(t)R_i/2$，代入式(4.120)，得到 $q_2(t)$ 的解为

$$q_2(t) = \frac{\theta_1 k_i}{4\delta_i}\left\{4t - \tau_i\left[1 - \exp\left(-\frac{4t}{\tau_i}\right)\right]\right\} \tag{4.121}$$

式中，$\tau_i = \delta_i \gamma_i C_i/k_i$，称为绝缘介质的热扩散系数。

将式(4.121)代入式(4.119)得到

$$\frac{4\delta\delta_i}{\theta_1 k_i}\int_{T_b}^{T'_t} \gamma C \mathrm{d}t = 2\tau_t^2 - \tau_t\tau_i + \frac{\tau_i^2}{4}\left[1 - \exp\left(-\frac{4\tau_t}{\tau_i}\right)\right] \tag{4.122}$$

式中，T'_t 与磁场 B 及传输电流 I_t 有关，对 τ_i 有影响。

由于焦耳热使得超导体温度升高，定义复合超导体平均(有效)体热容 $(\gamma C)_{avg}$ 和热导率 k_{avg}

$$(\gamma C)_{avg} = \sum_{i=1}^{n} f_i(\gamma_i C_i) \tag{4.123}$$

$$k_{avg} = \sum_{i=1}^{n} f_i k_i \tag{4.124}$$

式中，n 代表组成复合超导体的材料种类数；f_i、γ_i 和 C_i 分别表示复合超导体中各

种材料的体积比、密度和比热容。有关多元复合超导体的有效热容和有效热导率的计算方法见附录 A1。所以 $(\gamma C)_{avg}(dT_1/dt) = \rho_m J_m^2$，并将 $\theta_1 = \rho_m J_m^2/(\gamma C)_{avg}$ 代入式(4.122)得

$$\frac{4\delta\delta_i(\gamma C)_{avg}}{k_i\rho_m J_m^2}\int_{T_b}^{T_t'}\gamma C dT = 2\tau_t^2 - \tau_t\tau_i + \frac{\tau_i^2}{4}\left[1 - \exp\left(-\frac{4\tau_t}{\tau_i}\right)\right] \qquad (4.125)$$

在实际应用中，$\tau_t \gg \tau_i$，对于热导率低的高温超导体尤其如此，那么横向传播时间常数为

$$\tau_t = \frac{1}{J_m}\sqrt{\frac{2\delta\delta_i(\gamma C)_{avg}}{\rho_m k_i}\int_{T_b}^{T_t'}\gamma C dT} \qquad (4.126)$$

在绝缘层厚度远小于超导体厚度时，$\delta_i \ll \delta$，横向失超传播速度为

$$U_t = \frac{\delta_i + \delta}{\tau_t} \approx \frac{\delta}{\tau_t} = J_m\sqrt{\rho_m k_i\delta}\left[2\delta_i(\gamma C)_{avg}\int_{T_b}^{T_t'}\gamma C dT\right]^{-1/2} \qquad (4.127)$$

作进一步近似，$\int_{T_b}^{T_t'}(\gamma C)dT = (\gamma C)_{avg}(T_t' - T_b)$，式(4.127)简化为

$$U_t = \frac{J_m}{(\gamma C)_{avg}}\sqrt{\frac{\rho_m k_i\delta}{2\delta_i(T_t' - T_b)}} \qquad (4.128)$$

结合超导体纵向失超传播速度表达式(4.118)和横向失超传播速度表达式(4.128)，横向失超传播速度 U_t 与纵向失超传播速度 U_l 之比为

$$\frac{U_t}{U_l} \propto \sqrt{\frac{\delta}{\delta_i}\frac{k_i}{2k_m}} \qquad (4.129)$$

超导体横向和纵向失超传播速度由发热项功率 $\rho_m J_m^2$ 驱动，失超传播过程由热扩散过程控制。

4.8　超导磁体的机械稳定性

对超导磁体的稳定性的瞬变扰动除了磁通跳跃以外，机械扰动是其另一种扰动方式。对于磁通跳跃，可以采用细丝化来消除。机械扰动主要是超导磁体通电时，绕组线匝上受到电磁力的作用引起运动、绕组填充材料的碎裂等，导致电磁能量的释放而产生的。在超导磁体绕制过程中所加预应力不够大或不均匀，导线排列不紧密，留有空隙以及固化材料使用不当都会导致超导磁体内导线的位移。在超导磁体通电励磁过程中，超导线受到强大的电磁力作用，在磁体薄弱点上发生移动。超导线移动时由于摩擦生热，导致超导线温度升高，从而引起磁体不稳定甚至失超。

通电磁体绕组中超导线只要有 μm 量级的移动，由于摩擦产生热量就有可能使超导磁体失超，所以机械扰动与磁体的绕制工艺有很大关系。例如，在 $B = 5T$ 的磁场中，绕组电流密度 $J_c = 1 \times 10^9 A/m^2$，当超导线在电磁力作用下移动 $1\mu m$

时,单位体积电磁力做功 5kJ/m³,对于 NbTi/Cu 复合超导线,若铜超比为 2(复合超导体中稳定基体材料铜与超导体的体积比),在 4.2K 温度下体热容 $\gamma C =$ 1.85kJ/(m³·K),那么移动 $1\mu m$ 所做的功转化成热量,使得超导体温升 $\Delta T \approx$ 5/1.85=2.7K,完全可以导致超导磁体失超。

为了抑止超导体中导线的移动,常常采用环氧或石蜡固化的方法来解决,使得超导体机械稳定性获得很大提高。尤其对于小型磁场较低的超导磁体非常有效,但是对于大型超导磁体或高场磁体,这种有机固化材料在低温下变得很脆,在强大的电磁力作用下,产生碎裂,从而引起机械干扰。固化有机材料中的裂缝就是储存的弹性形变能量在脆性材料中突然传播的结果。当裂缝在固化材料中出现时,部分形变能转变成热能。由于有机材料和金属或合金材料之间存在不同的热收缩,对于单轴一维约束应力,固化材料的形变能为

$$Q_{\sigma_1} = \frac{\sigma^2}{2E} = \frac{E\varepsilon^2}{2} \qquad (4.130)$$

式中,σ、ε 和 E 分别是固化材料的应力、应变和杨氏模量。

对于三轴三维约束应力,其形变能为

$$Q_{\sigma_2} = \frac{3\sigma^2(1-2\nu)}{2E} = \frac{3E\varepsilon^2}{2(1-2\nu)} \qquad (4.131)$$

式中,ν 为泊松比。例如,有机固化材料采用树脂材料,在 4.2～293K 下热收缩率为 0.01141,4.2K 下杨氏模量为 $6.9 \times 10^9 N/m^2$,泊松比为 0.32,那么得到 $Q_{\sigma 1}$ 和 $Q_{\sigma 2}$ 分别为 $1.7 \times 10^5 J/m^3$ 和 $1.5 \times 10^6 J/m^3$,相当于很大位能存储器。当位能被裂缝释放时,会产生极大的破坏。因此,设计超导磁体时在考虑电磁形变的同时,还应该考虑热收缩形变能,必须采用各种有效方法来固化,尽可能减少裂缝的产生。

有关超导磁体的结构材料和固化材料的机械特性,如泊松比 ν、应力 σ、应变 ε 和杨氏模量 E,参见附录 A2。

一般消除超导磁体机械不稳定的措施有两种:一种是在绕制过程中,适当加大预应力,使得预应张力大于电磁应力,在绕线时保持均匀、排列紧密,减小或消除空隙;另一种是将磁体浸泽固化,采用环氧树脂或石蜡,有时在树脂或石蜡中掺入玻璃丝,以减小环氧或石蜡发生碎裂。如果需要留有冷却通道,那么在冷却通道中一定加支撑,每绕一层线圈涂一层均匀薄层固化剂,保持磁体紧固。采取以上措施可以有效提高超导磁体的机械稳定性能。

4.9　超导磁体的退化和锻炼效应

4.9.1　超导磁体的退化

超导材料绕制成磁体后,其性能总是达不到它的短样超导线性能,这种现象叫

做超导磁体的退化。如图 4.21 所示为超导材料短样临界电流和磁场的变化曲线及超导磁体负荷线示意图,其中,由曲线 1 可知,临界电流 $I_c(B)$ 随磁场的增加而单调减小;由直线 2 可知,超导磁体磁场与运行电流成正比,直线 2 称为负荷线;两条线的交点 L 对应的纵坐标值是该超导磁体的临界电流 I_{cL}。当超导体电流增加到 Q 点时,对应的运行电流为 I_{cQ} 时,超导磁体就发生失超。所以超导磁体的临界电流 I_{cQ} 比 L 点的临界电流 I_{cL} 小得多。

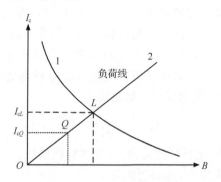

图 4.21　超导短样临界电流和超导磁体负荷线

4.9.2　超导磁体的锻炼效应

超导磁体第一次失超后,断开电源;待超导磁体恢复后,给超导磁体通电(励磁)。每次失超是不可重复的,第二次失超的临界电流大于第一次,第三次失超后临界电流大于第二次……临界电流一次比一次高,最后稳定在一定水平上,当失超次数达到一定次数后,磁体临界电流趋于稳定,这种现象叫做超导磁体的锻炼效应(training effect)。图 4.22 为一超导磁体经多次失超的锻炼效应示意图,图中横坐标表示失超(锻炼)次数,纵坐标表示超导磁体的临界电流,当超导磁体失超次数超过 N_0 时,磁体临界电流达到稳定值。其本质是由超导磁体的电磁和机械扰动引起,如在 4.2~4.8 节介绍的磁通跳跃效应、机械效应等。

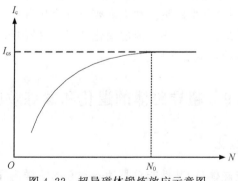

图 4.22　超导磁体锻炼效应示意图

实际上,超导磁体的退化和锻炼效应是同时发生的。经过多次(N_0)失超反复后,磁体的性能进一步改善,改善程度取决于超导材料性能、磁体结构、绕制及加固工艺。

4.10　超导磁体的失超和保护

4.10.1　失超过程中电阻的增长和电流的衰减

超导磁体失超过程中电阻的增加和电流变化是非常复杂的非线性微分方程求解问题,一般没有解析解,只能借助于数值解法。为了获得满意的近似解,做如下假设:

(1) 电流密度 J_0 保持恒定,当超导磁体储存的能量($LI^2/2$)全部消耗后,J_0 迅速降为零。

(2) 温升由 $\int J^2 \mathrm{d}t = J_0^2 t_{\mathrm{d}} = \int_{T_0}^{T} \dfrac{\gamma C(T)}{\rho(T)} \mathrm{d}T = U(T)$ 决定,且 $U(T) = U(T_0)(T/T_0)^{1/2}$,其中,$T_0$ 是参考温度,t_{d} 和 J_0 分别是电流衰减时间常数和工作电流密度。

(3) 电阻随温度线性变化。

首先考虑超导磁体线圈失超后,在磁体两端感应出的电压(实际上几乎所有压降都落在发生失超的线圈部分)。当超导磁体线圈失超后,在检测到失超发生时,磁体与外接电源自动断开。如果不断开,由于磁体线圈内部的电感电压和电阻电压反向,电源电压很低,一般不超过 20V,感应电压常常为几百、甚至上千伏,因此电源电压可以忽略。

图 4.23 为超导磁体线圈失超后在线圈内部的电压分布及等效电路,图中,V_{cs} 为超导线圈电压,R_Q 为正常区电阻,$I(t)$ 为电流,忽略电源电压,电路方程为

$$V_Q(t) = I(t)R_Q(t) - M \frac{\mathrm{d}I(t)}{\mathrm{d}t} \tag{4.132}$$

$$L \frac{\mathrm{d}I(t)}{\mathrm{d}t} = I(t)R_Q(t) \tag{4.133}$$

式中,L 和 M 分别为整个线圈的自感和正常区与线圈其余部分的互感;V_Q 为超导线圈内正常区端电压。联合式(4.132)和式(4.133)得到

$$V_Q(t) = I(t)R_Q(t)\left(1 - \frac{M}{L}\right) \tag{4.134}$$

由此可知正常区和线圈其他部分的互感 M 随正常区的扩展而增加;正常区的电阻 R_Q 也同时增加,但是电流 $I(t)$ 减小,所以内部电压将上升到峰值后下降。

实际上超导线圈失超后,其电流通常呈指数形式衰减,形成的正常区形状通常

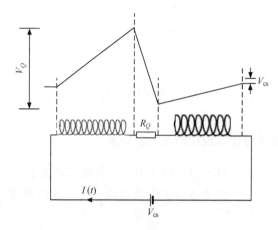

图 4.23　失超后线圈内部的电压分布

为椭圆,正常区边界温度为 T_b,正常区中心温度最高,正常区边界为等温椭球面,如图 4.24 所示。因此,在失超时间 t 内,纵向失超传播速度为 v,椭圆长轴为 $2x=2vt$,横向短轴直径为 $2y=2\alpha vt$,α 是横向失超传播速度与纵向失超传播速度之比,正常区电阻随椭圆体积的增大而增大。

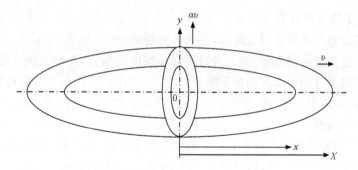

图 4.24　三维正常区的形成和传播

假定导体截面积为 A,正常态电阻率为 $\rho(T)$,那么正常区的电阻为

$$R = \int_0^x \frac{4\pi x^2 \alpha^2 \rho(T)}{A^2} \mathrm{d}x \qquad (4.135)$$

其中

$$\rho(T) = \rho_0 \left(\frac{T}{T_0}\right) = \rho_0 \left(\frac{U}{U_0}\right)^{1/2} = \rho_0 \frac{J_0^4 \tau^2}{U_0^2} \qquad (4.136)$$

τ 是形成正常区所经历的时间,在椭圆边界 $\tau=0$,在椭圆中心 $\tau=t$,而椭圆内任意一点时 $\tau=t-x/v$。电阻变为

$$R(t) = \int_0^{vt} \frac{4\pi \rho_0 x^2 \alpha^2 J_0^4 (t-x/v)^2}{A^2 U_0^2} \mathrm{d}x = \frac{4\pi \rho_0 \alpha^2 J_0^4 U^3 t^5}{30 A^2 U_0^2} \qquad (4.137)$$

电阻中全部消耗储存的磁能($LI^2/2$)所需的时间定义为 t_Q,那么

$$\int_0^{t_Q} I^2 R(t) \mathrm{d}t = \frac{1}{2} LI^2 \tag{4.138}$$

将式(4.135)代入式(4.138)得

$$t_Q = \left(\frac{90 L U_0^2 A^2}{4\pi J_0^4 \rho_0 \alpha^2 v^2} \right)^{1/6} \tag{4.139}$$

由于未考虑边界因素,实际时间衰减常数要比特征时间 t_Q 长,但是对于简单磁体,t_Q 仍可认为是基本失超参量。最高温升可以根据 $U(T) = U(T_0)(T/T_0)^{1/2}$ 计算,

$$T_{\max} = \frac{J_0^4 t_Q^2 T_0}{U_0^2} = T_0 \left(\frac{90 L A^2 J_0^8}{4\pi \rho_0 \alpha^2 v^3 U_0^4} \right)^{1/3} \tag{4.140}$$

超导线圈失超后,电流以如下形式衰减:

$$I(t) = I_0 \exp\left(-\int R(t)\mathrm{d}t/L \right) = I_0 \exp\left[-\frac{1}{2} \left(\frac{t}{t_Q} \right)^6 \right] \tag{4.141}$$

忽略超导线圈中正常区与其他部分的互感 M,将式(4.141)代入式(4.134)得到超导磁体内部电压为

$$V = L \frac{\mathrm{d}I(t)}{\mathrm{d}t} = \frac{3 L I_0}{t_Q} \left(\frac{t}{t_Q} \right)^5 \exp\left[-\frac{1}{2} \left(\frac{t}{t_Q} \right)^6 \right] \tag{4.142}$$

式(4.142)由于忽略了式(4.134)中的互感,高估了内部失超电压。在 $(t/t_Q) = (5/3)^{1/6}$ 时,电压取最大值,即

$$V_{\max} = \frac{3 L I_0}{t_Q} \left(\frac{5}{3} \right)^{5/6} \exp\left(-\frac{5}{6} \right) \approx \frac{2 L I_0}{t_Q} \tag{4.143}$$

1) 一维有界的正常区

考虑在一维方向上传播的正常区域,如图 4.25 所示模型,正常区域到达距离开始点 $x = \pm a$ 处的边界平面。而后正常区仅仅在二维空间传播,随着失超时间的增加,电阻增加速率减慢。在经过时间 t_a 之后,正常区传播的层区可以近似看作空心圆壳,与式(4.135)处理方法类似,正常区域的电阻为

$$R(t) = \int_0^a \frac{4\pi\alpha^2 x^2 \rho(T)}{A^2} \mathrm{d}x + \int_a^x \frac{4\pi\alpha^2 a x \rho(T)}{A^2} \mathrm{d}x \tag{4.144}$$

式中,$a = t_a v$;$x = tv$;在 $t < t_a$ 时,电阻直接由式(4.135)给出。

对式(4.144)进行时间积分得到

$$\int R(t)\mathrm{d}t = \frac{4\pi\alpha^2 \rho_0 J_0^4 v^3}{180 A^2 U_0^2} \left[\int_0^{t_a} 6t^5 \mathrm{d}t + \int_{t_a}^t (15 t_a t^4 - 30 t_a^3 t^2 + 30 t_a^4 t - 9 t_a^5) \mathrm{d}t \right]$$

$$= \frac{1}{2} L \left[\left(\frac{3 t_a}{t_Q} \right) \left(\frac{t}{t_Q} \right)^5 - 10 \left(\frac{t_a}{t_Q} \right)^3 \left(\frac{t}{t_Q} \right)^3 \right.$$

$$\left. + 15 \left(\frac{t_a}{t_Q} \right)^4 \left(\frac{t}{t_Q} \right)^2 - 9 \left(\frac{t_a}{t_Q} \right)^5 \frac{t}{t_Q} + 2 \left(\frac{t_a}{t_Q} \right)^6 \right]$$

$$\tag{4.145}$$

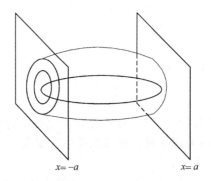

$$x=-a \qquad x=a$$

图 4.25　计算一维有界正常区传播模型

假定在时间 t_d 内,超导磁体线圈储存的能量全部消耗在正常区的电阻上,即由 $\int_0^{t_d} I^2 R \mathrm{d}t = \frac{1}{2} L I^2$ 决定, t_d 是有效电流衰减时间,由式(4.145)得到

$$\frac{3t_a}{t_Q}\left(\frac{t_d}{t_Q}\right)^5 - 10\left(\frac{t_a}{t_Q}\right)^3\left(\frac{t_d}{t_Q}\right)^3 + 15\left(\frac{t_a}{t_Q}\right)^2\left(\frac{t_d}{t_Q}\right)^4 - 9\left(\frac{t_a}{t_Q}\right)^5\frac{t_d}{t_Q} + 2\left(\frac{t_d}{t_Q}\right)^6 = 1$$

$$(4.146)$$

当 $t_a \ll t_Q$ 时,得到电阻

$$R(t) = \frac{15L}{2t_Q}\frac{t_a}{t_Q}\left(\frac{t}{t_Q}\right)^4 \tag{4.147}$$

令 $t=t_d$,因此有

$$\frac{t_d}{t_Q} = \left(\frac{t_Q}{3t_a}\right)^{1/5} \tag{4.148}$$

最大温升为

$$T_{\max} = \frac{J_0^4 t_d^2 T_0}{U_0^2} \tag{4.149}$$

失超后电流衰减为

$$I(t) = I_0 \exp\left(-\int R\mathrm{d}t/L\right)$$

$$= I_0 \exp\left\{-\frac{1}{2}\left[\frac{3t_a}{t_Q}\left(\frac{t}{t_Q}\right)^5 - 10\left(\frac{t_a}{t_Q}\right)^3\left(\frac{t}{t_Q}\right)^3 + 15\left(\frac{t_a}{t_Q}\right)^4\left(\frac{t}{t_Q}\right)^2 - 9\left(\frac{t_a}{t_Q}\right)^5\frac{t}{t_Q} + 2\left(\frac{t_a}{t_Q}\right)^6\right]\right\}$$

$$(4.150)$$

如果 $t_a \ll t_Q$ 时,电流衰减形式为

$$I(t) = I_0 \exp\left[-\frac{3}{2}\frac{t_a}{t_Q}\left(\frac{t}{t_Q}\right)^5\right] \tag{4.151}$$

这种情况下,正常区最大电压为

$$V_m = \frac{15}{2}\frac{LI_0}{2t_Q}\left(\frac{t_a}{t_Q}\right)^{1/5}\left(\frac{8}{15}\right)^{4/5}\exp\left(-\frac{4}{5}\right) \approx \frac{2LI_0}{t_Q}\left(\frac{t_a}{t_Q}\right)^{1/5} \tag{4.152}$$

图 4.25 中,虽然正常区在垂直于它的长轴方向遇到边界,但是在垂直于长轴方向的其他二维方向正常区继续传播。所以,得到的 t_a 公式,对于其他方向传播计算同样有效。

2) 二维有界的正常区

如果正常区的传播在二维空间遇到边界,如图 4.26 所示,正常区的增长在两个方向上受到限制,经过 t_a 时间后,正常区体积可以用面积为 πa^2、厚度为 $v\Delta t$ 的圆盘来表示正常区体积,其总电阻为

$$R(t) = \frac{4\pi a^2 \rho_0 J_0^4 v^3}{180A^2 U_0^2} \left(30t_a^2 t^3 - 30t_a^3 t^2 + 6t_a^5 \right) \tag{4.153}$$

利用式(4.145),对于 $t < t_a$ 进行积分:

$$\int R(t)\mathrm{d}t = \frac{1}{4} L \left[15 \left(\frac{t_a}{t_Q} \right)^2 \left(\frac{t}{t_Q} \right)^4 - 20 \left(\frac{t_a}{t_Q} \right)^3 \left(\frac{t}{t_Q} \right)^3 + 12 \left(\frac{t_a}{t_Q} \right)^5 \frac{t}{t_Q} - 5 \left(\frac{t_a}{t_Q} \right)^6 \right] \tag{4.154}$$

超导磁体线圈在正常区域消耗掉所有储存的能量所需的时间 t_d 由下式确定:

$$\frac{15}{2} \left(\frac{t_a}{t_Q} \right)^2 \left(\frac{t}{t_Q} \right)^4 - 10 \left(\frac{t_a}{t_Q} \right)^3 \left(\frac{t}{t_Q} \right)^3 + 6 \left(\frac{t_a}{t_Q} \right)^5 \frac{t}{t_Q} - \frac{5}{2} \left(\frac{t_a}{t_Q} \right)^6 = 1 \tag{4.155}$$

对于二维正常区传播,当时间 $t_a < t_Q$ 时,对式(4.155)做近似得到

$$\frac{t_d}{t_Q} \approx \left[\frac{2}{15} \left(\frac{t_Q}{t_a} \right)^2 \right]^{1/4} \tag{4.156}$$

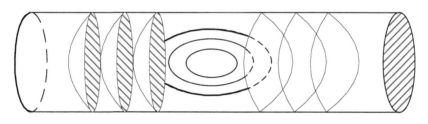

图 4.26　二维方向正常区的形成

如果正常区在两个方向于两个不同的时间 t_a 和 t_b 到达边界,且两者均远小于 t_Q,那么电流的衰减时间为

$$\frac{t_d}{t_Q} \approx \left(\frac{2t_Q t_Q}{15 t_a t_b} \right)^{1/4} \tag{4.157}$$

最大温升由式(4.149)给出。

电流衰减方程为

$$I(t) = I_0 \exp\left[-\int R(T)\mathrm{d}t/L \right]$$

$$= I_0 \exp\left\{ -\frac{1}{4} \left[\left(\frac{t_a}{t_Q} \right)^2 \left(\frac{t}{t_Q} \right)^4 - 20 \left(\frac{t_a}{t_Q} \right)^3 \left(\frac{t}{t_Q} \right)^3 + 12 \left(\frac{t_a}{t_Q} \right)^5 \frac{t}{t_Q} - 5 \left(\frac{t_a}{t_Q} \right)^6 \right] \right\} \tag{4.158}$$

当 $t_a < t_Q$ 时,电流衰减近似为

$$I(t) = I_0 \exp\left[-\frac{15}{4}\left(\frac{t_a}{t_Q}\right)^2\left(\frac{t}{t_Q}\right)^4\right] \tag{4.159}$$

如果两个边界在不同时刻遇到边界,那么电流衰减为

$$I(t) = I_0 \exp\left[-\frac{15 t_a t_b t^4}{4 t_Q^3}\right] \tag{4.160}$$

那么最大失超电压为

$$V_m = \frac{3 L I_0}{t_Q}\left(\frac{5 t_a t_b}{t_Q^2}\right)^{1/4}\exp\left(-\frac{3}{4}\right) \approx \frac{2.1 L I_0}{t_Q}\left(\frac{t_a t_b}{t_Q^2}\right)^{1/4} \tag{4.161}$$

在时间 t_a 和 t_b 较小时,正常区电阻随时间的变化为

$$R(t) = \frac{15 L t_a t_b t^3}{t_Q^6} \tag{4.162}$$

如果正确地选择了 t_a,正常区和边界之间的取向无关紧要,对于圆形截面,只需要将纵向尺寸乘以椭圆纵横比 α 即可。

3）三维有界的正常区

如果正常区在三维空间遇到边界,则经过时间 t_a 后,正常区可以用面积为 πa^2、厚度为 $v\Delta t$ 的圆盘来表示体积,其总电阻为

$$R(t) = \frac{4\pi a^2 \rho_0 J_0^4 v^3}{180 A^2 U_0^2}\left(60 t_a^3 t^2 - 90 t_a^4 t + 36 t_a^5\right) \tag{4.163}$$

当 $t < t_d$ 时,电阻对时间的积分为

$$\int R(t)\mathrm{d}t = \frac{1}{2}L\left[20\left(\frac{t_a}{t_Q}\right)^3\left(\frac{t}{t_Q}\right)^3 - 45\left(\frac{t_a}{t_Q}\right)^4\left(\frac{t}{t_Q}\right)^2 + 36\left(\frac{t_a}{t_Q}\right)^5\frac{t}{t_Q} - 10\left(\frac{t_a}{t_Q}\right)^6\right] \tag{4.164}$$

储存在超导磁体线圈的能量消耗时间由下式确定:

$$20\left(\frac{t_a}{t_Q}\right)^3\left(\frac{t_d}{t_Q}\right)^3 - 45\left(\frac{t_a}{t_Q}\right)^4\left(\frac{t_d}{t_Q}\right)^2 + 36\left(\frac{t_a}{t_Q}\right)^5\frac{t_d}{t_Q} - 10\left(\frac{t_a}{t_Q}\right)^6 = 1 \tag{4.165}$$

当时间 $t_a \ll t_Q$ 时

$$\frac{t_a}{t_Q} \approx \left[20\left(\frac{t_Q}{t_a}\right)^3\right]^{1/3} \tag{4.166}$$

如果正常区在三个方向上三个不同时间 t_a、t_b、t_c 到达边界,而且其时间远小于 t_Q,那么电流衰减时间常数为

$$\frac{t_d}{t_Q} \approx \left(\frac{20 t_Q^3}{t_a t_b t_c}\right)^{1/3} \tag{4.167}$$

电流衰减形式为

$$I(t) = I_0 \exp\left\{-\frac{1}{2}\left[20\left(\frac{t_a}{t_Q}\right)^3\left(\frac{t}{t_Q}\right)^3 - 45\left(\frac{t_a}{t_Q}\right)^4\left(\frac{t}{t_Q}\right)^2 + 36\left(\frac{t_a}{t_Q}\right)^5\frac{t}{t_Q} - 10\left(\frac{t_a}{t_Q}\right)^6\right]\right\} \tag{4.168}$$

当时间 $t_a \ll t_Q$ 时,式(4.168)简化为

$$I(t) = I_0 \exp\left[-10\left(\frac{t_a}{t_Q}\right)^3\left(\frac{t}{t_Q}\right)^3\right] \tag{4.169}$$

对于三个不同方向上不同时刻(t_a、t_b、t_c)到达边界的情况,当时间均小于 t_Q 时,电流衰减为

$$I(t) = I_0 \exp\left[-\frac{10 t_a t_b t_c}{t_Q^3}\left(\frac{t}{t_Q}\right)^3\right] \tag{4.170}$$

最大内部电压为

$$V_m = \frac{30 L I_0}{t_Q}\left(\frac{t_a t_b t_c}{225 t_Q^3}\right)^{1/3}\exp\left(-\frac{2}{3}\right) \approx \frac{2.5 L I_0}{t_Q}\left(\frac{t_a t_b t_c}{t_Q^3}\right)^{1/3} \tag{4.171}$$

注意,在以上分析的三种情况中,失超电压的计算没有考虑失超部分和未失超部分之间的互感、正常区的自感。精确的计算应该参照式(4.134)。

4.10.2　引起超导磁体失超的原因

当超导磁体在热扰动条件下运行参数超过临界参数,如临界磁场 B_c、临界电流密度 J_c 和临界温度 T_c,会导致超导体失去超导特性,转变为正常导体,即超导磁体失超。

引起超导磁体失超的原因有多种,如机械扰动、热扰动、漏热、核辐射、磁通跳跃、交流损耗等。机械扰动(电磁力产生的导线运动)主要包括绕组的变形、固化剂低温碎裂;热扰动包括超导线内的磁通跳跃、交流损耗以及由于电磁扰动而导致电流在超导股线间重新分布而引起的损耗、电流引线漏热、仪器引线的传导热等。其他还有核辐射和束流辐射等,各种扰动的时间谱能量密度如图 4.27 所示,其中交流损耗能量密度最高,漏热能量密度最低。漏热、核辐射、交流损耗时间大于 1s,属于长时间扰动,可以通过相关技术加以抑止。辐射作用时间处于 $0.001\sim100s$,可以采用辐射屏蔽加以限制;而导线移动、磁通跳跃与辐射能量密度相近,且作用时间短,属于瞬时扰动。

超导磁体是由超导线、复合填充材料和骨架以及结构材料组成。失超现象往往发生在超导线圈的局部,然后传播到整个超导线圈。当超导磁体因扰动产生失超,超导体中的传输电流转换到超导股线的稳定基体材料内,同时超导磁体局部产生温升。为了抑止磁体的局部温升,超导磁体内传输电流应快速衰减,超导磁体中储存的能量被超导磁体本身吸收或者转移到保护系统之中。超导磁体在外界扰动发生后,电流在超导线内分流,超导磁体在扰动过程中温度升高达到极大值,当扰动完成之后超导磁体的热点温度开始减小,超导磁体的失超和恢复依赖于发热和传热功率。如果超导磁体的能量被外保护电阻吸收,这个保护电路可能放置于室温或低温环境。一些超导磁体本身有充分大的焓,因此超导磁体能够吸收磁体本身的储存的能量使得超导磁体的温度小于设计的安全裕度。在实际过程中往往强

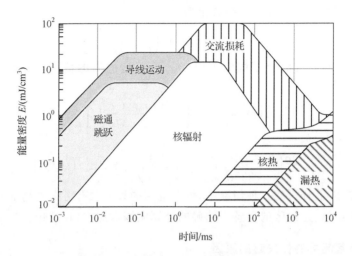

图 4.27　超导磁体失超扰动源及时间谱

度大的热干扰和电磁扰动导致超导磁体正常区的扩展不可控制,磁体的失超不可恢复。超导磁体失超问题的研究包括超导磁体失超过程、相关的物理参量的变化以及对超导磁体的危害评估,同时发展有效检测和保护方法使得超导磁体失超后不至于损坏。因此,超导磁体的失超保护技术,是超导磁体技术重要的组成部分。

　　当超导磁体失超时,超导磁体储存的能量将转变成热能,如果低温系统有充分的冷量吸收超导磁体的储能,同时正常区域能够在非常短的时间内扩展到磁体的大部分范围,这种超导磁体无需外保护,此时仅要求断开充电电源即可。但是当超导磁体具有较高的储能时,超导磁体必需使用外电路来检测磁体失超和使用有效的保护电路。超导磁体的失超检测较为普遍的方法是采用桥路电压平衡检测方法。在脉冲超导磁体或电磁干扰较大场合,平衡桥路方法可能会出现问题,可以采用其他高级检测技术,如光纤和超声发射检测等。目前,发展的保护方法有主动保护技术和被动保护技术,主要包括外接电阻、次级耦合电路、分段外接电阻等方法。保护电路的主要结构是使用在低温或常温环境中的外保护电阻。一般高储能的超导磁体其保护电阻应该放置在室温环境中,对于储能小于 MJ 量级的超导磁体,通常保护电阻放置于低温环境之中。

　　超导磁体的失超保护措施应该满足如下要求:①降低磁体绕组中正常区所释放的能量,防止超导线过热乃至烧毁;②降低磁体绕组正常区的端电压,以免匝间绝缘击穿;③降低在超导磁体低温容器内部释放的能量,防止低温介质的大量挥发及由此产生的过高气压。总体上讲,一般超导磁体的保护主要分为两种保护方式:主动保护和被动保护。

4.10.3　主动保护

主动保护也称为外保护,当磁体失超时迅速地将磁体能量转移到磁体外部,并将能量在磁体外部释放。

1. 外电阻保护

图 4.28 所示为外电阻保护等效电路,超导磁体处于低温容器中,磁体 L_m 两端在低温容器外部与释能电阻 R_D 并联,然后与开关 S 串联后,接电源。正常运行时,S 闭合,超导磁体电阻为零,电流 I 全部流经超导磁体 L_m,磁体储能量为 $E_m = L_m I^2/2$;当超导磁体失超时,开关 S 断开,绕组中产生正常区电阻 $r(t)$,磁体、正常区电阻 $r(t)$ 和外电阻 R_D 组成回路

$$L_m \frac{\mathrm{d}I(t)}{\mathrm{d}t} + [r(t) + R_D]I(t) = 0 \tag{4.172}$$

在内电阻 $r(t) \ll R_D$ 时,回路电流按式(4.173)指数衰减:

$$I(T) = I \exp\left(-\frac{R_D t}{L_m}\right) \tag{4.173}$$

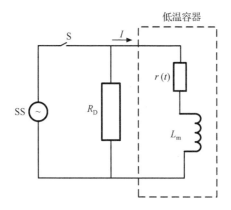

图 4.28　外电阻保护法等效电路图

在磁体两端产生电压为

$$V_D = \frac{A_m J^2 E}{A U(T_i, T_f)} \tag{4.174}$$

式中,A_m、A、J、I 和 E 分别为超导磁体中超导线稳定基体截面、超导线总截面、运行电流密度、运行电流和储能量;T_i 和 T_f 分别为超导磁体正常区热点的初始温度和热点温度允许的上限;U 函数为

$$U(T_i, T_f) = \int_{T_i}^{T_f} \frac{\gamma C(T)}{\rho_n(T)} \mathrm{d}T \tag{4.175}$$

其中，γC 和 ρ_n 分别为超导磁体超导线的体热容和电阻率。超导磁体温度不超过 T_f 的条件为

$$U(T_i, T_f) \geqslant \frac{A_m J_m^2 E_m}{A V_D I} \tag{4.176}$$

储存的能量 E_m 几乎全部消耗在外释能电阻 R_D 上，使得超导磁体得以保护。在这里释能电阻的设计很关键，它的选择应该以超导磁体温升不超过磁体能够承受的最大值为基准，R_D 太大，会在磁体两端产生很高电压，可能导致磁体绝缘破坏；R_D 太小，有可能使得磁体温升超过可承受范围，甚至毁坏磁体，达不到保护磁体的目的。

2. 桥路保护

超导磁体桥路保护法是将超导磁体分为两段，电路接法与外电阻保护法相似。图 4.29 为桥路保护等效电路示意图，图中有两个支路，电桥的两个臂分别由外释能电阻 R_{D1}、R_{D2} 和电感 L_{m1}、L_{m2} 构成。正常运行时电桥平衡，要求

$$\frac{R_{D2}}{L_{m2}} = \frac{R_{D1}}{L_{m1}} \tag{4.177}$$

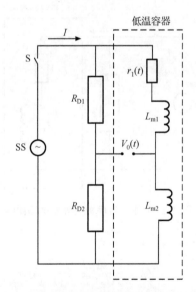

图 4.29　桥路电压检测电路

电桥平衡，电桥输出电压为零，$V_0 = 0$；假定第一个支路发生失超，产生正常电阻 $r_1(t)$；断开开关 S，电阻 R_{D1}、R_{D2}、$r_1(t)$ 与两段磁体 L_1 和 L_2 组成闭合回路，如果

$R_1 + R_2$ 远远大于 $r_1(t)$，线圈两端电压为

$$V_L(t) = L_1 \frac{\mathrm{d}I(t)}{\mathrm{d}t} + rI(t) + L_2 \frac{\mathrm{d}I(t)}{\mathrm{d}t} \tag{4.178}$$

流过电阻 R_{D1} 和 R_{D2} 的电流为

$$i_R(t) = \frac{V_L(t)}{R_{D1} + R_{D2}} \tag{4.179}$$

那么桥路输出电压为

$$V_o(t) = L_1 \frac{\mathrm{d}I(t)}{\mathrm{d}t} + rI(t) - R_{D1} i_R(t) \tag{4.180}$$

将式(4.178)、式(4.179)代入式(4.180)得到输出电压为

$$V_o(t) = \frac{R_{D2} L_1}{R_{D1} + R_{D2}} \frac{\mathrm{d}I(t)}{\mathrm{d}t} - \frac{R_{D1} L_2}{R_{D1} + R_{D2}} \frac{\mathrm{d}I(t)}{\mathrm{d}t} + \frac{R_{D2} r}{R_{D1} + R_{D2}} I(t) \tag{4.181}$$

为了使得输出电压 $V_o(t)$ 仅仅与 $rI(t)$ 成正比，式(4.181)前两项应该等于零，所以

$$\frac{R_{D2} L_1}{R_{D1} + R_{D2}} \frac{\mathrm{d}I(t)}{\mathrm{d}t} - \frac{R_{D1} L_2}{R_{D1} + R_{D2}} \frac{\mathrm{d}I(t)}{\mathrm{d}t} = 0 \tag{4.182}$$

整理式(4.182)即可得到电桥平衡方程(4.177)。那么，电桥输出电压为

$$V_o(t) = \frac{R_{D2} r}{R_{D1} + R_{D2}} I(t) \tag{4.183}$$

式中，$I(t)$ 为桥路回路衰减电流。与外接释能电阻磁体保护方式相似的是，对释能电阻 R_{D1} 和 R_{D2} 的选择也很关键，以超导磁体失超温升在可承受范围为上限。

3. 外接电阻的分段保护

如图 4.30 所示，将超导磁体绕组分为 n 段，释能电阻为 R_D，电感分别为 L_{m1}，$L_{m2}, L_{m3}, \cdots, L_{mn}$，每段绕组电压引线外接一个电压放大器。在正常运行时，调整各段放大器输出增益，使得各奇数段与偶数段放大器输出电压差分之和 $V_o(t)$ 最小，

$$V_o(t) = \sum_{i=1}^{n} [\alpha_{2i-1} V_{2i-1}(t) - \alpha_{2n} V_{2n}(t)] \tag{4.184}$$

式中，α_{2i-1} 和 α_{2i} 分别是与第 $(2i-1)$ 段绕组的放大器和第 $2i$ 段绕组的放大器的增益。当失超发生时，差分输出电压之和偏离最小输出电压，可以切断电源，使得磁体各段与外释能电阻组成闭合回路，将磁体能量释放在外释能电阻 R_D 上，达到保护磁体的目的。

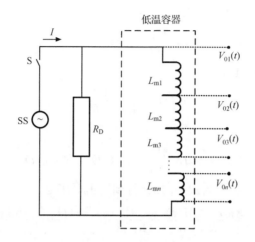

图 4.30　主动分段保护等效电路

4.10.4　被动保护

对于闭环运行的超导磁体,如核磁共振成像磁体和核磁共振谱仪磁体以及密绕超导磁体和传导冷却的超导磁体等,在严格限制超导磁体两端电压的情况下,超导磁体失超保护通常采用磁体外接电阻且与超导磁体都处于低温容器内;如果磁体失超,大部分能量将转移到位于低温容器内的释能电阻上。为了使得超导磁体的储能尽可能在超导磁体内均匀释放,不至于损坏超导磁体,超导磁体的失超传播速度应该尽可能快,因此多线圈的超导磁体通常使用加热器加热方法加快磁体的失超传播。

在释能电路中将开关放置在低温容器内,这种开关包括超导开关、低温二极管和低温晶体管。低温电阻包括与超导线一同绕制的带绝缘的金属片和面加热器等。在超导磁体内使用和超导线共同绕制加热器的方法有两方面的作用:一方面限制了超导磁体的热点温升;另一方面极大地减小了超导线圈内的电压和线圈的感应端电压。

1. 次级耦合电路保护

次级耦合电路保护是将超导磁体作为原边绕组侧,将另一耦合短路绕组作为副边绕组,为了增加电磁耦合,一般是超导磁体骨架、超导磁体绕制时层间绕制不锈钢金属材料或铝质材料,两者之间有很好的热接触和电磁耦合,将超导磁体能量释放到磁体绕组外电路中,使得磁体快速均匀失超,增大失超区域体积,限制热点温升。图 4.31 是次级耦合保护原理等效电路图,副边回路电感和电阻分别为 L_s 和 R_s,互感为 M,耦合系数为 k,R_Q 是超导原边线圈失超电阻。

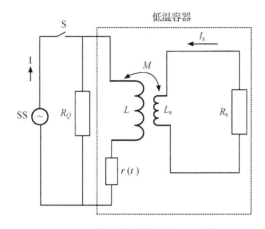

图 4.31　次级耦合感应保护电路图

电路方程为

$$L_\mathrm{p} \frac{\mathrm{d}I_\mathrm{p}}{\mathrm{d}t} + I_\mathrm{p} R_Q + M \frac{\mathrm{d}I_\mathrm{s}}{\mathrm{d}t} = 0 \tag{4.185}$$

$$L_\mathrm{s} \frac{\mathrm{d}I_\mathrm{p}}{\mathrm{d}t} + I_\mathrm{s} R_\mathrm{s} + M \frac{\mathrm{d}I_\mathrm{p}}{\mathrm{d}t} = 0 \tag{4.186}$$

联合式(4.185)和式(4.186)得

$$L_\mathrm{p} (1 - k^2) \frac{\mathrm{d}I_\mathrm{p}}{\mathrm{d}t} + I_\mathrm{p} R_Q(t) - I_\mathrm{s} \frac{M R_\mathrm{s}}{L_\mathrm{s}} = 0 \tag{4.187}$$

其中 k 是耦合系数, $k^2 = M^2/(L_\mathrm{p} L_\mathrm{s})$, 在失超开始时, $I_\mathrm{s} = 0$。只要含 I_s 的项比含 I_p 的项小, 方程(4.147)就表示超导线圈 L_p 失超后, 由于次级耦合线圈的耦合, 线圈电感由 L_p 减小到 $L_\mathrm{p}(1 - k^2)$ 的磁体失超, 于是改进了特征时间

$$t_{Q\mathrm{m}} = t_Q (1 - k^2)^{1/6} \tag{4.188}$$

式中, t_Q 表示线圈失超储存的磁能全部消耗的特征时间常数。

在超导线圈失超开始的较短时间内, 可以近似地认为耦合电流 I_s 很小, 假定 $I_\mathrm{s} \to 0$, 正常区的电阻为

$$R_Q = \frac{k^2}{(1 - k^2)\tau_\mathrm{s}} \int R_Q(t) \mathrm{d}t \tag{4.189}$$

式中, τ_s 是副边绕组特征常数, $\tau_\mathrm{s} = L_\mathrm{s}/R_\mathrm{s}$。如果失超发生的时间远远小于电流衰减时间常数, 在整个失超过程中可以假定 I_s 近似为零。如果正常区在一维空间传播且具有较小的边界时间 t_a, 那么得到

$$t_\mathrm{s} > \frac{k^2 t_{\mathrm{dm}}}{5(1 - k^2)} = \frac{k^2 t_Q}{5(1 - k^2)^{5/6} \left(\dfrac{3 t_a}{t_Q} \right)^{1/5}} \tag{4.190}$$

副边绕组的另一个作用是增加正常区传播速度, 由于在失超过程中, 副边绕组

发热;如果它与磁体绕组(主线圈)有很好的热接触,将引起进一步失超,能够有效地增加传播速度、减小特征时间 t_Q,这种过程叫做"诱发"失超,特别适合于失超过程中正常区过早地遇到边界之后,在其他地方又传播得慢的情形。为了计算"诱发"失超,假定在短时间内,I_p 不发生明显变化;如果"诱发"失超能够在原边电流自然衰减之前开始,并假定 $I_p = I_s$(但是 $\mathrm{d}I_p/\mathrm{d}T \neq 0$),那么式(4.186)和式(4.187)联立得到

$$L_s(1-k^2)\frac{\mathrm{d}I_s}{\mathrm{d}t} + I_s R_s - \frac{MI_0 R_Q(t)}{L_P} = 0 \tag{4.191}$$

若正常区传播限制在二维空间,那么对于 $R_Q(t)$ 来讲,可以用式(4.162)得到,代入式(4.191)得

$$\frac{\mathrm{d}I_s}{\mathrm{d}t} + \frac{I_s}{t_{sk}} = \frac{15MI_0 t_a t_b t^3}{R_s t_{sk} t_Q^6} \tag{4.192}$$

其中,$t_{sk} = L_s(1-k^2)/R_s$ 是修正的副边绕组时间常数,方程(4.192)的解为

$$I_s(t) = \frac{15MI_0 t_Q}{R_s}\frac{t_a}{t_Q}\frac{t_b}{t_Q}\left\{ \left(\frac{t}{t_Q}\right)^3 - 3\left(\frac{t}{t_Q}\right)^2\left(\frac{t_{sk}}{t_Q}\right) + \frac{6t}{t_Q}\left(\frac{t_{sk}}{t_Q}\right)^2 \right.$$
$$\left. - 6\left(\frac{t_{sk}}{t_Q}\right)^3\left[1 - \exp\left(-\frac{t}{t_{sk}}\right)\right] \right\} \tag{4.193}$$

为了求得消耗在二次绕组中的全部能量,需要计算 $E_s = \int I_s^2 R_s \mathrm{d}t$,经过一系列变换之后,得到

$$\frac{E_s(1-k^2)t_Q^4}{E_0 k^2 t_a^2 t_b^2} = 450\left\{ \frac{1}{7}\left(\frac{t}{t_Q}\right)^7\frac{t_{sk}}{t_Q} - \left(\frac{t}{t_Q}\right)^6\left(\frac{t_{sk}}{t_Q}\right)^2 + \frac{2}{5}\left(\frac{t}{t_Q}\right)^5\left(\frac{t_{sk}}{t_Q}\right)^3 - 12\left(\frac{t}{t_Q}\right)^4\left(\frac{t_{sk}}{t_Q}\right)^4 \right.$$
$$+ 24\left(\frac{t}{t_Q}\right)^3\left(\frac{t_{sk}}{t_Q}\right)^5 - 36\left(\frac{t}{t_Q}\right)^2\left(\frac{t_{sk}}{t_Q}\right)^6 + \frac{36t}{t_Q}\left(\frac{t_{sk}}{t_Q}\right)^7 + 18\left(\frac{t_{sk}}{t_Q}\right)^8$$
$$\left. - \left[12\left(\frac{t}{t_Q}\right)^3\left(\frac{t_{sk}}{t_Q}\right)^5 + \frac{72t}{t_Q}\left(\frac{t_{sk}}{t_Q}\right)^7\right]\exp\left(-\frac{t}{t_{sk}}\right) - 18\left(\frac{t_{sk}}{t_Q}\right)^8\exp\left(-\frac{2t}{t_{sk}}\right) \right\} \tag{4.194}$$

式中,$E_0 = \frac{1}{2}L_p I_0^2$ 是整个超导磁体线圈储存的能量。为了说明问题,考虑简单的一维空间限制,将正常区域电阻[式(4.189)]代入式(4.187),可以得到副边绕组中电流随时间的衰减关系

$$I_s(t) = \frac{15MI_0}{2R_s t_Q}\frac{t_a}{t_Q}\left\{ \left(\frac{t}{t_Q}\right)^4 - 4\left(\frac{t}{t_Q}\right)^3\frac{t_{sk}}{t_Q} + 12\left(\frac{t}{t_Q}\right)^2\left(\frac{t_{sk}}{t_Q}\right)^2 \right.$$
$$\left. - \frac{24t}{t_Q}\left(\frac{t_{sk}}{t_Q}\right)^3 - 24\left(\frac{t_{sk}}{t_Q}\right)^4\left[1 - \exp\left(-\frac{t}{t_{sk}}\right)\right] \right\} \tag{4.195}$$

因此,将式(4.194)和 R_s 代入式(4.195)即可得到二次绕组中消耗的全部能量 E_s,

$$E_s = \int I_s^2 R_s \mathrm{d}t \tag{4.196}$$

在磁体励磁时,为避免产生热量诱发失超,副边绕组的时间常数越小越好。正常运行时,运行电流稳定不变,在副边绕组中没有感应电流。当在磁体(原边)线圈某处发生失超时,在副边感应出电流 I_s,由于副边绕组是正常金属绕组,且与原边磁体绕组具有很好的热接触,使得原边绕组均匀加热,诱发大面积均匀原边磁体失超,增加失超传播速度,将磁体能量均匀释放在超导磁体内,避免了热点集中、烧毁磁体的可能。

2. 分段保护

对于大型磁体如核磁共振成像磁体或核磁共振谱仪磁体和高场磁体,也可以采用内释能电阻分段保护方法。图 4.32 为多段保护等效电路,$R_1,R_2,R_3,\cdots,R_n$ 为与各段磁体并联的电阻,相对应的磁体线圈电感为 $L_1,L_2,L_3,\cdots,L_n$。各段线圈可以单独与电阻 $R_1,R_2,R_3,\cdots,R_n$ 并联,也可以采用与次级耦合保护措施中相同的并联电阻的方法,即以磁体线圈支撑结构部件、绕制骨架或与各段磁体中绕组层间无感绕制正常金属带形成的无感电阻并联的方法作为超导磁体的保护措施。电阻 R 是加热器电阻,r 是由超导线无感绕制成的无感小线圈,称为超导开关电阻,两者组成超导开关,与电源连接的电流引线是可插拔的。当给超导磁体励磁时,电阻 R 开通加热,使得超导开关线圈失超呈现电阻 r,电流通过超导磁体形成回路。当励磁结束,加热电阻 R 断开,超导开关线圈冷却,达到其临界电流以下时,转变为无阻超导态 $r=0$,与超导磁体形成闭合回路,即闭环运行;这时断开电源开关 S,然后将可插拔电流引线从磁体两端移走,减小电流引线向低温容器中的漏热。当因某种原因在某段磁体发生失超时,该段失超绕组与其并联电阻形成闭合回路,由于各段之间的耦合,在相邻段间产生耦合电流,诱发其他段磁体相继失超,使得磁体均匀加热,整体失超,抑制热点温度过高,保护磁体安全。

为了简便起见,暂假定磁体线圈分为两段,即 $n=2$。在第二段线圈出现失超时,第一段中的电流将衰减,但是第二段线圈电流可以通过 L_2 和 R_1 继续流动。失超部分电流的衰减将由只有磁体电感的一半来控制。根据等效电路图 4.32,取 $n=2,I=I_1+I_2$,

$$(I-I_1)R_1+(I_3-I_2)R_2=0 \tag{4.197}$$

$$L_2\frac{dI_2}{dt}+M_{12}\frac{dI_1}{dt}+(I_2-I)R_2=0 \tag{4.198}$$

$$L_1\frac{dI_1}{dt}+M_{12}\frac{dI_2}{dt}+(I_1-I)R_1+I_1R_Q(t)=0 \tag{4.199}$$

M_{12} 是线圈 1 和线圈 2 之间的互感,$M_{12}=k\sqrt{L_iL_j}$,k 是耦合系数;$R_Q(t)$ 是在线圈 2 中的失超电阻。如果 $R_1=R_2,L_1=L_2$,那么 $M_{12}=kL_1$。联立方程(4.197)~式(4.199)得到

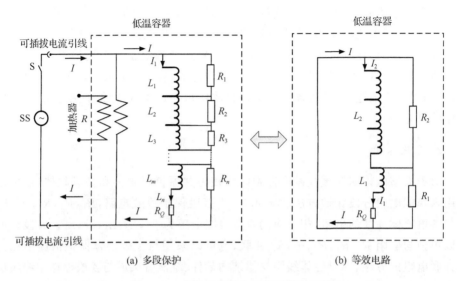

（a）多段保护　　　　　　　　　　　　　（b）等效电路

图 4.32　多段内释能电阻保护等效电路

$$L_1(1-k^2)\frac{\mathrm{d}^2 I_1}{\mathrm{d}t^2}+\left[R_1(1+k)+R_Q(t)\right]\frac{\mathrm{d}I_1}{\mathrm{d}t}+\left[R_Q(t)\frac{R_1}{2L_1}+\frac{\mathrm{d}R_Q(t)}{\mathrm{d}t}\right]I_1=0$$

$$\tag{4.200}$$

直接解这个方程非常困难，将电流 $I_1(t)$ 级数展开，再假定正常区限制在二维界面，且到达界面的时间 t_a、t_b 均远小于 t_Q，失超电阻 $R_Q(t)$ 采用式（4.162），方程（4.200）的级数解为

$$I_1(t)=I_0\left\{1-\frac{15(1+k)}{2(1-k)}\frac{t_a t_b}{t_Q^2}\left[\frac{(t/t_Q)^4}{1+k}-\frac{(t/t_Q)^5}{10(t_k/t_Q)}\right.\right.$$

$$\left.\left.+\frac{(t/t_Q)^6}{60(t_k/t_Q)^2}-\frac{(t/t_Q)^7}{420(t_k/t_Q)^3}+\cdots\right]\right\} \tag{4.201}$$

其中，$t_k=L_1(1-k)/R_1$，特征能量消耗时间 t_{dk} 是电流下降到初始电流的一半所需要的时间。当 $t_k>t_{\mathrm{dk}}$ 时，特征能量消耗时间为

$$\frac{t_{\mathrm{dk}}}{t_Q}\approx\left[\frac{(1-k)t_a t_b}{15t_Q^2}\right]^{1/2} \tag{4.202}$$

与式（4.157）相比较，当 $k=0$ 时，电流衰减来自自感为 $L_1=L/2$ 的线圈，分段衰减是独立的，$k\neq0$，分段之间存在耦合，其结果是可以进一步减小衰减时间。

采用类似的方法，联立方程（4.197）～式（4.199）可以得到第二段线圈上的衰减电流为

$$I_2=I_0\left\{1+\frac{15(1+k)t_a t_b}{2(1-k)t_a^2}\left[\frac{k(t/t_Q)^4}{1+k}-\frac{(t/t_Q)^5}{10(t_k/t_Q)}+\frac{(t/t_Q)^6}{60(t_k/t_Q)^2}\right.\right.$$

$$\left.\left.-\frac{(t/t_Q)^7}{420(t_k/t_Q)^3}\right]+\cdots\right\} \tag{4.203}$$

由式(4.201)和式(4.203)可知,当电流 I_1 下降时,I_2 上升;当 $k \to 1$ 时,两电流在 $I = I_0$ 上下浮动,I_2 的上升有利于引起进一步的失超。

增加正常区的有效传播速度的另一种方法是利用电阻 R_1 和 R_2 兼作加热器,与磁体线圈紧密接触,比如骨架可以作为电阻 R_1 或 R_2,与副边线圈"诱发"失超非常相似。根据式(4.197)知,在任一电阻中的电流为

$$I_R = \frac{I_1 - I_2}{2} \qquad (4.204)$$

消耗在任一并联电阻中的热量为

$$E_R = \int I_R^2 R \, \mathrm{d}t \qquad (4.205)$$

根据式(4.201)和式(4.203)可以求得 E_R,

$$\frac{E_R (1-k)}{E_0 (1+k)} \left(\frac{t_Q}{t_a}\right)^2 \left(\frac{t_Q}{t_b}\right)^2 = \frac{255}{16} \left(\frac{t}{t_Q}\right)^8 \left(\frac{t}{9t_k} - \frac{t^2}{25t_k^2} + \frac{8t^3}{825t_k^3} - \frac{t^4}{525t_k^4} + \frac{19t^5}{81900t_k^5} - \cdots\right) \qquad (4.206)$$

式中,E_0 为整个磁体的储存能量。

如果磁体线圈分为 n 段,各分段线圈之间的互感为 M_{ij}

$$M_{ij} = k \sqrt{L_i L_j} \qquad (4.207)$$

式中,$i, j = 1, 2, 3, \cdots, n$;$k$ 是耦合系数;L_i 和 L_j 分别是第 i 段和第 j 段的自感。

若再假定磁体线圈分段自感均匀,每一段线圈的自感为 $L_1 = L/n$,L 是总自感,互感 $M_{ij} = kL/n$,则所有自感、互感均相等,电阻均为 R_1,所有电流也相等。因此,电路可以用不对称的两段分段电路取代,见图 4.32(b),有 $R_2 = nR_1$,$L_2 = nL_1[1 + k(n-1)]$,$M_{12} = nkL_1$,整个磁体电感 $L = L_1(1+n)(1+nk)$。电流 $I_1(t)$ 的特征时间表示为

$$t_{dkn} = \left[\frac{2(1-k) t_a^2}{15(1 + nk - k)(n+1) t_a t_b}\right]^{1/2} \qquad (4.208)$$

如果 $n \gg 1$,$k \sim 1$,衰减时间常数减小到由方程(4.202)给出的将磁体分为两段时的 $n^{1/2}/n^{1/4}$ 倍,所以将磁体分为多段时对于减小最高温度和最高电压是有益处的。

被动超导磁体的失超保护方法的主要缺点是超导磁体失超后所有的低温冷却介质几乎全部消耗,磁体恢复到超导态需要较长的时间。以多段保护为例,如果磁体励磁时间为 t_p,R_s 为总的串联电阻,即 $R_s = R_1 + R_2 + R_3 + \cdots + R_n$,那么励磁期间 R_s 上的能量损耗为

$$E_{Rs} = E_0 \frac{2L}{R_s t_p} \qquad (4.209)$$

在加速器超导磁体系统中,由于大量的超导磁体串联在一起,因此超导磁体保护采用冷开关和外取能方法。大规模的 CICC 超导磁体和全稳定的浸泡冷却的大

型超导磁体,必须保证不失超。

4.10.5　超导磁体失超的数值模拟

数值分析程序已经发展成为模拟超导磁体失超过程的重要手段之一。目前,已有一些商业化的、比较成熟的数值分析软件包,如 Quench 程序、QuenchM 程序、QUABER 程序等能够解决多种超导线圈的失超保护问题,可以应用于超导线圈在有铁和无铁情况下的超导磁体,也可以用于闭合运行模式下的超导线圈和运行在有电源连接情况下的超导线圈,还能够解决单一和多个超导线圈的耦合问题。另外,这些软件程序也能够模拟超导线圈在其内部任何位置发生失超以及在三维方向上失超传播的问题。线圈的磁场和电感也可以直接通过有限元计算得到,所有的材料特性和温度以及磁场的关系可以直接使用空间分布的温度和磁场。

低温超导磁体的失超数值模拟比较成熟,已经研发了多种解析和数值分析方法,并实际应用于磁体的保护。高温超导磁体失超特性的理解是建立在充分理解绕组正常态扩散的基础上,高温超导磁体失超机制在许多方面与低温超导磁体具有相似性,但也有几点显著差异。主要原因是:高温超导体的运行温度在 $20\sim70K$ 范围,远高于典型低温超导体的运行温度 $4.2K$;高温超导带材内存在电流分流区的温度跨度 $10\sim100K$,而低温超导体只有几开尔文左右。在复合超导线中电流分流现象存在于高温和低温超导体内。Bi2223 带材的运行温度一般处于 $4.2\sim110K$,YBCO第二代超导材料的运行温度一般处于 $4.2\sim92K$。如此大的温度跨度表明高温超导磁体失超是与其早期电流分流产生的焦耳热密切相关。而低温超导线材料仅有很小的电流分流区域,正常区一旦产生,超导体的失超区只需要几开尔文就能转换成正常态。若高温超导磁体的典型运行温度限制在 $20\sim70K$,在这个范围内材料的物理特性表现在:临界电流密度、比热容、热导率和电阻是温度和磁感应强度的非线性函数。采用低温超导磁体失超特性方法去分析高温超导磁体失超传播过程是很困难的。目前,一些解析分析大都局限于一维方向,利用坐标变换,把一维热扩散方程转换为常微分方程,这种方法不能用于处理高温超导磁体的三维结构问题和电流分流区跨越较大的温度范围问题。有限差分法或有限元方法可以直接得到高温超导体瞬态热扩散。用有限差分法可以进行 Bi2223/Ag 带材电压和温度分布数值模拟,通过传播速度和温度以及电压分布可以充分理解高温超导带材的失超现象。

4.11　超导体稳定性试验

引起超导体不稳定性的因素有多种,但主要是内在因素磁通跳跃和外界热源干扰。本节我们分别介绍磁通跳跃和超导体失超参数的测量。

4.11.1　磁通跳跃试验

磁通跳跃是非理想第二类超导材料的内在特性,根据磁通跳跃的性质,介绍两个试验:磁通突然进入超导体内引起的磁化曲线变化和磁通跳跃引起的温升试验。

1. 磁通突然涌入超导体

如图 4.33 所示,筒状 Nb_3Sn 超导体,半径为 R,管厚度为 ΔR,4.2K 温度下,施加外磁场 $\mu_0 H$,外磁场与 Nb_3Sn 筒轴线平行。在管中心 O 处放置测量磁场的霍尔探头,用来测量 O 点的磁场,当外磁场变化时,观察超导管内磁场的变化。结果如图 4.34 所示,开始时,超导筒内磁场为零,当外磁场增加时,由于 Nb_3Sn 的屏蔽作用,筒内磁场保持不变,仍然为零。当外磁场增加到 A 点时,其值为 $\mu_0 H_1'$,磁通突然穿透筒壁,大量磁通进入筒壁,磁通跳跃发生,此时筒内 O 点的磁场为 $\mu_0 H_1'$。如果继续增加外磁场,起初时筒内磁场仍然为 $\mu_0 H_1'$;但是当外磁场增加到 B 点即磁场为 $\mu_0 H_2$ 时,磁通又突然穿透超导筒,此时超导筒内 O 点的磁场为 $\mu_0 H_2'$。继续增大外磁场,这个过程重复

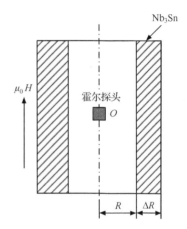

图 4.33　超导体内磁场与
外磁场的变化曲线

出现一直到 D 点。当外磁场增加到 D 时,有相当多的磁通涌入筒壁,由于磁通线之间有相互排斥的作用,即使再增加外磁场,也不会有更多的磁通同时进入筒壁,因此,在 D 处磁场缓慢增加。当磁场降低时,观察的结果与磁场增加时的过程相

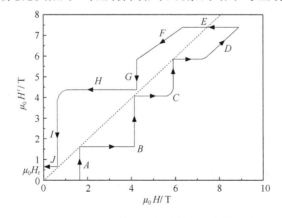

图 4.34　Nb_3Sn 筒内磁场随外加磁场的变化

反：当外磁场沿着 E 点减小时，没有磁通从筒内排出，筒内磁场保持不变；如果继续减小外磁场，会有部分磁通缓慢从筒内排出；当外磁场减小到 G 点时，有较多磁通排出，筒内磁场减小明显，直到 K 点处时，会有大量磁通从筒内排出，筒内的磁场陡然降低。当外磁场减小到零时，筒内磁场并不为零，这是由于筒壁捕获了一定磁通，即剩磁 $\mu_0 H_r$。

　　2. 磁通跳跃引起温升试验

　　如图 4.35 所示，在圆柱形 NbZr 超导样品上绕 N 匝探测线圈，并在两端外接接电压表；沿样品中心轴线打一小孔埋入温度计检测样品温度变化。样品冷却到 4.2K，样品轴线与外磁场方向平行，磁场以一定速率变化，同时检测探测线圈两端电压和样品内部温度的变化。励磁速度分别为 1.7T/min，记录电压和温度信号。在两种励磁速度下，得到的电压和温度变化相同，试验结果如图 4.36 所示。电压跳跃 $\Delta V = N d\Phi/dt$，$d\Phi/dt$ 对应外磁场 B_i 磁通进入超导样品内磁通的变化，在磁场 B_i 时出现电压 ΔV，表明在磁场为 B_i 时，有磁通突然大量涌入超导样品内；ΔV 变化很尖锐表明磁通扩散速度很快；同时，在每个 B_i 处时相应地样品出现温升 $\Delta T \approx 1K$，说明磁通的大量涌入伴随发热和温升。ΔT 相对于 ΔV 的变化不是很尖锐，说明热扩散速度比磁扩散速度慢。从图 4.36 还可以看到，每次磁通跳跃磁场 B_i 的间隔基本相同，所以可以得出结论，使得磁通跳跃发生的临界磁场是初次发生磁通跳跃场 B_i 的整数倍。

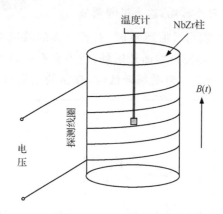

图 4.35　磁通跳跃温升及磁通变化原理实验布置

4.11.2　超导体失超参数测量技术

　　描述超导体稳定性的参量主要有失超传播速度（QPV）、最小失超能（MQE）和正常传播区（NPZ）。下面针对简单超导体分别介绍以上三个参量的一般测量

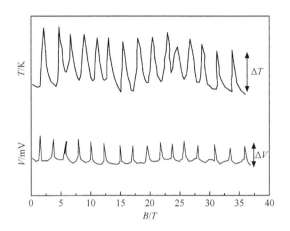

图 4.36　磁通跳跃超导样品上磁通和温度变化曲线

方法。

图 4.37 为一维超导失超参数的实验测量示意图。超导样品长度远大于其横向尺度,在横截面上温度分布均匀。在样品长度中间位置放置加热器(可无感绕制锰铜丝),加热器宽度为 L,外接脉冲电源加热,并安装温度计 T_0。在中心位置两侧分别对称均匀地焊接 5 根电压引线抽头 V_1, V_2, V_3, V_4, V_5 和 $V_1', V_2', V_3', V_4',$ V_5',两侧抽头之间的间隔均为 L_0,并在两侧分别对称均匀地放置 4 个温度计 $T_1,$ T_2, T_3, T_4 和 T_1', T_2', T_3', T_4',温度计置于电压抽头中间。超导样品两端可以连接电源,给超导样品通电。

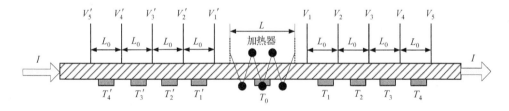

图 4.37　超导样品失超参数测量示意图

将准备好的超导样品置于低温环境中,如果是直接浸泡在低温冷却介质中冷却,还需对超导样品做绝热处理,以便进行失超参数的测量。测量步骤如下:①将超导样品上电压抽头外接电压表;②测温装置接 9 个温度计,此时温度计显示初始低温环境温度;③温度计接恒流源,电流小于 1mA;④加热器接脉冲电源,假定加热器电阻在低温下为 R,如果脉冲电源输出电流波形为方波,脉宽 Δt,电流为 I,那么加热器给样品输出的热量为 $E = I^2 R \Delta t$。给加热器施加不同脉冲能量,观察各电压抽头上的电压和抽头之间的温度。随着脉冲能量的增加,同时观测到电压和温度变化。在某次脉冲过后,在电压抽头 $V_1 V_1'$ 上出现失超电压而其他电压抽头没有出现电压,说明其他段仍然处于超导态,失超没有发生传播,这时 L 可以认为是最小传播区尺度。脉冲过后,在 V_1V_2 和 $V'_1V'_2$ 上出现电压的最小脉冲能量 E_{min} 即是超导样品在该温度情况下的最小失超能;根据失超时间间隔 Δt_i,(i 是电压抽头出现失超电压的时间间隔),用 L_0 除以 Δt_i,即为超导样品的失超传播速度。同时读取各个温度计上的温度,是否超过超导样品的临界温度,两者相互验证。请注意,温度计与样品不可能是理想的热接触,热量传播需要时间,因此,温度计显示温度比电压滞后。当然,样品也可以接电源,测量传输电流情况下的失超传播数据,方法与上面相同。如果样品比较大,载流容量高,那么需要给样品加磁场,以减小样品的临界电流和载流容量,减小漏热和引线焦耳热对测量结果的影响,再进行如上所述步骤进行失超参数测量。

参 考 文 献

林良真,等.1998.超导电性及其应用.北京:北京工业大学出版社.

刘在海.1992.超导磁体交流损耗和稳定性.北京:国防工业出版社.

米克秒.1980.超导电性及其应用.北京:科学出版社.

王秋良.2008.高磁场超导磁体科学.北京:科学出版社.

Anashkin O P, Keilin V E, Lyiko V V. 1981. The influence of Cu/DC ratio and filament distribution on the stability of superconductors with respect to local heat pulse. Cryogenics, 21: 169—174.

Bellis R H, Iwasa Y. 1994. Quench propagation in high T_c superconductor. Cryogenics, 34:129—144.

Chyu M K, Oberly C E. 1991. Effects of transverse heat transfer on normal zone propagation in metal-clad high temperature superconductor coil tape. Cryogenics, 31:680—686.

Dresner L. 1993. Stability and protection of Ag/BSCCO magnets operated in the 20—40K range. Cryogenics, 33:900—909.

Dresner L. 1995. Stability of Superconductors. New York: Plenum.

Flik M I, Goodson K E. 1992. Thermal analysis of electron-beam absorption in low-temperature superconducting films. ASME Journal of Heat Transfer, 114: 264—270.

Irie F , Yamafuji K . 1967. Theory of flux motion in non-ideal type-II superconductors. Journal of the Physical Society of Japan , 23: 255—268.

Ito T, Kubota H. 1991. Dynamic stability of superconductors cooled by pool boiling. Cryogenics, 31(7): 533—537.

Iwasa Y, Lee H, Fang J, et al. 2003. Quench and recovery of YBCO tape experimental and simulation results. IEEE Transactions on Applied Superconductivity, 13(2): 1772.

Iwasa Y. 1994. Case studies in superconducting magnet. New York: Plenum Press.

Kim Y B, Hempstead C F , Strand A R. 1963. Magnetization and critical supercurrents. Physics Review Letter,129:528—530.

Levillain C, Manuel P, Therond P G. 1994. Effects of thermal shunt to substrate on normal zone propagation in high T_c superconducting thin films. Cryogenics, 34:69—75.

Rakhamanov A L, Vysotsky V S, Ilyin Y A, et al. 2000. Universal scaling law for quench development in HTSC devices. Cryogenics,40:19—27.

Ries G. 1993. Magnet technology and conductor design with high temperature superconductors. Cryogenics, 33(6):609—614.

Schlle E A, Schwartz J. 1993. MPZ stability under time-dependent, spatially varying heat loads. IEEE Transactions on Applied Superconductivity, 3(1): 421—424.

Shimizu S, Ishiyama A, Kim S B. 1999. Quench propagation properties in HTS pancake coil. IEEE Transactions on Applied Superconductivity, 9(2): 1077—1080.

Trillaud F, Ayela F, Devred F, et al. 2006. Investigation of the stability of Cu/NbTi multifilament composite wires. IEEE Transactions on Applied Superconductivity, 16(2): 1712—1715.

Triuaud F, Ayela F, Derred A, et al. 2006. Investigation of the stability of Cu/NbTi multifilament composite wires. IEEE Transactions on Applied Superconductivity, 16(2):1712—1716.

Wilson M. 1983. Superconducting Magnet. Oxford: Clarendon Press.

Zlobin A V, Kashikhin V V, Barzi E. 2006. Effect of flux jumps in superconductor on Nb_3Sn accelerator magnet performance. IEEE Transactions on Applied Superconductivity, 16(2): 1308—1311.

第5章 超导体的交流损耗

超导体在直流传输情况下电阻为零,完全没有损耗,但是在承载交流电流或处于交变电磁场中时,由于磁通线运动受到磁通钉扎作用,超导体将表现出一定的电磁能量损耗,即交流损耗。对于单根超导细丝或块材,交流损耗主要是磁滞损耗,其机理是超导体在交变磁场作用下,磁通线不断克服钉扎力进入或退出超导体所做的功。当运行电流小于临界电流 I_c 时,超导涡旋完全钉扎在超导体内,只有磁滞损耗产生,而当运行电流超过 I_c 后,超导磁通涡旋可以自由移动,交流损耗由磁通流动损耗取代。这种假设使得计算交流损耗和磁通流动损耗变得简单,只需要将它们相加就得到总损耗。实际上,由于独立钉扎中心之间钉扎强度的分布,两种损耗之间存在交叠,导致交流损耗和磁通流动损耗之间的转变很平滑。实用超导体是与正常高导热、低电阻率金属或合金材料复合在一起的复合导体,因此处于交变磁场环境下的超导体除了交流损耗外,对于多芯超导复合体,由于芯间耦合,还会在正常金属中产生耦合损耗和涡流损耗。实用超导材料的交流损耗是磁滞损耗、耦合损耗和涡流损耗的总和。由于实用超导材料大部分为圆柱形和板状几何结构,因而本章对各种交变场下的交流损耗分别以圆形和板状几何截面超导体的交流损耗为基础进行介绍。

一般地,超导体交流损耗的解析表达式是基于 Bean 临界态模型的,且只有当超导体为薄板形的几何结构和圆截面结构时表达式具有解析解,而其截面为几何形状时需要用数值解法求解。可喜的是,在实用超导材料中,大部分截面结构都是薄板形或圆形截面。

5.1 板状超导体的交流损耗

在处于超导态的超导体临界态模型中,临界电流与磁场的关系有各种模型,如 Bean 模型、Kim 模型、指数模型等,其中 Bean 临界电流模型是最简单的模型,在计算交流损耗时,能够获得解析解,也是很好的近似。为了简便及容易理解,本书中若没有特别说明,交流损耗的计算均采用 Bean 临界态模型。

5.1.1 平行交变磁场下的超导板的交流损耗

厚度和宽度分别为 $2a$ 和 $2w$ 的超导板处于交变磁场 $B_{ac}(t)$ 中,磁场平行于超导体宽表面,超导体没有传输电流。如图 5.1 所示,电流 I 是指交变场在超导体内的感应电流,磁场沿 y 轴方向,感应电流处于 $\pm z$ 轴方向,坐标原点在超导板中心。

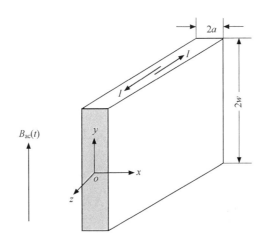

图 5.1　平行场中超导体几何结构和屏蔽电流示意图

　　根据 Bean 临界电流模型可知,在超导体内磁通穿透区域,超导体内电流密度 J 为临界电流密度 J_c;在磁通未穿透区域,超导体临界电流密度为 0,即在交变磁场中超导体临界电流密度 $J=\pm J_c$ 或 0。为了便于理解 Bean 临界态模型和超导体中磁通分布,考虑磁场随时间单调增加的情况。由 Bean 模型知,临界电流 J_c 为常数,与磁场无关。超导体中磁场分布由麦克斯韦方程

$$\mathbf{\nabla} \times \mathbf{B} = \pm J_c \quad \text{或} \quad \mathbf{B} = 0 \tag{5.1}$$

描述。由图 5.1 中坐标系可知,$\mathbf{B} = (0, B, 0)$,解方程(5.1)得超导体内磁场分布为

$$B(x) = B_0 - \mu_0 J_c \mid x \mid \tag{5.2}$$

式中,B_0 为超导体外磁场。超导体内磁场随磁场穿透深度增加而减小。当磁场比较小时,在超导体内 x_p 处磁场为零,即 $x_p = B_0/(\mu_0 J_c)$,x_p 叫做穿透深度;当磁场逐渐增加,恰好到达超导体中心时,$B_0 = \mu_0 J_c a$,表示磁场完全穿透超导体,此时的磁场叫做完全穿透场 B_p,即 $B_p = \mu_0 J_c a$;当磁场继续增加时,超导体中心磁场也随之增加。图 5.2(a)给出了随外磁场的增加,超导体内磁场穿透过程;图 5.2(b)给出了超导体内对应的电流分布情况。磁场在超导体内穿透分 3 步:第 1 步,磁场小于穿透场,即 $B_1 < B_p$,穿透深度为 x_p,在距离超导体表面 $(a - x_p)$ 厚度范围内,电流密度等于临界电流密度,$J = J_c$;第 2 步,完全穿透,在整个超导体内电流密度等于临界电流密度,$J = J_c$,磁场等于穿透场,$B_2 = B_p$;第 3 步,磁场大于穿透场,即 $B_3 > B_p$,与第 2 步相同,超导体内电流密度等于临界电流密度,$J = J_c$。

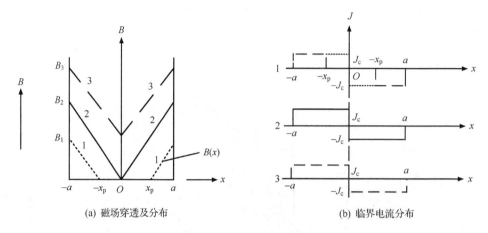

(a) 磁场穿透及分布   (b) 临界电流分布

图 5.2　Bean 模型磁场增加时磁场穿透及临界电流分布示意图

　　与磁场单调增加情况类似,也可以得到磁场单调减小时,超导体内磁场分布和临界电流分布。图 5.3 给出了磁场由大于完全穿透场逐步减小到小于穿透场的变化过程以及对应的电流密度的变化过程,由于磁场变化为负,超导体内感应电流反向。

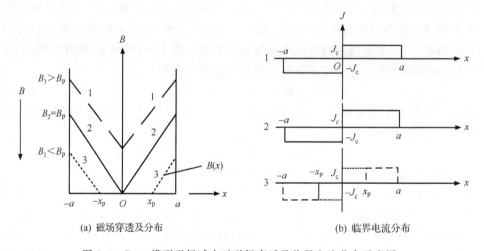

(a) 磁场穿透及分布   (b) 临界电流分布

图 5.3　Bean 模型磁场减小时磁场穿透及临界电流分布示意图

　　在正弦交变磁场中,$B_{ac}(t) = B_m \sin\omega t$,$B_m$ 是交变磁场振幅,$\omega = 2\pi f$ 是圆频率,f 是频率。磁场平行于超导薄板宽面,单位长度交流损耗(W/m)为

$$\begin{cases} P_{/\!/} = fCA\,\dfrac{2B_m^2}{\mu_0}\left(\dfrac{b_{ac}}{3}\right) & b_{ac} \leqslant 1 \\[3mm] P_{/\!/} = fCA\,\dfrac{2B_m^2}{\mu_0}\left(\dfrac{1}{b_{ac}} - \dfrac{2}{3b_{ac}^2}\right) & b_{ac} \geqslant 1 \end{cases} \tag{5.3}$$

式中,CA 为与超导板几何结构有关的有效截面积;A 为带材总截面积($4wa$);B_p 为完全穿透场,$B_p = \mu J_c a$;b_{ac} 为归一化磁场,$b_{ac} = B_m / B_p$。

5.1.2　垂直交变磁场下的超导板的交流损耗

当超导板处于垂直磁场中时,超导板不载有电流,如图 5.4 所示,超导板宽度和厚度分别为 $2w$ 和 $2a$。在正弦交变磁场下,$B_{ac}(t) = B_m \sin\omega t$,超导板单位长度的磁滞损耗(W/m)为

$$P_\perp = 4Kf\,\frac{w^2\pi}{\mu_0}B_m^2\,\frac{1}{b_{ac}}\Big[\frac{2}{b_{ac}}\ln(\cosh b_{ac}) - \tanh b_{ac}\Big] \tag{5.4}$$

式中,K 为与超导板结构有关的常数;b_{ac} 为归一化磁场,$b_{ac} = B_m / B_f$,B_m 为垂直场幅值,B_f 为特征磁场,$B_f = 2a\mu_0 J_c / \pi$。

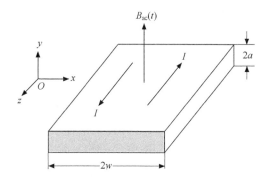

图 5.4　垂直场中超导体结构示意图

5.1.3　超导薄板的自场损耗

当超导板的纵横比很小,且宽度比厚度大很多时(高温超导带材即是这种情况),超导板可以近似为薄板超导结构,如图 5.5 所示。在传输电流时,即使没有外加交变磁场,由于超导板自身载流,也会产生磁场,称其为自场。若载流为交流,自场为交流磁场,那么也会在超导体内产生交流损耗。

当薄板结构超导体传输正弦交流电流时,$I(t) = I_m \sin\omega t$,超导体仅处于自身电流产生的磁场中,单位长度的磁滞损耗(W/m)为

$$P_s = \begin{cases} f\dfrac{\mu_0}{\pi}I_c^2\big[(1-i_{ac})\ln(1-i_{ac}) + (1+i_{ac})\ln(1+i_{ac}) - i_{ac}^2\big] & i_{ac} < 1 \\[2mm] f\dfrac{\mu_0}{\pi}I_c^2(2\ln2 - 1) & i_{ac} \geqslant 1 \end{cases}$$

$$\tag{5.5}$$

式中,f 为交流频率;I_c 为超导体的临界电流;$i_{ac} = I_m / I_c$ 为归一化电流;I_m 为交流电流幅值。

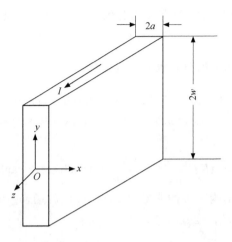

图 5.5　薄板结构超导体载流及结构示意图

5.1.4　处于交直流磁场中并载有交直流电流的超导薄板的交流损耗

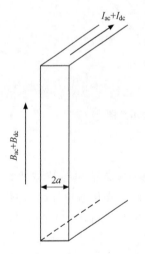

图 5.6　处于平行直流及交变磁场并载有
直流和交流电流的超导薄板几何示意图

厚度为 $2a$ 的无限大超导薄板,载有交流电流 $I_{ac}(t)=I_m\sin\omega t$,同时载有直流电流 I_{dc},并处于平行于超导薄板宽面的交直流磁场 $B_{ac}t=B_m\sin\omega t$ 和 B_{dc} 中,交流电流与交流磁场同位相。图 5.6 是超导薄板几何结构、载流及磁场方向示意图。超导薄板上总的传输电流和磁场为

$$I(t)=I_{ac}(t)+I_{dc}\qquad B(t)=B_{ac}(t)+B_{dc}$$
$$(5.6)$$

磁场完全穿透超导薄板,即穿透磁场 $B_p=\mu_0 J_c a$。

为了计算方便,作如下归一化电流和磁场的定义

$$i_{ac}=\frac{I_m}{I_c}\quad i_{dc}=\frac{I_{dc}}{I_c}\quad b_{ac}=\frac{B_m}{B_p}\quad b_{dc}=\frac{B_{dc}}{B_p}$$
$$(5.7)$$

根据交直流电流幅值与临界电流及交直流磁场幅值与穿透场的变化范围,交流损耗可以分为以下几种情况:

(1) 当 $i_{ac}\leqslant b_{ac}\leqslant 1-i_{dc}$ 时,单位长度的损耗(W/m)为

$$P_{/\!/}=CAf\frac{2B_p^2}{3\mu_0}(b_{ac}^3+3b_{ac}i_{ac}^2)\qquad(5.8)$$

(2) 当 $i_{ac} \leqslant 1 - i_{dc} \leqslant b_{ac}$ 时,单位长度的损耗(W/m)为

$$P_{//} = CAf \frac{2B_p^2}{3\mu_0} \left\{ b_{ac} (3 + i_{ac}^2 + 3i_{dc}^2) - 2 [1 - (i_{ac} + i_{dc})^3 + 3i_{ac}i_{dc}] \right.$$

$$\left. + \frac{6i_{ac}}{b_{ac} - i_{ac}} (i_{ac} + i_{dc}) (1 - i_{ac} - i_{dc})^2 - \frac{4i_{ac}^2}{(b_{ac} - i_{ac})^2} (1 - i_{ac} - i_{dc})^3 \right\}$$

$$(5.9)$$

(3) 当 $1 - i_{dc} \leqslant i_{ac} \leqslant b_{ac}$, $i_{dc} - 1 \leqslant i_{ac} \leqslant i_{dc} + 1$ 时,单位长度的损耗(W/m)为

$$P_{//} = CAf \frac{2B_p^2}{3\mu_0} \frac{1 + i_{ac} - i_{dc}}{2i_{ac}} [b_{ac} (1 + i_{ac} - i_{dc})^2 + 3 (b_{ac} - i_{ac}) (1 - i_{ac} + i_{dc})]$$

$$(5.10)$$

(4) 当 $1 - i_{dc} \leqslant i_{ac} \leqslant b_{ac}$, $i_{dc} + 1 \leqslant i_{ac}$ 时,单位长度的损耗(W/m)为

$$P_{//} = CAf \frac{2B_p^2}{3\mu_0} \frac{4b_{ac}}{i_{ac}} \tag{5.11}$$

(5) 当 $b_{ac} \leqslant i_{ac} \leqslant 1 - i_{dc}$ 时,单位长度的损耗(W/m)为

$$P_{//} = CAf \frac{2B_p^2}{3\mu_0} (i_{ac}^3 + 3i_{ac}b_{ac}^2) \tag{5.12}$$

(6) 当 $1 - i_{dc} \leqslant i_{ac}$, $b_{ac} \leqslant i_{ac}$, $i_{dc} - 1 \leqslant i_{ac} \leqslant i_{dc} + 1$ 时,单位长度的损耗(W/m)为

$$P_{//} = CAf \frac{2B_p^2}{3\mu_0} \left(\frac{1 + i_{ac} - i_{dc}}{2i_{ac}} \right)^3 (i_{ac}^3 + 3i_{ac}b_{ac}^2) \tag{5.13}$$

(7) 当 $1 - i_{dc} \leqslant i_{ac}$, $b_{ac} \leqslant i_{ac}$, $i_{dc} + 1 \leqslant i_{ac}$ 时,单位长度的损耗(W/m)为

$$P_{//} = CAf \frac{2B_p^2}{3\mu_0} \left(\frac{1}{i_{ac}} \right)^3 (i_{ac}^3 + 3i_{ac}b_{ac}^2) \tag{5.14}$$

(8) 当 $i_{ac} \leqslant i_{dc} - 1$ 时,单位长度的损耗(W/m)为

$$P_{//} = 0 \tag{5.15}$$

式(5.15)表明当直流传输电流 $I_{dc} \geqslant I_{ac} + I_c$ 时,超导体完全失超,变为正常导体,因此式(5.15)仅仅表示超导体单位长度的磁滞损耗为零,超导体表现出与正常导体相同的阻性损耗,其损耗按焦耳损耗计算。

5.1.5　载有交直流电流的超导薄板的交流损耗

宽度和厚度分别为 $2w$ 和 $2a$ 的无限大超导薄板载有交流电流 $I_{ac}(t) = I_m \sin\omega t$ 和直流电流 I_{dc},超导薄板的宽度远大于厚度,即 $w \gg a$,如图 5.7 所示。图 5.7 是超导薄板几何结构、载流及磁场方向示意图。超导薄板只受到自场影响,总传输电流为

$$I(t) = I_{dc} + I_{ac}(t) \tag{5.16}$$

为了计算方便,定义归一化交直流电流

$$i_{ac} = \frac{I_m}{I_c} \qquad i_{dc} = \frac{I_{dc}}{I_c} \tag{5.17}$$

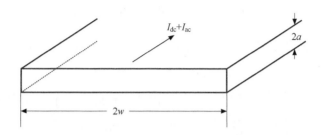

图 5.7　载有交直流电流的超导薄板结构示意图

根据归一化交直流电流 i_{ac} 和 i_{dc} 的大小，交流损耗的计算可分为下面 4 种情况：

（1）当 $i_{ac} \leqslant 1 - i_{dc}$ 时，单位长度的损耗（W/m）为

$$P_s = \frac{f\mu_0 I_c^2}{2\pi}\left\{\left[(1-i_{ac}-i_{dc})\ln(1-i_{ac}-i_{dc}) + (1+i_{ac}+i_{dc})\ln(1+i_{ac}+i_{dc}) - (i_{ac}+i_{dc})^2\right]\right.$$

$$\pm\left[(1-|i_{ac}-i_{dc}|)\ln(1-|i_{ac}-i_{dc}|) + (1+|i_{ac}-i_{dc}|)\ln(1+|i_{ac}-i_{dc}|)\right.$$

$$\left.\left. - (i_{ac}-i_{dc})^2\right]\right\} \tag{5.18}$$

式中，$\pm$ 分别对应于 $i_{ac} > i_{dc}$ 和 $i_{ac} < i_{dc}$ 两种情况。

（2）当 $1-i_{dc} \leqslant i_{ac}$，$i_{dc}-1 \leqslant i_{ac} \leqslant i_{dc}+1$ 时，单位长度的损耗（W/m）为

$$P_s = \frac{f\mu_0 I_c^2}{2\pi}\left\{2\ln 2 - 1 \pm \left[(1-|i_{ac}-i_{dc}|)\ln(1-|i_{ac}-i_{dc}|)\right.\right.$$

$$\left.\left. + (1+|i_{ac}-i_{dc}|)\ln(1+|i_{ac}-i_{dc}|) - (i_{ac}-i_{dc})^2\right]\right\} \tag{5.19}$$

式中，$\pm$ 分别对应于 $i_{ac} > i_{dc}$ 和 $i_{ac} < i_{dc}$ 两种情况。

（3）当 $i_{dc}+1 \leqslant i_{ac}$ 时，单位长度的损耗（W/m）为

$$P_s = \frac{f\mu_0 I_c^2}{\pi}(2\ln 2 - 1) \tag{5.20}$$

（4）当 $i_{ac} \leqslant i_{dc}-1$ 时，单位长度的损耗（W/m）为

$$P_s = 0 \tag{5.21}$$

式（5.21）表明自场损耗等于零，即意味着 $I_{dc} \geqslant I_c + I_{ac}$，超导体完全失超，也就是说超导体总是处于临界电流之上的正常态运行。式（5.21）仅仅表示单位长度的磁滞损耗（W/m）为零，并不表示超导体没有损耗，这恰恰说明此时超导体损耗完全是焦耳损耗。另外，即使在 $i_{ac}+i_{dc} < 1$ 的情况下，交流损耗也受到直流传输的电流的影响。

5.1.6　载有交流电流并处于垂直交变磁场中的超导薄板的交流损耗

图 5.8 为载有交流电流并处于垂直交变磁场中的超导薄板的几何结构和场型示意图，其中交流电流和交变磁场位相相同，超导薄板的宽度和厚度分别为 $2w$ 和 $2a$，且宽度远大于厚度 $w \gg a$，$I_{ac}(t) = I_m\sin\omega t$，$B_{ac}(t) = B_m\sin\omega t$。定义超导薄板垂

直磁场下的特征磁场 B_f 为

$$B_\mathrm{f} = 2\mu_0 J_\mathrm{c} a / \pi \tag{5.22}$$

这里临界电流密度是指超导薄板的临界电流密度，

$$I_\mathrm{c} = 4 J_\mathrm{c} a w \tag{5.23}$$

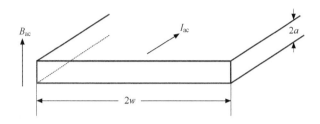

图 5.8　超导薄板处于垂直交变场载交流电流示意图

与前面相同,同样定义归一化电流和归一化磁场

$$i_\mathrm{ac} = \frac{I_\mathrm{m}}{I_\mathrm{c}} \qquad b_\mathrm{ac} = \frac{B_\mathrm{m}}{B_\mathrm{f}} \tag{5.24}$$

依据交流磁场和交流电流幅值的大小,在垂直交变磁场并同时载有交流电流情况下,超导薄板的交流损耗分为下面 4 种情况:

(1) 当 $i_\mathrm{ac} < \tanh b_\mathrm{ac}$ 时,单位长度的损耗(W/m)为

$$
\begin{aligned}
P_\perp = \frac{f\mu_0 I_\mathrm{c}^2}{\pi} \Bigg\{ & 2\mathrm{coth}^{-1}\Big[\frac{(1+p_0)(1-p_0)+a_0^2}{\sqrt{(1+p_0)^2-a_0^2}\ \sqrt{(1-p_0)^2-a_0^2}}\Big] - \frac{1}{4}\Big[(1+p_0) \\
& \cdot \sqrt{(1+p_0)^2-a_0^2} + (1-p_0)\ \sqrt{(1-p_0)^2-a_0^2}\Big]\Big[\cosh^{-1}\Big(\frac{1+p_0}{a_0}\Big) \\
& + \cosh^{-1}\Big(\frac{1-p_0}{a_0}\Big)\Big] + \frac{1}{2}\Big[\sqrt{(1+p_0)^2-a_0^2} - \sqrt{(1-p_0)^2-a_0^2}\Big] \\
& \cdot \Big[(1+p_0)\cosh^{-1}\Big(\frac{1+p_0}{a_0}\Big) + (1-p_0)\ \cosh^{-1}\Big(\frac{1-p_0}{a_0}\Big)\Big] \\
& + \frac{1}{4}\Big[\sqrt{(1+p_0)^2-a_0^2} - \sqrt{(1-p_0)^2-a_0^2}\Big]^2 - \frac{1}{2}\Big[\sqrt{(1+p_0)^2-a_0^2} \\
& - \sqrt{(1-p_0)^2-a_0^2}\Big]\Big[\sqrt{(1+p_0)^2-a_0^2} + \sqrt{(1-p_0)^2-a_0^2}\Big]\Bigg\} \tag{5.25}
\end{aligned}
$$

式中,参数 a_0、p_0、a、p 定义如下:

$$a_0 = \frac{a}{w} \qquad p_0 = \frac{p}{w}$$

$$a = w\ \frac{\sqrt{1-i_\mathrm{ac}^2}}{\cosh b_\mathrm{ac}} \tag{5.26}$$

$$p = w i_\mathrm{ac} \tanh b_\mathrm{ac} \tag{5.27}$$

如果传输交流电流为零,$I_\mathrm{ac}(t)=0$,则超导薄板的交流损耗为垂直交变场下超

导薄板的交流损耗,式(5.25)简化为式(5.4)。

(2) 当 $i_{ac} > \tanh b_{ac}$ 时,单位长度的损耗(W/m)为

$$
\begin{aligned}
P_\perp = \frac{f\mu_0 I_c^2}{\pi}\Big\{ &- 2\coth^{-1}\Big[\frac{(1+p_0)(1-p_0)+a_0^2}{\sqrt{(1+p_0)^2-a_0^2}\ \sqrt{(1-p_0)^2-a_0^2}} \Big] \\
&- \frac{1}{4}\Big[(1+p_0)\ \sqrt{(1+p_0)^2-a_0^2} - (1-p_0)\ \sqrt{(1-p_0)^2-a_0^2} \Big] \\
&\cdot \Big[\cosh^{-1}\Big(\frac{1+p_0}{a_0}\Big) - \cosh^{-1}\Big(\frac{1-p_0}{a_0}\Big) \Big] + \frac{1}{2}\Big[\sqrt{(1+p_0)^2-a_0^2} \\
&+ \sqrt{(1-p_0)^2-a_0^2} \Big]\Big[(1+p_0)\cosh^{-1}\Big(\frac{1+p_0}{a_0}\Big) + (1-p_0)\ \cosh^{-1}\Big(\frac{1-p_0}{a_0}\Big) \Big] \\
&- \frac{1}{4}\Big[\sqrt{(1+p_0)^2-a_0^2} + \sqrt{(1-p_0)^2-a_0^2} \Big]\Big\}
\end{aligned}
\tag{5.28}
$$

如果 $b_{ac}=0$,即垂直交变场不存在,此时损耗简化为超导薄板自场损耗,即式(5.5)。

(3) 如果交流电流幅值与临界电流相等,$I_m=I_c$,那么单位长度的损耗(W/m)为

$$
P_\perp = \frac{f\mu_0 I_c^2}{\pi}\left[2\ln 2 - 1 + 2\ln(\cosh b_{ac}) \right]
\tag{5.29}
$$

(4) 当 $i_{ac} = \tanh b_{ac}$ 时,单位长度的损耗(W/m)为

$$
P_\perp = \frac{f\mu_0 I_c^2}{\pi} i_{ac}\left[(1+i_{ac}^2)\tanh^{-1} i_{ac} - i_{ac} \right]
\tag{5.30}
$$

5.1.7 处于垂直交直流磁场中的超导薄板的交流损耗

图 5.9 为处于交直流垂直磁场中的超导薄板的几何结构及场形示意图。超导薄板的宽度和厚度分别为 $2w$ 和 $2a$,且满足 $w \gg a$,交变磁场 $B(t)=B_m\sin\omega t$。总磁场为

$$
B(t) = B_{ac}(t) + B_{dc}
\tag{5.31}
$$

同理,为了计算方便,将交直流磁场归一化

$$
b_{ac} = \frac{B_m}{B_f} \qquad b_{dc} = \frac{B_{dc}}{B_f}
\tag{5.32}
$$

式中,B_f 为特征磁场,与式(5.22)定义相同。

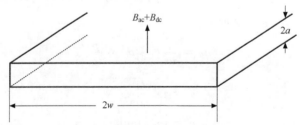

图 5.9 垂直交直流磁场中的超导薄板

在这种交直流垂直磁场共同作用下,单位长度的损耗(W/m)为

$$P_\perp = f\frac{\mu_0 I_c^2}{2\pi}\Big\{\big[2\ln(\cosh(b_{ac}+b_{dc})) - (b_{ac}+b_{dc})\tanh(b_{ac}+b_{dc})\big]$$

$$\pm\big[2\ln(\cosh|b_{ac}-b_{dc}|) - |b_{ac}-b_{dc}|\tanh|b_{ac}-b_{dc}|\big]\Big\} \tag{5.33}$$

式中,±分别对应于 $b_{ac} > b_{dc}$ 和 $b_{ac} < b_{dc}$ 两种情况。

5.1.8　处于垂直和平行交直流磁场中并载有交直流电流的超导薄板的磁通流动损耗

在超导体运行电流接近其临界电流时,超导体内除了磁滞交流损耗外,还由于磁通流动而产生磁通流动损耗 P_{ff}。本节详细介绍这种流阻损耗。如图 5.10 所示,超导薄板宽度和厚度分别是 $2w$ 和 $2a$,超导板处于垂直及平行交直流磁场中,且载有交直流电流。交流磁场和交流电流同位相,超导薄板受到的总磁场和传输的总电流为

$$I(t) = I_{ac}(t) + I_{dc} \qquad B(t) = B_{ac}(t) + B_{dc} \tag{5.34}$$

交流电流 $I_{ac}(t) = I_m\sin\omega t$,交流磁场 $B_{ac}(t) = B_m\sin\omega t$,并处于直流磁场中,交流电流与交变磁场位相相同。

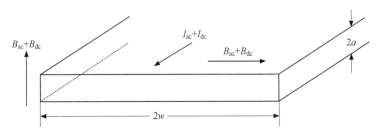

图 5.10　载有交直流电流处于同位相交流磁场中的超导薄板

在传输电流 I 和平行或垂直外磁场 B 的情况下,在超导体表面感应出磁通流动电场 E_{ff},因而产生磁通流动损耗 P_{ff}。由于磁场 B 与电流 I 成正比,$k = B/I$ 为常数,磁通流动电场为

$$E_{ff} = \frac{\rho_{ff} I}{4aw}\cosh\frac{I}{I_v}\exp\Big[\frac{N_v(k)}{N_{v0}}\Big] \tag{5.35}$$

式中,ρ_{ff} 为磁通涡旋运动电阻率;参数 I_v 和 N_{v0} 分别为与磁通钉扎中心强度和密度有关的常数。如果磁场平行于超导薄板宽表面,$k_\parallel = B_\parallel/I$,那么 N_v 为

$$\begin{cases} N_v(k=k_\parallel) = \dfrac{\mu_0}{\Phi_0}\Big(\dfrac{\ln 2}{\pi} + \dfrac{2a}{8w}\Big) & k_\parallel < \dfrac{\mu_0}{8w} \\[3mm] N_v(k=k_\parallel) = \dfrac{\mu_0}{\Phi_0}\Big(\dfrac{\ln 2}{\pi} + \dfrac{k_\parallel 2a}{\mu_0}\Big) & k_\parallel > \dfrac{\mu_0}{8w} \end{cases} \tag{5.36}$$

式中,Φ_0 为磁通量子,$\Phi_0 = 2.07\times10^{-15}$ T・m^2。

在垂直磁场情况下,$k=k_\perp$,相应的 N_v 为

$$\begin{cases} N_v(k=k_\perp) = \dfrac{\mu_0}{\Phi_0}\left(\dfrac{\ln 2}{\pi} + \dfrac{2a}{8w}\right) & k_\perp < \dfrac{\mu_0 \ln 2}{2\pi w} \\[3mm] N_v(k=k_\perp) = \dfrac{\mu_0}{\Phi_0}\left(\dfrac{\ln 2}{\pi} + \dfrac{2wk_\perp}{\mu_0}\right) & k_\perp > \dfrac{\mu_0 \ln 2}{8\pi w} \end{cases} \tag{5.37}$$

定义参考参量 N_{vref},$N_{vref} = \mu_0/\Phi_0$。图 5.11 给出了 $N_v(k)/V_{vref}$ 与平行场和垂直场参数的变化关系。随着电流的增加,垂直场参数增加幅度远高于平行场参数,这里超导薄板的宽度和厚度分别取 3mm 和 0.3mm。

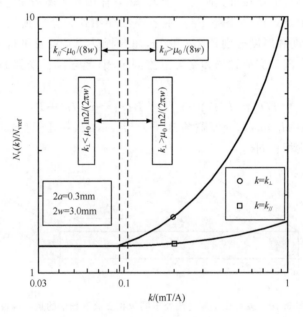

图 5.11　$N_v(k)/V_{vref}$ 随 $k_{//}$ 和 $k_\perp$ 的变化关系

磁通流动损耗与交流电流波形有关。如果交流电流波形为正弦波形,且

$$I(t) = I_{dc} + I_{ac} = I_{dc} + I_{ac}\sin\omega t \tag{5.38}$$

其中,I_{dc}、I_{ac} 和 ω 分别表示直流电流、交流电流幅值和交流频率,那么单位长度的磁通流动损耗(W/m)为

$$P_{ff} = \frac{1}{T}\int_0^T E_{ff}(t)I(t)\mathrm{d}t \tag{5.39}$$

式中,T 为正弦交流电流的周期。将式(5.34)～式(5.37)代入式(5.39)计算得

$$P_{ff} = \rho_{ff}\frac{I_v^2}{4aw}\exp\left[\frac{N_v(k)}{N_{v0}}\right]\left[\left(\frac{I_{dc}}{I_v}\right)^2\cosh\left(\frac{I_{dc}}{I_v}\right)I_0\left(\frac{I_{ac}}{I_v}\right)\right.$$

$$\left. + 2\frac{I_{dc}I_{ac}}{I_v^2}\sinh\left(\frac{I_{dc}}{I_v}\right)I_1\left(\frac{I_{ac}}{I_v}\right) + \left(\frac{I_{ac}}{I_v}\right)^2\cosh\left(\frac{I_{dc}}{I_v}\right)I_1'\left(\frac{I_{ac}}{I_v}\right)\right] \tag{5.40}$$

式中，$I_n(x)$ 是第一类 n 阶变形贝塞尔(Bessel)函数，$I'_n(x)$ 是 $I_n(x)$ 的一阶微分，参见本书附录 A3。从式(5.40)可知，与焦耳损耗一样，磁通流动损耗 P_{ff} 与频率无关。

在外磁场为零，仅有交流电流存在时($I_{dc}=0$)，式(5.40)简化为

$$P_{ff} = \frac{\rho_{ff} I_v^2}{4aw} \exp\left[\frac{N_v(k)}{N_{v0}}\right] \left(\frac{I_{ac}}{I_v}\right)^2 I'_1\left(\frac{I_{ac}}{I_v}\right) \tag{5.41}$$

而仅有直流电流情况下($I_{ac}=0$)，式(5.40)简化为

$$P_{ff} = \frac{\rho_{ff} I_v^2}{4aw} \exp\left[\frac{N_v(k)}{N_{vo}}\right] \left(\frac{I_{dc}}{I_v}\right)^2 \cosh\left(\frac{I_{dc}}{I_v}\right) \tag{5.42}$$

定义参考磁通流动损耗 P_{ref}

$$P_{ref} = \frac{\rho_{ff} I_v^2}{4aw} \tag{5.43}$$

并定义归一化磁通流动损耗 $p_{ff} = P_{ff}/P_{ref}$，定义归一化交流电流 i_{ac} 和归一化直流电流 i_{dc}，$i_{ac} = I_{ac}/I_v$，$i_{dc} = I_{dc}/I_v$。图 5.12 给出了归一化直流电流分别为 0，0.4，0.8，1.2，1.6，2.0 情况下归一化磁通流动损耗 p_{ff} 随归一化交流电流 i_{ac} 的变化关系：随着直流归一化电流的增加，磁通流动损耗增加。当 $i_{ac} < 0.2$ 和 $i_{dc} > 0.4$ 时，磁通流动损耗与交流电流变化无关；当 $i_{ac} > 0.2$ 时，损耗随交流电流增加而增加。图 5.13 给出了归一化交流电流分别为 0，0.4，0.8，1.2，1.6，2.0 情况下归一化磁通流动损耗 p_{ff} 随归一化直流电流 i_{dc} 的变化关系。由图 5.13 可知，直流变化情况下的磁通流动损耗与交流电流变化的趋势相似。

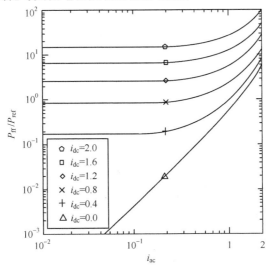

图 5.12　不同归一化直流电流情况下归一化磁通流动损耗与归一化交流电流的变化

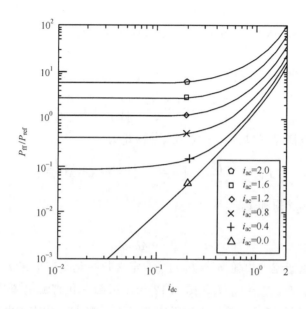

图 5.13 不同归一化交流电流情况下归一化磁通流动损耗与归一化直流电流的变化

如果温度发生变化，且温度低于临界温度 T_c，以上计算依然有效，只需要将参数 I_v 按式(5.44)进行修正：

$$I_v(T) = I_{v0}\left(1 - \frac{T}{T_0}\right) \tag{5.44}$$

式中，I_{v0} 和 T_0 均为与超导材料有关的常数。

5.1.9 处于任何方向交变磁场和交变电流的超导薄板的总交流损耗

如图 5.14 所示，宽度和厚度分别为 $2w$ 和 $2a$ 的超导薄板处于任意大小和方向的交直流磁场中，其中 $w \gg a$，计算总交流损耗时，可以将磁场矢量分解为平行于和垂直于超导薄板宽面方向的磁场分量 $B_\parallel$ 和 $B_\perp$，

$$B_{ac\parallel} = B_m\cos\theta_{ac} \qquad B_{ac\perp} = B_m\sin\theta_{ac}$$
$$B_{dc\parallel} = B_{dc}\cos\theta_{dc} \qquad B_{dc\perp} = B_{dc}\sin\theta_{dc} \tag{5.45}$$

式中，B_m、θ_{ac} 分别为交变磁场和交变磁场与超导薄板宽面的夹角；B_{dc} 和 θ_{dc} 分别为直流磁场和直流磁场与超导薄板宽面间的夹角。

利用上面几节介绍的交流损耗计算方法计算总的单位长度的总损耗 P_{tot} (W/m)：

$$P_{tot} = P_\parallel + P_\perp + P_{ff} \tag{5.46}$$

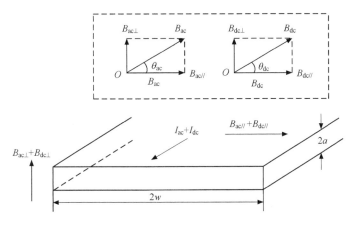

图 5.14　处于任意交直流磁场中的超导薄板

5.2　圆形截面超导体的交流损耗

与 5.1 节相似,在处理圆形截面超导体的交流损耗时,为了简便及获得解析解,仍采用 Bean 临界态模型。虽然圆形截面超导体几何结构简单,其临界电流没有各向异性特性,在临界电流计算方面相当简单,但是在计算交流损耗方面,其损耗解析表达式的求解要比 5.1 节薄板状超导体困难得多,甚至无法得到解析解,需要数值求解。

5.2.1　纵向交变磁场下的圆形截面超导体的交流损耗

有圆形截面的超导柱体半径为 a,处于平行于柱体轴线的交变磁场 $B_{ac}(t)$ 中,超导柱体中没有传输电流,且交变磁场幅值较小(小于完全穿透场),如图 5.15 所示,电流密度 J 是交变磁场在超导体内感应的屏蔽电流。采用柱坐标系,磁场方向沿 z 轴方向,感应电流沿圆周(角向)方向。

根据 Bean 临界态电流模型可知,在超导柱体内磁通穿透区域,超导体内电流密度 J 为临界电流密度 J_c,而在磁通未穿透区域,其临界电流密度为 0。定义穿透场 $B_p = \mu_0 J_c a$,若交变磁为正弦变化,$B(t) = B_m \sin\omega t$,其中 a 为超导圆柱半径,B_m 和 ω 分别为交变磁场磁感应强度和角频率,则可分三种情况进行讨论:①当交变磁场磁感应强度小于穿透场磁感应强度,$B_m < B_p$,磁场没有完全穿透圆柱时,超导体内磁场和电流密度分布见图 5.15(a);②当交变磁场磁感应强度大于穿透场磁感应强度,$B_m > B_p$,磁场完全穿透圆柱时,超导体内磁场和电流密度分布见图 5.15(b);③当交变磁场磁感应强度小于穿透场磁感应强度,$B_m < B_p$,且由最小再次增加时,超导体内磁场和电流密度分布见图 5.15(c)。

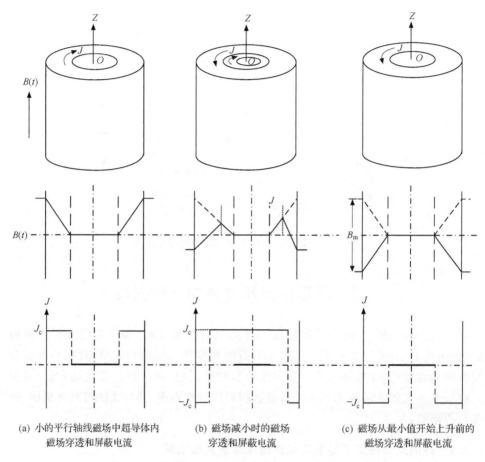

(a) 小的平行轴线磁场中超导体内　　　(b) 磁场减小时的磁场　　　(c) 磁场从最小值开始上升前的
　　磁场穿透和屏蔽电流　　　　　　　　穿透和屏蔽电流　　　　　　　　磁场穿透和屏蔽电流

图 5.15　平行场中超导体几何结构和屏蔽电流示意图

在正弦交变磁场中,磁场平行于超导圆柱体的轴线,单位长度交流损耗(W/m)为

$$
\begin{cases}
P_{\mathrm{lm}} = fCA\ \dfrac{2B_{\mathrm{m}}^2}{\mu_0}\left(\dfrac{2b_{\mathrm{ac}}}{3} - \dfrac{b_{\mathrm{ac}}^2}{3}\right) & b_{\mathrm{ac}} \leqslant 1 \\[3mm]
P_{\mathrm{lm}} = fCA\ \dfrac{2B_{\mathrm{m}}^2}{\mu_0}\left(\dfrac{2}{3b_{\mathrm{ac}}} - \dfrac{1}{3b_{\mathrm{ac}}^2}\right) & b_{\mathrm{ac}} \geqslant 1
\end{cases}
\tag{5.47}
$$

式中,CA 是与超导柱体几何结构有关的有效横截面积;A 为超导圆柱体的总横截面积(πa^2);B_{p} 为全穿透场,$B_{\mathrm{p}} = \mu_0 J_c a$;$b_{\mathrm{ac}}$ 为归一化磁场,$b_{\mathrm{ac}} = B_{\mathrm{m}}/B_{\mathrm{p}}$。

5.2.2　横向交变磁场下的圆形截面超导体的交流损耗

超导圆柱体处于垂直(横向)磁场中,且超导圆柱体内没有传输电流,超导圆柱体直径为 $2a$。图 5.16 为交变磁场磁感应强度小于穿透场磁感应强度时,超导圆柱体内磁场和感应的屏蔽电流密度示意图。当磁场变化较小时,在超导体表面感应出屏蔽电流,将其内部屏蔽而不受磁场变化的影响,即超导体表面电流在柱体内形成均匀磁场,大小正好与外磁场相等但方向相反,这些电流以余弦或椭圆重叠方式分布。图 5.16 (a)给出了磁场变化最大时,超导体内磁场和感应的屏蔽电流分布;图 5.16(b)给出了磁场由最大幅值减小时,柱体内磁场和屏蔽电流密度的分布情况,超导体内分为电流方向相反的两层区域;而图 5.16(c)给出了磁场继续减小,达到最小值时超导体内磁场和屏蔽电流密度分布。在正弦交变磁场 $B_{ac}(t)=B_m\sin\omega t$ 下,圆柱体内磁场为

$$B = \frac{4\mu_0 J_c}{2\pi}\int_0^{\pi/2}\cos\theta d\theta\int_{r_e}^a dr \tag{5.48}$$

式中,r_e 是内侧椭圆边界的半径,

$$r_e = \frac{ea}{(\cos^2\theta + e^2\sin^2\theta)^{1/2}} \tag{5.49}$$

其中,e 是椭圆短轴对长轴的比率,所以

$$B = \frac{2\mu_0 J_c a}{\pi}\Big[1 - \frac{e\sin^{-1}(1-e^2)^{1/2}}{(1-e^2)^{1/2}}\Big] \tag{5.50}$$

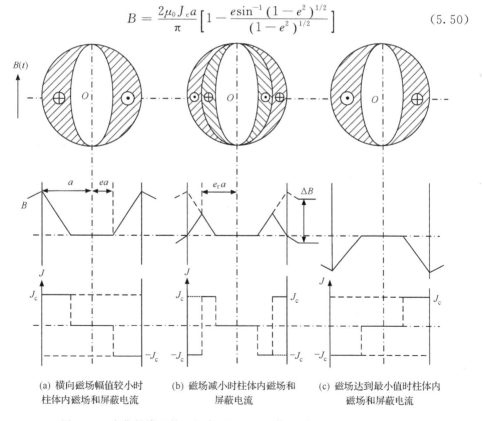

(a) 横向磁场幅值较小时柱体内磁场和屏蔽电流　(b) 磁场减小时柱体内磁场和屏蔽电流　(c) 磁场达到最小值时柱体内磁场和屏蔽电流

图 5.16　变化的横向外磁场中圆柱形超导体内磁场和电流密度分布

那么单位体积的磁矩即磁化强度为

$$M = \frac{4}{3\pi}\mu_0 a (1 - e^2) \tag{5.51}$$

超导体单位长度的磁滞损耗（W/m）为

$$P_{\text{tfm}} = CAf\frac{2B_{\text{m}}^2}{\mu_0}\left\{ \frac{8}{3b_{\text{ac}}^2}\int_1^{e_{\text{m}}}\left[e_{\text{r}} - \frac{\sin^{-1}(1 - e_{\text{r}}^2)^{1/2}}{(1 - e_{\text{r}}^2)^{1/2}} \right]de_{\text{r}} - \frac{4}{3b_{\text{ac}}}(1 - e_{\text{m}}^2) \right\} \tag{5.52}$$

式中，CA 为超导体有效横截面积（$C\pi a^2$）；C 为一个等效常数，对于多芯复合超导体，C 是小于 1 的常数，且与超导体积及基体材料体积有关；对于单芯纯超导体，C 等于 1；e_{m} 为磁场穿透情况下超导体取最大的磁化强度 M_{m} 时，式（5.51）对应的 e 值；b_{ac} 为交变磁场幅值 B_{m} 与穿透场 B_{p} 的比值，即 $b_{\text{ac}} = B_{\text{m}}/B_{\text{p}}$，

$$B_{\text{p}} = \frac{2\mu_0 J_{\text{c}} a}{\pi} \tag{5.53}$$

当 $B_{\text{m}} < B_{\text{p}}$ 时，

$$b_{\text{ac}} = \frac{B_{\text{m}}}{B_{\text{p}}} = 1 - \frac{e_{\text{m}}\sin^{-1}(1 - e_{\text{m}}^2)^{1/2}}{(1 - e_{\text{m}}^2)^{1/2}} \tag{5.54}$$

由式（5.54）可以进行数值求解得到 e_{m}，再将 e_{m} 代入式（5.52）数值求解，即可得到磁场未穿透时的交流损耗。

当 $b_{\text{ac}} = 1$ 时，$e_{\text{m}} = 0$，直接代入式（5.52）得到损耗（W/m）为

$$P_{\text{tfm}} = CAf\frac{1.246B_{\text{m}}^2}{\mu_0} \tag{5.55}$$

当 $b_{\text{ac}} > 1$ 时，磁场完全穿透整个超导体，则交流损耗（W/m）为

$$P_{\text{tfm}} = CAf\frac{2B_{\text{m}}^2}{\mu_0}\left(\frac{4}{3b_{\text{ac}}} - \frac{0.71}{b_{\text{ac}}^2} \right) \tag{5.56}$$

5.2.3　横向交变磁场中有传输直流电流的圆形截面超导体的交流损耗

在 5.2.2 节中，我们讨论了圆形截面超导体在没有载流情况下的交流损耗情况。假定电源提供给超导体直流电流 I，交变磁场 $B_{\text{ac}}(t) = B_{\text{m}}\sin\omega t$，作用是仅仅改变磁化电流，如图 5.17 所示。这种情况下的交流损耗计算非常复杂，至今还没有解析表达式。

但是当交变磁场幅值 B_{m} 远大于穿透场 B_{p} 时，即 $b_{\text{ac}} \gg 1$ 时，超导柱体的交流损耗（W/m）为

$$P_{\text{tfc}} = CAf\frac{2B_{\text{m}}^2}{3\mu_0 b_{\text{ac}}}g\left(\frac{I}{I_{\text{c}}} \right) \qquad b_{\text{ac}} \gg 1 \tag{5.57}$$

这里归一化磁场 b_{ac} 的定义与 5.1 节相同，但是由于传输电流 I 的存在，穿透磁场 B_{p} 为

$$B_{\text{p}} = B_{\text{p}}(0)\left(1 - \frac{I}{I_{\text{c}}} \right) \tag{5.58}$$

式中,$B_p(0)$由式(5.53)确定,即没有传输直流电流 I 时的穿透场磁感应强度。

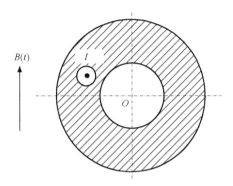

图 5.17　圆形截面超导体处于横向交变磁场中并传输直流电流

函数 $g(I/I_c)$ 具有如下形式:

$$g\left(\frac{I}{I_c}\right) = \left(1 - \frac{y^2}{a^2}\right)^{3/2} + \frac{3y^2}{2a^2}\left(1 - \frac{y^2}{a^2}\right)^{1/2} + \frac{3y}{2a}\sin^{-1}\frac{y}{a} \tag{5.59}$$

参数 y 与传输电流 I、临界电流 I_c 和超导柱体半径 a 有关,由下式确定:

$$\frac{I}{I_c} = \frac{2}{\pi}\left(\frac{y}{a}\sqrt{1 - \frac{y^2}{a^2}} + \sin^{-1}\frac{y}{a}\right) \tag{5.60}$$

方程(5.60)没有解析解,只能数值求解方程得到 y,然后再代入式(5.59)和式(5.57)得到磁场幅值 B_m 远大于穿透场 B_p 的交流损耗。

对于磁场部分穿透情况,$b_{ac} < 1$ 时,平均交流损耗(W/m)为

$$P_{tfc}(I, B_m) = P_{tfm}(0, B_m) \tag{5.61}$$

式中,$P_{tfm}(0, B_m)$由式(5.52)确定。

对于交变磁场完全穿透情况,$b_{ac} > 1$ 时,平均交流损耗(W/m)为

$$P_{tfm}(I, B_m) = P_{tfm}(0, B_m) + \left(1 - \frac{1}{b_{ac}}\right)F(I, B_m) \tag{5.62}$$

式中,函数 $F(I, B_m)$ 是未知函数,但是在 $I = I_c$ 时,式(5.62)等于式(5.57),其他情况需要通过实验或者数值求解等方法得到。

5.2.4　圆形截面超导体的自场交流损耗

在超导体载有交变电流时,其交流损耗是由传输电流产生的自场引起的。图 5.18 为圆形截面超导柱体载流和磁场分布图,自场是围绕轴线的同心圆。对于交变电流,这些同心圆将向着柱体或离开柱体的径向方向运动,由于磁通钉扎效应,在离开和进入超导柱体方向运动时消耗能量,产生交流损耗。一般情况下,电场最先加到超导体表面,所以电流或磁场分布发生变化均首先从超导体表面开始,然后再向内扩散;在磁场扩散区域,传导电流在超导体外层以临界电流流动,对于磁场未扩散区域,没有电流流动。

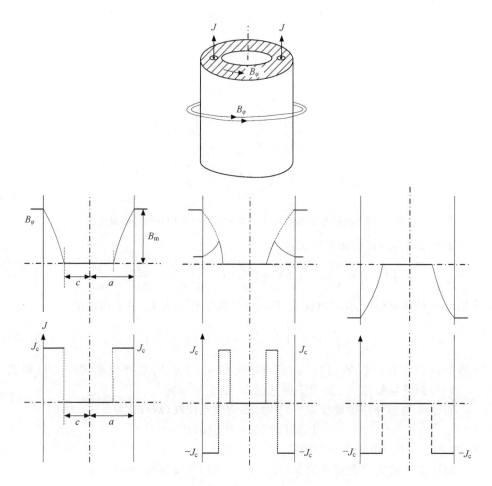

图 5.18　载流超导柱体中自场和电流分布

若传导电流为正弦交流电流，$I(t) = I_m \sin\omega t$，定义归一化电流 $i_{ac} = I_m / I_c$，圆形截面超导柱体单位长度的自场交流损耗（W/m）为

$$P_{sf} = \frac{f\mu_0 I_c^2}{\pi} \begin{cases} \left[(2 - i_{ac}) \dfrac{i_{ac}}{2} + (1 - i_{ac}) \ln(1 - i_{ac}) \right] & i_{ac} < 1 \\ 1/2 & i_{ac} \geqslant 1 \end{cases} \quad (5.63)$$

对于椭圆形截面超导柱体，其自场交流损耗与圆形截面超导柱体的交流损耗计算式(5.63)完全相同。如果交流传输电流不换向，从 $0 \to I_m \to 0 \to I_m \to 0 \cdots$ 循环变化，那么单位长度自场交流损耗（W/m）变为

$$P'_{sf} = \frac{f\mu_0 I_c^2}{\pi} \begin{cases} \left[i_{ac}\left(2 - \dfrac{i_{ac}}{2}\right) + 4\left(1 - \dfrac{i_{ac}}{2}\right) \ln\left(1 - \dfrac{i_{ac}}{2}\right) \right] & i_{ac} < 1 \\ \dfrac{3}{2} - 2\ln 2 & i_{ac} \geqslant 1 \end{cases} \quad (5.64)$$

显然式(5.64)的计算结果比式(5.63)的要小。

5.2.5　横向交变磁场中传输交流电流并处于同位相横向交流磁场中的圆形截面超导体的交流损耗

在实际应用中,超导体载有交流电流,同时处于同位相的交变磁场环境中。假定超导柱体载有交流电流 $I(t)=I_\mathrm{m}\sin\omega t$,并同时处于同位相的垂直(横向)交流磁场 $B(t)=B_\mathrm{m}\sin\omega t$ 中,其交流损耗问题除了极端情形外,计算非常困难。但是,在实际情况中又非常重要,比如在交流绕组或线圈中就恰恰是这种情况,超导体载有交流电流,同时又处于绕组本身产生的磁场中,如图 5.19 所示,穿透磁场 B_p 由式(5.53)给出。在圆形截面超导体表面产生沿圆周方向的磁场

$$B_\varphi(t) = \frac{\mu_0 I(t)}{2\pi a} = \frac{\mu_0 I_\mathrm{m}}{2\pi a}\sin\omega t = B_\mathrm{sf}\sin\omega t \tag{5.65}$$

式中,$B_\mathrm{sf}=\mu_0 I_\mathrm{m}/(2\pi a)$ 是交变传输电流在超导柱体表面产生的交变磁场幅值或叫自场幅值。

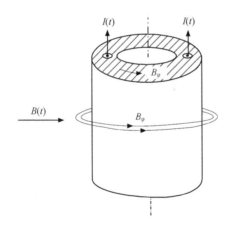

图 5.19　超导体载有交变电流并处于横向交变磁场中,超导体半径为 a

那么这种在同位相交变电流和交变磁场共同作用下的交流损耗(W/m)分为如下几种情形:

(1) 当 $B_\mathrm{m} \ll B_\mathrm{sf}$(低场)时

$$P_\mathrm{tcm} = P_\mathrm{sf}\left\{1+\frac{8}{3}\frac{i_\mathrm{ac}^3}{b_\mathrm{sfm}^2}\left[i_\mathrm{ac}(2-i_\mathrm{ac})+2(1-i_\mathrm{ac})\ln(1-i_\mathrm{ac})\right]^{-1}\right\} \tag{5.66}$$

式中,P_sf 为没有交变磁场情况下,仅载有交流电流时超导体的交流损耗,由式(5.63)确定;$i_\mathrm{ac}=I_\mathrm{m}/I_\mathrm{c}$ 为归一化电流;b_sfm 为交变电流产生的自场幅值与所处外加交流磁场幅值的比值,$b_\mathrm{sfm}=B_\mathrm{sf}/B_\mathrm{m}$。

(2) 当 $B_\mathrm{m}<B_\mathrm{sf}<B_\mathrm{p}$ 时

$$P_\mathrm{tcm} = P_\mathrm{sf}\left(1+\frac{3}{b_\mathrm{sfm}^2}\right) \tag{5.67}$$

式中，P_{sf} 为没有交变磁场情况下，仅载有交流电流时超导体的交流损耗，由式(5.63)确定。

（3）当 $B_{sf} < B_m < B_p$ 时

$$P_{tcm} = P_{tfm} (1 + 3b_{sfm}^2)　\qquad (5.68)$$

式中，P_{tfm} 由式(5.52)确定。

（4）当 $B_{sf} < B_p < B_m < 2B_p$ 时

$$P_{tcm} = P_{tfm} \left(1 - \frac{2}{3b_{ac}}\right)^{-1} g(i_{ac}, b_{ac}, b_{sfm})　\qquad (5.69)$$

式中，P_{tfm} 由式(5.52)确定；b_{ac} 为归一化磁场，即交变磁场磁感应强度与穿透场磁感应强度之比，$b_{ac} = B_m / B_p$；$g(i_{ac}, b_{ac}, b_{sfm})$ 为

$$g(i_{ac}, b_{ac}, b_{sfm}) = 1 + \frac{1}{3} i_{ac}^2 - \frac{2}{3b_{ac}} (1 - i_{ac})(1 + i_{ac} + i_{ac}^2)$$

$$+ 2b_{sfm}^2 \frac{(1 - i_{ac})^2}{1 - b_{sfm}} - \frac{4}{3} \frac{b_{sfm}^2}{b_{ac}} \frac{(1 - i_{ac})^3}{(1 - b_{sfm})^2}　\qquad (5.70)$$

（5）当 $2B_p < B_m$ 时

$$P_{tcm} = P_{tfm} \frac{2}{\pi i_{ac}} g(x)　\qquad (5.71)$$

式中，函数 $g(x)$ 为

$$g(x) = 3x - \frac{2}{3} x^3 - \frac{1}{5} x^5 - (1 - x^2)^{3/2} \sin^{-1} x　\qquad (5.72)$$

参数 x 由下式确定：

$$\frac{\pi}{2} i_{ac} = x\sqrt{1 - x^2} + \sin^{-1} x　\qquad (5.73)$$

式中，x 的取值范围为 $0 \leqslant x \leqslant 1$。

（6）当 $B_p \ll B_m$ 时（相对于 B_p 交变磁场很大）

$$P_{tcm} = P_{tfm} \left(1 + \frac{i_{ac}^2}{3}\right)　\qquad (5.74)$$

式中，P_{tfm} 由式(5.52)确定。

5.2.6　处于交变磁场和载有交直流的圆形截面超导体的磁通流动损耗

圆截面超导体传输电流接近临界电流时，除了磁滞损耗外，由于磁通流动也会产生与频率无关的磁通流动损耗。5.1.8 节介绍了薄板状超导体磁通流动损耗，给出了明确的解析表达式。但是，正像交流损耗分析那样，圆形截面超导体的磁通流动损耗计算更加困难，没有现成的解析解，精确计算需要数值求解。

值得庆幸的是，虽然无法获得圆形截面超导体的磁通流动损耗，但是薄板状超导体的磁通流动损耗有精确的解析解。有研究表明，薄板状超导体的损耗的计算，经过形状因子修正后可以获得圆形截面、矩形截面的损耗，这是一种很好的近似。

表 5.1 列出具有不同几何截面和不同磁场方向的超导体形状修正因子，介绍如

何对薄板状超导体的磁通流动损耗计算结果进行修正,从而获得圆形截面及矩形截面超导体的磁通流动损耗 P_{ff}。

表 5.1　不同磁场方向和几何形状的形状修正因子

超导体形状及磁场方向	纵横比(垂直于磁场方向的宽厚之比)	形状因子
板状超导体/平行场形($B_{//}$)	$w/d \ll 1$	1
矩形截面超导体	$w/d = 1$	~ 2
圆形截面超导体	$w/d = 1$	2
薄板状超导体/垂直场形($B_{\perp}$)	$w/d \gg 1$	w/d

可以利用 5.2 节介绍的交流损耗计算方法计算圆形截面超导体的单位长度的总损耗 $P_{tot}(\mathrm{W/m})$:

$$P_{tot} = P_{sf} + P_{tcm} + P_{tfc} + P_{ff} \tag{5.75}$$

5.3　横向交变磁场中圆形截面柱状混杂超导体的交流损耗

图 5.20 是处于横向垂直交变磁场中的两种超导体的截面图,图中,临界电流密度分别为 J_{c1} 和 J_{c2},外圆筒超导体内外半径分别为 R_i 和 R_o,外加磁场为交变磁场,$B(t) = B_m \sin\omega t$,没有传输电流。在未穿透情况下,与 5.2.2 节计算相同。当完全穿透时,穿透场 B_p 为

$$B_p = \frac{2\mu_0}{\pi} [J_{c1}(R_o - R_i) + J_{c2}R_i] \tag{5.76}$$

在 $B_m \gg B_p$ 的情况下,单位长度交流损耗($\mathrm{W/m}$)为

$$P_{tm} \approx \frac{4}{3} CAfB_m R_o \left\{ J_{c1} \left[1 - \left(\frac{R_i}{R_o}\right)^3 \right] + J_{c2} \left(\frac{R_i}{R_o}\right)^3 \right\} \tag{5.77}$$

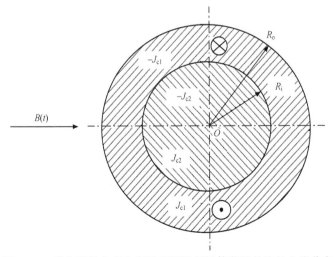

图 5.20　横向磁场中完全穿透时两种超导体截面的临界电流分布

如果 $J_{c2}=0$，那么式(5.78)为厚度为 R_o-R_i 的空心超导圆筒在横向磁场中的交流损耗，即

$$P_{tm} \approx \frac{4}{3} CAfB_m R_o J_{c1} \left[1 - \left(\frac{R_i}{R_o} \right)^3 \right] \tag{5.78}$$

另一种更简单地计算方法是，在横向交变磁场中，在交变磁场幅值远大于穿透场情况下，$B_m \gg B_p$，利用柱体交流损耗直接相减，直接得到空心超导圆筒交流损耗，如图 5.21 所示。空心超导圆筒的交流损耗等于半径为 R_o 和半径为 R_i 的两个圆柱超导体的交流损耗之差。横向磁场中柱形超导体交流损耗的计算方法，见5.2.2 节的式(5.56)。

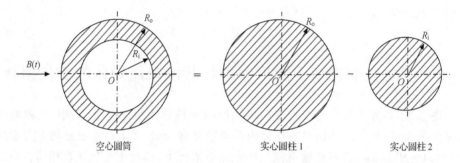

空心圆筒　　　　　　　　　　实心圆柱1　　　　　　　实心圆柱2

图 5.21　横向交变磁场中厚度为 R_o-R_i 的空心超导圆柱体的交流损耗计算示意图

5.4　纵向交变场下圆筒超导体的交流损耗

如图 5.22 所示，无线长超导圆筒内、外半径分别为 R_i 和 R_o，交变磁场 $B(t)=B_m \sin\omega t$，平行于圆筒轴线，采用柱坐标系。仍然采用 Bean 临界态模型，则单位长度的交流损耗（W/m）为

$$P_{ml} = CAf \begin{cases} \dfrac{4B_m^2 b_{ac}}{3\mu_0 (R_o+R_i)} \left[R_o - \dfrac{b_{ac}}{2} (R_o-R_i) \right] & B_m \leqslant B_p \\[4mm] \dfrac{4B_p B_m}{3\mu_0 (R_o-R_i)} \dfrac{R_o^2+R_i^2+R_o R_i}{R_o+R_i} - \dfrac{2B_p^2}{3\mu_0 (R_o-R_i)^2} \\[4mm] \cdot \dfrac{R_o^3+R_o^2 R_i+R_o R_i^2-3R_i^3}{R_o+R_i} & B_m > B_p \end{cases}$$

$$\tag{5.79}$$

式中，$B_p=\mu_0 J_c (R_o-R_i)$ 为穿透场的磁感应强度；$b_{ac}=B_m/B_p$ 为归一化磁场的磁感应强度；J_c 为超导圆筒的临界电流密度。

当 $R_i=0$ 时，式(5.79)还原为圆柱形超导体平行交变场下的交流损耗，即式(5.47)。

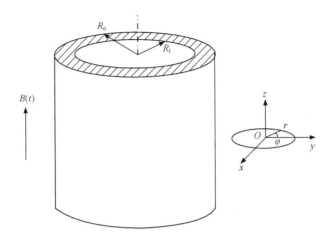

图 5.22　处于纵向交变磁场的超导圆筒

5.5　大旋转磁场中的交流损耗

在旋转磁场中,圆形截面超导体的交流损耗计算也是非常有趣的交流损耗计算问题。电机中,转子在直流磁场中以角频率 $\omega = 2\pi f$ 旋转,同时常常载有直流电流,如图 5.23 所示,横向恒定磁场中超导柱体以角速度 ω 沿逆时针方向旋转,超导柱体中传输直流电流 I。在超导柱体中,旋转磁场对应两个交变横向磁场,相位相差 90°,即

$$\boldsymbol{B}(t) = B_{\mathrm{m}}\,(\boldsymbol{i}\cos\omega t + \boldsymbol{j}\sin\omega t) \tag{5.80}$$

式中,$\boldsymbol{i}$ 和 $\boldsymbol{j}$ 分别为超导柱体截面上沿 x、y 直角坐标的单位矢量。

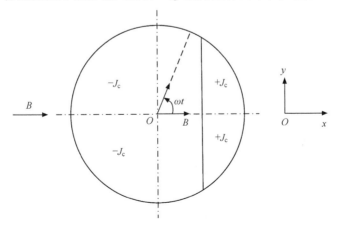

图 5.23　大的横向直流磁场中旋转圆形截面超导体的电流分布

假定横向直流磁场 $B=B_m$ 远大于穿透场 B_p，即 $b_{ac}=B_m/B_p \gg 1$，那么其交流损耗（W/m）为

$$P_{tfc} = CAf \frac{8}{3\pi} \frac{B_m^2}{2\mu_0} \frac{1}{b_{ac}} g\left(\frac{I}{I_c}\right) \tag{5.81}$$

式中，$g(I/I_c)$ 由 5.2.3 节式（5.59）确定；I_c 为圆形截面超导体的临界电流。

5.6　交变磁场和交变电流不同相位时的交流损耗

在 5.1～5.4 节分别介绍了超导体载有交流电流，同时处于同相位的交变磁场中的交流损耗问题。那么，交流电流和交变磁场有位相时的交流损耗如何计算呢？在室温下的常规电缆、超导电机中，会遇到这种情形，但是，这种交流损耗的计算过于复杂，对于平行于载流超导薄板不同相位磁场的场形，交流损耗的计算有一些近似解析表达式；对于垂直于载流超导薄板不同相位的磁场以及载流圆形截面超导柱体不同相位横向交变磁场的交流损耗计算，目前还没有解析表达式，需要利用超导体电流电压特性，直接进行数值求解。本节将主要介绍载流超导薄板处于平行于表面不同相位交变磁场中的交流损耗。

5.6.1　载流超导薄板在不同相位的平行交变磁场中的交流损耗

如图 5.24 所示，载有交流电流 $I(t)$ 的超导薄板处于不同相位的平行交变磁场 $B(t)$ 中，磁场之间的位相差为 δ，超导薄板的宽度和厚度分别为 $2w$ 和 $2a$，其中 $w \gg a$，穿透磁场 $B_p = \mu_0 J_c a$。在超导薄板上、下表面附近的磁场分别为

$$B_1(t) = B(t) + B_I(t) = B_m \sin\omega t + B_{Im} \sin(\omega t + \delta)$$

$$B_2(t) = B(t) - B_I(t) = B_m \sin\omega t - B_{Im} \sin(\omega t + \delta) \tag{5.82}$$

式中，$B_I(t)$ 为交变电流产生的磁场，即自场。

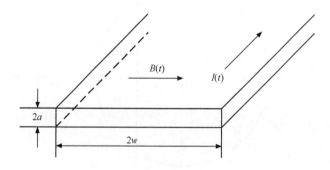

图 5.24　处于平行磁场中的超导薄板

（1）当交变磁场幅值大于穿透场时，即 $B_\mathrm{m} > B_\mathrm{p}$，单位长度的交流损耗为

$$P_\delta = CAf \frac{B_\mathrm{p}}{4\mu_0} \int_0^T \left\{ \left| \frac{\mathrm{d}B(t)}{\mathrm{d}t} \right| \left[1 + \frac{I^2(t)}{I_\mathrm{c}^2} \right] + 2 \frac{\mathrm{d}B_\mathrm{I}(t)}{\mathrm{d}t} \frac{I(t)}{I_\mathrm{c}} \right\} \mathrm{d}t \quad (5.83)$$

（2）当交变磁场幅值小于穿透场，即 $B_\mathrm{m} < B_\mathrm{p}$，且初始状态电流和磁场均为零时，单位长度的交流损耗（W/m）为

$$P_\delta = \frac{CAf}{48\pi^2 \mu_0^2 B_\mathrm{p}} \int_0^T \left\{ \left| \frac{\partial}{\partial t} [B(t) + B_\mathrm{I}(t)]^3 \right| + \left| \frac{\partial}{\partial t} [B(t) - B_\mathrm{I}(t)]^3 \right| \right\} \mathrm{d}t$$

$$(5.84)$$

（3）如果部分穿透，$B_\mathrm{m} < B_\mathrm{p}$，且在初始时刻 t_1 和 t_2，磁场分别从上、下表面开始进入超导体，那么交流损耗还与初始电流和磁场有关。假定初始从上、下表面进入超导体的磁场和自场分别为 $B(t_2)$、$I(t_2)$ 和 $B(t_1)$、$I(t_1)$，则交流损耗（W/m）为

$$P_\delta = \frac{CAf}{192\pi^2 \mu_0^2 B_\mathrm{p}} \int_0^T \left\{ \left| \frac{\partial}{\partial t} [B(t) + B_\mathrm{I}(t) - B(t_2) - B_\mathrm{I}(t_2)]^3 \right| \right\}$$

$$+ \left\{ \left| \frac{\partial}{\partial t} [B(t) - B_\mathrm{I}(t) - B(t_1) + B_\mathrm{I}(t_1)]^3 \right| \right\} \mathrm{d}t \quad (5.85)$$

一般地，这种交流损耗的计算过于复杂，没有解析解，需要数值积分才能得到。

5.6.2　载流超导薄板一侧具有不同相位的平行交变磁场中的交流损耗

在超导螺管线圈中，假定绕制是密绕的，超导线直径远远小于超导螺管半径，且超导螺管线圈无限长，那么在螺管线圈上的一层超导线上只有内侧受到自场的作用，外侧仅有平行的外磁场作用，如图 5.25 所示，超导薄板厚度和宽度分别为 $2a$ 和 $2w$。交流电流和磁场分别为余弦变化，相位差为 δ，

$$I(t) = I_\mathrm{m} \cos(\omega t + \delta)$$
$$B_\mathrm{I}(t) = B_\mathrm{m} \cos\omega t \quad (5.86)$$

超导螺管线圈中交变电流在超导薄板上表面产生的磁场即自场为

$$B_\mathrm{I}(t) = \frac{\mu_0 I(t)}{4w} = \frac{\mu_0 I_\mathrm{m}}{4w} \cos(\omega t + \delta) \quad (5.87)$$

定义自场幅值 $B_\mathrm{Im} = \mu_0 I_\mathrm{m}/(4w)$，在超导薄板上、下表面内部的磁场分别为

$$\begin{cases} B_1(t) = B_\mathrm{m} \cos\omega t + B_\mathrm{Im} \cos(\omega t + \delta) \\ B_2(t) = B_\mathrm{m} \cos\omega t \end{cases} \quad (5.88)$$

定义归一化场 $b_\mathrm{ac} = B_\mathrm{m}/B_\mathrm{p}$，归一化电流 $i_\mathrm{ac} = I_\mathrm{m}/I_\mathrm{c}$，则式（5.88）可变为

$$\begin{cases} B_1(t) = B_\mathrm{1m} \cos(\omega t + \alpha_1) \\ B_2(t) = B(t) = B_\mathrm{2m} \cos\omega t \end{cases} \quad (5.89)$$

其中

$$\begin{cases} B_\mathrm{1m} = \sqrt{B_\mathrm{m}^2 + B_\mathrm{Im}^2 + 2B_\mathrm{m} B_\mathrm{Im} \cos\delta} \\ \alpha_1 = \tan^{-1}\left(\dfrac{B_\mathrm{Im} \sin\delta}{B_\mathrm{m} + B_\mathrm{Im} \cos\delta} \right) \end{cases} \quad (5.90)$$

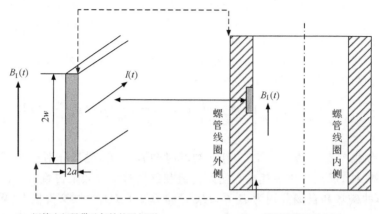

(a) 螺管中超导带几何结构及场形　　　　　　(b) 长螺管线圈示意图

图 5.25　螺管线圈中载流的超导薄板处于平行交变磁场中

（螺管外侧没有电流产生的自场，仅有内侧存在自场）

$$\begin{cases} B_{2m} = \sqrt{B_m^2 + B_{1m}^2 - 2B_m B_{1m}\cos\delta} \\ \alpha = \tan^{-1}\left(\dfrac{B_{1m}\sin\delta}{B_m - B_{1m}\cos\delta}\right) \end{cases} \tag{5.91}$$

其穿透场为

$$B_p^* = \frac{B_{1m}^2 - 2B_{1m}B_{2m}\cos\alpha + B_{2m}^2 - 4B_p^2}{-2B_{1m}\cos\alpha + 2B_{2m} - 4B_p} \tag{5.92}$$

$B_p = \mu_0 J_c a$ 是没有传输电流时，超导薄板平行交变磁场下的穿透磁场的磁感应强度。

（1）当 $B_m < B_p^*$ 时，不完全穿透，交流损耗（W/m）为

$$P_\delta = \frac{CAf}{3\mu_0 B_p}(B_{1m}^3 + B_{2m}^3) \tag{5.93}$$

由式（5.93）可知，交流损耗与交流电流和交流磁场之间的相位无关，两者互不干扰，相当于载流电流与交变磁场同相位时的交流损耗。

（2）当 $B_m > B_p^*$，超导薄板完全穿透，且 $\alpha < 0$ 时，交流损耗（W/m）为

$$\begin{aligned} P_\delta = \frac{CAf}{24\mu_0 B_p}\{ &B_{1m}^3[5 + 3\cos(2\alpha + 2\omega t_0)] + B_{2m}^3[5 + 3\cos(2\omega t_0)] - B_{1m}^2 B_{2m}[3 \\ &+ 3\cos(2\alpha + \omega t_0) + \cos 2\alpha + \cos(2\alpha + 3\omega t_0)] - B_{1m}B_{2m}^2[4\cos\alpha \\ &+ 3\cos(\alpha - \omega t_0) + \cos(\alpha + 3\omega t_0)] + 12B_p B_{1m}^2\sin^2(\alpha + \omega t_0) \\ &+ 12B_p B_{2m}^2\sin^2\omega t_0\} \end{aligned} \tag{5.94}$$

当 $B_m > B_p^*$，完全穿透，且 $\alpha > 0$ 时，交流损耗（W/m）为

$$\begin{aligned} P_\delta = \frac{CAf}{24\mu_0 B_p}\{ &B_{1m}^3[5 + 3\cos(2\alpha + 2\omega t_0)] + B_{2m}^3[5 + 3\cos(2\omega t_0)] \\ &- B_{1m}^2 B_{2m}[4 + 3\cos(2\alpha + \omega t_0) + \cos(2\alpha + 3\omega t_0)] \end{aligned}$$

$$- B_{1m} B_{2m}^2 [3 + 3\cos(\alpha - \omega t_0) + \cos 2\alpha + \cos(\alpha + 3\omega t_0)]$$
$$+ 12 B_p B_{1m}^2 \sin^2(\alpha + \omega t_0) + 12 B_p B_{2m}^2 \sin^2 \omega t_0 \} \tag{5.95}$$

其中,

$$\omega t_0 = \begin{cases} \cos^{-1}\left(\dfrac{B_{1m} - 2B_p}{B_{2m}}\right) & \alpha \leqslant \alpha_0 \\[3mm] \cos^{-1}\left(\dfrac{B_{2m} - 2B_p}{B_{1m}}\right) & \alpha > \alpha_0 \end{cases} \tag{5.96}$$

$$\alpha_0 = \cos^{-1}\left(\frac{B_{2m} - 2B_p}{B_{1m}}\right) - \cos^{-1}\left(\frac{B_{1m} - 2B_p}{B_{2m}}\right) \tag{5.97}$$

5.6.3　载流超导薄板两侧对称处于不同相位的平行交变磁场中的交流损耗

参照 5.6.1 节叙述,超导薄板所载电流和所处磁场均为交流形式,两侧面磁场与式(5.82)不同,如图 5.24 所示,超导薄板上、下表面附近的磁场分别为

$$\begin{cases} B_1(t) = B_m \cos\omega t + B_{Im}\cos(\omega t + \delta) \\ B_2(t) = B_m \cos\omega t - B_{Im}\cos(\omega t + \delta) \end{cases} \tag{5.98}$$

在超导薄板表面产生最大电场的时刻是

$$t_{\max,\pm} = \frac{2\pi}{\omega}\tan^{-1}\left(\left|\frac{\pm 1 + h\cos\alpha}{h\sin\alpha}\right|\right) \tag{5.99}$$

式中,h 为交变磁场与交变电流产生的磁场幅值之比,即 $h = B_m / B_{Im}$。式(5.99)对应的相角为

$$\theta_{\max,\pm} = \omega t_{\max,\pm} \tag{5.100}$$

在未完全穿透情况下,即 $b_{ac} = B_m / B_p < 1$ 的情况下,交流损耗(W/m)为

$$P_\delta \propto [\sin\theta_{\max,+} + h\sin(\theta_{\max,+} + \delta)]^3 + [-\sin\theta_{\max,-} + h\sin(\theta_{\max,-} + \delta)]^3 \tag{5.101}$$

图 5.26 给出了不同归一化交变场、不同相位差情况下的归一化交流损耗的变化。由图 5.26 可知,在交变场幅值小于和远大于穿透场,即 $B_m < B_p$ 和 $B_m \gg B_p$ 时,交流损耗与相位无关;而当交变场振幅小于或与穿透场相差不大的范围内,即 B_m 与 B_p 接近,两者之间的相位差对交流损耗的影响明显,尤其是在相位差 90° 附近,损耗最小。

图 5.27 给出了归一交流损耗随相位差的变化,图中点是高温超导带材在交变场振幅 $B_m = 6.3\text{mT}$ 时,实验测量的交流损耗。由图 5.27 可以看到,理论计算结果与实验结果基本一致。由图 5.27 也可以近似得到在交变磁场和交变电流幅值不变的情况下,归一化交流损耗随相位差的关系:

$$P_\delta = a + b\cos 2\delta \tag{5.102}$$

式中,a 和 b 都是常数,由交变场和交变电流幅值确定。

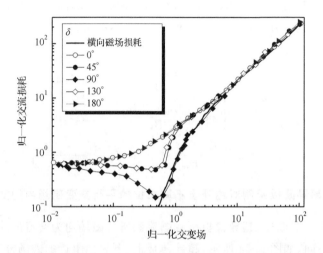

图 5.26　不同相位、不同交变场幅值情况下的归一化交流损耗

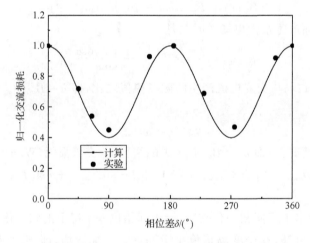

图 5.27　归一化交流损耗随相位差的变化

对于交变磁场垂直于载流超导薄板表面,且具有相位差的交流损耗计算,没有现成的解析表达式,需要根据超导薄板的电磁特性进行数值求解。例如,超导薄板磁场和载流电流见式(5.82),根据超导薄板电流电压特性指数定律

$$E = E_c \left(\frac{J}{J_c} \right)^n \tag{5.103}$$

依据麦克斯韦方程

$$\frac{\partial A}{\partial t} = E - \nabla V \tag{5.104}$$

计算超导薄板内的电场及电流密度分布,将结果代入式(5.105)进行积分即可得到任何磁场方向、任意相位差的交流损耗

$$P_\delta = \int E \cdot J \mathrm{d}S \tag{5.105}$$

积分计算沿超导薄板整个截面进行。

5.7　其他波形磁场时超导薄板的交流损耗

在前几节中,只讨论了工频正弦波形的交变磁场和交变电流的交流损耗问题,对于其他形式的波形没有涉及。本节将讨论除正弦波形外,其他常用的交流波形的交流损耗。但是,我们只介绍薄板超导体,磁场平行于其表面的最简单情形,且仅仅讨论交变磁场引起的交流损耗。其他常用的磁场波形有指数衰减波形、三角波形和等腰梯形波形,图 5.28(a)、(b)、(c)分别是这三种磁场波形的示意图。

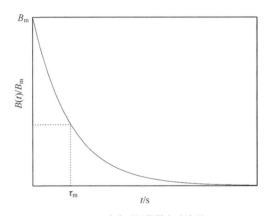

(a) 交变磁场指数衰减波形

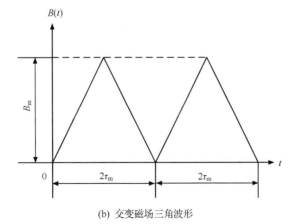

(b) 交变磁场三角波形

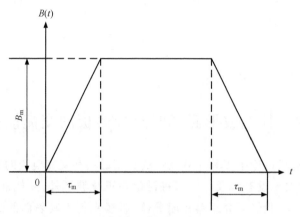

(c) 交变磁场等腰梯形波形

图 5.28　交变磁场的波形图

指数衰减波形磁场表达式为

$$B(t) = B_m \exp\left(-\frac{t}{\tau_m}\right) \tag{5.106}$$

式中，τ_m 为时间衰减常数；B_m 为交变场幅值。

（1）磁场不完全穿透，即 $B_m \leqslant B_p$ 时，归一化交变场 $b_{ac} = B_m/B_p \leqslant 1$，单位长度指数衰减磁场交流损耗（W/m）为

$$P_{/\!/} = CA \frac{B_m^2}{2\mu_0} \frac{b_{ac}}{5\tau_m} \tag{5.107}$$

三角波形和等腰梯形波形磁场单位长度的交流损耗（W/m）为

$$P_{/\!/} = CA \frac{B_m^2}{12\mu_0} \frac{b_{ac}}{2\tau_m} \tag{5.108}$$

（2）磁场完全穿透，即 $B_m > B_p$ 时，归一化交变场 $b_{ac} = B_m/B_p > 1$，单位长度指数衰减磁场交流损耗（W/m）为

$$P_{/\!/} = CA \frac{B_m^2}{2\mu_0} \frac{1}{5\tau_m b_{ac}} \tag{5.109}$$

三角波形和等腰梯形波形磁场单位长度的交流损耗（W/m）为

$$P_{/\!/} = CA \frac{B_m^2}{\mu_0} \frac{1}{2\tau_m b_{ac}} \tag{5.110}$$

由此可见，三角波形和等腰梯形交变磁场的交流损耗相同。

5.8　其他临界态模型的交流损耗

在本章各节中,均考虑了超导体 Bean 临界态模型来计算交流损耗,即在超导体内电流密度要么是与磁场无关的常数 J_c,要么是零,而实际上超导体的临界电流密度与磁场是有关系的。常用的模型有 Kim 模型和 Kim-Like 模型。下面以正弦波形交变磁场 $B(t) = B_m \sin\omega t$ 为例,考虑临界电流密度与磁场有关系的超导薄板及圆形截面超导柱体的交流损耗。

5.8.1　Kim 模型

在 Kim 模型中,临界电流密度 J_c 与磁场的关系为

$$J_c(B) = \frac{\beta}{B^p} \tag{5.111}$$

式中,p 和 β 为常数。

（1）对于厚度为 $2a$ 的薄板超导体,见图 5.1,磁场平行于其宽表面,单位长度的交流损耗（W/m）为

$$P_{/\!/m} = CAf\,\frac{4(p+1)}{p+2}\,\frac{B_s^2}{\mu_0}\left(\frac{B_m}{B_s}\right)^{p+3}F_1 \tag{5.112}$$

B_s 由下式确定:

$$\left(\frac{B_s}{\mu_0}\right)^{p+1} = (p+1)\beta a \tag{5.113}$$

式中,

$$F_1 = \left(\frac{1}{2}\right)^s \int_0^1 \left[(1+x^q)^s - (1-x^q)^s\right]\mathrm{d}x - \frac{1}{p+3} \tag{5.114}$$

$$q = p+1 \qquad s = \frac{p+2}{p+1} \tag{5.115}$$

如果 $0 \leqslant p \leqslant 1.5$,则

$$F_1 \approx \frac{p+2}{6} \tag{5.116}$$

那么式（5.112）变为

$$P_{/\!/m} = CAf(p+1)\frac{2B_s^2}{3\mu_0}\left(\frac{B_m}{B_s}\right)^{p+3} \tag{5.117}$$

（2）对于半径为 a 的超导圆柱体,见图 5.15,磁场平行于柱体轴线,单位长度的交流损耗（W/m）为

$$P_{/\!/m} = CAf\,\frac{8\pi a^2(p+1)B_s^2}{\mu_0(p+2)}\left[\left(\frac{B_m}{B_s}\right)^{p+3}F_1 - \left(\frac{B_m}{B_s}\right)^{2p+4}F_2\right] \tag{5.118}$$

这里

$$\left(\frac{B_{s}}{\mu_{0}}\right)^{p+1} = (p+1)\beta a \qquad (5.119)$$

F_1 由式(5.114)给出，F_2 由式(5.120)给出：

$$F_{2} = \left(\frac{1}{2}\right)^{s}\int_{0}^{1}[(1+x^{q})^{s}(1-x^{q})+(1+x^{q})(1-x^{q})^{s}]dx \qquad (5.120)$$

如果 $0 \leqslant p \leqslant 1.5$，则 $F_2/F_1 \approx 0.5$，$F_1/(p+2) \approx 1/6$，那么式(5.118)变成

$$P_{/\!/m} = CAf\frac{4\pi a^{2}(p+1)B_{s}^{2}}{3\mu_{0}}\left[\left(\frac{B_{m}}{B_{s}}\right)^{p+3} - \frac{1}{2}\left(\frac{B_{m}}{B_{s}}\right)^{2p+4}\right] \qquad (5.121)$$

（3）如果交变磁场垂直于半径为 a 的圆柱超导体，则单位长度交流损耗（W/m）为

$$P_{\perp m} = \frac{f8\pi a^{2}B_{s}^{2}}{3\mu_{0}}(p+1)\left[\left(\frac{B_{m}}{B_{s}}\right)^{p+3} - \frac{1}{2}\left(\frac{B_{m}}{B_{s}}\right)^{2p+4}\right] \qquad (5.122)$$

这里

$$\left(\frac{B_{s}}{\mu_{0}}\right)^{p+1} = 2(p+1)\frac{\beta a}{\pi} \qquad (5.123)$$

5.8.2　电压电流幂指数定律模型——非线性导体模型

1）交变磁场中的损耗

考虑超导薄板，正弦交变磁场平行于超导薄板宽表面，见图 5.29，直接应用超导体电流电压特性，将超导体和正常导体看做电压电流幂指数定律模型的两个极端特例。

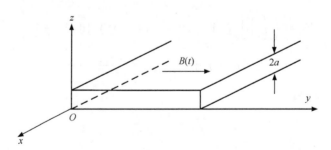

图 5.29　平行于带材表面的交变磁场

在磁场较低时，超导薄板内的磁场和电流分别为

$$B(r,t) = (0,B(z),0) \qquad (5.124)$$

$$j(r,t) = (j(z),0,0) \qquad (5.125)$$

Jakob Rhyner 基于麦克斯韦方程和超导体的 $E = E_0 \left(\dfrac{j}{j_0(B)} \right)^{n-1} \dfrac{j}{j_0(B)}$ 方程，研究了超导薄板交流损耗。其中，定义广义穿透深度

$$z^* = \frac{B_m}{\mu_0 J_c} \left(\frac{\mu_0 J_c E_c}{B_m^2 \omega} \right)^{\frac{1}{n+1}} \tag{5.126}$$

当 $n \to \infty$ 时，$z^* \to B_m/(\mu_0 J_c)$，恰恰是 Bean 临界态模型的超导薄板磁场穿透深度 x_p，见 5.1 节；当 $n=1$ 时，

$$z^* = \left(\frac{E_c}{\mu_0 J_c \omega} \right)^{1/2} = \left(\frac{\rho}{\mu_0 \omega} \right)^{1/2} = \sqrt{2}\,\delta \tag{5.127}$$

式中，δ 为趋肤深度。式(5.126)可以重新写为

$$z^* = \frac{B_m}{\mu_0 J_c} \left[\frac{E_c \omega B_m}{B_m/(\mu_0 J_c)} \right]^{\frac{1}{n+1}} = d_p f(n) \tag{5.128}$$

其中，$f(n) = \left[\dfrac{E_c \omega B_m}{B_m/(\mu_0 J_c)} \right]^{\frac{1}{n+1}}$。

式(5.128)中的第一项是 Bean 临界态模型的穿透深度，第二项是 n 值修正项。经过一系列近似和推导，得到超导薄板单位长度的交流损耗(W/m)为

$$P_{\parallel} = CAf \frac{B_0^3}{2\mu_0^2 j_c} \left(\frac{E_0 j_c \mu_0}{\omega B_0^2} \right)^{\frac{1}{1+n}} (1.33 + 3.11 n^{-0.55}) \tag{5.129}$$

实验结果表明，式(5.129)与实验符合得很好。以上的理论推导中所有参数都与外磁场无关，且必须满足交变磁场必须小于超导薄板的穿透磁场 B_p 的条件，其中

$$B_p = \mu_0 J_c a \tag{5.130}$$

a 是超导板的半厚度。当 $n=1$ 时，式(5.129)变为 $P_{\parallel} = CAB_m^2 \omega^{1/2}$，正常趋肤效应；当 $n=\infty$ 时，式(5.129)变为 $P_{\parallel} = CAB_m^3 \omega$，此时的损耗是超导薄板未完全穿透情况下 Bean 临界态模型的交流损耗。

2) 自场损耗

考虑超导体在传输正弦交变电流自场中的交流损耗，$I(t) = I_m \sin \omega t$，利用电压电流幂指数定律模型，则单位长度交流损耗(W/m)为

$$P_{sf} = f \int_0^{\frac{2\pi}{\omega}} EI(t)\,dt$$

$$= fE_c I_m i_{ac}^n \int_0^{\frac{2\pi}{\omega}} \sin^{n+1} \omega t\,dt = fE_c I_m i_{ac}^n g(n) \tag{5.131}$$

式中，$i_{ac} = I_m/I_c$ 为归一化传输电流，

$$g(n) = \int_0^{\frac{2\pi}{\omega}} \sin^{n+1} \omega t\,dt \tag{5.132}$$

如果 n 是奇数，那么自场交流损耗(W/m)为

$$P_{sf} = E_c I_m i_{ac}^n \frac{n}{n+1} \cdot \frac{n-2}{n-1} \cdot \frac{n-4}{n-3} \cdot \cdots \cdot \frac{5}{6} \cdot \frac{4}{4} \cdot \frac{1}{2} \tag{5.133}$$

如果 I_m 不变，n 增加，损耗 P_{sf} 将减小，这就可以解释高 n 值超导体损耗减小而低 n 值超导体损耗趋于增加的原因。若 $n=1$，式（5.133）所示是直流电流为 I_m 的损耗功率。如果 $n=19$，级数项 0.176，对于 $n>19$，变化不大。因此，对于 n 值较低的高温超导体，除了考虑临界电流外，还必须考虑 n 值的影响。

5.8.3　Kim-Anderson 临界态模型的交流损耗

考虑宽度和厚度分别为 $2w$ 和 $2a$ 的超导薄板，正弦交变磁场平行于其宽表面，超导体临界电流遵从 Kim-Anderson 模型：

$$J_c(B) = J_{c0} \frac{B_0}{|B| + B_0} \tag{5.134}$$

式中，J_{c0} 为自场下超导体的临界电流密度；B_0 为拟合常数。在考虑到超导体电流电压幂指数特性，磁场幅值较大时，单位长度的交流损耗（W/m）为

$$P_{/\!/m} = P_{/\!/0} \frac{\ln(1+b)}{b} \tag{5.135}$$

式中，$b = B_m/B_0$；$P_{/\!/0}$ 为用 Bean 临界态模型计算的超导薄板的交流损耗，见式（5.3）。

5.8.4　同时考虑 Kim-Anderson 临界态模型和电压电流幂指数模型的交流损耗

超导薄板的宽度和厚度分别为 $2w$ 和 $2a$，交变磁场平行于其宽表面，超导体临界电流密度遵从 Kim-Anderson 模型，电流电压特性遵从式（5.103），在磁场幅值较大时，单位长度的交流损耗（W/m）为

$$P_{/\!/m} = P_{/\!/0} \left(\frac{w \omega B_m}{E_c} \right)^{\frac{1}{n}} K(b,n) \tag{5.136}$$

式中，$P_{/\!/0}$ 与式（5.3）中的意义相同；

$$K(b,n) = \frac{2n}{(1+2n)b} \left[\frac{\sqrt{\pi}\Gamma\left(1+\frac{1}{2n}\right)}{b\,\Gamma\left(\frac{1+n}{2n}\right)} - n - \frac{\pi^{3/2}\csc\frac{\pi}{2n}}{b\,\Gamma\left(1-\frac{1}{2n}\right)\Gamma\left(\frac{1-n}{2n}\right)} \right.$$

$$\left. + \frac{(b^2-1)F_1\left(1,1,2-\frac{1}{2n},1-b^2\right)}{(2n-1)} - \frac{(b^2-1)\pi^{3/2}\csc\frac{\pi}{2n}F_1\left(\frac{1}{2},1,2-\frac{1}{2n},1-b^2\right)}{2b\,\Gamma\left(\frac{1-n}{n}\right)\Gamma\left(2-\frac{1}{2n}\right)} \right]$$

$$\tag{5.137}$$

式中，$F_1(a, b, c, z)$ 为超几何函数。

现在考虑两个极端情况：

(1) $n\rightarrow\infty$，得到基于 Kim-Anderson 模型的交流损耗，见式(5.135)。

(2) $B_0\rightarrow\infty$，临界电流密度与磁场无关，得到临界电流的 Bean 模型，但 n 是有限值，则有交流损耗

$$P_{/\!/m} = P_{/\!/0}\left(\frac{w\omega B_m}{E_c}\right)^{\frac{1}{n}}K_1(n) \tag{5.138}$$

式中，

$$K_1(n) = \frac{\sqrt{\pi}\,\Gamma\left(\dfrac{1}{2n}\right)}{2(1+2n)\,\Gamma\left(\dfrac{3n+1}{2n}\right)} \tag{5.139}$$

$\Gamma(x)$ 是伽马函数。

如果同时考虑 $n\rightarrow\infty$，$B_0\rightarrow\infty$，那么

$$\begin{cases} K(b,n)\mid_{n\rightarrow\infty} = \dfrac{\ln(1+b)}{b} & \text{Kim-Anderson 模型} \\[2mm] K_1(n)\mid_{n\rightarrow\infty} = 1 & \text{Bean 模型} \end{cases} \tag{5.140}$$

由于高温超导体从超导态向正常态转变的电压-电流(E-J)特性比低温超导体缓慢，即 E-J 关系中的 n 值较小，严格来讲采用 Bean 模型对高温超导体交流损耗的精确分析会产生误差，通常采用数值计算方法进行数值模拟和定量研究，主要方法包括 Brandt 分析模型、有限元方法、边界元方法和非线性扩散方法等。最简单的方法是 Brandt 于 1996 年提出的考虑超导体的 E-J 关系的电流和磁场在高温超导体内分布的穿透分析方法。通过在二维平面上的网格离散得到离散化方程，即 Brandt 方程，设初始条件为零，导体区域可在网格点上迭代求解，无需任何边界条件，数值处理比较简单，因此，该方法是目前处理高温超导体交流损耗较为普遍的方法。

5.9　其他形式的交流损耗

在第 6 章我们将介绍实用超导材料的加工工艺和复合超导体的结构，既有正常金属又包含有超导细丝。因此，在交变磁场中，在复合超导体中会感应出交流电流，从而产生涡流损耗和耦合损耗。首先介绍交变磁场是正弦波形的涡流损耗和耦合损耗。

5.9.1　涡流损耗

第 4 章介绍了为了增加超导体的稳定性通常将超导体细丝化，并覆以有高热

导率、低电阻率的金属材料。实用超导材料的超导芯嵌于正常金属包套内,当其处于交变磁场中时,在金属包套内会产生涡流,从而产生涡流损耗。如果 ρ 为金属包套材料的电阻率,则涡流趋肤深度为

$$\delta = \sqrt{\frac{2\rho}{\mu_0 \omega}} \qquad (5.141)$$

式中,ω 为正弦交变磁场的圆频率。如果超导体尺寸大于趋肤深度,那么超导体内部区域被屏蔽,内部磁场幅值小于超导体外部磁场值,涡流损耗小于计算值。

如图 5.30 所示,无限长正常金属板超导体处于交变磁场 $B(t)$ 中,其宽度和厚度分别为 $2w$ 和 $2a$,电阻率为 ρ,坐标选择直角坐标系,长度沿 x 轴方向,宽度沿 y 轴方向,厚度沿 z 轴方向,交变磁场 $B(t)$ 垂直于金属板宽面,即 z 轴方向。在金属板 x 方向感应出电场和电流(涡流),从而产生焦耳损耗即涡流损耗。根据金属板几何结构和麦克斯韦方程

$$-\frac{\mathrm{d}E_x}{\mathrm{d}y} = \frac{\mathrm{d}B}{\mathrm{d}t} \qquad (5.142)$$

根据对称性,$E_x(y=0)=0$,有

$$E_x = y \frac{\mathrm{d}B}{\mathrm{d}t} \qquad (5.143)$$

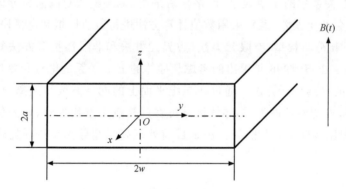

图 5.30　处于交变磁场中的金属板

单位长度的涡流损耗(W/m)为

$$p_e = 2a\int_{-w}^{w} E_x J_x \mathrm{d}y = 2a\int_{-w}^{w} \frac{E_x^2 \mathrm{d}y}{\rho} = \frac{2a}{\rho}\int_0^w y^2 \left(\frac{\mathrm{d}B}{\mathrm{d}t}\right)^2 \mathrm{d}y = \frac{2aw^3}{3\rho}\left(\frac{\mathrm{d}B}{\mathrm{d}t}\right)^2 \qquad (5.144)$$

如果交变场是正弦波形式,$B(t)=B_m \sin\omega t$,那么单位长度交流损耗(W/m)为

$$P_e = \frac{1}{T}\int_0^T p_e \mathrm{d}t = \frac{2a}{T}\int_0^T \frac{2aw^3 \omega^2 B_m^2}{3\rho}\cos^2\omega t \,\mathrm{d}t = \frac{4aw(w\omega B_m)^2}{6\rho}$$

即

$$P_e = \frac{2\omega^2 B_m^2 w^3 a}{3\rho} \tag{5.145}$$

式中, ρ 为复合超导体基体材料的电阻率,损耗与频率的平方成正比。在垂直场情况下, w 代表超导板的宽度, a 代表其厚度;在平行场情况下, w 代表超导板的厚度, a 代表其宽度。在 50Hz 下,垂直场下的涡流损耗比平行场大得多,只有在极高平行场下涡流损耗比较明显。超导体和包套材料之间的相互屏蔽将减小交流损耗和涡流损耗。涡流损耗与复合超导板的有效电阻率成反比,因此为减小涡流损耗应增大基体材料的电阻率。对于目前实用化第二代高温超导涂层导体(YBCO),其几何结构相对比较简单,由三层构成:基(衬)底层、YBCO 层和金属保护层,其中基(衬)底层一般由 Ni 或 Ni 合金构成,具有一定铁磁性,因此 YBCO 超导体的交流损耗计算比较复杂。除了超导体的交流损耗和涡流损耗外,铁磁损耗也不可忽略。有关高温超导涂层导体(YBCO)的涡流损耗和铁磁损耗的计算参见附录 A4。

5.9.2　横向交变磁场中复合多丝超导体的穿透损耗

在以上计算损耗的过程中,假定屏蔽电流在半径为 a 的薄层内流动,但是实际上屏蔽电流在饱和区内流动,如图 5.31 所示。

从饱和区到其边界的磁通穿透引起的损耗称之为穿透损耗,因此,计算损耗时,应该包括饱和区内的损耗,但是到目前为止,还没有找到完全穿透损耗的理论。在低交变磁场单根超导丝中,穿透损耗与磁滞损耗有相似之处:在超导体表层中流动着大小等于临界电流密度,且大致以余弦形式分布的电流。在扭绞

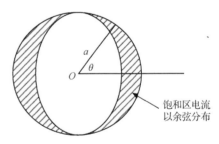

饱和区电流以余弦分布

图 5.31　穿透损耗饱和区示意图

复合超导体内的穿透损耗,可以以内外磁场差 $B(t) - B_i(t)$ 和具有相同直径的实心超导线的磁滞损耗近似。

为了说明这种计算方法,考虑交变磁场斜线上升和下降的三角波形变化磁场, $dB/dt = B_m/T_m$,内外磁场之差为 $B - B_i = B_m \tau/T_m$,在斜线下降部分,磁场差值大小相等方向相反,结果与幅值 $B_m' = 2B_m \tau/T_m$ 的变化磁场对单根实心超导细丝的作用相同,等效的归一化磁场为

$$b_{ac}' = \frac{\pi B_m \tau}{2\mu_0 \lambda J_c a T_m} \tag{5.146}$$

则穿透损耗(W/m)为

$$P_{\text{tfm}} = CAf \frac{B_{\text{m}}^2}{2\mu_0} \left\{ \frac{8}{3b'^2_{\text{ac}}} \int_1^{e_{\text{m}}} \left[e_{\text{r}} - \frac{\sin^{-1}(1-e_{\text{r}}^2)^{1/2}}{(1-e_{\text{r}}^2)^{1/2}} \right] \mathrm{d}e_{\text{r}} - \frac{4}{3b'_{\text{ac}}}(1-e_{\text{m}}^2) \right\}$$

$$(5.147)$$

对于余弦交变磁场,内外磁场之差为

$$B(t) - B_{\text{i}} = \frac{B_{\text{m}}\omega\tau}{[(\omega\tau)^2+1]^{1/2}} \cos(\omega t + \delta) \qquad (5.148)$$

其中,相角 δ 由 $\tan\delta = 1/(\omega\tau)$ 确定,所以有效磁场幅值为

$$B'_{\text{m}} = \frac{B_{\text{m}}\omega\tau}{[(\omega\tau)^2+1]^{1/2}} \qquad (5.149)$$

有效归一化磁场为

$$b'_{\text{ac}} = \frac{\pi B_{\text{m}}\omega\tau}{4\mu_0\lambda J_c a[(\omega\tau)^2+1]^{1/2}} \qquad (5.150)$$

将式(5.150)代入式(5.147)即可得到横向正弦交变磁场中的穿透损耗。

5.9.3　扭矩的确定

如图 5.32 所示,处于交变磁场 $B(t)$ 中的复合超导板,由三层组成,上、下层均为超导层,中间层为正常导体层;超导层和正常导体层厚度分别为 $2a$ 和 w,宽度为 b;采用直角坐标系,磁场沿 $-z$ 轴方向,且在 $-z$ 方向无限长;交变磁场与位置无关,仅是时间的函数;x 轴沿宽度方向,y 轴沿厚度方向。

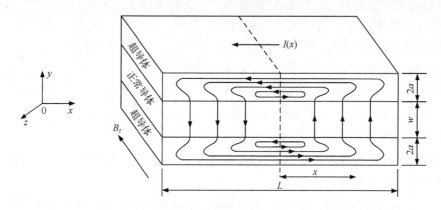

图 5.32　复合超导板中超导层和金属基体材料中感应屏蔽电流分布

交变磁场感应出屏蔽电流,并在金属层中产生电压,在位置坐标 x 处涡流所围成的面积 S 产生的电压为

$$E = -\frac{\mathrm{d}\phi}{\mathrm{d}t} = -\frac{\mathrm{d}B}{\mathrm{d}t}S = -2\frac{\mathrm{d}B}{\mathrm{d}t}wx \qquad (5.151)$$

在 x 处 δx 宽度范围内的电流为

$$I(x+\delta x)-I(x)=\delta I(x)$$

根据欧姆定律，$\delta I(x)=-2\dfrac{\mathrm{d}B}{\mathrm{d}t}\dfrac{wxb\delta x}{\rho w}$，$\rho$ 是金属层的电阻率，微分方程近似为

$$\frac{\mathrm{d}I(x)}{\mathrm{d}x}=-2\frac{\mathrm{d}B}{\mathrm{d}t}\frac{bx}{\rho} \tag{5.152}$$

考虑在复合导体边界上电流为零，即边界条件 $I(x=L/2)=0$，其解为

$$I(x)=\frac{\mathrm{d}B}{\mathrm{d}t}\frac{b}{\rho}\left(\frac{L^{2}}{4}-x^{2}\right) \tag{5.153}$$

最大电流发生在 $x=0$ 处，且为临界电流 I_{c}，$I_{c}(0)=2abJ_{c}$，其中 J_{c} 为超导层临界电流密度，电流分布在整个横截面上。将 $I_{c}(0)$ 代入式(5.153)，并定义复合超导体长度

$$L_{c}=2\left(\frac{2a\rho J_{c}}{\mathrm{d}B/\mathrm{d}t}\right)^{1/2} \tag{5.154}$$

如果复合超导体以扭矩 L_{p} 扭绞，且扭矩 $L_{p}\leqslant L_{c}$，那么正常金属层中的涡流大部分相互抵消，达到最小甚至完全消除，如图 5.33 所示。如果交变磁场是正弦波形 $B(t)=B_{m}\sin\omega t$，扭矩 L_{p} 可选为

$$L_{p}=4\sqrt{\frac{2a\rho_{m}J_{c}}{2\omega B_{m}}} \tag{5.155}$$

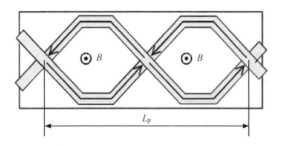

图 5.33 处于交变磁场 B 中的超导体以扭矩 L_{p} 扭绞，其感应电流分布

5.9.4 纵向交变磁场中的复合导体交流损耗

以多丝圆形截面扭绞复合线为例，扭矩为 L_{p}，半径为 a，如图 5.34 所示，r_{m} 是复合超导体内电流换向半径，所加交变磁场为 $B(t)=B_{m}\sin\omega t$，平行于轴线方向。

采用柱坐标系，轴向沿 z 轴，角向磁场和轴向磁场之比为常数

$$\frac{B_{\theta}}{B_{z}}=\frac{\mu_{0}J_{z}r}{2B(t)}=\tan\varphi=\frac{2\pi r}{L_{p}} \tag{5.156}$$

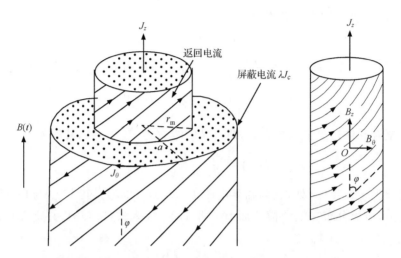

图 5.34　多丝扭绞复合超导体轴向交变场感应电流及磁场

扭矩 L_p 由下式确定：

$$L_p = 2\left(\frac{2a\rho_{eff}J_c}{dB/dt}\right)^{1/2} \tag{5.157}$$

所以轴向电流密度 J_z 为

$$J_z = \frac{4\pi B(t)}{\mu_0 L_p} \tag{5.158}$$

按照 Bean 模型，磁场完全穿透时，在超导体内外区域中的电流密度为 $J_z = \lambda J_c$，λ 是复合超导体的填充因子。定义纵向穿透场

$$B_{pl} = \frac{\mu_0 \lambda J_c L_p}{2\pi} \tag{5.159}$$

电流换向半径 r_m 由纯轴向电流等于零确定，即

$$\lambda J_z \pi r_m^2 = \lambda J_c \pi a^2 - \lambda J_c \pi r_m^2 \tag{5.160}$$

所以

$$r_m = a(1 + b_1)^{-\frac{1}{2}} \tag{5.161}$$

式中，b_1 是归一化交变磁场，

$$b_1 = \frac{B_m}{B_{pl}} = \frac{2\pi B_m}{\mu_0 \lambda J_c L_p} \tag{5.162}$$

图 5.35 给出了轴向交变磁场上升到最大值后又降到最小值时复合超导体内感应电流密度分布。变化的磁场在复合导线的最外层边界 r_n 处感应了一个反向电流层，降低了内部反向电流。当 $r_m < r < r_n$，电流密度维持在 $J = J_c$，如果外磁场变化 ΔB，外层电流换向半径由下式确定：

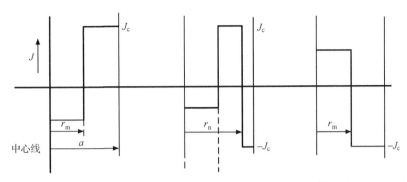

图 5.35　轴向交变磁场增大到最大值后又降到其最小值时复合超导体内感应电流密度分布

$$r_n = \left[1 + \frac{\Delta B}{B_{pl}} \frac{1}{(1+b_1)} \right]^{1/2} \tag{5.163}$$

单位长度的交流损耗（W/m）为

$$\begin{cases} P_1 = CAf\, \dfrac{B_m^2}{2\mu_0}\, \dfrac{2\pi a}{L_p}\, \dfrac{b_1}{3(1+b_1)^2} & B_m \leqslant B_{pl} \\[3mm] P_1 = CAf\, \dfrac{B_m^2}{2\mu_0}\, \dfrac{2\pi a}{L_p}\left(\dfrac{1}{2b_1} - \dfrac{5}{12b_1^2} \right) & B_m > B_{pl} \end{cases} \tag{5.164}$$

式（5.164）给出纵向交变磁场中复合超导体的交流损耗。

5.9.5　耦合损耗

图 5.36 显示处于横向交变磁场（垂直于轴线）的圆形截面多丝扭绞复合超导体在超导丝间感应出电流（涡流），复合超导体的半径为 a，磁场为正弦交变磁场 $B(t) = B_m \sin \omega t$，扭矩为 L_p。

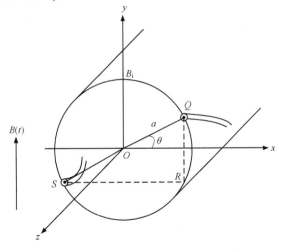

图 5.36　圆形截面多丝扭绞超导复合体

S 和 Q 代表表面两超导丝不同位置，B_i 为超导体内磁场

Q 处角度 $\theta = \dfrac{2\pi}{L_p}x$，$z = a\sin\left(\dfrac{2\pi}{L_p}x\right)$，沿 SQ 方向感应出的电压为

$$V = 2a\frac{\mathrm{d}B_i}{\mathrm{d}t}\sin\left(\frac{2\pi}{L_p}x\right)\frac{L_p}{2\pi} = 2\frac{\mathrm{d}B_i}{\mathrm{d}t}\frac{L_p}{2\pi}z \tag{5.165}$$

沿长度方向（z 轴）方向的电场为

$$E_z = \frac{\mathrm{d}B_i}{\mathrm{d}t}\frac{L_p}{2\pi} \tag{5.166}$$

沿轴向方向的电流密度为

$$J_z = \frac{\mathrm{d}B_i}{\mathrm{d}t}\frac{L_p}{2\pi}\frac{1}{\rho_{\mathrm{eff}}} \tag{5.167}$$

式中，ρ_{eff} 为复合超导体的横向电阻率。单位长度的交流损耗（W/m）为

$$P_c = CAJ_z^2\rho_{\mathrm{eff}} = CA\left(\frac{\mathrm{d}B_i}{\mathrm{d}t}\right)^2\left(\frac{L_p}{2\pi}\right)^2\frac{1}{\rho_{\mathrm{eff}}} \tag{5.168}$$

等效横向电阻率由式(5.169)确定

$$\frac{1}{\rho_{\mathrm{eff}}} = \frac{1}{\rho_t} + \frac{w}{a\rho_m} + \frac{aw}{\rho_m}\left(\frac{2\pi}{L_p}\right)^2 \tag{5.169}$$

式中，w 为电流层厚度。如图 5.37 所示，J_F 和 J_ρ 分别是超导丝内和基体内感应的电流密度。一般地，$w \ll a$。横向电阻率 ρ_t 在以下范围：

$$\rho_m\frac{1-\lambda}{1+\lambda} \leqslant \rho_t \leqslant \rho_m\frac{1+\lambda}{1-\lambda} \tag{5.170}$$

λ 为填充因子，式(5.170)的上下限分别表示超导丝与基体材料之间无接触电阻和完全绝缘（很高接触电阻）两种极限情形。

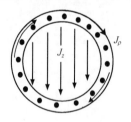

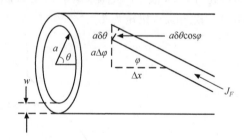

(a) 截面方向和圆周方向耦合电流的截面图　　　　(b) 用以计算半径 a 以外超导丝间的耦合电流

图 5.37　圆形截面复合超导体耦合电流密度

超导体内磁场为

$$B_i = B(t) - \frac{\mathrm{d}B_i}{\mathrm{d}t}\tau \tag{5.171}$$

式中，τ 为特征时间常数，即外加交变磁场撤除后屏蔽电流衰减所需的时间，

$$\tau = \frac{\mu_0}{2\rho_{\mathrm{eff}}}\left(\frac{L_p}{2\pi}\right)^2 \tag{5.172}$$

单位长度复合超导体耦合损耗（W/m）为

$$P_c = CA \left(\frac{dB_i}{dt}\right)^2 \frac{1}{\rho_{eff}} \left(\frac{L_p}{2\pi}\right)^2 \tag{5.173}$$

（1）对于三角形交流磁场波形，如果上升时间 $T_m > \tau$，那么 $dB_i/dt = dB/dt$，单位长度的耦合损耗（J/m）为

$$P_c = CA \frac{B_m^2}{2\mu_0} \frac{8\tau}{T_m} \tag{5.174}$$

当 T_m 与 τ 相差不大时，损耗将稍许降低。若磁场首先经过长时间下降后又开始上升，则耦合损耗（J/m）变为

$$P_c = CA \frac{B_m^2}{2\mu_0} \frac{8\tau}{T_m} \left\{ 1 - \frac{\tau}{T_m} \left[1 - \exp\left(-\frac{T_m}{\tau}\right) \right] \right\} \tag{5.175}$$

（2）如果交变磁场指数上升，则有

$$B(t) = B_m \left[1 - \exp\left(-\frac{t}{T_m}\right) \right] \tag{5.176}$$

所以

$$B_i = B_m \left\{ 1 - \left[T_m \exp\left(-\frac{t}{T_m}\right) - \tau \exp\left(-\frac{t}{\tau}\right) \right] (T_m - \tau)^{-1} \right\} \tag{5.177}$$

代入式（5.173）并进行一个周期内的平均积分，可以得到耦合损耗，由于过于烦琐，这里略去计算结果。

（3）如果交变磁场波形是等腰梯形，上升时间和下降时间均为 T_m，那么单位长度耦合交流损耗（J/m）为

$$P_c = CA \frac{B_m^2}{2\mu_0} \frac{4\tau}{T_m + \tau} \tag{5.178}$$

（4）如果交变场是正弦交变磁场，将 $B(t) = B_m \sin\omega t$ 代入式（5.171），得到内磁场为

$$B_i = \frac{B_m}{2\left[(\omega\tau)^2 + 1 \right]^{1/2}} \cos(\omega\tau - \delta) \tag{5.179}$$

式中，位相差 δ 由 $\tan\delta = \omega\tau$ 确定。

单位长度的耦合损耗（W/m）为

$$P_c = CA \frac{B_m^2}{2\mu_0} \frac{1}{2\tau} \frac{(\omega\tau)^2}{(\omega\tau)^2 + 1} \tag{5.180}$$

由式（5.145）和式（5.180）可见，在正弦交变磁场中耦合损耗或涡流损耗与交变场频率的平方成正比，因此两者在实际测量中无法区分。另外，由式（5.179）可知，内磁场变化的幅值比外加交变磁场幅值小，所以对于 5.1～5.2 节讨论的磁滞损耗来讲，这种效应将减小复合超导体内超导丝上的磁滞损耗。此外，如果交变磁场在 B_0 附近振荡，如 $B(t) = B_0 + B_m \sin\omega t$，磁场在 $B_0 \pm B_m$ 之间变化，那么内磁场 B_i 和耦合损耗仍然按照以上介绍的方法计算。

在周期变化的横向磁场中,可直接在整个磁场变化的范围内积分方程(5.168)得到整个超导体的耦合损耗。与磁滞损耗不同的是,耦合损耗依赖于外加磁场的波形,并且与频率平方成正比。其中,τ 是耦合时间常数,B_e 是外磁场。

在正弦交变磁场环境下,高温超导多芯复合带材发生芯间耦合产生耦合电流;而芯间是正常金属材料,耦合电流横向流经金属基体材料,从而产生耦合损耗(W/m)

$$P_c = \frac{\lambda A B_m^2}{2\mu_0}\left[\frac{n_s \omega^2 \tau}{1+(\omega\tau)^2}\right] \tag{5.181}$$

式中,λ 为复合带材超导芯区域体积因子——填充因子(超导芯体积与复合带材体积之比);n_s 为超导芯形状因子;A 为超导带截面面积;τ 为耦合电流特征时间常数。

对于矩形截面超导板,如图 5.1 所示,如果交变磁场平行于宽面,那么耦合电流特征时间常数为

$$\tau_{/\!/} = \frac{\mu_0 L_p^2}{16\rho_{eff}}\frac{a}{w} \tag{5.182}$$

如果交变磁场垂直于宽面,那么耦合电流特征时间常数为

$$\tau_{\perp} = \frac{7\mu_0 L_p^2}{480\rho_{eff}}\frac{w}{a} = \frac{7}{30}\left(\frac{w}{a}\right)^3 \tau_{/\!/} \tag{5.183}$$

式中,ρ_{eff} 为复合超导体的等效电阻率,

$$\rho_{eff} = \frac{1-\lambda}{1+\lambda}\rho_m \tag{5.184}$$

或

$$\rho_{eff} = \frac{1+\lambda}{1-\lambda}\rho_m \tag{5.185}$$

式中,ρ_m 为复合超导体基体材料的电阻率。式(5.184)对应复合超导体中,超导芯与基体材料理想接触,无接触电阻;式(5.185)对应超导芯与基体材料之间完全绝缘。一般情况是介于两者之间。

5.9.6　其他波形交变场的涡流损耗

下面对于指数衰减波形磁场、三角波形和等腰梯形波形交变磁场的涡流损耗进行分析。如图 5.28(a)～(c)所示的三种波形磁场的涡流损耗(W/m)分别为

$$\begin{cases} P_e = CA\dfrac{\beta^2}{24\rho_m \tau_m^2} & \text{指数衰减磁场波形} \\[3mm] P_e = CA\dfrac{\beta^2}{12\rho_m \tau_m^2} & \text{三角波和等腰梯形磁场波形} \end{cases} \tag{5.186}$$

其中

$$\beta^2 = (2aB_{m\perp 2a})^2 + (2wB_{m\perp 2w})^2 \tag{5.187}$$

式中，$B_{m \perp 2a}$ 和 $B_{m \perp 2w}$ 分别代表垂直于超导薄板厚度方向的磁场分量幅值和垂直于宽度方向的磁场分量幅值。

从频率特性分析可知存在三种交流损耗：超导体内与频率成正比的磁滞损耗、与频率无关的超导体流阻损耗以及与频率的平方成正比的涡流和耦合损耗，因此，在实际测量中，涡流损耗和耦合损耗是无法区分的。减小磁滞损耗的方法是减小超导体的尺寸，这点与超导体绝热稳定、消除磁通跳跃情形相似，将超导体细丝化；减小涡流损耗和耦合损耗的有效方法是增加复合超导体的横向电阻率以及在超导丝与基体材料之间增加高电阻率的阻挡层，此外，进行扭绞和换位也是有效地减少耦合损耗和涡流损耗的工艺措施。图 5.38 是高温超导带材换位示意图及实物图。

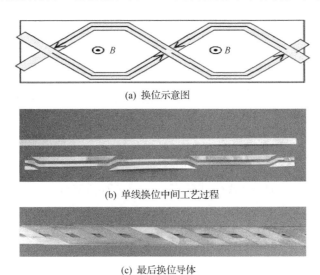

(a) 换位示意图

(b) 单线换位中间工艺过程

(c) 最后换位导体

图 5.38　超导扁带换位导体的制造工艺

表 5.2 列出了在超导体临界电流不变的情况下，减小超导体交流损耗应该采取的技术工艺。

表 5.2　减小交流损耗的技术

丝耦合	平行场磁滞损耗	垂直场磁滞损耗	自场损耗
完全耦合	细丝化	窄丝化	薄窄丝
	扭绞丝芯，短扭矩		丝换位
部分耦合	高纵横比		低纵横比
	基体材料高电阻率、丝间填充绝缘阻挡层		
完全解耦	高有效电阻率、低纵横比		高有效电阻率
	薄细丝	窄丝细化	薄窄细丝

5.10　交流损耗测量

通常,超导体的交流损耗的测量方法有三种:磁测法、电测法和热测法。磁测法是通过测量超导体的磁化强度来测量交流损耗,适用于测量超导体小样品的交流损耗。电测法主要是通过电子电路方法进行测量,测量速度快,适用于比较小的短样或线圈样品的交流损耗的测量。热测法分为两种:利用低温温度计和热电偶进行温度法测量和低温介质蒸发法;前者适用于短样超导体的交流损耗的测量,后者适用于较大的超导样品线圈、甚至超导电力装置的交流损耗的测量,而对于小的超导样品不适合。与电测法相比,热测法精度低、测量速度慢,但是,适合于任何复杂的电磁环境。

5.10.1　磁测法

磁测法测量超导体交流损耗有两种方法:磁滞回线法和交流磁化率法。

1) 磁滞回线法

图 5.39 所示为磁场最大为 H_m 的磁滞回线。在一定温度下,测量超导体的磁滞回线,对磁滞回线进行积分就能够得到超导体的磁滞损耗,即

$$P = CAf\mu_0 \oint H_e \mathrm{d}M = -CAf\mu_0 \oint M \mathrm{d}H_e \tag{5.188}$$

式中,H_e 为超导体所施加的交变磁场强度;M 为超导体的磁化强度。

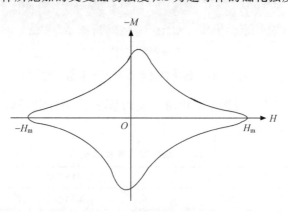

图 5.39　超导体的磁滞回线

测量磁滞回线的方法通常有标准的 SQUID 方法和 VSM 方法,温度、磁场大小和方向及磁场场形等可以方便地选择。

2) 交流磁化率法

图 5.40 是处于直流磁场 B_0 和叠加的交变磁场 $B(t)$ 中的超导体示意图。交

变磁场为正弦交变磁场，$B(t) = B_m \sin\omega t$，两者方向相同，那么超导体总的外磁场为

$$B(t) = B_0 + B_m \sin\omega t \tag{5.189}$$

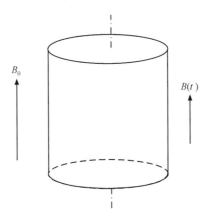

图 5.40　处于直流磁场 B_0 和叠加的交变磁场 $B(t)$ 中的超导体

超导体内交变场分量的时间平均定义为 $\bar{B}$，在超导体内对 $\bar{B}$ 进行傅里叶展开

$$\bar{B} = \sum_{n=1}^{\infty} [\mu'_n \cos(n\omega t) + \mu''_n \sin(n\omega t)] B_m \tag{5.190}$$

其中

$$\mu = \mu' - i\mu'' \tag{5.191}$$

$$\mu'_n = \frac{\omega}{\pi B_m} \int_0^T \bar{B} \cos(n\omega t) \, dt \qquad \mu''_n = \frac{\omega}{\pi B_m} \int_0^T \bar{B} \sin(n\omega t) \, dt \tag{5.192}$$

根据式(5.188)，单位长度超导体的磁滞损耗(W/m)为

$$\begin{aligned}
P &= CAf \oint B_T(t) \, dM = \frac{CAf}{\mu_0} \oint B_T(t) \, d\bar{B} = \frac{CAf}{\mu_0} \oint B_T(t) \, d\bar{B} \\
&= \frac{CAf}{\mu_0} \int_0^T [B_0 + B_m \sin\omega t] \frac{d\bar{B}}{dt} dt \\
&= \frac{CAf}{\mu_0} \int_0^T \Big\{ n\omega B_m \sum_{n=1}^{\infty} [\mu''_n \cos(n\omega t) - \mu'_n \sin(n\omega t)] \\
&\quad + n\omega B_m^2 \cos\omega t \sum_{n=1}^{\infty} [\mu''_n \cos(n\omega t) - \mu'_n \sin(n\omega t)] \Big\} dt
\end{aligned} \tag{5.193}$$

在式(5.193)中，第一求和项积分为零，第二求和项除 $n=1$ 的项积分不为零外，其他积分项全为零。因此积分式(5.193)并以 μ'' 代替 μ''_1，磁滞损耗(W/m)与交流磁化率的虚部关系为

$$P = CAf \frac{\pi B_m^2}{\mu_0} \mu'' \tag{5.194}$$

因此，通过测量超导体交流磁化率的虚部，可以得到超导体的磁滞损耗。交流

磁化率测量方法也是比较成熟的方法,在常规磁性材料特性测量中经常用到。

5.10.2 电测法

电测法是利用电子电路和锁相放大技术进行测量的方法,主要有探测线圈法和四引线技术及锁相放大技术的测量方法。

1）探测线圈法

探测线圈法一般测量交变磁场下,超导短样或样品线圈的磁滞损耗。图 5.41 为其测量等效电路示意图。测量电路由以下部分构成:交流电源、低温容器、交流超导磁体、探测线圈(pick-up coil)、补偿线圈(compensated coil 或 cancelled coil)、补偿电路(无感电阻)、放大器及数据处理部分构成。

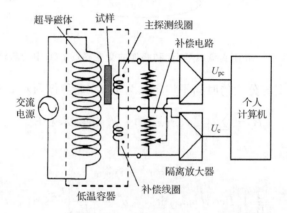

图 5.41 探测线圈法测量交流损耗的等效电路示意图

待测样品或待测线圈同心地置于探测线圈和补偿线圈之间。补偿线圈处于最内侧,起两个作用,一是测量交变场,二是对探测线圈感应电压进行补偿。无感电阻用于调节无待测样品时,保证输出电压信号为零。一般探测线圈和补偿线圈高度相等,而待测样品线圈是探测线圈或补偿线圈高度的三倍以上。图 5.42 为探测线圈、补偿线圈和待测线圈的布置示意图,图中,探测线圈高度和补偿线圈高度分别为 h_p 和 h_c,且 $h_p = h_c$;样品线圈或试样高度为 h_s,且 $h_s = 3h_c = 3h_p$。待测样品线圈的半径为 R,样品线圈与探测线圈和补偿线圈之间等间距,距离为 a,在一定频率下,交流超导磁体产生交变场均方根值 B_{rms} 由补偿线圈测量,探测线圈感应电压信号与补偿线圈电压信号之差的均方根值为 $V_{rms} = (V_p - V_c)_{rms}$,代入式(5.195)即可得到交变磁场下单位长度的交流损耗(W/m):

$$P_m = \frac{hV_{rms}B_{rms}}{\mu_0 NL} \tag{5.195}$$

式中,h 为探测线圈高度,$h = h_p$;N 为探测线圈匝数;L 为探测线圈内待测试样的长度。在电压信号测量和处理过程中,必须保证交流磁场位相与探测线圈感应电压信号同位相。

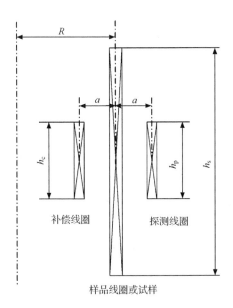

图 5.42　探测线圈、补偿线圈和待测线圈或试样的几何布置

2）电测法

超导体传输交流电流时产生的损耗，即自场损耗，通常采用锁相放大技术测量。图 5.43 为采用四引线法，利用锁相放大器测量超导体自场损耗的装置原理示意图。测量装置包括交流电源、低温容器、无感分压电阻、补偿线圈、锁相放大器以及计算机等。

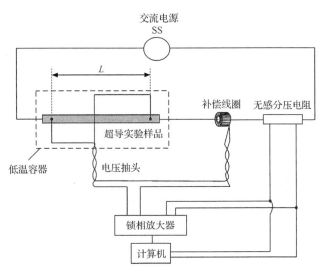

图 5.43　利用锁相放大器测量超导体自场损耗的装置原理示意图

在低温容器中，超导样品为直线短样，采用标准的四引线法连接。电压抽头之间超导样品的长度为 L。为了尽可能地消除感应电压分量，将电压抽头按照"8"字形布置。无感电阻有两个作用，其一是测量超导体传输电流均方根值 I_{rms}，其二是为锁相放大器提供阻性参考信号。补偿线圈应该是可调的。为了消除感应电压信号分量（与阻性电压信号相位差 90°），超导样品电压抽头与补偿线圈反串联连接，然后接到锁相放大器输入端，即可由锁相放大器测量与参考阻性电压信号同相位的损耗电压分量均方根值 V_{rms}，得到单位长度超导试样的交流损耗（W/m）

$$P = \frac{V_{rms} I_{rms}}{L} \tag{5.196}$$

式中，V_{rms} 和 I_{rms} 分别为超导试样上的损耗电压和通过的交变电流的均方根值。

3）交变磁场中超导体传输交变电流的损耗

图 5.44 是处于磁场中，同时传输交流电流的超导体的交流损耗测量装置示意图。磁场可以是交变磁场，也可以是直流磁场。在交变磁场情况下，交变磁场和交变电流同相位。测量装置由磁体交流电源、试样交流电源、磁体、探测线圈、电压信号测量装置等组成。在样品及探测线圈中产生的感应电压远高于损耗电压分量，一般采用几何布置方法（如"8"字形电压抽头布置）、补偿电路法（补偿线圈）和锁相放大技术三种方法加以消除或降至最小。

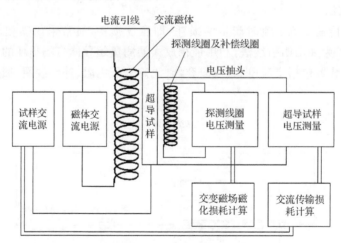

图 5.44 电测法测量交变磁场中超导体传输交变电流损耗测量示意图

超导试样交流传输损耗测量数据处理与式(5.196)相同，交变磁场下损耗测量数据处理与式(5.195)相同。两种损耗相加，即可得到交变磁场及同位相交变传输电流情况下的总损耗。

5.10.3　热测法

处于交变磁场或通以交变电流的超导体,由于产生交流损耗,导致超导体温度升高,因此,热测法是通过测量与周围环境绝热的超导体的温升或者测量超导体损耗引起冷却介质的挥发量来测量超导体的交流损耗。热测法一般包括两种方法:温度测量法和冷却介质蒸发量法(也叫量热法)。这两种方法测量的交流损耗都是总交流损耗。

1) 温度测量法

将超导试样置于低温容器中,低温容器内冷却介质温度为 T_b,超导试样中间长度 L 段为绝热处理,两端处于恒定低温容器内(温度为 T_b),在长度的中间位置安置低温温度计或温差热电偶,如图 5.45 所示。在绝热段焊接两电压抽头,用于损耗标定用。

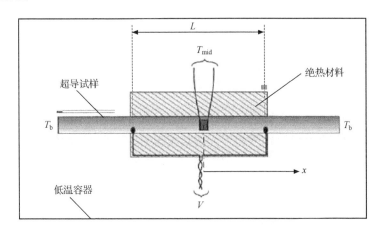

图 5.45　温度测量法测量超导试样交流损耗示意图

如图 5.46 所示,超导试样绝热地置于低温环境中,其长度为 L,两端与低温介质直接接触,保持温度 T_b。考虑试样横向尺寸远远小于其长度,可以用一维稳态热传导方程描述

$$\frac{\mathrm{d}^2 T}{\mathrm{d}x^2} = -\frac{P}{kS(1-\lambda)} \tag{5.197}$$

式中,P 为单位长度超导体的发热损耗;k 和 S 分别为其热导率和横截面积。

考虑到边界条件 $T(L/2)=T(-L/2)=T_b$,以及热导率在 T_b 温度范围附近变化不大,则方程的解为

$$T(x) = T_b - \frac{P}{2kS(1-\lambda)}\left[\left(\frac{L}{2}\right)^2 - x^2\right] \tag{5.198}$$

式中,S 为超导体的横截面积;k 为热导率;λ 为超导填充因子。

　　温度分布是位置的双曲函数,中心温度 T_mid 最高,因此,只要测量出温度分布,即可得到交流损耗。如果温度测量采用温差热电偶,那么热电偶一端接超导试样中心,另一端接超导试样处于 T_b 温度的端部,由式(5.198)可得到中心温度与端部温差为

$$\Delta T_\text{mid} = \left| T(0) - T_\text{b} \right| = \frac{P}{8kS(1-\lambda)}L^2 \tag{5.199}$$

只要测量得到温差 ΔT_mid 即可得到热损耗 P。

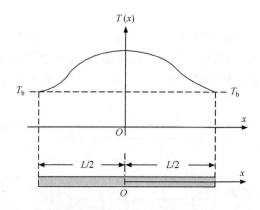

图 5.46　两端恒温冷却超导试样由于损耗引起的温度分布

　　式(5.198)是在考虑温差变化不大的情况下,认为热导率 k 与温度无关的条件下得到的结果。但是,如果温差范围较大,热导率 k 与温度 T 密切相关,交流损耗计算不能直接用式(5.199)计算。采取的方法是进行标定,通过对温度计进行数值标定来最终确定损耗的大小。

　　温度计的标定具体操作如下:对超导试样施加直流磁场,使得超导体临界电流密度降至很低;同时给超导试样通以直流电流(电流小于自场临界电流),并同时测量超导试样中心区域温度及超导试样两端的电压,可以得到超导试样上产生的焦耳热损耗 P 与温度的关系:$P \propto T_\text{mid}$,即完成了损耗与温度的关系标定;然后撤掉直流磁场,给超导试样通以交流电流,即通过标定的关系曲线,获得超导试样的交流损耗。

　　另一种标定方法是在超导试样的中心无感绕制加热电阻 R,施加加热功率 P_c,那么有效热导率为

$$(kS)_\text{eff} = -\frac{1}{2(1-\lambda)} \frac{P_\text{c}}{(\text{d}T/\text{d}x)_\text{c}} \tag{5.200}$$

式中,$(\text{d}T/\text{d}x)_\text{c}$ 是由于在试样中心施加加热功率 P_c 后,在试样中心附近产生的平均温差。联合式(5.199)和式(5.200)得到超导试样中心温度 T_mid 与加热电阻热功率 P_c 的关系,完成热测交流损耗的标定。

$$P = - \frac{4P_c}{(\mathrm{d}T/\mathrm{d}x)_c} \frac{T_{mid}}{(1-\lambda)L^2} \tag{5.201}$$

2）量热法

量热法是直接测量由于交流损耗发热导致低温冷却介质挥发成气体的流量来测量交流损耗的方法，该方法原理非常简单。若超导体通以交变电流，那么在超导体内产生交流损耗。如果超导体的体热容为 γC，那么交流损耗可以通过焓差变化得到

$$P = CAf \int_{T_b}^{T_m} \gamma C(T) \mathrm{d}t = CAf [H(H_m) - H(T_b)] \tag{5.202}$$

式中，CA 为超导试样的有效横截面积；f 为交变电流或交变磁场频率；T_m 为超导体平均温升温度。交流损耗为

$$P = CAf \frac{T_m - T_b}{R_{th}} \tag{5.203}$$

其中，R_{th} 为超导试样的热阻。一般超导体热阻很难精确测量，所以直接采用标定的方法来获得准确的交流损耗。

图 5.47 为采用量热法（气体挥发法）测量交流损耗的装置示意图。超导试样可以是线圈、长样，由交流电源 SS 供电；当超导试样产生交流损耗，导致低温冷却介质挥发成气体，经过通气管导入由紫铜管盘绕的恒温水槽中（也叫换热器），保证挥发气体温度恒定；经过换热器，挥发气体经过气体流量计，测量气体的流速和挥发量。根据气体流量和低温介质的潜热，即可得到超导试样的交流损耗，或者经过标定，将已知功率加热器置于低温容器，通过施加不同功率测量低温冷却介质的挥发量，得到不同加热功率与冷却介质挥发量之间的关系，完成气体流量计的标定。然后，用经过标定的气体流量计测量超导试样不同交变传输电流情况下的气体流量，根据标定过的流量计流量与加热功率之间的关系确定超导试样中产生的交流损耗。

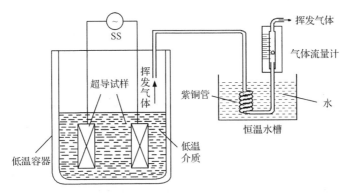

图 5.47　采用量热法测量超导体交流损耗的装置示意图

　　量热法测量可以在各种交流电磁场下进行超导体交流损耗的测量,测量的损耗为总交流损耗,可以包括阻性损耗、磁滞损耗、耦合损耗和涡流损耗;而且可以测量交变磁场和交变电流不同位相情况下的交流损耗。但是,量热法对于较小的超导试样测量精度比较差,比较适合于较大的超导试样的交流损耗测量。此外,与电测法相比,量热法测量时间比较长。

5.10.4　电测法和热测法的比较

　　超导体交流损耗电测法和磁测法的优点是测量速度快,耗时少,测量精度高,适合于超导短样试样测试。与电测法相比,热测法具有很多优点,首先热测法适用面广,实验装置简单,不需要复杂的电子电路和高精度电子仪表,适用于任何交流磁场场形、大小和方向交直流磁场环境,也适用于交变磁场、直流磁场和交变电流同时作用的电磁环境,而且无论交变磁场和交变电流位相相同与否都可以采用热测法测量;其次,热测法的标定比电测法也更直接。但是,热测法也有其自身缺陷,由于热量、温度变化比电磁传播慢很多,测量过程耗时较长。对于传统的低温超导体,由于冷却介质通常采用液氦,其潜热很低,液氦挥发容易,热测法比较容易。对于高温超导体,在 77K 液氮温度,液氮的潜热很大,是液氦的 60 倍以上,不容易挥发,因此,热测法测量高温超导体液氮温度交流损耗仅仅适合于试样较大的线圈或长样。表 5.3 列出了电测法、磁测法和热测法测量的交流损耗的灵敏度。由表可以看出,电测法和磁测法测量灵敏度相差不大,灵敏度很高;而热测法测量灵敏度比电测法和磁测法低二到三个量级。对于小的超导试样,电磁环境简单,最好采用电测法和磁测法进行交流损耗的测量。如果超导试样较大,电磁环境复杂,最好采用热测法进行交流损耗的测量。表 5.4 列出了超导试样交流损耗测量技术的适用范围。

表 5.3　交流损耗测量方法的灵敏度

测量方法	最低可测损耗 P_{min}/(W/m)	磁场方向 B	传输电流 I
磁测法	10^{-6}	交流平行	—
	10^{-5}	交流垂直	—
电测法	10^{-5}	交流平行	直流
	10^{-5}	交流垂直	交流
热测法	10^{-4}	—	交流
	10^{-4}	—	交流
	10^{-2}	交流垂直	交流
	10^{-4}	交流平行	—

表 5.4　超导体交流损耗测量技术适用范围

待测试样	电测法	磁测法	热测法	
			测量温度法	量热法
测量速度	快	快	较快	慢
短样	适合	适合	比较适合	不适合
局部测量(如薄膜)	不适合	不适合	适合	不适合
大超导试样、复杂电磁环境	不适合	不适合	不适合	适合

5.11　超导电力装置交流损耗简介

5.11.1　超导材料价格及年成本

　　图 5.48 给出超导材料在三种损耗前提下,超导电力装置适用以 Bi2223 超导带材为例列出的年投入成本与运行温度之间的关系。三条实线表示交流损耗分别在 $0.08W/(kA \cdot m)$、$0.25W/(kA \cdot m)$ 和 $0.5W/(kA \cdot m)$ 时温度与超导电力装置年成本的关系曲线,超导材料的成本按 300 美元/$(kA \cdot m)$ 计算。三条虚线表示超导线价格从 300 美元/$(kA \cdot m)$ 降到 50 美元/$(kA \cdot m)$ 时每 $kA \cdot m$ 的年度成本。按照每度电的价格是 0.1 美元计算,在 77K 温度下运行的超导电力装置,其主要投入成本是超导材料的成本费用。在 30K 左右,交流损耗成本与超导材料价格成本相当。

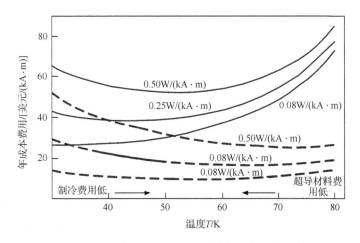

图 5.48　超导电力装置年投入成本与运行温度的关系

5.11.2　制冷机效率

　　按照理想的卡诺(Carnot)循环,卡诺循环制冷机输入与输出功率之比为

$$\eta_{\mathrm{C}}(T) = \frac{P_{\mathrm{input}}}{P_{\mathrm{output}}} = \frac{298 - T}{T} \tag{5.204}$$

式中,P_{input}和P_{output}分别是制冷机从室温冷却到温度T时的输入和输出功率。实际制冷机的制冷功率远小于卡诺循环效率,即

$$\eta(T) = 7.3\eta_{\mathrm{C}}(T) = 7.3\left(\frac{298 - T}{T}\right) \tag{5.205}$$

图 5.49 为美国 Cryomech 公司 AL300 制冷机的效率与卡诺循环制冷机的效率的比较。随着温度的升高,输入与输出之比增大,制冷效率提高。在液氮温度 77K 下产生 1W 的冷量相当于室温下消耗 11W 的电功率,即惩罚系数(penalty factor)为 11,而在实际工程中惩罚系数取 15 比较保险;在液氦温度 4.2K 下产生 1W 的冷量相当于室温下消耗 680W 的电功率,即惩罚系数为 680,而在实际工程中惩罚系数取 700。因此,降低超导材料的交流损耗、提高运行温度是提高超导电力装置效率的有效手段。当然,温度升高,超导体临界电流降低,反过来会导致交流损耗增加;所有这些因素在超导电力装置的设计中必须全面考虑。

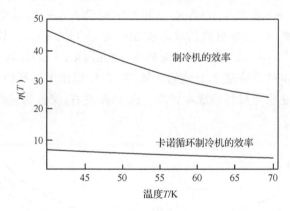

图 5.49　Cryomech 公司 AL300 制冷机的效率与卡诺循环制冷机的效率的比较

5.11.3　超导电力装置的磁场和交流损耗

在超导电力装置中,超导电缆、超导变压器、超导限流器等的磁场幅值一般不会超过 0.2T,超导电机磁场幅值一般大于 1T。而对于交流损耗的要求,超导电缆损耗应该在 $0.15 \sim 0.65\mathrm{W/(kA \cdot m)}$,其他超导电力装置的损耗应该小于 $0.43\mathrm{W/(kA \cdot m)}$。表 5.5 列出各种超导电力装置的磁场范围,其中,超导电缆、超导限流器的磁场最小,小于 0.1T;超导变压器的磁场在 $0.1 \sim 0.5$T,而超导电机、超导储能、感应式超导限流器的磁场较高,大于 1T。因此,就目前高温超导材料而言,超导电机、储能等超导装置的运行温度必须低于液氮温度。

表 5.5　超导电力装置电磁环境

磁场范围	超导电力装置
>1T	电动机、发电机、储能、感应式限流器
0.1~0.5T	变压器
<0.1T	电缆、限流器

　　表 5.6 列出截面尺寸为 $(3\times0.2)mm^2$ 的 Bi 系超导材料和截面尺寸为 $(5\times0.002)mm^2$ 的 Y 系超导材料应用于超导电力装置中的磁场参数和交流损耗数据。根据这些数据可知,两种高温超导材料适合于超导电缆和超导变压器。但是对于交流超导电机的应用,由于其损耗比超导电缆和超导变压器的大近两个量级,因此高温超导材料应用于交流电机具有很大的挑战性。

表 5.6　超导电力工程装置的交流损耗

超导电力装置		电缆	变压器	电机
交变场频率 f/Hz		50	50	20
平行于带面磁场 $B_{//}/T$		0.01	0.1	1
垂直于带面磁场 $B_{\perp}/T$		—	0.01	1
Bi2223 带 $(3\times0.2)mm^2$	$B_{//}$ 引起的交流损耗 $P/I_c/[W/(kA\cdot m)]$	0.1	1.0	4
	$B_{\perp}$ 引起的交流损耗 $P/I_c/[W/(kA\cdot m)]$	—	1.5	60
YBCO 膜 $(5\times0.002)mm^2$	$B_{//}$ 引起的交流损耗 $P/I_c/[W/(kA\cdot m)]$	0.001	0.01	0.04
	$B_{\perp}$ 引起的交流损耗 $P/I_c/[W/(kA\cdot m)]$	—	2.5	100

　　关于超导电力装置的应用,如对超导材料加工工艺、交流损耗、磁场范围、制冷效率等特性要求如表 5.7 所示。

表 5.7　工频 50Hz 超导电力装置应用

温度 T/K	4.2(LHe)	20(LH$_2$)	77(LN$_2$)
制冷效率 η	1:700	1:70	1:15
超导丝径 μm 量级,垂直磁场			
超导交流电缆 $(B=0.02T_{rms})$	5	50	220
超导变压器 $(B=0.15T_{rms})$	0.3	3	15
超导发电机/电动机 $(B=1.5T_{rms})$	0.03	0.3	1.5
要求扭绞长度:mm;圆截面、合金基体材料、有效基体材料电阻率 $\rho=10^{-10}\Omega\cdot m$			
超导电缆	7	25	45
超导变压器	1	3	6
超导发电机/电动机	0.1	0.3	0.6
要求扭绞长度:mm;带材结构、Ag 基体材料、有效基体材料电阻率 $\rho=3\times10^{-9}\Omega\cdot m$,磁场平行于带面			
超导电缆	15	60	120
变压器	2	7	15
超导交流发电机/电动机	在平行场和垂直场,扭绞不能满足要求		

由表 5.7 可知,对于 4.2K 温度下运行的超导电力装置,按目前超导材料加工工艺和交流损耗要求,不具备经济可行性。超导交流电机在温度 4.2K、30K、77K下,无论扭绞与否,均不能满足交流运行要求,这也是目前的超导电机只有转子绕组(直流)采用超导绕组的主要原因。

参 考 文 献

王银顺. 1998. Bi 系高温超导体交流损耗的研究[博士学位论文]. 北京:中国科学院.

Ashworth S P, Suenaga M. 1999. The calorimetric measurement of losses in HTS tapes due to ac magnetic fields and transport currents. Physica C, 315:79—84.

Ashworth S P, Suenaga M. 2000. Experimental determination of the losses produced by the interaction of AC magnetic fields and transport currents in HTS tapes. Physica C: Superconductivity, 329(3): 149—159.

Bertotti G. 1998. Hysteresis in Magnetism. San Diego:Academic.

Carr W J. 1975. AC loss from the combined action of transport current and applied field. IEEE Transactions on Magnetics, 15(1): 240—243.

Carr W J. 1983. AC Loss and Macroscopic Theory of Superconductors. New York: CRC Press.

Castro H, Gerber A, Milner A. 2000. Calorimetric study of ac-field losses in superconducting BSCCO tubes. Physica C, 331:141—149.

Charlesworth J P. 1981. Critical current density and low field losses in Nb_3Sn. IEEE Transactions on Magnetics, 17(1): 981—984.

Daney D E, Boening H J, Maley M P, et al. 1999. AC loss calorimetric for three-phase cable. IEEE Transactions on Applied Superconductivity, 7(2):310—313.

Fukui S, Hlasnik I, Tsukamoto O, et al. 1994. Electric field and losses at AC self field mode in MF composite. IEEE Transactions on Magnetics, 30(4):2411—2414.

Fukui S, Tsukamoto O, Amemiya N. 1995. Dependence of self field AC losses in AC multifilamentary composites on phase of external AC magnetic filed. IEEE Transactions on Applied Superconductivity, 5(2): 733—736.

Hirose M, Yamada Y, Masuda T, et al. 2006. Study on commercialization of high-temperature. Superconductor Science Technology Review, 62: 126—130.

Ishii H, Hirano S, Hara T, et al. 1996. The ac losses in $(Bi,Pb)_2Sr_2Ca_2Cu_3O_x$ silver-sheathed superconducting wires. Cryogenics, 36:697—703.

Iwasa Y. 1994. Case Studies in Superconducting Magnet. New York:Plenum Press.

Kawasaki K, Kajikawa K, Iwakuma M, et al. 2001. Theoretical expressions for AC losses of superconducting coils in external magnetic field and transport current with phase difference. Physica C: Superconductivity, 357-360:1205—1208.

Kim K, Paranthaman M, Norton D P, et al. 2006. A perspective on conducting oxide buffers for Cu-based YBCO-coated conductors Supercond. Science & Technology, 19(4):R23—R29.

Magnusson N, Schonborg N, Hornfeldt S. 2000. Temperature dependence of AC losses in high-temperature superconductors. Institute of Physics Conference Series, 167:891—894.

Magnusson N, Schonborg N, Wolfbrandt A, et al. 2001. Improved experimental set-up for calorimetric AC loss measurement on HTSs carrying transport currents in applied magnetic fields at variable temperatures. Physica C: Superconductivity, 354(1-4): 197—201.

Magnusson N, Wolfbrandt A. 2001. AC losses in high-superconducting tapes exposed to longitudinal magnetic fields. Cryogenics, 41, 721—724.

Nguyen D N, Sastry P V P S S, Schwartz J. 2007. Numerical calculations of the total ac loss of Cu-stabilized $YBa_2Cu_3O_7$-coated conductor with a ferromagnetic substrate. Journal of Applied Physics, 101: 053905 (1—9).

Norris W T. 1970. Calculation of hysteresis losses in hard superconductors carrying ac: Isolated conductors and edges of thin sheets. Journal of Applied Physics,3(4): 489—507.

Ogawa J, Fukui S, Yamaguchi M, et al. 2006. Dependence of AC loss with a phase difference between transport current and applied magnetic field. IEEE Transactions on Applied Superconductivity, 16 (2): 115—118.

Rabbers J J, van der Laan D C, ten Haken B, et al. 1999. Magnetisation and transport current loss of a BSCCO/Ag tape in an external AC magnetic field carrying an AC transport current. IEEE Transactions on Applied Superconductivity, 9(2):1185—1188.

Rhyner J. 1993. Magnetic properties and AC-losses of superconductors with power law current-voltage characteristics. Physica C:Superconductivity, 212: 292—300.

Schonborg N, Hornfeldt S. 2001. Model of the flux flow losses in a high-temperature superconducting tape exposed to both AC and D C transport currents and magnetic fields. IEEE Transactions on Applied Superconductivity, 11(2): 4078—4085.

Schonborg N, Hornfelft S. 2001. Losses in a high-temperature superconductor exposed to AC and D C transport currents and magnetic fields. IEEE Transactions on Applied Superconductivity, 11:4086—4090.

Schonborg N. 2001. Hysteresis losses in a thin high-temperature superconductor strip exposed to ac transport currents and magnetic fields. Journal of Applied Physics, 90: 2903—2933.

Sokolovsky V, Meerovich V. 2007. Analytical approximation for AC losses in thin power-law superconductors. Superconductor Science Technology, 20: 875—879.

Stavrev S, Dutoit B, Lombard P. 2003. Numerical modeling and AC losses of multifilamentary Bi-2223/Ag conductors with various geometry and filament arrangement. Physica C, 384(1-2): 19—31.

Takacs S. 2007. Hysteresis losses in superconductors with an out-of-phase applied magnetic field and current: Slab geometry. Superconductor Science Technology, 20: 1093—1096.

Wilson M N. 1983. Superconducting Magnets. Oxford: Clarendon Press.

第6章 实用超导材料制备工艺简介

具有实用价值的超导材料属于非理想的第Ⅱ类超导体,由于它们存在与其晶格缺陷密切相关的不可逆磁性质,不仅有着较高的临界电流密度 J_c,而且也具有很高的上临界场 H_{c2},适用于超导磁体和超导电力装置应用,从而引起了人们研究开发的兴趣。自 20 世纪 50~60 年代人们发现 V_3Si、V_3Ga、Nb_3Sn、$NbTi$、Nb_3Al等合金超导体以来,超导化合物已发现数千种,大部分为金属间化合物、金属和非金属间的无机化合物及少数有机高分子化合物,临界温度在 20K 左右。自 1986年年底超导临界温度在液氮温度(77K)以上的氧化物超导体被发现以及 2001 年MgB_2 化合物超导体被发现以来,化合物超导材料可划分为在液氦温度(4.2K)工作的低温超导材料和在液氮温度(77K)工作的高温超导材料。目前,实用高温超导材料有:Bi 系高温超导材料(Bi2223 和 Bi2212),也称为第一代高温超导材料;Y系超导材料(YBCO 涂层导体),也称为第二代高温超导材料及 MgB_2 超导材料。

超导材料是超导应用技术的基础,实用化超导材料应该具有高临界温度,在高磁场下应具有很强的载流能力,还应具有较高的机械强度、交流损耗低、电磁稳定性高、性价比高等特性。表 6.1 和表 6.2 分别列举了几种典型的低温超导材料和高温超导材料的电磁特性参数。

表 6.1 实用化低温超导材料的临界特性参数

材料	晶体结构	T_c@0T /K	B_{c2}@4.2K /T	J_c@4.2K /(A/cm²)
Nb_3Sn		18.1~18.5	22~25	$(3\sim5)\times10^5$@10T
Nb_3Al		18.4~18.9	29.5	5×10^5@10T
V_3Ga		14.6~14.8	20~22	$(2\sim10)\times10^5$@10T
Nb_3Ge	A15 立方	23.2	37	4×10^5@10T
Nb_3Ga		20.3	33	1×10^4@15T
$Nb_3(Ge\cdot Al)$		21	41	7×10^5@10T
$NbTi$	体心立方	9.25	11.8	$(1\sim5)\times10^6$@3T
NbN	B_1	16~17	29	4×10^5@12T
MgB_2	P6/mm 六角	39	15	$\sim10^5$

表 6.2　高温超导材料的临界特性参数

	特性	YBCO	Bi2212	Bi2223
	临界温度 T_c/K	92	85	110
膜结构 4.2K	上临界场 B_{c2}/T	~300	85	>100
	自场临界电流密度 $J_{c0}/(A/mm^2)$	5×10^5	2×10^4	1×10^5
	0.1T 平行场下临界电流密度 $J_{c0}/(A/mm^2)$	5×10^5	2×10^4	2×10^4
膜结构 77K	上临界场 B_{c2}/T	~56	~35	>20
	自场临界电流密度 $J_{c0}/(A/mm^2)$	4×10^4	1×10^3	1×10^4
	0.1T 平行场下临界电流密度 $J_{c0}/(A/mm^2)$	2×10^5	0	1×10^3

　　目前,超导电工应用领域商业化超导材料的应用场合表现在两方面:低温下的强磁场应用和高温下的超导电力应用。在强磁场应用领域,NbTi 和 Nb₃Sn 具有优良的电磁性能,利用成熟的加工技术能够加工成微米级多芯细丝,采用扭绞、换位等技术可形成复合超导电缆,其机械稳定性和电磁热稳定得到很大提高。目前,高质量超导长线已进入规模化生产。其中,商用超导材料 NbTi 占市场总量的95%以上。Nb₃Sn 和 Nb₃Al 超导线工艺比 NbTi 复杂,应用于高磁场(>9T)磁体领域。国际上能够生产高质量低温超导材料的厂家有美国的 IGC 公司,英国的牛津仪器公司,日本的古河电工、日立和三菱公司,法国的 Alstom 公司,荷兰的 Outokumpu 公司,意大利的 Luvata 公司,德国的真空冶炼公司等,此外,中国的西北有色金属研究院和北京有色金属研究总院也能够批量生产 NbTi 超导线。虽然MgB₂ 超导材料发现比较晚,但是在中低磁场技术领域它也开始进入商业化生产阶段。国际上能够提供商业化 MgB₂ 超导材料的厂家有意大利的 Columbus 公司、美国的 Hyper Tech 公司。至于高温超导材料,除用于工作于 4.2K 温度、25T以上强磁场磁体技术以外,主要应用于低场超导电力应用领域,如超导电缆、超导变压器、超导限流器、超导电机等超导电力设备。目前,已有相应样机挂网实验运行,其中几百米量级 138kV 超导电缆已经实现商业化示范运行阶段。国际上能够商业化生产高质量高温超导 Bi 系材料的厂家有美国超导公司(AMSC)、德国先进超导技术公司、日本住友电气等。此外,中国英纳超导和西北超导公司也能批量提供 Bi 系高温材料。美国超导公司(AMSC)、Superpower 公司、日本国际超导技术中心(ISTEC)、住友公司、德国 Theva 公司能够商业化生产 Y 系高温超导材料。

　　基于目前实用超导材料的应用现状,本章主要介绍商用低温超导线材 NbTi、Nb₃Sn、Nb₃Al,高温超导带材 B22223、YBCO 以及 MgB₂ 线材的制备工艺及特点,加深对实用超导材料宏观结构的理解。实用超导材料的制备工艺有多种,如复合材料制备工艺(composite fabrication process)、青铜法(bronze process)、内锡法(internal tin process)、化学气相沉积法(chemical vapor deposition process, CVD)、物理气相沉积法(physical vapor deposition process, PVD)、原位法(in-situ process)、离位法(ex-situ process)、粉末冶金法包括粉末管装法(powder metallurgy process including powder-in-tube process, PIT)、表面扩散法(surface diffusion process)、外扩散法(external diffusion process)、管式法(tube process)、浸渗法(infiltration process)、包卷法(jelly roll process)、改进包卷法(modified jelly roll process, MJR)等。基于目前几种商业化低温和高温超导材料,本章简要介绍与其相关的制备工艺和过程。

6.1　NbTi 超导线的制备

　　NbTi 合金超导线的制备采用复合材料制备工艺,由几种基本材料组装在一起,经拉拔、轧制等机械加工使其截面积逐渐变小,并进行热处理,从而得到在基体内形成超导丝的复合材料。首先制备高质量的 NbTi 合金铸锭,最佳 NbTi 合金配比一般在 46%～50%Ti 的范围内。采用真空电子束熔炼制取的 Nb 锭和高纯 Ti 作为原料,通过真空电弧炉多次熔炼消除 Ti 斑及富 Nb 区域或 Nb 不熔块等宏观成分不均匀现象,再通过高温均匀化热处理可以消除由于枝晶偏析产生的微观不均匀性现象。这样制备的 NbTi 合金均匀性高,杂质含量低,有利于使整个合金中成分接近 Nb47%Ti,富 Ti 微区化学成分波动在 1.0%～1.5%,并使 α-Ti 沉淀相均匀、弥散析出,提高磁通钉扎力和临界电流密度;还可使超导体机械塑性提高,有利于获得纳米级结构及超细 NbTi 芯丝超导体,可以保证极细丝(线径 $<1\mu m$)多芯线的加工需求。

　　NbTi 合金和 Cu 具有良好的延展性,有利于机械加工成型。NbTi/Cu 多芯超导线材的制造一般包括 NbTi 合金制备、合金棒加工、多芯线的组合与加工、多芯线的热处理等工艺。制造工艺流程如图 6.1 所示,其中,图 6.1(a)是图 6.1(b)的剖面图。具体加工工艺流程如下:①将经过多次熔铸制成的 NbTi 合金锭装入 Cu 管;②真空包铜套焊接封口;③首次拉拔、挤压成较小直径单 NbTi/Cu 单芯坯;④将单芯坯截短,并将多根单芯坯装入铜管;⑤再次真空包铜套焊接封口;⑥多次拉拔、挤压成多芯 NbTi/Cu 线;⑦缠绕在骨架上;⑧放入加热炉中进行热处理,加热温度为 380～400℃,时间为 100h 左右;⑨最后得到实用 NbTi/Cu 多芯超导复合导线。图 6.2 为商用 NbTi/Cu 多芯超导线的典型截面图。目前,实用 NbTi/Cu 多芯复合线的芯丝直径可以做到小于 $10\mu m$ 水平,极大地提高了 NbTi/Cu 多芯超导线的稳定性,降低了其交流损耗。

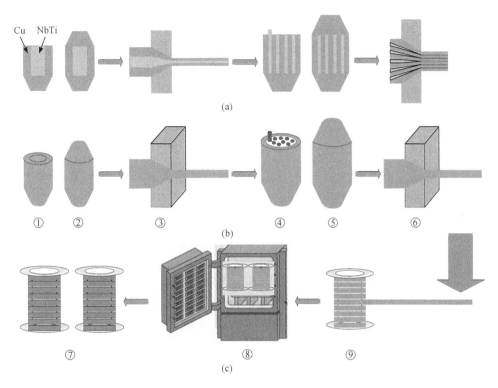

(a)

(b)

(c)

图 6.1　NbTi 多芯超导线的制备工艺

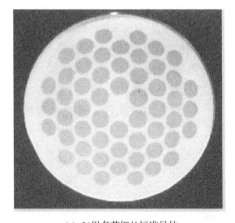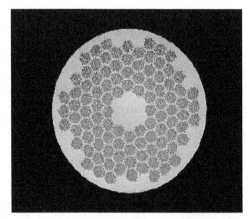

(a) 54根多芯细丝标准导体　　　　　　　　(b) 8670根极细丝导体

图 6.2　NbTi 多芯超导线的截面图

原则上对实用复合超导材料 NbTi 的金属基底材料要求为：低电阻率、热导率高的材料均可使用,但是事实上并不是所有这样的材料都适合制造 NbTi 多芯复合导体。例如,纯 Al 与 Nb 或 NbTi 相比太软,而找不到可行的加工工艺;而 Cu 和 Nb 或 NbTi 三者机械强度比较匹配,可以一起加工。实际上 NbTi/Cu 多芯复合超导线是到目前为止最成功的实用超导材料的代表,它在强磁场超导材料中市场占有率达到 95% 以上。

6.2　Nb_3Sn 超导线的制备

Nb_3Sn 是一种具有 A15 或 A_3B 晶体结构的铌锡金属间化合物,其机械强度差、很脆,不能够采用成熟的生产 NbTi 超导线的工艺来制造。基于 Nb 和 Sn 优良的延展性,开发了多种多芯 Nb_3Sn 超导线的制备工艺技术,如青铜法、内锡法、化学气相沉积法、原位法、离位法等。其中,青铜法制备技术应用最广,它是较为优越、工艺也最为成熟的制造复合多芯 Nb_3Sn 的方法。本节只介绍采用青铜法制备 Nb_3Sn 复合线的方法。青铜法是通过 Nb 丝与青铜之间直接反应形成 Nb_3Sn 的方法,可分为两类:内扩散法和外扩散法。

6.2.1　内扩散法

将 Nb 棒嵌入青铜 Cu-Sn 材料中,如果在青铜合金中 Sn 的含量小于 13wt% 时,采用制造 NbTi 线的真空包套焊接封口、挤压、拉丝工艺加工导线的复合材料制备工艺流程,获得多芯 Nb 丝和青铜复合导线,再在加热炉中进行热处理,温度在 650~700℃,时间通常在 50~100h。采用内扩散法制备 Nb_3Sn 超导线的工艺如图 6.3 所示。由于复合材料中不含稳定化铜,为了提高 Nb_3Sn 复合多芯超导线的稳定性,热处理前超导线外部需覆铜层,但是在热处理过程中 Cu 容易被污染,在 Cu 和青铜之间要加 Ta 或 Nb 作为阻挡层,阻挡 Sn 向外覆及 Cu 内扩散。内扩散法的另一种形式是以 Nb 管代替 Nb 棒,中间插入青铜或富 Sn 合金的工艺,Nb 管本身兼起阻挡层作用,如图 6.4 所示。图 6.5 为商用 Nb_3Nb/Cu 多芯超导线的典型截面图。

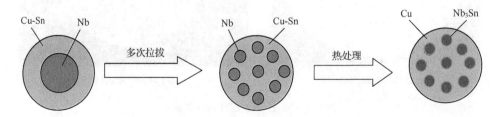

图 6.3　内扩散法制备 Nb_3Sn 多芯复合超导线工艺

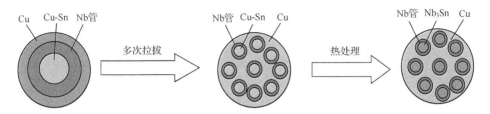

图 6.4　增加 Cu 稳定层的内扩散法制备 Nb_3Sn 工艺

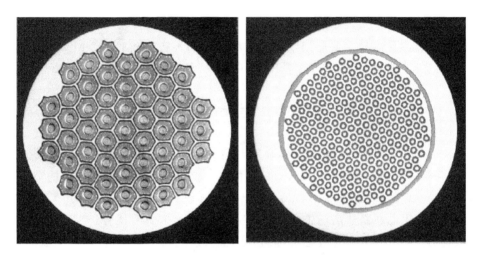

图 6.5　Nb_3Sn/Cu 多芯超导线的典型截面图

6.2.2　外扩散法

将 Nb 棒嵌入纯铜管中,同样采用制造 NbTi 线的真空包套焊接封口、挤压、拉丝工艺加工导线的复合材料制备工艺流程,得到多芯 Nb 和 Cu 的复合线材,在该线外面镀一层 Sn,在加热炉中进行热处理,温度在 $650\sim700℃$,时间通常在 $50\sim100h$,Sn 通过 Cu 扩散与 Nb 芯进行反应生成 Nb_3Sn。外扩散法工艺如图 6.6 所示。

由于 Nb_3Sn 机械强度差,在大型工程磁体线圈应用中,可以直接使用青铜法工艺生成的 Nb_3Sn 多芯复合线材。但是在中小型高场磁体线圈应用中,为了避免绕制过程中对 Nb_3Sn 芯的机械损伤,往往采用"先绕制后反应"工艺——将青铜法中制备的多芯 Nb 丝、Cu 或 CuSn 多芯复合线材不进行热处理,也就是这时复合线材中未形成 Nb_3Sn 芯,线材表面以耐高温绝缘材料绝缘,然后进行磁体线圈绕制,完成后,将磁体线圈整体进行热处理,在磁体线圈线材中生成多芯 Nb_3Sn 超导相。

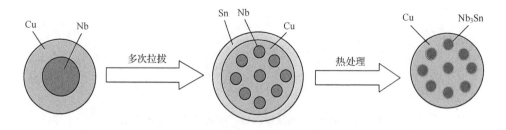

图 6.6　外扩散法制备 Nb_3Sn 多芯复合超导线工艺

Nb_3Sn 超导线材主要应用于极高磁场($\sim$20T)磁体和商用 NMR 磁体应用中,相对 NbTi 超导线材,其应用范围窄,用量少,市场份额小。

6.3　Nb_3Al 超导线材的制备

Nb_3Sn 和 Nb_3Al 同属 A15 化合物超导体。与 Nb_3Sn 类似,Nb_3Al 机械强度、力学性能差,不易加工,但是,Nb_3Al 的临界磁场强度远高于 Nb_3Sn 的临界磁场强度,见表 6.1;另一方面,Nb_3Al($\sim$0.8%)的抗应变能力强于 Nb_3Sn 的($\sim$0.5%),因此在制造高场磁体方面 Nb_3Al 比 Nb_3Sn 具有优势。Nb_3Al 多芯复合线材的制备方法主要有包卷法、液态淬火法、连续电子枪照射法、内扩散法等。其中,包卷法制备技术应用最广。本节只介绍采用包卷法制备 Nb_3Al 多芯复合线。

以 Nb 箔和 Al 箔同心地叠卷在 Nb 棒芯上,经挤压、拉拔得到截面较小的型材,将这些型材重新装入 Nb 管,再经过多次挤压、拉拔成多芯线材。在真空室中将此线材自身通电快速加热到1960℃,然后将其放入液态金属 Ga 溶液中快速淬火,将淬火后的线材进行二次热处理,即可得到 Nb_3Al 多芯线材。包卷法工艺如图 6.7 所示。

与 Nb_3Sn 超导线类似,对于大型超导磁体线圈可以直接使用 Nb_3Al 多芯复合线,但是在中小型高场磁体线圈应用中,也往往采用"先绕制后反应"工艺。磁体绕制完成后,再进行热处理,在磁体线圈线材中生成多芯 Nb_3Al 相。Nb_3Al 超导线也主要应用于极高磁场($\sim$20T)磁体,其应用范围、用量及市场份额都很小。

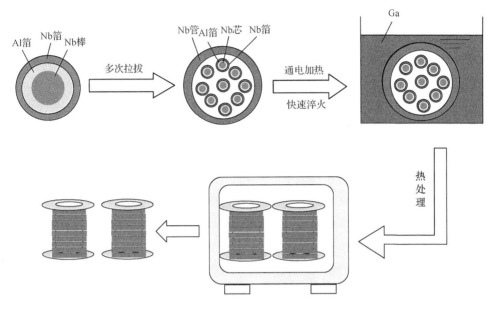

图 6.7   包卷法制备 Nb$_3$Al 多芯复合线工艺示意图

6.4   MgB$_2$ 线材的制备

MgB$_2$ 超导体是 2001 年才发现的临界温度为 39K 的新型超导体,其化学成分和结构比较简单。与氧化物高温超导体不同,MgB$_2$ 材料的生产成本很低,成材容易。与低温超导体相比,临界温度较高,可在 20～30K 温区获得应用,该温度易于通过 G-M 制冷机直接冷却。虽然 MgB$_2$ 超导材料发现比低温超导体和高温超导体晚,但是它采用高温、低温超导材料成熟的制备工艺,很快制备出实用化 MgB$_2$ 超导线材和带材。有多种制备 MgB$_2$ 线、带材的工艺技术,其中采用粉末装管(PIT)技术较为成功,可用于大规模工业生产中。PIT 法制备 MgB$_2$ 线材的基本工艺流程包括:前驱粉末制备、真空密封入铁包套、组成复合管、旋锻、拉拔、轧制等步骤。根据前驱粉末的不同,MgB$_2$ 线材的制备又分为两类工艺:一类是先位法,直接使用商用 MgB$_2$ 粉装管拉拔轧制,如图 6.8(a)所示为先位法制备多芯 MgB$_2$ 线、带材的流程示意图;另一类是原位法,用 Mg 粉和 B 粉按 MgB$_2$ 的化学计量比装管,经挤压、拉拔、轧制、热处理,最终生成 MgB$_2$ 线、带材。图 6.8(b)所示为原位法制备多芯 MgB$_2$ 线、带材的流程示意图。由于原位法较易得到高临界电流密度的超导材料,因而它是目前比较常用的制备多芯 MgB$_2$ 线、带材的方法。包套材料不仅限于 Fe、Nb、NbZr、不锈钢等不与 MgB$_2$ 起反应的金属材料均可作为包套材料。

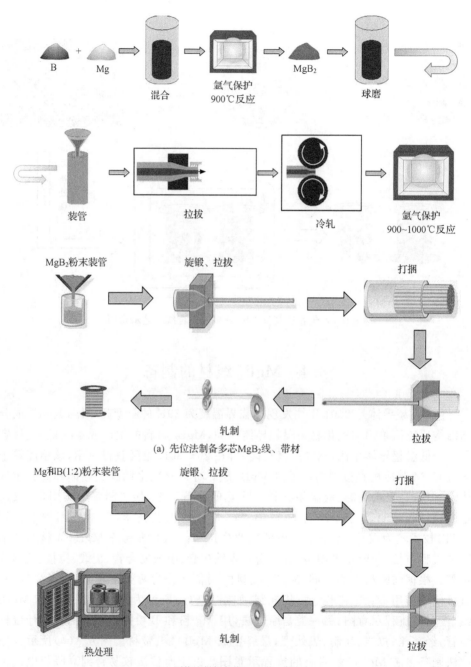

(a) 先位法制备多芯MgB$_2$线、带材

(b) 原位法制备多芯MgB$_2$线、带材

图 6.8 PIT 法制备多芯 MgB$_2$ 线、带材

实用 MgB_2 多芯超导材料也可以不经过中间轧制工艺制成圆截面超导线,如美国 Hyper Tech 公司生产的 MgB_2 超导材料就是圆截面线材,意大利 Columbus 公司生产的 MgB_2 多芯超导材料是扁矩形截面带材。图 6.9(a)和图 6.9(b)分别为圆截面线材和扁矩形截面带材的示意图。

(a) 圆截面

(b) 扁矩形截面

图 6.9　MgB_2 多芯超导材料截面

6.5　第一代高温超导带材的制备

第一代高温超导带材(Bi 系高温超导材料)的化学结构式为 $Bi_2Sr_2Ca_2Cu_3O_{10}$(Bi2223),其超导转变温度为 115K 左右,在 4.2K 温度,它的上临界场大于 100T。Bi2223 的超导电性具有强烈的各向异性。由于高温超导体的陶瓷颗粒特性,传输电流必须通过晶界,因此传输临界电流密度 J_c 和晶粒内临界电流密度 J_{cm} 不同,它首先取决于弱连接,此外低钉扎能和高运行温度也可能使磁通蠕动现象变得严重,从而降低临界电流密度 J_c。

Bi2223 超导体具有层状结构,利用机械变形和热处理能够获得具有较好的织构。此外,热处理时液相的存在能够促进材料致密化,并且弥合在变形加工中所产生的裂痕,从而改善晶粒间的连接性。与 MgB_2 加工工艺相同,实用长度 Bi2223 超导带材的制备也采用 PIT 法,其加工工艺流程如图 6.10 所示。将 Bi(Pb)-Sr-Ca-Cu-O 粉末按一定比例装入金属管(Ag 或 Ag 合金),进行旋锻、拉拔,形成单芯细管圆棒;然后,将多根单芯细棒打捆装入较粗直径金属管中,再进行拉拔、冷轧,形成多芯带材。最后,把制备好的多芯带材放入可控气氛热处理炉中,在一定的保护气氛下进行一次或多次热处理,就可使银套管内的前驱粉转变为高温超导 Bi2223 相,完成多芯 Bi2223 高温超导带材的制备。

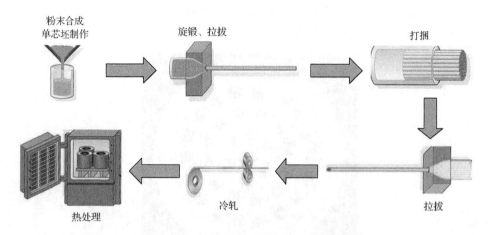

图 6.10　PIT 法制备 Bi2223 带材的工艺流程

　　为了增加机械强度,在成产过程中,金属管套采用机械强度高的合金材料,如 AgMg、AgAu、AgPd,使得机械强度大大提高。另一种增加机械强度的方法是在 Bi2223/Ag 带材完成后,在带材两侧焊接不锈钢带,其机械强度可以达到 250MPa 以上。图 6.11 是美国超导公司采用该种方法生产不锈钢加强 Bi2223/Ag 带材的示意图。图 6.12 是不同包套 Bi2223/Ag 多芯带材截面示意图,其中,图 6.12(a) 是 Ag 包套带材截面示意图,机械强度约 100MPa;图 6.12(b)是 Ag 合金包套材料截面示意图,机械强度约 150MPa;图 6.12(c)为不锈钢加强包套截面示意图,机械强度大于 250MPa。

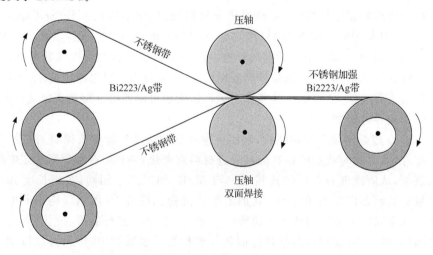

图 6.11　不锈钢加强多芯 Bi2223/Ag 带材加工工艺示意图

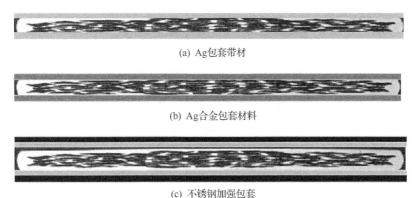

(a) Ag包套带材

(b) Ag合金包套材料

(c) 不锈钢加强包套

图 6.12　不同包套 Bi2223/Ag 多芯带材截面示意图

　　虽然 Bi2223 带材已实现了商品化,在高温超导电力应用、磁体应用中取得了重大进展,但是它使用 Ag 作为基体材料,价格难于进一步下降;另外,在 77K 温度下,临界电流各向异性强烈,垂直场下临界电流衰减严重,因此,目前国际上大部分高温超导带材供应商已停止生产,转而生产 YBCO 涂层导体即第二代高温超导带材。

　　Bi2212 超导材料属于 Bi 系高温超导体。Bi 系高温超导体的化学结构式可写为 $Bi_2Sr_2Ca_{n-1}Cu_nO_{2n+4}$($n=1,2,3$),其超导转变温度为 85K 左右,在较低温度(<20K)和高场下的临界电流密度 J_c 性能优越。也就是说,与低温常规超导体相比,Bi2212 的优越性是它的 J_c 在低温强磁场中的磁场依赖性较小,所以可以制成中心磁体插入常规磁体中,产生 20T 以上的强磁场。图 6.13 和图 6.14 为多芯圆截面 Bi2212/Ag 超导线材实物图。

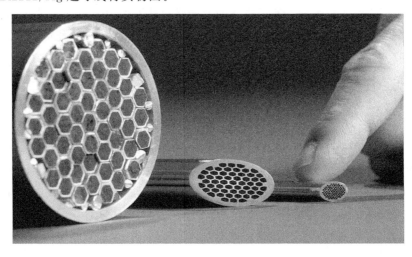

图 6.13　Bi2212/Ag 超导线材加工尺寸示意图

图 6.14　六角多股 Bi2212/Ag 超导线材截面图

6.6　第二代高温超导带材——YBCO 涂层导体

　　Bi-系高温超导带材已实现了批量生产,但其高成本及一些性能缺陷,如 77K 温度、垂直磁场下 J_c 的急剧衰减等使其大规模应用前景变得渺茫。与 Bi 系相比, YBCO 具有较优异的高磁场性能,在液氮温区附近较高磁场下有较高的 J_c,同时, 其各向异性也较弱。由于 Y 系超导体的晶粒间结合较弱,难以采用 PIT 法制备 Y 系超导带材,采用沉积、喷涂等镀膜方法制备 Y 系超导带材是当前高温超导强电应用材料研究的主要方向。Y 系带材的性能对双轴织构的微观组织有较强的依赖性,只有在双轴织构化的基带或隔离层上,通过外延生长技术才能制备高质量的 YBCO 膜。获得高性能 YBCO 带材的主要障碍是弱连接问题,相邻 YBCO 晶粒间的晶界角是决定其能否承载大电流的关键,必须避免大角晶界,消除超导相间的弱连接。目前已掌握能使样品获得很高 J_c 的涂层导体技术。YBCO 涂层导体的结构如图 6.15 所示。许多涂层导体样品是用离子束辅助沉积(IBAD)/脉冲激光沉积(PLD) 和轧制辅助双轴织构化(RABiTS)/脉冲激光沉积(PLD)法制造的,采用这两种方法制备的 YBCO 带材的 J_c 均很容易达到 22MA/cm (77K, 0T)。当前, 有关 Y 系超导带材的研究工作主要集中在两个方面:基板及织构化隔离层的制备和高 J_c 超导层的沉积技术。

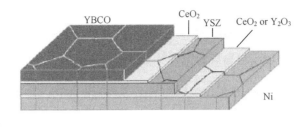

(a)

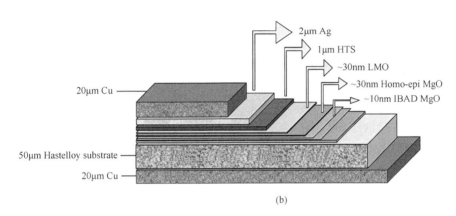

(b)

图 6.15 YBCO 涂层导体结构示意图

6.6.1 基板及织构化隔离层

基板及织构化隔离层是 YBCO 导体制备的重要基础材料,基板及织构化隔离层的制备工艺有多种,下面简单介绍 4 种常用的制备方法。

(1) 离子束辅助沉积(IBAD)。IBAD 法是采用高强度、非磁性 Ni 合金基板,通过离子束溅射而得到强织构化的 YSZ 层,是目前应用较广的第二代高温超导带材基底的制备工艺。

(2) 轧制辅助双轴织构化(RABiTS)。利用 RABiTS 技术获得高质量的双轴织构 Ni 基底,然后用脉冲激光沉积(PLD)法在 Ni 基底上沉积 CeO_2 膜,再在 CeO_2 膜上外延 YSZ 和 CeO_2。由于需要多层隔离层,不仅增加了制造成本,同时又使制造过程复杂化。另外,轧制过程对工作环境的要求也较高,但对于沉积高性能 YBCO 膜较为有利,因此该方法目前仍然应用广泛。

(3) 倾斜基板沉积(ISD)法。不需要离子束辅助,沉积材料仅以一定角度沉积在金属基板上,也能获得织构化的隔离层。该方法的特点是沉积速率块,但所获得的织构度并不是很高。

(4) 织构化银或银合金基板。银是目前唯一不需要隔离层的高温超导基带材料,而且研究表明,银的掺入有利于 YBCO 超导性能的改善和表面电阻的降低,缺点是工艺复杂和价格昂贵。

6.6.2　高临界电流密度超导层的沉积

目前可采用多种方法在柔性金属衬底上沉积高质量的 YBCO 薄膜,主要工艺包括 PLD、金属有机化学气相沉积(MOCVD)、金属有机沉积(MOD)和溅射法(sputtering),其他工艺还有喷涂分解、溶胶凝胶法等。其中,PLD 是应用最广泛的一种沉积方法。目前,采用该法制备的 YBCO 短样临界电流已高达 400～500A/cm。但 PLD 法不太适合大规模产业化,主要原因在于它需使用昂贵的、大体积、高真空度的装置以及工业用激光源。而溅射法也面临高真空系统的问题。MOCVD 法只需较低的真空度、生长速度快、可制备长带,具有大批量生产的可能,但该方法的前驱物-气相沉积源价格昂贵。非真空的三氟乙酸盐金属有机沉积(TFA-MOD)法正引起人们越来越多的关注,该方法原理是金属基板先在含氟的涂层溶液中进行涂层,然后经两道热处理工序(见图 6.16),最终形成高质量的 YBCO 膜。TFA-MOD 法的特点如下:①工序相对简单,仅需涂层和退火两道工艺;②先驱物原料 100% 可利用,且成分可调;③不需要真空系统;④可大面积沉积。显然,TFA-MOD 法十分适合高性能、低成本和大规模产业化生产 YBCO 涂层导体。

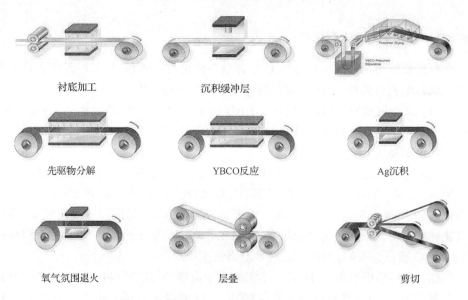

图 6.16　喷涂法 YBCO CC 加工流程示意图

图 6.17 为美国超导公司采用喷涂工艺研制的 344 YBCO 超导带材截面图,图

中,超导带材长度超过 200m,77K 和自场情况下临界电流 I_c 大于 100A。

图 6.17　YBCO CC 几何截面

目前,国际上高温超导涂层导体(第二代高温超导带材)的提供商美国超导(AMSC)公司、美国 Superpower 公司、日本住友公司等可以生产 500m 以上高温超导涂层导体。因此,YBCO 涂层导体是未来高温超导电力应用研发的主要超导材料。

参 考 文 献

冯瑞. 1998. 金属物理学:超导电性和磁性. 北京:科学出版社.

林良真,张金龙,李传义,等. 1998. 超导电性及其应用. 北京:北京工业大学出版社.

易汉平,张劲松,刘庆,等. 2004. 实用 Bi 系高温超导带材. 中国有色金属学报,14:341-346.

张其瑞. 1992. 高温超导电性. 杭州:浙江大学出版社.

中国科学院物理研究所. 1973. 超导电材料,北京:科学出版社.

邹贵生,胡乃军,吴爱萍,等. 2006. Bi-Sr-Ca-Cu-O 高温超导材料的连接技术. 金属热处理,31:1-9.

Abacherli V, Seeber B, Walker E, et al. 2001. Development of $(Nb,Ta)_3Sn$ multifilamentary superconductors using osprey bronze with high tin content. IEEE Transactions on Applied Superconductivity, 11(1), 3667-3670.

Araki T, Hirabayashi T. 2003. Review of a chemical approach to $YBa_2Cu_3O_7$-x-coated superconductors-metalorganic deposition using trifluoroacetates. Superconductor Science and Technology, 16(11): R71-94.

Araki T, Kato T, Muroga T, et al. 2003. Carbon expelling scheme and required conditions for obtaining high-J_c $YBa_2Cu_3O_{7-x}$ film by metalorganic deposition using trifluoroacetates. IEEE Transactions on Applied Superconductivity, 13(2): 2803-2808.

Arko A J, Lowndes D H, Muller F A, et al. 1978. De Haas-van Alphen Effect in the high-T_c A15 superconductors Nb_3Sn and V_3Si. Physical Review Letters, 40(24):1590-1593.

Cunningham C E, Petrovic C, Lapertot G, et al. 2001. Synthesis and processing of MgB_2 powders and wires. Physica C, 353: 5-10.

Devantay H, Jorda J L, Decrour M, et al. 1981. Physical and structural properties of superconducting A15-Type Nb-Sn alloys. Journal of Materials Science, 16: 2145-2153.

Dou S X, Liu H K. 1993. Ag-sheathed Bi(Pb)SrCaCuO superconducting tapes. Superconductor Science and Technology, 6: 297-314.

Dou S X, Shcherbakova O, Yeoh W K, et al. 2007. Mechanism of enhancement in electromagnetic properties of MgB_2 by nano SiC doping. Physical Review Letters, 98: 097002-097005.

Dou S X, Soltanian S, Horvat J, et al. 2002. Enhancement of the critical current density and flux pinning of MgB_2 superconductor by nanoparticle SiC doping. Applied Physics Letters, 81: 3419-3421.

Eistere M, Glowacki B A, Weber H W, et al. 2002. Enhanced transport currents in Cu-sheathed MgB_2 wires. Superconductor Science and Technology, 15: 1088-1091.

Elen J, van Beijnen C, vander Klein C. 1977. Multifilament V_3Ga and Nb_3Sn superconductors produced by the ECN-technique. IEEE Transaction on Magnetics, 13 (1): 470－473.

Grasso G, Jeremie A, Flükiger R. 1995. Optimization of the preparation parameters of monofilamentary Bi(2223) tapes and the effect of the rolling pressure on j_c. Superconductor Science and Technology, 8: 827－832.

Gregory E, Tomsic M, Sumption M D, et al. 2005. The introduction of Titanium into internal-Tin Nb_3Sn by a variety of procedures. IEEE Transactions on Applied Superconductivity, 15(2): 3478－3481.

Gupta A, Jagannathan R, Cooper E L, et al. 1998. Superconducting oxide films with high transition temperature prepared from metal trifluoroacetate precursors. Applied Physics Letters, 52: 2077－2079.

Han Z, Bodin P, Wang W G, et al. 1999. Fabrication and characterisation of superconducting Bi-2223/Ag tapes with high critical current densities in km lengths. IEEE Transactions on Applied Superconductivity, 9: 2537－2540.

Hashimoto Y, Yoshizaki and Tanaka M. 1974. Processing and properties of superconducting Nb_3Sn filamentary wirs. Proceedings of the 5th International Cryogenic Engineering Conference (ICEC), Kyoto.

Ionescu M, Dou S X, Apperley S X, et al. 1998. Phase and texture formation in Bi-2212/Ag tapes processed in oxygen. Superconductor Science and Technology, 11: 1095－1097.

Kaufmann A R, Picett J J. 1970. Multifilamentary Nb_3Sn superconductor wire. Bulletin of the American Physical Society, 15: 838－841.

Kumakura H, Matsumoto A, Fujii H, et al. 2001. High transport critical current density obtained for powder-in-tube-processed MgB_2 tapes and wires using stainless steel and Cu-Ni tubes. Applied Physics Letters, 79(15): 2435－2437.

Lange F F. 1996. Chemical solution soutes to single-srsytal thin films. Science, 273(5277): 903－909.

Larbalestier D C, West A W. 1984. New perspectives on flux pinning in Niobium-Titanium composite superconductors. Acta Metallurgica, 32:1871－1881.

Lee P J, Ruess J R, Larbalestier D C. 1997. Quantitative image analysis of filament coupling and grain size in ITER Nb(Ti)$_3$Sn strand manufactured by the internal Sn process. IEEE Transactions on Applied Superconductivity,7(2): 1516－1519.

Liu Y C, Shi Q Z, Zhao Q, et al. 2007. Kinetics analysis for the sintering of bulk MgB_2 superconductor. Journal of Materials Science: Materials in Electronics, 18: 855－861.

Mankiewich P M, Scofield J H, Skocpol W J, et al. 1987. Reproducible technique for fabrication of thin films of high transition temperature superconductors. Applied Physics Letters,51:1753－1755.

Matsushita T, Kupfer H. 1988. Enhancement of the superconducting critical current from saturation in NbTi wire I. Journal of Applied Physics, 63:5048－5059.

McDonald W K, Curtis C W, Scanlan R M, et al. 1983. Manufacture and evaluation of Nb_3Sn conductors fabricated by the MJR method. IEEE Transaction on Magnetics, 19 (3): 1124－1127.

Meingast C, Larbalestier D C. 1989. Quantitative description of a very high critical current density Nb-Ti superconductor during its final optimization strain. II. Flux pinning mechanisms. Journal of Applied Physics, 66:5971－5983.

Miao H, Marken K R, Sowa J, et al. 2002. Long length AgMg clad Bi-2212 multifilamentary tapes. Advances in Cryogenic Engineering: Proceedings of the International Cryogenic Materials.

Morris D E, Hultgren C T, Markelz A M, et al. 1989. Oxygen concentration effect on T_c of the Bi-Ca-Sr-

Cu-O superconductor. Physical Review B, 39: 6612—6614.

Nagai T, Kubo Y, Egawa K, et al. 2003. Sn based alloy containing Sn-Ti compound, and precursor of Nb_3Sn superconducting wire: United States, US 6548187 B2.

Nagamatsu J, Nakagawa N, Muranaka T, et al. 2001. Superconductivity at 39K in magnesium diboride. Nature, 410: 63,64.

Sato K, Hikata T, Iwasa Y. 1990. Critical currents of superconducting BiPbSrCaCuO tapes in the magnetic flux density range 0—19.75T at 4.2, 15, and 20K. Applied Physics Letters, 57(18): 1928,1929.

Shekhar C, Giri R, Tiwari R S, et al. 2007. Enhancement of flux pinning and high critical current density in graphite doped MgB_2 superconductor. Journal of Applied Physics, 102(9): 093910—093917.

Suenaga M, Klamut C J, Higuchi N, et al. 1985. Properties of Ti alloyed multifilamentary Nb_3Sn wires by internal tin process. IEEE Transaction on Magnetics, 21(2): 305—308.

Suenaga M, Welch D O, Sabatini R L, et al. 1986. Superconducting critical temperatures, critical magnetic fields, lattice parameters, and chemical compositions of "bulk" pure and alloyed Nb_3Sn produced by the bronze process. Journal of Applied Physics, 59(3): 840—853.

Suo H L, Beneduce C, DhalléM, et al. 2001. Large transport critical currents in dense Fe-and Ni-clad MgB_2 superconducting tapes. Applied Physics Letters, 79(19): 3116—3118.

Tokunaga Y, Fuji H, Teranishi R, et al. 2004. High critical current YBCO films using advanced TFA-MOD process. Physica C, 412-414: 910—915.

Vase P, Flukiger R, Leghissa M, et al. 2000. Current status of high-T_c wire. Superconductor Science and Technology, 13: R71—R84.

Volynskii A L, Bazhenov S L, Lebedeva O V, et al. 2000. Mechanical buckling instability of thin coatings deposited on soft polymer substrates. Journal of Materials Science, 35(3), 547—554.

Wilson M N. 1983. Supersonducting Magnets. New York : Oxford University Press,Inc.

Yan S C, Yan G, Lu Y F, et al. 2007. The upper critical field in micro-SiC doped MgB_2 fabricated by a two-step reaction method. Superconductor Science and Technology, 20:549—553.

Zalamova K, Roma N, Pomar A, et al. 2006. Fast calcination of purified Trifluoroacetate metal-organic precursors for high critical current $YBa_2Cu_3O_7$ thin films. Journal of Physics: Conference Series, 43: 150—153.

Zhang P X, Zhou L, Tang X D, et al. 2006. Investigation of multifilamentary Nb_3Sn strand for ITER by internal Sn process. Physica C, 445-448: 819—822.

Zhao B, Sun Z Y, Shi K, et al. 2003. Preparation of $YBa_2Cu_3O_{7-\delta}$ films by MOD method using trifluoroacetate as precursor. Physica C, 386: 342—347.

Zhou S, Pan A V, Wexler D, et al. 2007. Sugar coating of boron powder for efficient carbon doping of MgB_2 with enhanced current-carrying performance. Advanced Materials, 19: 1373—1376.

第 7 章　高温超导带材临界电流和 n 值的非接触测量原理和技术

近十几年来,随着高温超导材料制备技术的日益成熟,实用长度 Bi 系和 Y 系高温超导线材已经实现了商业化生产,在高温超导电力技术研发领域取得了重要进展,相应的各种超导电力装置实现了示范运行,超导电缆已经实现商业化试验运行,逐步向实用化阶段迈进。但是,由于高温超导材料本身具有弱连接、晶粒特性、次相、缺陷等内禀特性,实用长度高温超导带材的临界电流和 n 值不可能做到完全均匀。高温超导线材的临界电流和 n 值对超导电力装置的安全运行、稳定性、运行效率等具有重要影响,因此临界电流和 n 值是描述高温超导带材均匀性的两个重要参量,也是衡量实用高温超导带材质量的重要参数指标。本章重点介绍实用高温超导线材临界电流和 n 值非接触测量原理和技术,提出评价实用高温超导带材临界电流和 n 值均匀性的分析方法,为高温超导电力装置的设计、运行提供重要参考依据。

7.1　临界电流和 n 值简介

随着第一代 Bi 系和第二代 YBCO 涂层导体高温超导材料在电磁特性、机械特性等方面取得的重大进展,实用化高温超导线材已经实现了商业化生产,极大地促进了高温超导材料在电工领域的应用。与常规电力装置相比,由于超导体的无阻载流特性,超导电力装置具有体积小、重量轻、无火灾隐患、环境友好等优势,超导电力装置的研发取得了重要进展,同时超导电力装置也是未来智能电网的重要组成部分,得到国际社会的普遍重视。目前有关高温超导电缆、变压器、限流器、电机、储能等超导电力装置已经进入示范运行阶段,其中高温超导电缆实现了商业化试验运行。

临界电流和 n 值是超导材料的两个重要参数,是衡量超导载流特性的重要参量。对于低温超导体而言,由于其 n 值比较高(大于 25),因此临界电流即可描述其超导载流能力,而 n 值显得不重要,一般不予考虑。相对于传统低温超导材料,由于高温超导材料本身具有的弱连接、晶粒特性、次相、缺陷等内禀特性,高温超导体由超导态向正常态转变比低温超导体要慢,即 n 值比较低(小于 18)。一般来讲,具有较高 n 值的超导体超导电性优于具有较低 n 值的超导体;然而较高 n 值的超导体比较低 n 值的超导体更容易发生失超。因此,对于高温超导材料而言,单一临界电流参数不能完全反映其载流特性,必须考虑 n 值特性才能完整衡量其无阻载流特性。

超导体临界电流的确定一般采用传统的四引线法进行测量,即给超导材料通以电流,测量超导材料上的压降,采用电场判据 $E_c = 1\mu V/cm$ 或电阻率判据 $\rho_c = 2 \times 10^{-13} \Omega \cdot m$(两者是等价的)来确定超导体的临界电流。而超导体 n 值是通过测量超导体电压电流曲线通过幂指数定律拟合得到的幂指数。虽然电测法比较容易获得超导材料的临界电流和 n 值,对于短样超导材料测量比较适合,但是对于实用长度的高温超导线材,不可能采用电测法测量超导带材各部分临界电流和 n 值。本章介绍实用长度高温超导带材临界电流和 n 值非接触测量技术的基本原理和测量方法,并介绍描述实用长度高温超导带材临界电流和 n 值均匀性参数的方法。

7.2　高温超导带材临界电流的非接触测量技术

高温超导带材临界电流的非接触测量方法主要有剩余磁场法、交流磁场感应法、力学方法、磁光法、磁弛豫法、SQUID 方法和 VSM 方法等。

7.2.1　剩余磁场法

超导材料在低温下处于无阻的超导态,外加恒定磁场时,在超导体中感应出屏蔽电流。在磁场撤掉后,由于超导体电阻为零和磁通钉扎效应,超导体内产生剩余磁场,即所谓剩磁。而剩余磁场与超导体的临界电流成正比,所以通过磁场传感器(一般为霍尔探头),测量出超导带材表面的磁场,通过标定,可以实现实用长度高温超导带材的临界电流分布测量。由于超导材料没有施加任何电流,也没有焊接任何电压引线,因而通过剩磁场法测量超导材料临界电流的方法,通常叫做非接触测量或者非破坏测量法。

图 7.1 为外加磁场撤除后,超导带材和霍尔探头的相对位置示意图。图中,I_c、W、h、δ 分别为超导带材的临界电流、超导带材宽度、霍尔探头距离超导带材中心的坐标。如果沿带材宽度方向为 x 轴方向,垂直带材方向为 y 轴方向,坐标原点位于超导带材中心,那么超导带材表面位置坐标 $(\pm\delta, h)$ 处沿 z 轴方向磁场的大小为

$$B_z(h,\delta) = \frac{\mu_0 I_c}{4\pi W} \lg \frac{[h^2 + (W/2 + \delta)^2][h^2 + (W/2 - \delta)^2]}{(h^2 + \delta^2)^2} \tag{7.1}$$

由式(7.1)可知,对于霍尔探头某一固定位置 (δ, h),z 轴磁场大小与临界电流 I_c 成正比。因此经过标定后,霍尔探头测量的磁场可以反映连续测量高温超导带材沿长度上的临界电流分布。

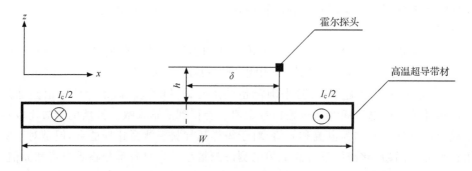

图 7.1　超导带材和霍尔探头的相对位置示意图

　　图 7.2 为剩余磁场法测量高温超导带材沿长度方向上临界电流测量的原理示意图。超导带材经放线盘到液氮容器,处于超导态,通过直流磁体后,产生剩磁,由霍尔探头测量剩余磁场,最后返回收线盘,从而完成超导带材沿长度方向上临界电流均匀性的连续测量。

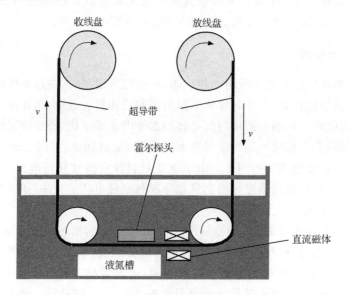

图 7.2　剩余磁场法测量临界电流原理图

7.2.2　交流磁场感应法

1. 基波分量法

　　交流磁场感应法是将超导带材置于垂直于宽带面的交变磁场中,测量超导体表面感应的交流磁场来反映超导带材临界电流的测量技术。图 7.3 为超导带材几何结构及交变磁场方向的截面示意图。图中,超导带宽度和厚度分别为 $2a$ 和 $2b$。

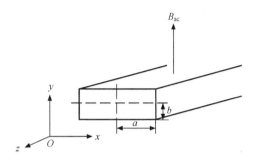

图 7.3　超导带材几何结构及交变磁场场形示意图

图 7.4 为超导带材临界电流测量原理示意图。图中,磁场由霍尔探头测量,交变磁场由磁化线圈提供。在垂直交变场下,将超导带材沿着长度方向离散化成 n 等份,在 y 轴方向产生的磁场大小为

$$B_y(r) = \frac{\mu_0}{2\pi} \sum_i \frac{J_i \mathrm{d}x\mathrm{d}y\sin\varphi(\boldsymbol{r}, \boldsymbol{r}_i)}{|\boldsymbol{r} - \boldsymbol{r}_i|} \tag{7.2}$$

式中,$\varphi(\boldsymbol{r}, \boldsymbol{r}_i)$ 为交变场矢量方向与 x 轴之间的夹角;J_i 为第 i 单元的电流密度。

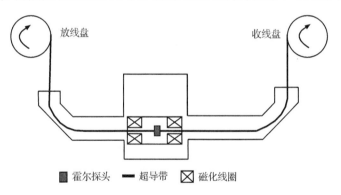

图 7.4　超导带材临界电流连续测量原理示意图

图 7.5 是采用交流磁场感应法测量临界电流的装置原理示意图。图中,测量装置包括交流磁体线圈、功率放大器、信号发生器、锁相放大器和霍尔探头。锁相放大器可以测量霍尔探头电压与磁体电流基波分量的同位相和垂直位相分量电压。同位相和垂直位相分量分别对应超导带材屏蔽磁场和剩磁场分量。屏蔽场分量与超导带材感应电流成正比,而剩磁场分量与超导带材临界电流成正比,如果交流磁场是正弦波形,当超导带材垂直位相磁场分量饱和时,其波形偏离正弦形式,表明超导带材完全穿透,根据式(7.2)可以计算出超导带材的临界电流,从而实现超导带材临界电流分布的测量,也可以通过直接标定,获得临界电流的分布特性。

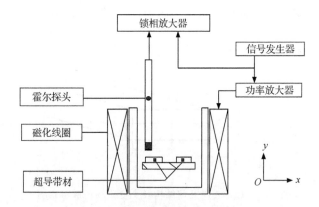

图 7.5　临界电流测量装置示意图

2. 三次谐波分量法

　　如果超导带材置于垂直于带面的交变磁场中,如图 7.6 所示,当磁场大于完全穿透磁场时,会在超导带表面附近产生三次谐波的电场。三次谐波电场与超导带材临界电流成正比:

$$E_{3avg} = (3\sqrt{3}\pi/4)\mu_0 f d^2 J_c \tag{7.3}$$

式中,f 和 d 分别为交变场频率和超导带材的厚度;E_{3avg} 为三次谐波感应电场的有效值。因此可以通过测量超导带材三次谐波电场的方法,测量超导带材的临界电流密度。这种测量方法相对复杂,但是由于避开了一次谐波的影响,利用了锁相放大器技术,能够精确测量三次谐波的幅值和位相。

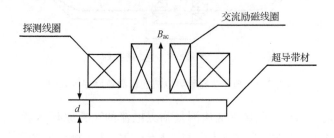

图 7.6　三次谐波法临界电流测量装置示意图

7.2.3　力学方法

　　当超导带材尤其是第二代高温超导带材(YBCO 涂层导体即 YBCO CC)置于直流磁体或永磁体产生的恒定磁场中时,由于在超导带材上感应屏蔽电流并有磁通钉扎力存在,分别在磁体与超导带材之间会产生排斥力 F_r 和吸引力 F_a。图 7.7

为测量系统原理示意图,图中,永磁体为圆柱形结构,L 和 d 分别为永磁体距离超导带材表面的高度和永磁体的直径。

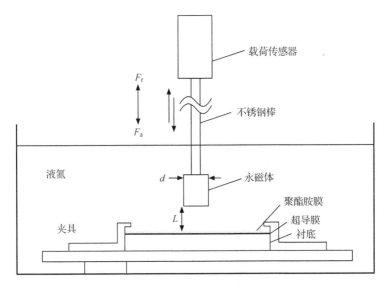

图 7.7　采用力学方法测量临界电流的原理示意图

当永磁体靠近超导带材即 L 减小时,在超导带表面感应出屏蔽电流,超导带上的钉扎磁场与永磁体磁场之间产生斥力 F_r;当永磁体离开超导带表面即 L 增加时,超导带材剩余钉扎磁场与永磁体磁场之间产生相互吸引力 F_a。通过改变永磁体和超导带材之间的距离 L,利用高分辨率负荷传感器可以测量永磁体和超导带材之间的斥力和引力。最大有效斥力 F_{mr} 由和永磁体与超导带材之间的不同距离 (L)的关系曲线外推至 $L=0$ 确定。超导体临界电流与最大斥力 F_{mr} 和超导材料厚度 $2b$ 之比成正比,即

$$I_c \propto \frac{F_{mr}}{2b} \tag{7.4}$$

因此超导材料临界电流可以利用永磁体测量斥力的力学方法得到。测量装置由张力装置、高精度负荷应力传感器、液氮槽等组成,张力装置与高精度负荷应力传感器安装在永磁体上端,超导带材置于液氮槽中。

该方法测量简单,无需复杂电子测量装置,但缺点是精度低、测量速度慢,不适合大批量快速检测。

其他的临界电流非接触测量方法有磁光法、利用 SQUID 装置和 VSM 装置进行的磁弛豫法等,但是这些方法仅适合于短样,不适合于工程应用,因此不予介绍。

7.3　高温超导带材 n 值的非接触测量技术

与传统的低温超导材料不同,高温超导材料由超导态向正常态转变的程度比较缓慢,即其 n 值低于低温超导材料的 n 值,因此高温超导材料的临界参数除了临界电流、临界温度、临界磁场外,n 值也是其重要参量,尤其对于 n 值小于 12 的高温超导带材来讲,n 值必不可少,在这种情况下,临界电流不能完全描述高温超导带材电流传输特性,二者缺一不可。尽管超导带材供应商目前不提供该参数,但是该参数对于高温超导电力装置的设计和运行非常重要。

由于超导材料的 n 值是拟合参数,是对 $E\text{-}I$ 曲线按照幂指数形式拟合得到的,因此高温超导带材 n 值的非接触测量必须进行多点测量才能拟合得到。对于多点非接触测量,目前均采用交流方法进行测量。

7.3.1　磁滞损耗分量法——变幅值法

损耗分量法是根据常规超导材料磁滞损耗理论进行计算和测量方法完成的。图 7.8 为所加磁场方向与超导带材几何布置示意图,外加交流磁场平行于带材宽面。当交流磁场幅值小于或等于超导材料的完全穿透场时,交流损耗电压分量为

$$U''_{\text{rms}} \propto B_0^{2-\frac{2}{1+n}} = B_0^{\alpha} \tag{7.5}$$

式中,B_0 为交流磁场的振幅;U''_{rms} 为磁滞损耗电压分量。待测 n 值与 α 的关系为

$$n = \frac{\alpha}{2-\alpha} \tag{7.6}$$

所以只要测得了磁滞损耗电压分量,再对交流背景磁场振幅进行拟合,得到 α 即可通过式(7.6)得到 n 值。

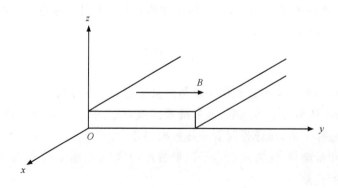

图 7.8　施加磁场方向示意图

图 7.9 为采用磁滞损耗电压分量法进行 n 值非接触测量的原理示意图。图中,A、B 为一对交流背景磁体提供交流磁场;C 为待测超导材料;D 为探测线圈,用于测量超导材料上磁滞损耗电压;E 为补偿线圈,用于消除感应电压;F 为分流器,测量电源电流;DVM1 和 DVM2 为数字电压表,分别测量损耗电压和电流。DVM1 也可以用锁相放大器代替。通过改变磁体幅值,即电源输出电流,即可实现 n 值的非接触测量。本方法的优点是,电源只需变化输出电流,无需改变电源频率。

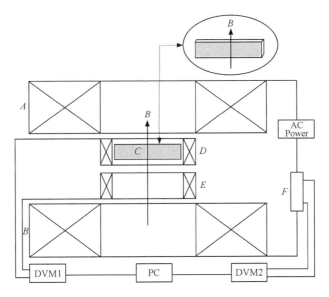

图 7.9　采用磁滞损耗电压分量法测量 n 值的原理图

需要注意的是,采用磁滞损耗分量的方法测量超导带材 n 值时,交变磁场必须平行于带材宽面;另外,交变磁场幅值要保证小于穿透场。

7.3.2　基波分量法——变频法

与临界电流基波分量法测量临界电流装置相似,在交流磁场下,超导带材表面感应出屏蔽电流从而产生屏蔽场及超导体由于磁通钉扎产生剩余磁场。屏蔽电流产生的磁场与所施加的交流磁场同位相,而与剩余磁场位相相差 90°。测量原理示意图参见图 7.5。利用霍尔探头、探测线圈、锁相放大器可以测量超导带材屏蔽磁场和剩余磁场。和交变励磁磁场同位相的剩余磁场 B_r 与交变磁场的频率 f 满足:

$$B_r(f) = cf^{1/n} \tag{7.7}$$

式中,c 为比例常数;n 为超导带材的 n 值。因此,可以通过改变交变磁场频率测量同位相感应磁场分量的方法,拟合求得超导带材的 n 值。

7.3.3　三次谐波分量法

　　处于交变磁场中的超导带材,当交变磁场幅值大于超导带材完全穿透场时,在超导带材表面探测线圈中会感应出三次谐波电压分量,该电压分量与交变磁场同位相。图 7.10 为三次谐波法测量超导带材 n 值的原理示意图,主要由锁相放大器、功率放大器、升压变压器、可变互感器、驱动线圈、探测线圈等组成,驱动线圈放在探测线圈内部。与三次谐波法测量临界电流装置完全类似,三次谐波电压由锁相放大器很容易测量,三次谐波电压与驱动交流线圈电流与超导带材电场成正比,而驱动线圈电流与超导带材电流密度成正比,因此有

$$\frac{V_3}{fI_0} \propto \frac{I_0^n}{\sqrt{2}} \tag{7.8a}$$

超导带材上感应电场与感应电流服从幂指数关系

$$E \propto I^n \tag{7.8b}$$

因此通过测量不同交流磁场驱动电流与三次谐波分量可以获得 $E\text{-}I^n$ 曲线,从而可得到超导带材的 n 值。

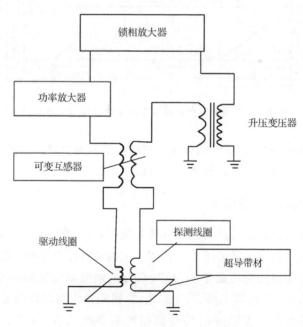

图 7.10　三次谐波法测量 n 值原理图

7.4　实用长度高温超导带材临界电流和 n 值均匀性的分析

　　实用长度高温超导带材临界电流非接触测量技术可以实现整根超导带材临界电流和 n 值沿长度方向的分布。但是,超导带材临界电流和 n 值不可能处处完全一致,那么描述实用高温超导带材临界电流和 n 值均匀性的参量,即需要确定衡量高温超导带材质量的重要参量。临界电流均匀性对超导电力装置的设计、运行效率等具有重要影响。图 7.11 为经过标定后,200m 长度实用高温超导带材的临界电流沿长度方向的分布。如何衡量高温超导带材临界电流均匀性的问题,目前国际上还没有统一的标准,但是作为超导电力装置应用和研发来讲,应该采用统计分析的方法进行分析。

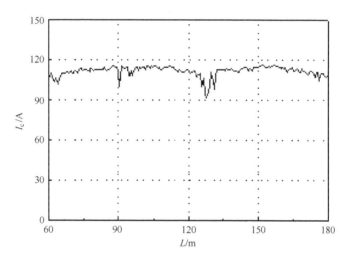

图 7.11　200m 长高温超导带材临界电流沿长度方向分布

　　对于实际长度高温超导带材临界电流均匀性的描述可以采用统计分析的方法,主要包括最简单的高斯分布统计法和比较实际的 Weibull 统计分布法。

7.4.1　高斯分布统计法

　　以临界电流为随机变量,采用最简单的高斯分布分析方法对临界电流进行统计分析。临界电流的高斯分布为

$$p(I) = \frac{1}{\sqrt{2\pi}\sigma}\exp\left[-\frac{(I_c - \bar{I}_c)^2}{2\sigma^2}\right] \tag{7.9}$$

式中,$\bar{I}_c$ 和 σ 分别为临界电流的算术平均值(期望值)和标准偏差。定义临界电流的变化系数 COV_I 为

$$\mathrm{COV}_I = \frac{\sigma}{I_c} \times 100\% \tag{7.10}$$

变化系数 COV_n 为衡量高温超导带材临界电流均匀性的参量。但是,需要特别注意的是,采用高斯分布统计法虽然简单,但是如果机械地使用会产生误判断。如果某些位置上临界电流过小,或者为零,那么整根超导带材或线材可看做不合格,因为超导带材临界电流特性主要是由超导带材上最薄弱点临界电流决定的。因此,如果遇到这种情况,无需再进行高斯统计分析,直接判定超导带材不合格。如果一昧地按照高斯分布分析,平均值和标准偏差依然变化不大,但是无任何实际意义。

同理,对于超导带材 n 值的均匀性高斯统计分析,可以采用与临界电流均匀分布相同的方法进行分析和处理,以 n 值变化系数 COV_n 及其算术平均值 $\bar{n}$ 描述高温超导带材 n 值的不均匀性。

7.4.2　Weibull 统计分布

为了避免高斯分布不能反映最小临界电流的缺点,需要采用 Weibull 统计分析方法。超导带材临界电流 Weibull 统计分布为

$$p(I) = \frac{m}{\alpha^m} (I - I_c^{\min})^{m-1} \exp\left[-\left(\frac{I - I_c^{\min}}{\alpha}\right)^m\right] \tag{7.11}$$

式中,α、m 为统计拟合常数;$I_c^{\min}$ 为超导带材上最小的临界电流。

对式(7.11)积分可得临界电流分布函数

$$\varphi(I) = 1 - \exp\left[-\left(\frac{I - I_c^{\min}}{\alpha}\right)^m\right] \tag{7.12}$$

参数 α、m、$I_c^{\min}$ 是描述高温超导带材沿长度方向临界电流分布的参数。

超导带材 n 值的 Weibull 统计分析方法与临界电流统计分布相同,只需将随机变量临界电流换成 n 值即可。

实用长度高温超导带材的临界电流和 n 值的非接触测量原理比较成熟,测量技术可行,但是,目前除了文献报道临界电流非接触测量装置外,对于高温超导带材 n 值非接触测量实际装置的研究未见报道,也未见对实用长度高温超导带材 n 值随长度分布的非接触测量结果的报道。这有两个原因:第一,超导带材 n 值非接触测量速度慢;第二,超导带材供应商只提供端部超导带材临界电流的大小,对于临界电流分布不予提供。

由于 n 值是一个拟合参数,必须采集足够多的数据才能获得精确值,因此与临界电流非接触测量相比,n 值非接触测量需要的时间比较长。但是,如果不考虑时间因素,可以实现任意长度超导带材 n 值的分布,那么描述高温超导带材 n 值均匀性的参量可以采用与临界电流统计分布参数一样的方法,采用高斯统计法和 Weibull 统计分析方法,得到 n 值的变化系数 COV_n、α、m 及最小 n 值 $n_{\min}$。

有研究表明,对于高温超导带材的交流应用,基于交流损耗考虑,高温超导带材临界电流的均匀性对于单根串联和多根并联临界电流的均匀性(COV)应该限制在 10% 以内,对于 n 值分布不均匀性对交流损耗、指数损耗、稳定性的影响还有待进一步深入研究。

7.5　下一步临界电流和 n 值的非接触测量技术

根据国际上对高温超导电力应用市场估计,在未来 10 年内,高温超导电力装置的应用将实现商业化,同时高温超导电力装置也是未来智能电网的重要组成部分,超导电力技术将会成为较大规模的高技术产业。因此,高温超导带材临界电流和 n 值的均匀性参数将是衡量高温超导带材质量的重要指标。

采用非接触测量技术测量高温超导带材的临界电流和 n 值,可以获得实用长度高温超导带材临界电流和 n 值的非均匀分布,通过高斯统计分布和 Weibull 统计分布,可以获得描述高温超导带材临界电流和 n 值分布的不均匀性参数,以便衡量实用长度高温超导带材超导的载流特性。

虽然实用长度高温超导带材临界电流和 n 值均匀性的非接触测量原理的研究比较成熟,但是由于高温超导的电磁各向异性特性,临界电流和 n 值不仅与磁场大小有关,而且还与磁场方向密切相关。然而,针对高温超导带材临界电流和 n 值在磁场下均匀性的非接触测量原理和技术的研究尚未开展,未来需要开展这方面的研究。

关于表征实用长度高温超导带材临界电流和 n 值不均匀性分布的特性参数,目前国内外都没有现成的统计分析方法和标准,本章介绍的描述高温超导带材临界电流 I_c、n 值的高斯统计分布、Weibull 分布方法以及相应的标准偏差、变化系数、最小临界电流等参数是否完全表征高温超导带材的临界电流和 n 值的不均匀性特性,还需要进行深入的研究。

参 考 文 献

陆岩,许熙,王银顺,等. 2003. 非接触法高温超导带材临界电流均匀性测试装置. 低温物理学报,25:
　　24—27.

Barnes P N, Sumption M D, Rhoads G L. 2005. Review of high power density superconducting generators:
　　Present state and prospects for incorporating YBCO windings. Cryogenics,45:670—686.

Bennieten H, Rob A M B, Herman H J T K. 1999. Continuous recording of the transport properties of a su-
　　perconducting tape using an AC magnetic field technique. IEEE Transactions on Applied Superconductivi-
　　ty,9(2):1607—1610.

Bentzon M D, Vase P. 1999. Critical current measurements on long BSCCO tapes using a contact-free method. IEEE Transactions on Applied Superconductivity, 19(2): 1594—1597.

Dutoit B, Sjoestroem M, Stavrev S. 1999. Bi(2223) Ag sheathed tape I_c and exponent n characterization and modeling under DC applied magnetic field. IEEE Transactions on Applied Superconductivity, 9（2）: 809—812.

Elschner S, Bruer F, Noe M, et al, 2006. Manufacture and testing of MCP2212 Bifilar coils for a 10MVA fault current limiter. IEEE Transactions on Applied Superconductivity, 13(2):1980—1983.

Ernst H B, Indenbom M. 1993. Type-II-superconductor strip with current in a perpendicular magnetic field. Physical Review B, 48: 12893—12909.

Fukumoto Y, Kiuchi M, Otabe E S, et al. 2004. Evolution of $E\text{-}J$ characteristics of YBCO coated-conductor by AC inductive method using third-harmonic voltage. Physica C, 412-414: 1036—1040.

Funaki K, Iwakuma M, Kajikawa K, et al. 1998. Development of 500kVA-calss oxide superconducting power transformer operated at liquid-nitrogen temperature. Cryogenics, 38: 211—220.

Furtner S, Nemetschek R, Semerad R, et al. 2004. Reel-to-reel critical current measurement of coated conductors. Superconductor Science and Technology, 17, S269—S273.

Furuse M, Fuchino S, Higuchi N. 2003. Investigation of structure of superconducting power transmission cables with LN_2 counter-flow cooling. Physica C, 386: 474—479.

Grimaldi G, Nauer M, Kinder H. 2001. Continuous reel-to-reel measurement of the critical currents of coated conductor. Applied Physics Letters, 79(26): 4390—4392.

Hatta H, Nitta T, Oide T, et al. 2004. Experimental study on characteristics of superconducting fault current limiters connected in series. Superconductor Science and Technology, 17: S276—S280.

Inoue Y, Kurahashi H, Fukumoto Y, et al. 1995. Critical current density and n-value of NbTi wires at low field. IEEE Transactions on Applied Superconductivity, 5(2): 1201—1204.

Jaakko A J P, Markku J L. 1992. Characterization of high-T_c superconducting tapes using hall sensors. Physica C, 216: 382—390.

Kamitani A, Takayama T, Saitoh A, et al. 2006. Numerical investigations on nondestructive and contactless method for measuring critical current density by permanent magnet method. Physica C, 445-448: 417—421.

Lin Y B, Lin L Z, Gao Z Y,et al. 2001. Development of HTS transmission power cable. IEEE Transactions on Applied Superconductivity,11(1):2371—2374.

Luongo C A, Baldwin T, Ribeiro P, et al. 2003. A 100MJ SMES demonstration at FSU-CAPS. IEEE Transactions on Applied Superconductivity, 2(13): 1800—1805.

Meinert M, Leghissa M, Schlosser R, et al. 2003. System test of a 1-MVA-HTS-transformer connected to a converter-fed drive for rail vehicles. IEEE Transactions on Applied Superconductivity, 13（2）: 2348—2351.

Mukoyama S, Maruyama S, Yagi M, et al. 2005. Development of 500m power cable in super-ACE project. Cryogenics, 45: 11—15.

Nakao K, Hirabayashi I, Tajima S. 2005. Application of an inductive technique to the characterization of superconducting thin films based on power law I-V relation. Physica C, 426-431: 1127—1131.

Ogawa K, Osamura K. 2007. The Weibull distribution function as projection of two-dimensional critical current distribution in $Ag/Bi_2Sr_2Ca_2Cu_3O_{10+\delta}$ tapes. Superconductor Science and Technology, 20: 479—484.

Ohshima S, Takeishi K, Saito A, et al. 2006. New contactless J_c-measurement system for HTS coated conductor. Physica C, 445-448: 682—685.

Passi J, Kalliohaka T, Korpela A, et al. 1999. Homogeneity studies of multifilamentary BSCCO tapes by three -axis Hall sensor magnetometry. IEEE Transactions on Applied Superconductivity, 9 (2): 1598—1601.

Rimikis A, Kimmich R, Schneider Th. 2000. Investigation of n-values of composite superconductors. IEEE Transactions on Applied Superconductivity, 10(1): 1239—1242.

Rutel I B, Meintosh C, Caruso A, et al. 2004. Quantitative analysis of current density distributions from magneto-optical images of superconducting $YBa_2Cu_3O_{7-\delta}$ thin films. Superconductor Science and Technology, 17(5): 269—273.

Schlosser R, Schmidt H, Leghissa M, et al. 2003. Development of high temperature superconducting transformers for railway application. IEEE Transactions on Applied Superconductivity, 13(2): 2325—2330.

Schwenterly S W, McConnel B W, Demko J A, et al. 1999. Performance of a 1MVA HTS demonstration transformer. IEEE Transactions on Applied Superconductivity, 9(2): 680—684.

Takayama T, Kamitani A, Tanaka A, et al. 2009. Numerical simulation of shielding current density in HTS: Application of high-performance method for calculating improper integral. Physica C, 469: 1439—1442.

Torii S, Akita S, Iijima Y, et al. 2001. Transport current properties of Y-Ba-Cu-O tape above critical current region. IEEE Transactions on Applied Superconductivity, 11(1): 1844—1847.

Wang Y S, Dai S T, Zhao X, et al. 2006. Effects of critical current inhomogeneity in long high temperature superconducting tapes on the self-field loss, studied by means of numerical analysis. Superconductor Science and Technology, 19: 1278—1281.

Wang Y S, Guan X J, Zhang H Y, et al. 2001. Progress in inhomogeneity of critical current and index n value measurements on HTS tapes using contact-free method. Science China Technological Sciences, 53: 2239—2246.

Wang Y S, Lu Y, Xiao L Y, et al. 2003. Index number (n) measurements on BSCCO tapes using a contact-free method. Superconductor Science and Technology, 16: 628—631.

Wang Y S, Lu Y, Xu X, et al. 2007. Detecting and describing the inhomogeneity of critical current in practical long HTS tapes using contact-free method. Cryogenics, 47: 225—231.

Yamada H, Bitoh A, Mitsuno Y, et al. 2005. Measurement of critical current density of YBCO film by a mutual inductive method using a drive coil with a sharp iron core. Physica C, 433: 59—64.

Yamada H, Minakuchi T, Itoh D, et al. 2007. Variable-RL-cancel circuit for precise Jc measurement using third-harmonic voltage method. Physica C, 452: 107—112.

Yamasaki H, Mawatari Y, Nakagawa Y. 2004. Nondestructive inductive measurement of local critical current densities in Bi-2223 thick films. Superconductor Science and Technology, 17(7): 916—920.

Zueger H. 1998. 630kVA high temperature superconducting transformer. Cryogenics, 38(11): 1169—1172.

第8章 低温绝缘材料及其电性能

8.1 超导电力装置对低温绝缘材料的要求

超导电力装置主要指运行在液氮温度的高温超导电力装置,包括高温超导限流器、电缆、变压器、电机等。超导磁体、超导储能等电力装置一般运行在直流模式和液氦、液氖温度下。超导电力装置与低温绝缘材料密不可分。超导电力装置对低温绝缘材料的要求大致可以概括为如下4个方面:①力学性能。为减小占空率,要求绝缘材料有足够高的拉伸强度、弹性模量以及适宜的延伸率。②电学性能。要求较低的介电损耗以及足够高的介电强度。③热性能。在低温工作条件下绝缘材料的热性能是十分重要的,热收缩率是设计绝缘结构的重要参数,要求绝缘材料的热膨胀系数与超导系统中其他部分相匹配。对于超导绕组,绝缘要求良好的动态热机械性能、热稳定性和热传导性,以便容易冷却,外层绝缘材料需要良好的绝热性。④特殊应用场合还需要抗辐照性(如聚变装置中超导线圈的绝缘材料)。

8.2 低温气体的绝缘特性

所谓低温气体指温度低于120K的气体,主要有氦气(He)、氢气(H_2)、氧气(O_2)、氮气(N_2)、氖气(Ne)、氩气(Ar)、一氧化碳(CO)及某些有机化合物等。对于低温电工设备来讲,尤其是超导电工领域,实际经常使用液氦和液氮作为冷却介质,在其他低温设备中有时也使用液氢作为冷却介质。因此,低温气体绝缘特性对于低温电气的设计非常重要。

8.2.1 常用低温气体的绝缘特性

对于气体绝缘介质,击穿强度是最重要指标,是气体绝缘的主要限制因素。本节着重对氦气、氢气和氮气低温下的击穿特性及其影响因素进行介绍,同时对于其他常规气体绝缘特性进行简单讨论。

1. 均匀电场下的击穿特性

在均匀电场中,温度T和压力P确定的情况下,气体的击穿电压U_b随电极距离d的增大而升高;如果电极距离d固定,当气体压力P很低时,击穿电压U_b升高。随着压力 P 的增加击穿电压 U_b 下降;当气体压力增加到某一值后,击穿电压随气体压力增大而下降至最小值后又逐渐升高。实际上,气体击穿电压 U_b 是气体压力和电极距离乘积的函数 $U_b=f(Pd)$,即所谓的帕邢(Paschen)定律。在室温温度,氦气、氢气和氮气的击穿特性都遵从帕邢定律。图 8.1 给出这三种气体室温时的帕邢曲线。表 8.2 给出这三种气体在一个大气压下的一些热力学性能参数。

　　在低温温度下,空气、氦气、氢气和氮气的击穿强度在如表 8.1 列出的温度 T 和 ρd 范围内的击穿特性直至液化前都服从帕邢定律,其中 ρ 是气体密度。

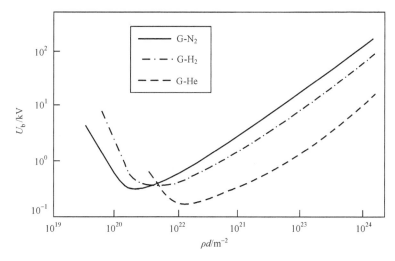

图 8.1　氦气、氢气和氮气的帕邢曲线

表 8.1　帕邢定律的适用范围

气体名称	ρd 范围	温度 T 范围
空气	<12	$293\sim143$K
	<15	$293\sim113$K
氦气	<65	<20K
	$E<150$kV/cm	<10K
	$\rho<20$kg/m³	
氢气	$P=1\sim5$bar,$d=0.4\sim12.0$mm	
氮气	<15	$293\sim193$K

　　在帕邢定律成立的范围内,击穿电压随气体密度(压力)和电极距离的增大而升高。对于氦气来讲,当场强 $E<15$kV/mm 时,击穿电压随密度呈现指数上升。当密度 $\rho<20$kg/cm³ 时,氦气的击穿电压 U_b 与 $\rho^{0.6}$ 成正比,与 $d^{0.1}$ 成反比。对于氢

气和氮气,当压力增加时其击穿电压与气体密度和电极间距也有类似关系;但是氢气所受的影响比氮气大。例如,当压力从 1bar 增加到 5bar 时,氢气的击穿电压升高 2 倍,而氮气则只升高 30%。

但是高压气体无论在室温还是低温情况下,其击穿强度都偏离帕邢定律,尤其是氦气偏离程度非常大。

表 8.2　氦气、氢气和氮气的一些热力学参数

性能参数	氦气(4.2K)	氢气(20K)	氮气(77K)
热导率 $k/[W/(m \cdot K)]$	1.0×10^{-2}	0.322	0.765
比热容 $C/[J/(kg \cdot K)]$	6.0×10^3	2.43	0.249
密度 $\rho/(kg/m^3)$	8.0	1.27	4.2
热扩散速度 $v/(cm^2/s)$	2.0×10^{-3}	—	—

2. 非均匀电场下的击穿特性

与均匀电场中的击穿特性不同,在不均匀电场中,氦气的击穿强度出现明显的极性效应,电极距离越大,温度越低,则正负针电极击穿电压的比值越大。图 8.2 给出不均匀直流电场下氦气击穿电压与电极距离及电极极性的关系,电极采用针-平板结构,温度范围 4.4~20K。例如,在 5K、7mm 电极距离时,比值高达 5;这种极性效应与负电性气体和含杂质氦气的击穿电压情况相反。在正针电极时,氦气的击穿电压随电极距离增加而有规律地升高,与正针尖电极周围形成空间电荷有关。击穿时针尖场强是电极距离的函数,电极距离越大,空间电荷对击穿电压升高的贡献越大。而在负针电极时,氦气的击穿电压很低,几乎与电极距离的变化无关,这是因为正负离子轰击负针电极而增加二次电子发射造成的。这种二次发射不仅使氦气击穿电压降低,而且也是针电极的形状对击穿电压有很大影响的原因。因此,在超导电工绝缘设计时,应该避免导体结构和形状所造成的电场局部集中问题。

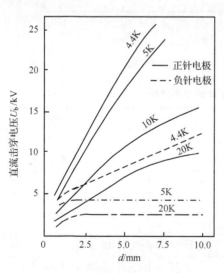

图 8.2　不均匀电场下氦气的击穿电压
与电极距离的关系

(电极:针-平板结构,温度范围 4.4~20K)

3. 影响击穿电压的因素

超导体失超后,温度会升高,低温冷却介质将发生汽化,因此气体击穿电压与温度的关系对于超导电力装置的设计具有重要意义。图 8.3 为均匀电场下氦气和氮气的交流击穿电压峰值与温度的关系曲线。图中,击穿电压随温度的下降而升高。氮气从室温降至 4.4K 时,由于氮气密度随温度的降低而增大,其击穿电压至少升高 60 倍。在不同的温区,击穿电压不同。在密度 ρ(体积)和电极距离 d 不变的情况下,氦气的击穿电压在 $10\sim20K$ 最低;另

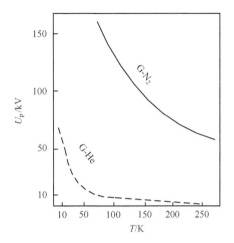

图 8.3　氦气和氮气击穿电压
与温度的关系曲线

外,在很宽的温度范围内,氦气的冲击电压比氮气低很多。

在非均匀电场中,温度对氦气在不均匀电场中的交流击穿电压的影响与均匀交流电场中的影响相似。50Hz 交流时不同针-平板距离电极情况下击穿电压峰值与温度倒数的关系如图 8.4 所示。温度从 20K 一直降到 4.4K,氦气的直流击穿电压与温度的倒数呈线性关系,说明帕邢定律在此温度范围内成立。而在 $4.4\sim4.2K$ 狭小温度范围内,击穿电压显著上升并出现明显的极性效应。

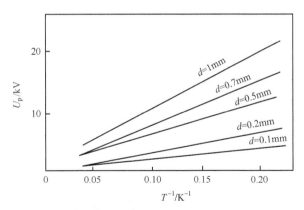

图 8.4　不均匀电场中氦气交流击穿电压与温度倒数的关系
(距离 d:针-平板电极,50Hz)

除温度外,低温气体的击穿电压还受电压类型(脉冲型、交流、直流)、辐射、电极表面光洁程度的影响,在进行超导电力装置绝缘结构设计时,应该充分考虑各种因素的影响。

4. 真空击穿特性

低温真空绝缘一般是指真空度小于 10^{-3} Pa 的真空。从理论上讲,真空具有最高电气绝缘强度,在 10^4 kV/cm 电场下才会发生击穿。实际上,在约几百 kV/cm 电场范围内即可发生击穿。击穿电压与压力、电极材料、电极面积、电极距离、频率、温度、火花放电处理和电极表面光洁度等因素有关。在低温温度下,真空的击穿场强近似与电极距离的平方根成正比,在电极间隙较小范围内,其击穿强度最高,可达 $800×1000$ kV/cm。在实用的电极距离内,击穿强度为 $200\sim500$ kV/cm。真空击穿电压受电极材料影响明显。表 8.3 列出在真空度优于 10^{-4} Pa、不同温度和电极距离 $d=0.5$ mm 的条件下不同电极材料的直流击穿电压。由表 8.3 可知,铜、铝电极的击穿电压较低,不锈钢的击穿电压最高。

表 8.3　电极材料和温度对真空的直流击穿电压

电极材料	室温(300K)	液氮温度(77.3K)	液氦温度(4.2K)
铝	30	35	37
铜	20	24	26
铌	32	37	39
不锈钢	43	60	62

高真空具有良好的电绝缘及热绝缘性能,但是随着真空度的降低,击穿电压急剧下降。然而,保持容器的长时高真空非常困难,若真空的稳定性较低,那么单纯的真空绝缘很难保证长期可靠。

8.2.2　其他气体的绝缘特性

部分含卤素元素的气体化合物如六氟化硫(SF_6)、四氯化碳(CCl_4)等气体具有较高的电气强度。相同气压及电极条件下,SF_6 气体的电气强度是空气的 $2.3\sim2.5$ 倍,CCl_4 的电气强度是空气的 $2.4\sim2.6$ 倍,因此终端绝缘采用高电气强度气体可有效地提高间隙的击穿电压,缩小终端结构尺寸。SF_6 稳定性很好,除了具有较高的介电强度外还有很强的灭弧性能。SF_6 液化温度较低,为 -63.8 ℃,而 CCl_4 在室温下易液化,因此它们的应用也受到了一定的限制。

8.3　低温介质的绝缘特性

8.3.1　低温介质的性能比较

超导体需要由低温冷却介质提供低温环境,同时低温介质又是电绝缘介质。在 90K 以下,以液态形态存在的物质仅有十几种,其他均变为固体,使得低温介质的选择受到限制。表 8.4 列出几种常用低温介质作为冷却剂的主要性能。由表 8.4 可知,液氦、液氖价格昂贵;液氢、液氧有爆炸危险;一氧化碳、液化甲烷价格低,但是具有毒性和爆炸性;液氮的成本低、安全、冷却绝热容易,无环境污染,是理想的冷却介质。

表 8.4　低温冷却介质性能参数

低温介质	液氦	液氢	液氖	液氮	一氧化碳	液氧	液化甲烷
沸点/K	4.2	20	27	77	82	90	～110
危险性、毒性	无	有	无	无	有	有	中
成本	高	较低	很高	低	低	较低	低
惩罚系数*	14	14	9	2.5	2.3	2	1.5
	500～1000	50～100	40～80	6～11		7	5

* 单位冷量所消耗的功率。

8.3.2　低温介质的电性能

目前,在低温电工应用中,考虑实用的低温介质只有液氦、液氮、液氢。表 8.5 给出三种低温介质的一些热力学性能参数。在超导电工应用中,常用的低温介质其实只有液氦和液氮两种。

表 8.5　液氦、液氢和液氮的一些热力学性能

性能参数		液氦	液氢	液氮
沸点(大气压下)T/K		4.2	20.4	77.4
液态温度范围 T/K		<5.2	14～33	63～126
相应的压力/MPa		0.226	0.007～1.3	0.0114～3.35
沸点时	潜热/($\times 10^6$ J/m³)	2.5	32	160
	黏度/μp	36	140	1500
	密度/(kg/m³)	125	710	810
	比热容/[$\times 10^6$ J/(m³·K)]	0.56	0.57	1.65

1. 介电常数

在一个标准大气压及不同温度下,几种低温介质的介电常数如表 8.6 所示,除液氩外,所有低温介质的介电常数均接近于空气的介电常数。固体绝缘材料浸泡在低温介质时,大部分电场将分布在低温介质中,使得低温介质容易被击穿。

低温介质的介电常数 ε 与温度、压力有关。以液氦为例,存在一个特征温度温度 T_λ,在这一温度下,介电常数 ε 随温度 T 变化的曲线的斜率发生变化,如图 8.5

所示。当 $T > T_\lambda$ 时,液氦介电常数 ε 随温度升高而降低,ε 与 T 呈线性关系;当 $T < T_\lambda$ 时,介电常数 ε 几乎与温度无关。

表 8.6　几种低温介质的介电常数

低温介质	液氦					液氮		液氢		液氧	液氖	液氩
温度/K	4.21	2.24	2.19	2.15	1.83	77.33	63.1	20.4	14.0	90.2	27.2	87.3
介电	1.0469	1.0563	1.0563	1.0565	1.0562	1.431	1.467	1.231	1.259	1.48	1.19	1.54
常数 ε	1.048	1.055	1.055	1.055	1.055	1.433	—	1.227	1.248	—	—	—

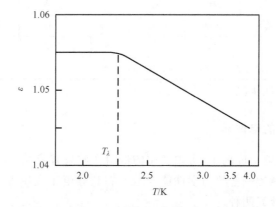

图 8.5　液氦的介电常数与温度的关系曲线

液氢的介电常数随压力增加而线性增加,液氦的介电常数与压力无关。

2. 介质损耗

在交流超导电工装置中,绝缘介质损耗是非常重要的参数之一。多数低温介质只存在电极化。介质损耗角正切值很低,目前还不能测量其精确值。在电场小于 20kV/cm 的低场强下,即使采用最精确的测量方法,得到概略值也小于 10^{-6}。在高场强下,介质损耗角正切值迅速增大。液氦和液氮的介质损耗角正切 tanδ 与电场 E 的关系为

$$\tan\delta = A - \mathrm{e}^{-bE} \tag{8.1}$$

式中,A、b 为常数。

液氢的介质损耗角正切与电场的关系比较复杂,电压作用时间对介质损耗角也有影响,随电压作用时间的增加而略有升高。另外,液氦、液氢和液氮的介质损耗角正切随测量频率的增加而增大。图 8.6 为三种低温介质的介质损耗角正切在不同温度下随测量频率的变化曲线。由图 8.6 可知,温度越低,介质损耗角正切越高;频率越高,介质损耗角正切也越高。值得指出的现象是,对于液氦,在 T_λ 附近介质损耗角正切不连续。

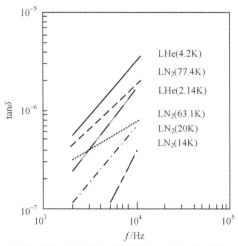

图 8.6　液氦、液氢和液氮介质损耗角正切与频率的变化关系

3. 击穿电压

几种低温介质的击穿电压如表 8.7 所示,液氦的击穿电压最低,液氮的击穿电压最高,液氢的击穿电压处于液氦和液氮之间。

表 8.7　几种低温介质的击穿电压

低温介质	电极形状	间隙/mm	温度/K	击穿电压 U_b[峰值]/(kV/cm)
液氦	球形	0.05～0.15	4.2	720[直流]
	直径 3.17mm 钢球	0.15	4.2	1050[直流]
		0.5		550[直流]
	直径 12.7mm 钢球	1.0	4.2	400[直流]
		0.19		327[交流 60Hz]
		0.5		319[交流 60Hz]
		1.0		294[交流 60Hz]
液氩	直径 12.7mm 钢球黄铜球	0.02～0.10	87.3	1010[直流]
				1400[直流]
液氮	直径 5mm 金铂球	0.02～0.10	77.3	1500[直流]
				2240[直流]
	直径 5mm 钨球-平板	0.05～0.15	65	1600[直流]
	直径 12.7mm 钢球	0.19	77.3	805[交流 60Hz]
		0.19	65	1010[交流 60Hz]
液氢	直径 12.7mm 钢球	0.19	20	745[交流 60Hz]
		0.19	14	1340[交流 60Hz]

　　均匀电场下,低温介质的击穿电压与测量电极间距有关。图 8.7 所示为几种低温介质在不同压力和工频 50Hz 交流情况下的击穿强度与电极距离的变化关系曲线,由图可知击穿电压随电极距离的增大而升高,一般遵从幂指数关系

$$U_b = Kd^n \tag{8.2}$$

式中,K 为常数;d 为电极间距;n 为与实验条件有关的指数,其典型取值如表 8.8所示。

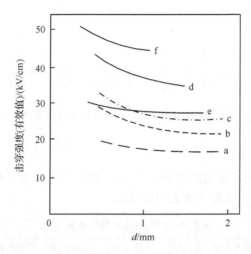

图 8.7　几种低温介质的平均交流击穿强度与电极距离的关系曲线(直径为 62.5mm 球形电极)
a. 液氦(10^5Pa);b. 液氦(3×10^5Pa);c. 液氢(10^5Pa);d. 液氢(3×10^5Pa);
e. 液氮液氦(10^5Pa);f. 液氮液氦(3×10^5Pa)

表 8.8　不同实验条件下的 n 值指数

实验条件	直径 17mm 钢球电极 $d\leqslant1.25$mm	$d=25\sim100\mu$m	$d\geqslant10$mm	球-平板电极 $d>2$mm	$d\leqslant3.75$mm	$d\leqslant2.5$mm
n	0.9	$0.8\sim0.65$	0.5	0.78	1	1

　　在不均匀电场下,液氦和液氮的击穿电压与电极距离的关系如图 8.8 所示,用美国材料与试验协会(ASTM)标准电极测得的液氦击穿电压约为球-平面电极的1/3。在 ASTM 电极测试条件下,击穿电压与电极距离间的关系为

$$U_b = 15.93d^{0.676} \tag{8.3}$$

在球-平面电极情况下,击穿电压与电极距离的关系为

$$U_b = 43.6d^{0.78} \tag{8.4}$$

　　温度对低温介质击穿电压的影响体现在沸点温度上下的不同,而在沸点温度以上,温度效应不明显;在沸点温度以下,击穿电压随温度的降低而升高;液氦例

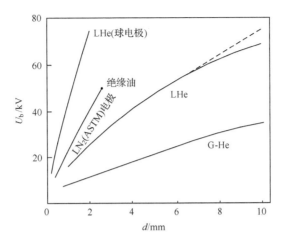

图 8.8　不均匀电场下液氦和液氮的击穿电压与电极距离的关系

外,在温度 T_λ 附近,击穿电压发生不连续变化,在温度 $T < T_\lambda$,液氦的击穿电压与电极间距之间的关系为

$$U_b = A + Kd^{-n} \qquad (8.5)$$

式中, A 为常数; K 和 n 与式(8.2)中意义相同。

低温介质的击穿电压与压力有关,随着压力的增加,其击穿电压升高。如图 8.9 所示为电极距离 $d = 1mm$ 液氮、液氢和液氦的击穿电压随压力的变化关系。液氮的击穿电压随压力变化最大,在 $10^5 \sim 4 \times 10^5 Pa$ 的压力范围内,其击穿电压增加近一倍,液氢次之,液氦影响最小。

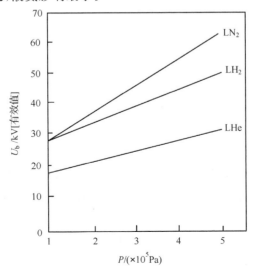

图 8.9　液氮、液氢和液氦的击穿电压与压力的关系

与低温介质气体绝缘特性测量类似,电极材料外形、电极表面光洁情况、电极表面面积等因素对击穿电压有很大影响。表 8.9 列出不同电极材料下液氮的击穿强度,用硬金属材料如钢、不锈钢做电极击穿电压最高,而用软金属材料如铜、铝做电极时,击穿电压最低。且以黄铜做阳极时,液氮的击穿强度与阴极材料关系不大。其他低温介质如液氧和液氩的击穿强度也与电极材料的选取有关,如表 8.10 所示。

表 8.9　液氮中不同电极材料的击穿强度

电极材料		击穿强度/(kV/mm)
阳极材料	阴极材料	
铝	铝	114
	钢	129.8
	黄铜	77.1
	铜	18
钢	铝	94
	钢	148
	黄铜	70.0
	铜	35.0
黄铜	铝	85.1
	钢	87.9
	黄铜	83.1
铜	铝	140.3
	钢	117.3
	铜	104.7

表 8.10　不同电极材料对液氧和液氩击穿强度的影响

电极材料	液氧/(kV/mm)	液氩/(kV/mm)
不锈钢	238	140
黄铜	144	101
铜	181	140
金	124	116
铂	200	110

电极面积的大小对于低温介质击穿电压也有影响;击穿电压随电极面积的增大而降低,对于液氮,在电极面积处于 $1.2\sim54\text{cm}^2$ 时,击穿电压与电极面积关系为

$$U_b = 21.2 - 6.8\lg S \tag{8.6}$$

式中,击穿电压的单位为 kV;S 为电极面积。当压力升高时,电极面积的影响减少。图 8.10 是液氮在电极间距为 0.5mm 时,在不同压力下的击穿电压随电极面积的变化。

在针-平板电极击穿电压的测量中,击穿电压还与电极极性有关,正针极性击穿电压比负针击穿电压明显要高。对于液氦,正负极性击穿电压之比最高达到 4,见图 8.11。对于液氮也具有与液氦相同的极性效应,见图 8.12。这种现象与常规变压器油绝缘介质相反,即负针极性击穿电压比正针极性击穿电压高。

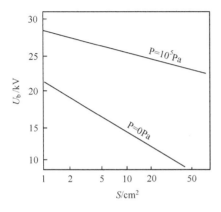

图 8.10　液氦的平均击穿电压
与电极面积的关系

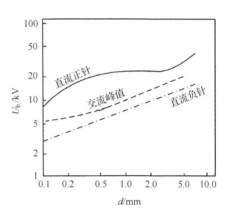

图 8.11　液氦的正、负极性击穿电压

电压类型也对低温介质击穿电压具有很大的影响,如图 8.13 为液氮和液氦在交流和脉冲电场中的击穿电压与电极间距之间的关系曲线。脉冲击穿电压远高于

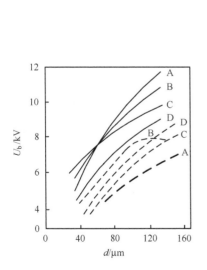

图 8.12　液氮的正、负极性击穿电压
实线. 正极;虚线. 负极性;A. 铅;B. 钢;C. 黄铜;D. 铜

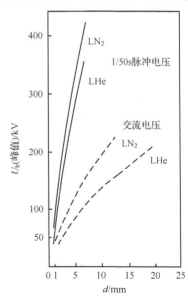

图 8.13　液氮和液氦的交流击穿电压
和脉冲电压与电极距离的关系

交流击穿电压,这是由于脉冲电压作用时间很短,不容易形成气泡的缘故。当然,脉冲击穿电压也与电场的均匀性有关。

在均匀电场中,脉冲击穿电压和直流击穿电压大致相同;但在不均匀电场中,直流击穿电压低于均匀电场中的击穿电压,而且脉冲击穿电压比在均匀场中还要高。图 8.14 和图 8.15 分别给出非沸腾液氦和液氮的脉冲击穿电压。原因在于球电极,尤其是针电极的有效面积远小于平板电极,在脉冲过程中只能形成少数气泡,因而不均匀电场中的脉冲击穿电压明显提高。

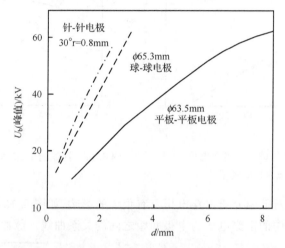

图 8.14 非沸腾液氦的脉冲击穿电压与电极距离的关系

($500\mu s$ 半正弦脉冲,$P = 0.9 \times 10^5 Pa$)

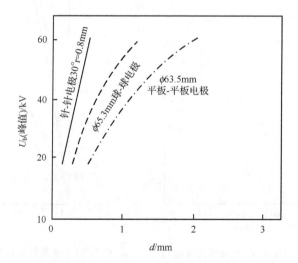

图 8.15 非沸腾液氮的脉冲击穿电压与电极距离的关系

　　前面讨论的低温介质绝缘特性是静止情况下获得的,在超导电力装置实际应用中,需要迫流循环冷却(见第 9 章 9.4.4 节迫流冷却超导电力装置),低温冷却介质以一定速度流动。在低温介质流动的情况下,击穿电压会受到一定影响。以液氮为例,在流动状态下,平均击穿电压为 22.88kV,最低和最高击穿电压分别为 16.25kV 和 27kV。而在静止状态下,平均击穿电压为 17.90kV,最低和最高击穿电压分别为 11.75kV 和 21kV。显然,流动时液氮的击穿电压明显比其静止时要高,这种现象与常规变压器油中观察到的现象相似。由于低温介质的流动,对于电场集中引起的电气薄弱区的形成有阻滞作用,导致较低击穿电压的累计概率减小,在冷却介质流动时击穿电压分布服从正态分布。

8.4　有机绝缘薄膜材料的绝缘特性

　　低温绝缘材料按种类分可分为高分子材料、复合材料和陶瓷材料。在超导电力装置应用中,所需的低温绝缘材料主要是聚合物高分子薄膜、胶黏剂及结构材料。本节将分别给以介绍。

　　为了减小绝缘占空,需要采用力学性能和绝缘性能优良的薄膜形式的绝缘材料。而较高的拉伸断裂强度还可以减小薄膜的厚度和减少层数,从而进一步减小绝缘部分的占空。在超导电工应用领域,薄膜常常用于匝间绝缘、层间绝缘和电缆绝缘等。目前还没有专门的低温绝缘材料,基本上是从常规绝缘薄膜中筛选适合于低温应用的绝缘薄膜材料。近年来,日本住友开发了一种新的绝缘材料——聚丙烯层压纸(Polypropylene laminated paper,PPLP),由多孔的纸浆材料同聚丙烯膜压制而成,其结构类似"三明治"结构,中间是聚丙烯薄膜,上下两层是牛皮纸,具有良好的浸汲性能,因而可有效地防止气隙的产生从而减小局部放电的发生。由于聚丙烯薄膜具有较高的介电强度,低温下具有良好的机械性能,因此,PPLP 兼具良好的浸汲性及较高的介电强度,是一种很好的低温绝缘材料,适宜于低温 HTS 电缆的绝缘。

8.4.1　薄膜材料的热力学性能

　　低温绝缘材料的热收缩率是其重要参数之一,在超导装置绝缘结构设计是首先需要考虑的问题。绝缘材料在冷却过程中的热收缩大多数发生在液氮温度之前,在液氮温度之后收缩很小,仅仅占总收缩率的 10% 左右。表 8.11 给出几种绝缘薄膜材料在液氮温度下的热收缩率。在液氮温度 4K 时薄膜材料的热收缩率和延伸率在表 8.12 中列出。当热收缩率仅略大于延伸率时,容易发生破裂,而延伸率比热收缩率大 10 倍以上时,材料不易发生破裂。

表 8.11　几种绝缘薄膜材料液氮温度的热收缩率

材料名称	厚度/μm	ΔL/mm	热收缩率 $\Delta L/L_0$/%
聚四氟乙烯	80	0.97	1.94
聚酰亚胺	30	0.25	0.5
聚酯(杜邦)	50	0.07	0.14
聚酯(杜邦)	80	0.135	0.27
聚酯(杜邦)	190	0.175	0.35
聚酯(俄罗斯)	50	0.195	0.39
聚丙烯	—	—	2.0
聚奈酯	—	—	0.3
聚乙烯	—	—	2.59
玻璃布带	100	0.03	0.06
低密度聚乙烯	—	—	1.6
交联聚乙烯塑料	—	—	1.6
乙丙橡胶	—	—	1.1

表 8.12　几种薄膜材料在 4K 温度的热收缩率和延伸率

材料名称	厚度/μm	收缩率/%		延伸率/%	
		纵向	横向	纵向	横向
低密度聚乙烯	101.6	2.740	2.690	2.8	1.02
高密度聚乙烯	19.05	2.595	2.519	3.3	1.27
聚酰胺(尼龙-11)	38.1	1.924	1.852	3.1	1.61
高密度拉伸聚乙烯 I	38.1	1.759	1.173	3.1	1.76
拉伸聚丙烯	31.75	1.755	0.255	2.3	1.31
高密度拉伸聚乙烯 II	101.6	1.706	1.255	3.1	1.80
聚砜	127	1.160	1.070	3.0	2.58
聚酰亚胺	127	0.484	0.458	5.8	12.0
聚酯	76.2	0.479	0.471	6.1	12.7
聚碳酸酯	60.96	0.474	0.471	10.8	23.0

　　聚合物材料的热导率比较小,约为金属的 0.1%,且随温度的降低而减小;在 4K 温度时,其热导率为室温下的 1%～10%。与热导率随温度下降而减小的情况类似,聚合物材料的比热容随温度的降低也是减小的,表 8.13 给出几种薄膜材料在液氮温度的热导率及其他物性参数。

表 8.13　几种薄膜材料在液氮温度的热导率 k

材料名称	聚酰亚胺	聚四氟乙烯	聚丙烯	聚酯	聚奈酯	聚乙烯
$k/[\mathrm{W}/(\mathrm{m \cdot K})]$	0.15	0.22	—	0.9	0.27	—
密度 $\rho/(\mathrm{g/cm^3})$	1.29~1.42	2.1	0.91~0.93	0.95	1.38	1.35
玻璃化温度* T_g/K	472~670	399	255	—	340	

　＊ 玻璃化温度 T_g,是指发生玻璃化转变的温度,是高聚物的特征温度。它是非晶态热塑性塑料使用温度的上限,是橡胶使用温度的下限。

　　在室温条件下,聚合物薄膜材料具有很好的延伸率;但是在低温下,聚合物变硬、变脆,尤其是在 77K 温度之下,聚合物分子链被冻结,延伸率下降、抗张强度和弹性模量增大,脆性增加。表 8.14 给出几种薄膜材料在不同温度下的机械性能参数。此外,在低温温度下,薄膜材料的机械性能还受其他因素的影响,如吸水性、浸泽时间、热循环次数及辐射等。吸水性强,机械性能差;除了聚酰胺和聚丙烯外,大多数薄膜材料机械性能不受浸泡时间影响;聚酰胺受热循环有些影响,当冷热次数超过 200 次之后,趋于稳定;一般而言,聚合物材料抗张强度受辐射影响比较明显,尤其是聚四氟乙烯和聚碳酸酯容易受到辐射影响,但是聚酰胺和聚苯乙烯具有较好的耐辐射性。

表 8.14　几种薄膜材料的机械性能

薄膜名称	厚度/mm	延伸率/% 温度/K			屈服强度/MPa 温度/K			抗张强度/MPa 温度/K			弹性模量/MPa 温度/K		
		293	77	4.2	293	77	4.2	293	77	4.2	293	77	4.2
低密度聚乙烯	0.076	528	4.4	2.98	2	66	110	14	84	119	91	2344	4410
高密度聚乙烯	0.019	322	3.60	3.13	6	102	109	50	102	183	724	3620	5240
聚酰胺	0.040	355	19.4	2.85	17	139	148	56	151	148	731	5757	5343
聚酰亚胺黏带	0.051	71.2	5.91	3.39	22	112	199	121	181	207	1744	4302	6709
聚砜	0.051	63.6	19.8	10.9	39	99	128	508	212	250	1848	4447	2441
聚酰亚胺	0.051	55.2	20.1	5.78	43	94	152	179	230	2516	2779	3654	5385
聚碳酸酯	0.076	32.8	12.0	6.10	48	110	194	180	256	327	3378	4854	6598
聚酯	0.076	114	5.75	10.75	64	168	187	148	272	343	3930	6633	4461
聚四氟乙烯	—	480	6.5	3.5	—	—	—	13.8kPa	29.6kPa	38.6kPa	—	0.1	1.5
聚芳酰胺纸	—	21	3.5	3.0	—	—	—	58 kPa	102kPa	110kPa	—	—	—
聚丙烯	—		30~100		85~120				85~120	100~140			
聚奈酯	—		44~66		110~180				110~180	140~250			
交联聚乙烯塑料	—		7.1						142			2270	
乙丙橡胶	—		6.7						140			2430	

8.4.2　薄膜材料的电阻率

在低温下,由于杂质离子运动减弱,聚合物的电阻率比室温下要高,除聚四氟乙烯之外,大多数聚合物材料在温度 4.2K 和 77K 的电阻率均高于 $10^{15}\Omega\cdot m$。表 8.15 列出几种聚合物材料在不同温度下的电阻率。

表 8.15　几种聚合物材料的电阻率　　　　　　　　（单位:$\Omega\cdot m$）

材料名称	300K	～80K	～5K
聚酰亚胺	2×10^{13}	$>2\times10^{15}$	$>2\times10^{15}$
聚碳酸酯	3×10^{13}	$>2\times10^{15}$	$>2\times10^{15}$
聚酯	2×10^{15}	$>2\times10^{15}$	2×10^{15}
聚四氟乙烯	3×10^{13}	4×10^{12}	—
聚丙烯	$>2\times10^{13}$	$>2\times10^{15}$	—
聚奈酯	$>2\times10^{16}$	$>2\times10^{16}$	—
聚乙烯	$>10^{15}$	$10^{15}\times10^{16}$	—
电缆纸	1.39×10^{13}	$>3.0\times10^{13}$	—
聚乙烯塑料	—	2.97×10^{14}	—
聚丙烯层压纸	—	2.91×10^{14}	—

8.4.3　薄膜材料的介电常数

有机聚合物材料的介电常数由其化学结构决定,极性聚合物的介电常数比非极性材料高。在温度降低时,极性聚合物与非极性聚合物的介电常数变化不同。在从室温降低到液氢温度时,非极性聚合物介电常数几乎保持不变,在 2～2.2 范围内,而极性聚合物材料的介电常数随温度的变化比较复杂。表 8.16 为几种薄膜绝缘材料在低温温度下的介电常数。图 8.16 是几种常见的绝缘薄膜材料的介电常数与温度的变化关系曲线,测量频率为 75Hz,聚乙烯、聚丙烯、聚四氟乙烯、聚苯乙烯、聚酰亚胺、有机硅云母箔的介电常数随温度的升高略有减小。其他绝缘材料在温度 $T<100K$ 以下,介电常数基本保持不变;在 $T>100K$ 后,介电常数随温度的增加而增大。一般情况下,频率对聚合物绝缘材料的介电常数的影响很小,可以忽略。

表 8.16　低温温度下几种聚合物薄膜材料的介电常数

薄　膜	温度/K	厚度/mm	介电常数
聚酰胺(尼龙-11)	4.2	0.040	—
聚碳酸酯	4.2	0.076	2.9
聚酯	4.2	0.076	2.5
高密度聚乙烯	4.2	0.019	2.3
低密度聚乙烯	4.2	0.076	2.3
聚酰亚胺	4.2	0.051	3.1

续表

薄　　膜	温度/K	厚度/mm	介电常数
涂 F-48 聚酰亚胺	4.2	0.051	2.5
聚砜	4.2	0.051	2.5
聚四氟乙烯	77	—	2.0~2.2
聚丙烯	77	—	2.0~2.2
聚奈酯	77	—	2.9
塑料交联聚乙烯	77	—	2.3
乙丙橡胶	77	—	2.7
聚芳酰胺纸（Nomex）	77	—	3.1
Cellulose 纤维纸	77	—	2.21
电缆纸	77	—	2.21
交联聚乙烯	77	—	2.3
聚丙烯层压纸	77	—	2.21
双取向聚丙烯层压纸	—	—	2.6
硅橡胶	300	—	2.6~3.1

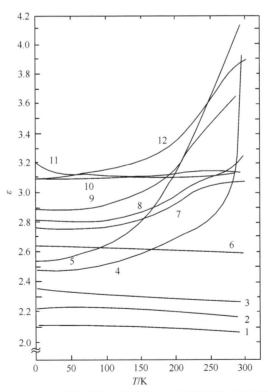

图 8.16　几种薄膜绝缘材料的介电常数随温度的变化

1. 聚四氟乙烯；2. 聚乙烯；3. 聚丙烯；4. 氯丁橡胶；5. 聚酰胺；6. 聚苯乙烯；7. 聚酯薄膜（Mellinex）；
8. 聚酯薄膜（Mylar）；9. 绝缘纸；10. 聚酰亚胺；11. 有机硅云箔；12. 聚芳酰胺纸

8.4.4　介质损耗

绝缘材料的介质损耗主要由离子的电导和偶极取向极化引起。在低温下,材料中离子运动减弱,介电弛豫时间增长,致使偶极子取向跟不上电场的变化,因此聚合物在低温下的介质损耗比室温下要小。在液氦温度 4.2K,非极性聚合物的介质损耗角正切为 10^{-6} 量级,极性聚合物的介质损耗角正切为 10^{-4} 量级,约为室温下的 10%。各种电工薄膜和纸在室温、液氮温度和液氦温度下的介质损耗角正切列于表 8.17。

表 8.17　几种聚合物的介质损耗角正切

材料名称	4.2K	77K	293K
聚乙烯薄膜 I(挤出)	1.5×10^{-5}	1.5×10^{-5}	2×10^{-4}
聚乙烯薄膜 II(挤出)	2×10^{-5}	4×10^{-5}	5×10^{-4}
聚乙烯纸	3×10^{-5}	2×10^{-4}	5×10^{-4}
聚丙烯纸	—	—	3×10^{-4}
聚四氟乙烯	5×10^{-6}	7×10^{-6}	2×10^{-4}
聚四氟乙烯-六氟丙烯	3×10^{-5}	8×10^{-5}	2×10^{-4}
聚酰胺(尼龙-66)	—	—	1×10^{-2}
聚酰胺(尼龙-11)	3×10^{-5}	3×10^{-5}	3×10^{-2}
聚酰亚胺	5×10^{-5}	—	1×10^{-3}
聚芳酰胺纸(Nomex)	8×10^{-4}	1×10^{-3}	1×10^{-3}
聚碳酸酯	1×10^{-4}	—	5×10^{-4}
聚酯薄膜	2×10^{-4}	3×10^{-4}	2×10^{-3}
聚 2.6-二苯基苯撑氧	—	—	1×10^{-4}
聚砜	3×10^{-5}	—	8×10^{-4}
电缆纸(1kHz)	6×10^{-4}	2×10^{-3}	—
电缆纸(50Hz)	—	—	1.4×10^{-3}
涂-F$_{46}$-聚四氟乙烯	9×10^{-5}	—	—
聚醚砜(未拉伸)	4.2×10^{-6}(800V)	—	—
聚奈酯薄膜	—	—	4×10^{-3}
低密度聚乙烯塑料	—	5×10^{-5}	$\sim 10^{-4}$
塑料交联聚乙烯	—	$< 7 \times 10^{-5}$	5×10^{-4}
乙丙橡胶	—	3.5×10^{-4}	4×10^{-4}
Cellulose 纤维纸	—	$< 10^{-3}$	1.4×10^{-3}
聚丙烯层压纸	—	$< 10^{-4}$	8×10^{-4}
双取向聚丙烯层压纸	—	7×10^{-4}	—
硅橡胶	—	—	2×10^{-3}

　　温度对有些聚合物材料的介质损耗角正切具有很大影响,随着温度的降低,许多热塑聚合物在玻璃化温度附近出现介质损耗角正切增大的现象,还有一些聚合物 20K 以下介质损耗角出现增大的倾向。图 8.17 所示为几种常见绝缘薄膜和纸的介质损耗角与温度的关系曲线。但是在非极性聚合物中,聚乙烯低温介质损耗角很小。在 100K 左右出现损耗角峰值,在 77K 附近损耗角最小;但是在液氦温度附近还有一小的损耗角峰值出现,如图 8.18 所示。图 8.18 给出高密度聚乙烯薄膜在 4.2K 温度及以下时介质损耗角随频率的关系曲线。

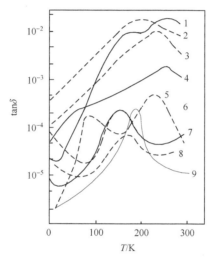

图 8.17　几种常见薄膜介质损耗角正切与温度的关系

1. 聚酰胺;2. 绝缘纸;3. 聚酯;4. 聚酰亚胺;5. 乙丙橡胶;6. 聚丙烯;7. 聚乙烯纸;

8. 高密度聚乙烯;9. 聚四氟乙烯

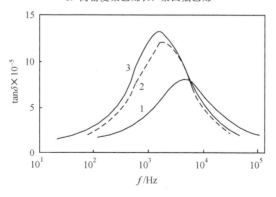

图 8.18　高密度聚乙烯介质损耗角正切与频率的关系

1. 4.2K;2. 2.06K;3. 1.73K

　　非极性聚合物如聚丙烯、聚四氟乙烯在低温下介质损耗角正切在 10^{-5} 以下。极性聚合物如聚酯等在 4.2K 时的介质损耗角正切为 2×10^{-4},比聚乙烯大约 100 倍。

8.4.5 击穿电压

在低温温区,不同聚合物具有不同的电压击穿特性:极性聚合物击穿电压随温度降低而升高,非极性聚合物的击穿电压随温度变化影响很小。表 8.18 给出几种绝缘薄膜在液氮中的击穿强度,测试中电极为 $\phi2.5$ 球-平板电极。表 8.19 列出几种我国商用的聚合物绝缘薄膜材料在液氮温度、工频交流下的击穿电压和耐压强度参数特性。

表 8.18　几种薄膜和纸在液氮中的击穿强度

材料名称	厚度/mm	交流击穿强度(50Hz)		脉冲击穿电压(1/40μs)		脉冲/交流比
		U_b/kV	$E_b/(kV/mm)$	$U_b/(kV)$	$E_b/(kV/mm)$	
高密度聚乙烯	0.05	14	280	17	340	1.2
	0.1	20	200	23	230	1.2
	9.2	25	125	33	165	1.3
低密度聚乙烯	0.1	22	220	—	—	—
	0.15	27	180	—	—	—
	0.2	30	150	—	—	—
聚乙烯纸	0.125	6.3	50	7.5	60	1.2
	0.235	15.3	65	18	76	1.2
聚酰胺	0.025	6.2	248	16	640	2.5
聚芳酰胺纸	0.08	6	75	12	150	2.0
聚碳酸酯	0.1	11	110	18	180	1.6
聚酯	0.1	10.3	103	16	160	1.5
聚砜	0.1	16	160	22	220	1.4
聚 2,6-二苯基苯撑氧	0.12	20	167	35	290	1.7
聚四氟乙烯	0.095	8.0	89	—	—	—
聚酰亚胺	—	—	>150	—	—	—
聚丙烯	—	—	>150	—	—	—
聚奈酯	—	—	>210	—	—	—
聚丙烯层压纸	—	—	103.78	—	217.6	2.1
聚酰亚胺	—	—	199.13	—	329.5	1.65
交联聚乙烯	—	—	35	—	—	—
乙丙橡胶	—	—	29	—	—	—
聚芳酰胺纸(Nomex)	—	—	35	—	—	—
Cellulose 纸	—	—	55	—	—	—
双取向聚丙烯层压纸	—	—	50~55	—	—	—
电缆纸	—	—	66~77	—	113~138	1.8
硅橡胶*	—	—	18	—	—	—

＊ 室温。

表 8.19　液氮温度下绝缘材料的工频击穿强度和耐压强度

名称	厚度 /μm	击穿电压/kV	1min 耐压强度 /(kV/mm)	击穿强度 /(kV/mm)
东方 6012 聚丙烯	15	1.869	97.3	124.60
东方 6021(SL-1)聚酯	100	8.87	74	88.7
东方 6050 聚酰亚胺	25	5.21	147.2	208.4
常州新型聚丙烯合成纸	160	15.67	83.3	97.94
常州双轴拉伸聚丙烯	40	7.02	104.2	175.5
蓬莱 H65	50	7.44	123	148.8
蓬莱 H67	2×25	5.9	98.4	118
杭州泰达 Tecpoly IH 型双向拉伸 PI 薄膜	25	—	140	180

　　此外,低温介质对于薄膜击穿电压具有很大影响;在低温介质或空气中进行交流和直流击穿特性实验中,观察到介质放电现象。

　　低温下低温介质放电对薄膜击穿电压的影响比温度的影响还要大。图 8.19 列出几种厚度为 $100\mu m$ 的常用薄膜材料在不同低温介质和空气中的 50Hz 交流击穿强度峰值。低温介质压力对薄膜的击穿电压也有影响,压力对薄膜材料交流冲击电压的影响比较明显,对脉冲击穿影响相对比较小。所以在工程上,为了提高

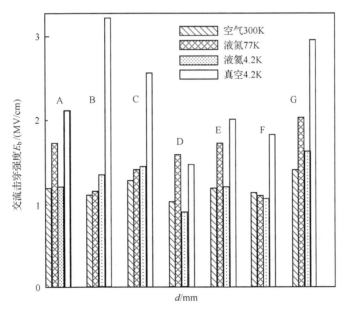

图 8.19　几种薄膜在不同低温介质中的交流击穿强度(峰值)

A. 聚酯;B. 聚四氟乙烯;C. 聚四氟乙烯-六氟丙烯;D. 聚乙烯;E. 聚酰胺;F. 聚氯乙烯;G. 聚酰亚胺

绝缘系统的击穿强度,有时采用增加低温介质压力来抑制局部放电。同一固体介质,用不同类型电压测量的击穿电压值不同,脉冲电压作用时间短,材料中的热效应来不及发展,击穿总是以电压击穿的形式出现,所以脉冲击穿电压高于交流击穿电压、冲击系数大于1。在直流电压作用下,发热少,局部放电弱,测得的击穿电压比交流时的还要高。非极性聚合物薄膜和合成纸的冲击系数略大于1,而极性聚合物电缆纸和薄膜的冲击系数超过了2。

在低温温度下,厚度薄的薄膜的击穿强度高于厚的薄膜,原因是在厚的薄膜中,裂纹或不均匀性概率增加,介质损耗产生的热量不易及时传出,在用厚薄膜绕制多层绝缘结构中,对接处空气间隙的径向深度较大,低温介质所占空间较大造成的。聚合物薄膜交流或脉冲击穿电压与其厚度近似成幂指数关系:

$$U_b \propto d^n \tag{8.7}$$

式中,n 为衡量局部放电的常数,n 值越小,表面局部放电对固体材料的瞬间放电作用越大。如果 $n = 1$,可以认为不存在局部放电。表 8.20 给出几种聚合物绝缘薄膜和纸的 n 值。在不同介质中,薄膜的击穿强度随厚度的增加而降低的程度有所不同。在液氦低温介质中薄膜的击穿强度下降非常厉害。

表 8.20　几种绝缘薄膜和纸的 n 值

材料名称	厚度效应		迭层效应	
	交流击穿	脉冲击穿	交流击穿	脉冲击穿
聚乙烯	0.40~0.43	0.47	0.43	0.56
聚酯	0.49	0.36	0.60	0.45
聚乙烯纸	0.90	1.0	0.72	0.90
聚芳酰胺纸	0.58	0.53	0.53	0.66

另外,薄膜多层绕制一定厚度绝缘层,其击穿电压与厚度的关系也满足式(8.7)的关系,这称为迭层效应,其 n 值参见表 8.20。

8.4.6　电老化特性

电老化现象是绝缘材料的重要特性之一,低温绝缘一般不存在电老化现象。但是在低温复合绝缘材料中,由于低温介质潜热小,容易产生起泡;高分子材料由于低温收缩和低温脆性增加,容易产生裂纹,因此必须考虑低温绝缘的局部放电和树枝状放电以及由它们引起的老化问题。

局部放电是指在电压作用下绝缘材料局部发生放电的现象。在室温下的研究比较成熟,在低温下的研究还不是很成熟。衡量绝缘耐放电性能,起始局部放电电压是一个重要参数。低温绝缘的起始局部放电电压主要与低温介质的压力、温度、气隙尺寸及位置、薄膜材料的属性、厚度等有关。一般来讲,压力增高可以抑制低温介质气泡的形成,而气泡在高压下击穿强度增强,所以起始局部放电电压升高,最大放电量下降。

树枝状放电是指由于电极突起或固体绝缘材料中的裂纹、微空隙或杂质引起而发展成为树枝状放电的局部击穿现象。一般低温温度下,起树电压比室温的电压高得多。如在低温 77K 下,以针电极对聚乙烯的树枝状放电测量表明,低密度聚乙烯的起树电压比室温的电压高 6~7 倍,几乎与交流起树电压相等,树枝状放电发展比室温下缓慢。这是由于聚乙烯在冷却的过程中收缩,使得针尖与聚乙烯的接触紧密以及注入空间电荷可能使针尖的局部场强集中程度减弱。表 8.21 列出几种绝缘薄膜材料在 77K 温度局部放电的起始电压;表 8.22 给出室温和液氮温度在施加交流、交流脉冲和直流电压情况下聚乙烯的起树电压。

表 8.21　几种绝缘薄膜材料在 77K 温度局部放起始电压

材料名称	聚丙烯层压纸	聚酰亚胺	低密度聚乙烯	电缆纸	乙丙橡胶	聚芳酰胺纸(Nomex)	双取向聚丙烯层压纸
局部放起始电压/kV	15~24	~14	~15	~13	20	15~24	20

表 8.22　聚乙烯在室温和液氮温度下的起树电压

温度 T	293K	77K
交流起树电压(有效值)/kV	7	42
脉冲起树电压/kV	+25	+45
	−45	−70
直流起树电压/kV	+35	7+50
	−40	<−50

局部放电一方面使绝缘介质损耗增大,另一方面使得绝缘老化甚至击穿,缩短绝缘材料的使用寿命。绝缘在电压长期作用下的稳定性定义为绝缘材料的寿命,是绝缘设计中需要考虑的重要参数之一。低温电绝缘情况下,电压和绝缘寿命之间的关系遵从负幂指数定律:

$$t = KU^{-n} \tag{8.8}$$

式中,t、U 和 K 分别是绝缘材料使用寿命、外加电压和与实验条件有关的参数。

表 8.23 列出几种带绕包复合绝缘材料的 n 值,一般处于 10~90 的范围。低温下绝缘的老化时间比室温下长、稳定性好。

表 8.23　液氮浸泡带绕包复合绝缘材料的寿命特征参数

材料构成	厚度/μm	层数	人工间隙/mm	压力/kPa	n
轧光聚乙烯纸	110	3	—	—	50
轧光聚乙烯纸线芯模型	120	5	1	500	22
电缆纸	120	6～11	对接气隙 无或1层有	—	56 50～80(无气隙)
聚乙烯薄膜	30	6～10	ϕ12mm 气隙		25(有气隙)
聚乙烯纸	100	4	1层有 ϕ5mm 气隙	—	70
聚 2.6-二苯基苯撑氧	157	6	1	—	80
纸,线芯模型 聚芳酰胺纸,线芯模型	80	6	对接气隙		100
聚酰亚胺薄膜,线芯模型	50	6	1 对接气隙		11
聚酯薄膜,线芯模型	23 75 125	12 6 6	1 对接气隙 1	— 	14 16 18
聚乙烯薄膜,线芯模型	75 125	6 6	1 对接气隙		17

　　在低温电工实际应用中,绝缘材料的选择应该综合考虑和分析各种因素的影响,如工作温度、工作压力、绝缘等级、机械强度、物理性能、化学稳定性能、介质损耗以及成本等因素,确定最佳绝缘材料。

8.5　低温绝缘漆和低温黏合剂

　　超导电力装置中经常需要对一些部件、引线、传感器、温度计等进行黏接,普通的胶黏剂在低温下大多会出现裂纹,以致使被黏接部件脱落。这里介绍几种可以用到液氮温度的胶黏剂材料,表 8.24 列出几种低温黏合剂的主要性能。

表 8.24　几种低温黏合剂的主要性能

名称	温度范围*/K	黏合剂形态	固化工艺	成本	优点	缺点
环氧-尼龙	56～355	无纺毡非支撑薄膜,玻璃布或尼龙布制成薄膜	接触压力～1.72×10^5Pa,150～180℃,1h	高	强度重量比大,剪切强度高,剥离强度大	对湿气敏感
环氧-酚醛	56～533	玻璃布支撑	接触压力,2.76～6.89×10^5Pa,160～180℃,40min～1h	高	低温强度良好,高温蠕变小	脆,剥离强度小
环氧-聚酰胺	56～338	双组分溶液,双组份膏,流延薄膜	室温,3～5d,200℃,3～5min	低	强度比未改性环氧好,室温固化	对湿气敏感,在中等温度变脆
氯丁橡胶-酚醛	123～355	单组分溶液、薄膜、带	接触压力 1.72～34.47×10^5Pa,150～232℃,40～60min	中等	抗震性和耐疲劳特性优异	玻璃强度低
聚氨酯	56～333	双组分液体,双组份固体	压力 0.345～34.47×10^5Pa,室温或150～230℃,45～60min	低	玻璃强度高,成本低	未固化时对潮气敏感
醋酸乙烯酯-酚醛	197～473	非支撑和支撑薄膜、溶液、粉末	接触压力×6.89×10^5Pa,135～180℃,15～30min	低	成本低,使用方便	剥离强度低
有机硅	56～368	单或双组分膏,压敏带	室温,15min～48h	高	低温下可挠性好,室温固化	强度低

　*　保持室温强度 50％的温度范围。

1. 环氧树脂

　　环氧树脂是最常用的低温胶黏剂,同时也可作结构材料使用,最常用的是 Stycast-1266。它强度好、透明、液态时黏性小、和大多数金属结合得很好,并可在室温下固化;缺点是热膨胀系数大,冷到液氮温度时收缩达 1％。此外,常用的还有 Stycast-1269。和 Stycast-1266 相比,Stycast-1269 的介电损耗要小一些。Stycast2850FT 和 GT 具有低的热膨胀系数,FT 的热膨胀系数和铜接近,GT 和黄铜接近,这两种环氧树脂的强度都非常高,和金属接合牢固,可短时间经受 200℃的温度,77K 温度时,击穿强度 100kV/mm,介电常数约 2.96,介质损耗角正切(1.5～2.0)×10^{-3}。

2. GE7031 清漆

　　这是一种黄褐色透明的乙烯基变性苯酚树脂,能经受热胀冷缩,长期以来一直被用作低温下传热胶黏剂,如引线和热沉铜块之间的黏接。实际工程中,若既要求传热好,又要求电绝缘好,就可用 GE7031 清漆进行黏接。

3. 聚乙烯醇缩醛胶和其他低温胶

聚乙烯醇缩醛胶是国产的低温胶黏剂,性能类似 GE7031 清漆,但溶剂是无水酒精。其他如上海合成树脂研究所研制的 DW-4、DW-3 以及美国 Vishay 公司的 M-Bond 43-B、600、610 等低温性能也很好。

8.6　低温绝缘结构材料

高分子材料(塑料)、复合材料、陶瓷材料均可用作低温绝缘结构材料。在超导电力装置中主要用作需要电绝缘的结构材料,如力学支撑部件、容器、绝缘纸、超导磁体的匝间绝缘、层间绝缘、对地绝缘、部件的黏接与灌封等。低温绝缘结构材料是采用纤维布上涂抹黏合剂材料缠绕或层压工艺制成板、棒、管、筒、环及各种异型件。纤维布主要是玻璃纤维,黏合剂主要有环氧树脂、聚氨酯、酚醛树脂、苯硅烷、氟聚类和聚苯丙咪唑等。

1. 高分子材料

氟聚类塑料(聚酰亚胺、聚四氟乙烯、聚氨酯、聚乙烯等)常用作密封、活塞环、转动轴承。氟塑料的低温电、热、力等性能在 8.4 节已做介绍。

尼龙也是使用比较普遍的低温绝缘结构材料,属于聚酰胺类塑料,品种较多。以棒料生产的尼龙有尼龙 6 (熔点 215℃)和尼龙 66 (熔点 264℃),其液氮温度下的热导率比其他材料低 5～10 倍,适于作绝热支撑件,如杜瓦管中的隔热支撑片和吊装样品的悬架。

2. 环氧树脂复合材料

低温绝缘结构材料使用较多的是环氧树脂及以环氧树脂为基体的复合材料。应用电绝缘材料时对材料电性能的要求主要表现在材料的体积电阻率、电击穿强度、介电常数和介质损耗因数等方面,如环氧树脂的体积电阻率在 $10^{16}\Omega\cdot cm$ 左右,介电强度大于 23kV/mm,介质损耗角正切一般在 $4.9\times10^{-3}\sim4.6\times10^{-2}$,相对介电常数一般在 3.7～5.1。结构材料对材料力学性能的要求主要是高弹性模量、高强度以及高断裂韧性。环氧树脂复合材料的弹性模量和强度很大程度上由增强体(主要是纤维)的力学性能决定。增强体还可调节复合材料的热膨胀系数,例如,碳纤维增强环氧树脂基复合材料的热膨胀系数甚至可以为负。

环氧树脂主要用于超导磁体的匝间绝缘、层间绝缘、对地绝缘、部件的黏接与灌封等。其固化温度、流动性、力学性能、热膨胀系数、热导率等参数对超导磁体性能起关键作用,因此针对不同工况的磁体要选择合适的配方。表 8.25 列出英国卢瑟福实验室研制的环氧树脂的主要力学性能参数。

表 8.25　英国卢瑟福实验室研制的环氧树脂的力学性能参数

材料牌号	热收缩率(4～300K)	断裂强度(4～77K)	屈服强度(4～77K)	杨氏模量/GPa	玻璃化温度/℃
RAL227	0.01	128	87	3.0	127
RAL229	0.012	116	63	2.9	94
RAL230	0.012	99	59	2.6	63
RAL231	—	72	43	2.0	46
RAL71A	0.012	—	—	2.9	43
RALHY918	0.011	139	114	3.4	125

目前在大型低温超导装置中使用压力浸渍环氧树脂制成绝缘结构材料。环氧树脂基复合材料是低温绝缘中广泛使用的结构材料,用玻璃纤维增强的环氧复合材料,通称为玻璃钢,是一类优良的低温电气绝缘材料,并且在高频作用下,仍能保持良好的介电性能,还具有良好的抗磁性,不受电磁场影响。目前高温超导电力装置交流运行低温杜瓦一般采用玻璃钢材料制成。表 8.26 列出两种典型玻璃钢材料的主要热力学和电学特性参数。

表 8.26　两种典型玻璃钢材料的主要热力学及电学性能

材料牌号	温度 T/K	电阻率 ρ/($\Omega \cdot$ m)	击穿强度 E/(kV/mm)	热导率 k /[W/(m・K)]	热收缩率 ε/%	断裂强度 S/MPa
G-10CR	298～77	～10^{14}	～45	0.3～0.9	0.2～0.6	420
	77～4.2	～10^{17}	～48	0.05～0.35	0.2～0.8	830
G-11CR	298～77	～10^{15}	～48	0.3～0.7	0.2～0.6	460
	77～4.2	～10^{17}	～48	0.06～0.32	0.2～0.6	900

由于层压绝缘材料以玻璃纤维布上涂黏合剂经过层压或缠绕工艺制成,因此其热力学性能、电学性能具有各向异性;尤其是热导率、热容、热收缩率、抗张强度、弹性模量等具有明显的各向异性。层压绝缘材料的疲劳效应主要由黏合剂的特性所决定,所以即使在室温下,多数环氧树脂的累计应变也比玻璃纤维低,导致黏合剂在远低于层压制品的极限负荷下发生开裂,并影响到玻璃纤维,使玻璃纤维也在比极限强度低的应力下发生疲劳。另外,辐射包括紫外辐射,也会对层压制品材料寿命产生影响。

由于在玻璃钢中添加不同的玻璃纤维导致其性能有些差别,如 E 玻璃纤维增强环氧复合材料用于电气绝缘,具有低碱含量以保证良好的表面阻力,而 S 玻璃纤维增强环氧复合材料具有略高的强度和模量,但成本较高。至于 Kevlar 纤维,虽然具有最低的密度,但比 E 玻璃纤维和 S 玻璃纤维昂贵得多。随着超导电工技术的不断发展,对绝缘固体材料提出了新的要求,如硼纤维、晶须、无机纳米颗粒增强塑料逐渐获得重视。商用玻璃钢绝缘材料有美国在 G10、G11 基础上改进生产的 G10CR、G11CR。国内也开发出多种商用的玻璃钢,如 6911、252-650、648-650、618-650、7101-650 等型号。

8.7　无机绝缘材料

低温下常用无机固体绝缘材料主要有玻璃、石英、陶瓷和云母等,其中玻璃以纤维、织物、无纺布、毡、微球等形式作为加强材料或丝包绝缘复合而成。

8.7.1　玻璃的热力学性能

低温下用玻璃通常有无碱玻璃石英玻璃和碱玻璃。表 8.27 列出玻璃在 4.2K 温度时的热力学性能。玻璃的热导率和比热容随温度的降低而减小,其中在 $5\sim20K$ 温度范围,热导率近似与温度无关。

表 8.27　在 4.2K 时玻璃的一些热力学性能

材料名称	热导率 ρ /[W/(m·K)]	比热容 C /[J/(kg·K)]	线膨胀系数 ε_1 $[(L-L_0)/L_0]\times10^{-4}$	极限抗张强度 S /(kg/m²)
Pyrex 玻璃	0.1	23	48.5	71.8
熔凝玻璃	$50\sim400$	25.1	-9.6	—

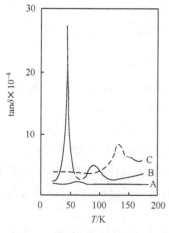

图 8.20　石英玻璃的介质损耗角正切
与温度的关系曲线

A. 纯石英;B. 含钠离子的石英;C. 含钾离子的石英

玻璃的介电常数约等于 6,比较大,这在一定程度上限制了玻璃在电工中的应用。此外,玻璃的介电常数与频率和温度相关。熔凝石英玻璃在 200Hz 出现损耗峰,在 400MHz 时,损耗更大。当频率固定,在温度为 100K 以上时,损耗角随温度升高而增大;在低温区 50K 附近,介质损耗角出现较宽峰值。图 8.20 给出石英介质损耗角正切在频率为 32kHz 时与温度的关系,纯石英玻璃在约 40K 左右出现很尖的峰值,其他温度介质损耗角正切约为 10^{-4}。表 8.28 给出不同频率和低温下石英玻璃的介电常数和介质损耗角正切。

表 8.28　在温度 4.2K 时石英玻璃的介电常数和介质损耗角正切

频率 f/MHz	34	90	136	232	284
$\tan\delta \times 10^{-4}$	2.0	1.5～2.0	2.2～3.1	1.8～3.0	1.0～2.0
ε	4.4				

8.7.2　陶瓷的电特性

陶瓷主要包括氧化铝陶瓷、钽酸铅锰陶瓷和高介电常数陶瓷。一般陶瓷材料热容很大,热导率很小,是比较理想的绝热材料。但是陶瓷材料介电常数往往很高,远大于常规绝缘材料(>9),钽酸铅锰陶瓷和高介电常数陶瓷介电常数在100～2000。因此,陶瓷可以用于直流场合,而不适用于交流场合电工应用。表 8.29 列出几种陶瓷材料在室温情况下的热力学和电学性能参数。表 8.30 给出几种陶瓷材料在低温温度下的热力学性能,并与玻璃钢和 344 不锈钢材料进行比较:陶瓷材料的热导率、密度和断裂韧性比不锈钢小,而断裂强度却比不锈钢大;其热导率、密度及断裂韧性与玻璃钢相当,但断裂强度比玻璃钢要小。

表 8.29　几种陶瓷材料在室温的热、电性能

材料	温度/K	热膨胀系数 /($\times 10^{-6}$ K^{-1})	热导率 /[W/(m·K)]	体积电阻率 /(Ω·cm)	介电常数	介质损耗角正切
TiO_2	293	6.8	6	～10^9	90	—
ZrO_2	293	10	1.7	10^6	16	—
Al_2O_3	293	7.2	17	10^{14}	9.4	4×10^{-4}@(1MHz)
BN	293	0.2～2.9	57	10^{14}	1.6	8×10^{-4}@(1MHz)
AlN	293	4.4	140～320	10^{14}	8.9	8×10^{-4}@(1MHz)

表 8.30　几种陶瓷材料 4～77K 温度下力学性能与玻璃钢、不锈钢对比

材料	密度 ρ/(g/cm^3)	断裂强度 σ/MPa	热导率 λ /[W/(m·K)]	$\sigma/(\rho \cdot \lambda)$	断裂韧性 K_{Ic} /(MPa·m$^{1/2}$)
14.5Ce-ZrO_2	5.77	730	0.6	211	12
16.5Ce-ZrO_2	5.69	720	0.6	211	13
50CeZTA	4.62	710	0.6	256	6.5
玻璃钢-T60	1.50	1050	0.15	4667	3～5
玻璃钢-P	2.00	978	0.29	1686	3～5
304 不锈钢	8.03	490	5	12	300

8.7.3 云母玻璃的热力学和电学特性

云母主要指云母玻璃,由氟金云母和硼铝硅玻璃在高温热压下控制金云母的结晶而制成的。这种材料孔度小,不吸气,化学性质稳定,热膨胀系数与金属相近,具有良好的耐热冲击性,交直流绝缘性能优异,可以采用普通金属加工工艺制成精度很高的部件。

图 8.21 给出在低温下云母玻璃和熔凝石英的比热容与温度的关系。云母玻璃的比热容与熔凝石英相差不大,说明云母玻璃的比热容主要由玻璃决定。

云母玻璃的热导率随温度的升高而增大。图 8.22 为云母玻璃和熔凝石英的热导率在低温温度下随温度的变化曲线。在温度低于 5K 时,云母热导率近似与温度的三次方成正比。

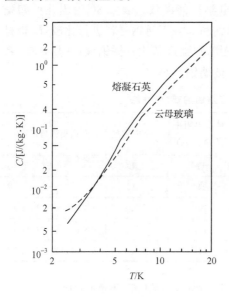
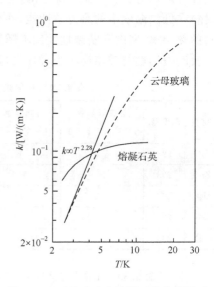

图 8.21 云母玻璃和熔凝石英在低温下　　　图 8.22 云母玻璃和熔凝石英在低温下
　　的比热容与温度的关系　　　　　　　　　的热导率与温度的关系

云母玻璃的介电常数和介质损耗角正切与温度有关,二者随温度的变化关系如图 8.23 所示。在 2～300K 温度范围内,介电常数随温度的增加而增大;与此相比,在 2～200K 温度范围内,介质损耗角正切随温度的影响却较小。

频率对云母的介电常数和介质损耗角正切也具有明显影响,如图 8.24 所示为介电常数如介质损耗角正切在 4K 和 77K 温度下随频率变化的曲线;在 77K 时,介质损耗在 0.2～10kHz 频率范围内增加约 10 倍;在 4K 时,在相同频率范围内升高约两个量级。

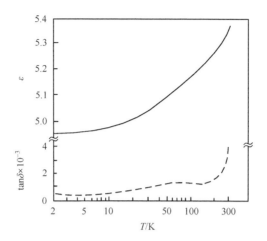

图 8.23　云母玻璃介质损耗角正切、介电常数与温度的关系(试样厚度 0.33mm)

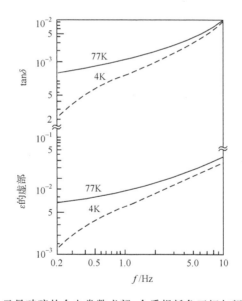

图 8.24　云母玻璃的介电常数虚部、介质损耗角正切与频率的关系

　　在室温下,云母玻璃的直流击穿强度约为 1.45MV/cm,但是在温度为 4K 时,其击穿强度不小于 2.24MV/cm。

　　除了上面介绍的三种无机固体绝缘材料外,还有其他无机固体绝缘材料,如玻璃碳、蛋白石、微晶材料等,但是它们在低温下的应用可能性有限,所以本章不予介绍。

参 考 文 献

崔益民,潘皖江,武松涛. 2002. 聚酰亚胺薄膜在大型低温超导磁体中的应用. 绝缘材料,35(5):15—17.

机械工业部桂林电器科学研究所.1983.低温电工绝缘.北京:机械工业出版社.

时东陆,周午纵,梁维耀.2008.高温超导应用研究.上海:上海科学技术出版社.

滕玉平,肖立业,戴少涛,等. 2005. 超导电缆绝缘及其材料性能. 绝缘材料,38(1):59—64.

中国电气工程大典编程委员会. 2010.中国电气工程大典. 北京:中国电力出版社.

Choi J W, Cheon H G, Kim J H, et al. 2010. A study on insulation characteristics of laminated popypropylene paper for an HTS cable. IEEE Transaction on Applied Superconductivity,20(3): 1280—1283.

Ekin J W. 2006. Experimental Techniques for Low-Temperature Measurements. New York: Oxford University Press, Inc.

Gerhold J, Tanaka T. 1998. Cryogenic electrical insulation of superconducting power transmission lines: Transfer of experience learned from metal superconductors to high critical temperature superconductors. Cryogenics, 38: 1173—1188.

Gong L H, Gang Z C, Xu X D, et al. 2007. The cryogenic system of 10.5kV/1.5kA high-T_c superconducting fault current limiters. Cryogenics, 47: 450—454.

Kosaki M, Nagao M, Mizuno Y, et al. 1998. Development and tests of extruded polyethylene insulated superconducting cable. Proceedings of the Second International Conference on Properties and Applications of Dielectric Materials, 2 :426—429.

Kosaki M. 1996. Research and development of electrical insulation of superconducting cables by extruded polymers. IEEE Electrical Insulation Magazine, 12(5):17—24.

Kwag D S, Cheon H G, Choi J H, et al. 2007. Research on the insulation design of a 154kV class HTS power cable and termination. IEEE Transactions on Applied Superconductivity, 17(2): 1738—1741.

Saburo U, Ejima H, Suzuki T. 1999. Cryogenic small-flaw strength and creep deformation of epoxy resins. Cryogenics, 39:729—734.

Sekiya H, Moriyama H, Mitsui H. 1995. Effect of epoxy cracking resistance on the stability of impregnated superconducting solenoids. Cryogenics, 35:809—813.

Ueda K, Tsukamoto O, Nagaya S, et al. 2003. R&D of a 500m superconducting cable in Japan. IEEE Transactions on Applied Superconductivity,13(2): 1946—1951.

第9章 低温容器与低温制冷

低温装置是通过输入低温介质或连接低温制冷机用以建立低温环境的设备。低温制冷技术是指用人工方法在一定时间和空间内对某物体或对象进行冷却,使其温度降到环境温度以下,并维持低温和运行。一般而言,温度为 4.2～120K 的温区称为低温区。低温容器及低温技术广泛应用于农业、工业、国防建设、生物医疗、能源及科学研究等领域。随着高温超导电力装置应用技术的快速发展,对低温技术提出了更高要求。可靠、高效、方便、廉价的低温容器制造及低温制冷技术成为超导电力装置工业化应用的关键技术之一。

超导电力装置用于电力系统除了必须满足电压等级之外,还要求其单位体积电能容量大、可靠性高。与高温超导电力装置相关的低温技术具备以下特点:①制冷温度范围宽,约在 20～77K 温区内;②制冷量大,需要在 40～80K 的制冷温度下提供一百到几千瓦的制冷功率;③制冷机和制冷系统运行可靠性高;④高电压绝缘;⑤不受磁场影响;⑥与超导体有良好的热磁耦合;⑦低温系统操作维护方便。

在超导电力装置中,通常采用的冷却方法有两种,一种是闭式循环低温制冷机冷却(无液体制冷或直接冷却),另一种是液氮浸泡冷却。前者利用低温制冷机制冷,并通过热传导机构实现超导体的冷却。后者是将超导体直接浸泡在低温介质中,利用低温介质蒸发或液体的迫流来实现冷却。本章将讨论超导电力装置中涉及的低温杜瓦容器及低温制冷技术。

9.1 低温冷却介质

低温介质的作用主要是为低温装置提供冷源,其沸点比室温低得多。常用的低温介质主要有液氦、液氮、液氢、液氖和液氧。表 9.1 是各种低温介质的主要热力学参量。由于液氢和液氧容易引起爆炸、不安全,而液氖稀缺,且价格昂贵,所以一般超导电力应用采用液氦和液氮作为冷却介质。至于这些低温介质液氦、液氮、液氢和液氧的获得,已经实现了工业化规模化生产。

He-3 和 He-4 是氦元素的两种同位素,大气中 He-4 含量少于 0.005%,He-3 的含量更少。低温介质作为冷源,其沸点温度低于超导体临界温度 T_c,如液氮沸点温度(77.3K)低于高温超导体临界温度,液氦沸点温度(4.2K)低于低温超导体、MgB_2 及铁基超导体临界温度。在超导电力应用中,有时需要温度低于低温介质的沸点温度,采用制冷机或者减压降温方法使得低温介质温度低于其沸点温度。

低温介质沸点温度随压强的增加单调增加。图 9.1 给出液氦饱和蒸气压与温度的变化关系。虽然 He-3 温度高于 He-4,但是由于 He-3 非常稀有,因此一般采用 He-4 作为冷却介质。

表 9.1 低温技术中常用低温介质的热力学参数

参数名称/单位	He-3	He-4	H_2	Ne	N_2	O_2
分子量	3.016	4.0026	2.016	20.18	20.0134	32.0
沸点温度/K	3.1971	4.2221	20.3905	27.102	77.344	90.188
流体密度/(kg/m³)	59.3	125	70.96	1207	808.6	1142
蒸气密度/(kg/m³)	8.6	16.89	1.311	9.499	4.614	4.4756
气化潜热/(kJ/kg)	8.6	20.413	445.6	87.03	198.64	212.3
气化潜热/(kJ/L)	0.51	2.552	31.62	105.04	160.62	242.4
显热(从沸点到 300K)/(kJ/kg)	—	1543	3510	282	234	194
三相点	—	—	13.951	24.5561	63.146	54.361
温度/K	—	—	7205	43379	12530.0	150
临界点	3.317	5.197	33.19	44.45	126.2	154.576
温度/K	114.6	227.46	1315	2730	3400	5043
压强/kPa	41.45	69.58	30.12	483.0	314.03	436.2
密度/(kg/m³)	0.134	0.1785	0.08988	0.8999	1.2508	1.429
0℃,1atm 气体与等质量液体的体积之比	443	700.3	789.9	1341	646.5	799.2

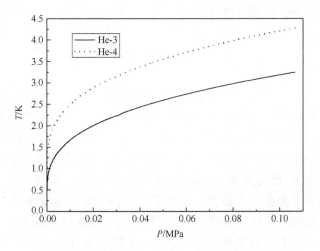

图 9.1 液氦饱和蒸气压与温度的变化曲线

图 9.2 是液氖和液氢饱和蒸气压与温度的关系。在 20K 温区应用时,一般采用这两种低温介质。

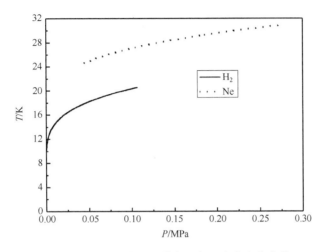

图 9.2　液氖和液氢饱和蒸气压与温度的变化曲线

图 9.3 是液氮和液氧饱和蒸气压与温度的变化关系。在低温超导强磁体应用和高温超导电力应用中,可以通过减压的方法获得低于低温介质沸点的温度。

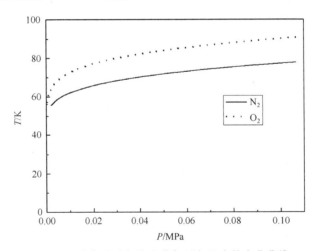

图 9.3　液氮和液氧饱和蒸气压与温度的变化曲线

9.2　低温容器

低温容器用于储存低温介质,也叫做杜瓦容器,由英国科学家杜瓦(James Dewar)发明,是用于储存低温介质的双层壁真空绝热容器。图 9.4 所示为简单杜瓦结构示意图。为了了解低温容器的设计原理,本节首先简要介绍用于低温容器设计的传热学理论。

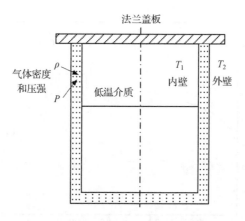

图 9.4　杜瓦容器的简单结构示意图

9.2.1　低温绝热基础

热传输有三种基本方式分为固体导热、对流和热辐射。固体传导热量的大小与其截面成正比,减小截面可以极大地降低固体导热。对流热交换是气体分子相互碰撞,将热量由温度高的区域自动向温度低的区域传递,真空度增加即气体分子减少可减少对流传热。任何物质,只要温度高于 0K 都会向外辐射热量,光滑的金属箔膜可以将热辐射反射出去,减小辐射漏热。一般传统的低温杜瓦采用不锈钢材料,强度高,杜瓦内壁可以很薄,有效减小固体热传导;不锈钢密度高不放气,能够维持高真空度,有效减小对流热交换;在杜瓦内外夹层间包绕多层光滑金属箔作为辐射屏,可有效地防止热辐射;此外,在夹层中间还可放置一定量的活性炭,吸附多余的气体分子。总之,不锈钢低温杜瓦具有强度高、真空维持时间长、绝热性能好等优点,其真空度可达到 10^{-7}Pa,并可维持两年以上。

1. 固体导热

固体热传导遵从傅里叶定律,即固体传输的热量与温度梯度和垂直于热量传播方向的截面积成正比:

$$q = -k\mathbf{\nabla}T \tag{9.1}$$

式中,"-"表示传热方向与温度梯度方向相反;k 为热导率,一般是温度的函数;q 为热流密度(W/m^2),单位面积的热流量。表 9.2 给出一些常用合金低温材料在不同温度下的热导率。

表 9.2　一些合金材料的热导率　　　　　　　　〔单位：W/(m・K)〕

材料	组成(状)态	2K	4K	6K	10K	20K	40K	80K	150K	300K
铜	99.999%退火	—	1900		4600	—	1850	590	450	—
银	99.999%退火	—	13000	—	15000		970	420	410	410
铝	99.999%退火	—	1850		3550		2100	—		
笃铝	商品					17	36	60	88	110
铝合金	94Al，4.5Mg，0.7Mn		3		8.2		34	65	80	120
铝合金	99Al，0.6Mg，0.4Si	—	35		87		270	230	200	200
铜＋铍	退火 90Cu，10Be	0.9	1.9	2.9	4.9	10.7	21.5	37.1		
铜＋镍	90Cu，10Ni		1.1	2.3	5.5	16	32	38		
铜＋镍	70Cu，30Ni		0.5		2.0		12	20	25	
金钴	97.9Au，2.1Co	—	1.0		4.0	—	13.5	20		
康铜	Cu60，Ni40i		0.8		3.5		14	18	20	23
康铜	商品		0.84	1.6	3.5	8.8	13	18	20	23
德银	商品		0.7	1.3	2.8	7.4	13	17	18	22
蒙乃尔	退火		0.86	1.5	3.0	7.0	12	18	20	24
蒙乃尔	冷拔		0.5	0.81	1.8	4.4	8.4	14	18	22
镍	退火		0.45	0.80	1.7	4.1	8.0	11	13	14
镍	冷拔		0.27	0.47	0.93	2.3	5.0	9.2	12	14
不锈钢	商品		0.25	0.4	0.7	2.0	4.6	8.0	11	15
锰铜镍合金	84Cu，12Mn，4Ni		0.5	—	2.1	—	7.5	13	16	22
黄铜	退火(57Cu，40Zn，3Pb)	1.5	3.4	5.4	9.6	19.3	—	—	—	—
黄铜	57Cu，40Zn，3Pb	1.3	2.9	4.6	8.2	17.5	33	53	90	100
黄铜	70Cu，30Zn	—	3.0		10	—	37.5	65	85	120
伍德合金	商品	1.0	4.0	7.3	12	17	20	23		
硅青铜	商品					3.4	6.9	14		30
焊锡	60Sn，40Pb	5	16	26.5	42.5	56	52.5	52.5	50	50
甲基丙烯酸	甲酯树脂	—	0.056	—	0.062		0.10	11.6		
尼龙	商品		0.0125		0.039					
特氟隆	商品		0.045		0.095		0.196	0.23		
清漆 GE7031			0.063		0.082		0.19	0.22	0.29	41.3
石墨		0.007	—	0.22		10.5	—	47	101.5	170
耐热玻璃	派腊克斯型							0.48	0.76	1.1
蓝宝石	单晶		100		1000		5900	900		
石英	—	—	0.095	—	0.12		0.25	0.48	0.80	1.4

　　如果固体横截面为圆形，且截面半径远远小于其长度时，稳态情况下热传导按照一维导热处理，那么圆柱体导热热量（W）为

$$Q = \frac{A}{L}\int_{T_1}^{T_2} k(T)\,\mathrm{d}T = \frac{A}{L}\int_{T_1}^{T_2} k(T)\,\mathrm{d}T = \frac{A}{L}\left[\int_4^{T_2} k(T)\,\mathrm{d}T - \int_4^{T_1} k(T)\,\mathrm{d}T\right]$$

(9.2)

式中，A 和 L 分别为截面积和长度；T_1 和 T_2 为两端温度。有时为了使用方便，热导率以温度积分的形式给出，直接得到固体材料的传导热量。一些常用低温工程材料的 $\int_4^T k(T)\,dT$ 见表 9.3。

表 9.3 一些低温材料的 $\int_4^T k(T)\,dT$　　　　（单位：W/m）

温度/K	玻璃	聚四氟乙烯	尼龙	铝	无氧铜	不锈钢		蒙乃尔冷拉[70Ni,30Cr]
						退火	冷拉	
6	0.211	0.113	0.0321	5.3	610	1.33	0.712	1.23
8	0.443	0.262	0.0807	12.9	1450	3.48	1.85	3.29
10	0.681	0.44	0.148	22.9	2520	6.52	3.45	6.29
15	1.31	0.985	0.410	59.4	6140	18.2	9.75	18.1
20	2.00	1.64	0.823	112	11000	35.8	19.5	36.4
25	2.79	2.39	1.39	181	16600	59.2	32.5	61.4
30	3.68	3.22	2.08	265	22800	88.2	48.8	92.9
35	4.71	4.13	2.90	363	28500	122	68.5	130
40	5.86	5.08	3.85	476	23800	160	91.8	173
50	8.46	7.16	6.04	736	42600	247	148	273
60	11.5	9.36	8.59	1040	49600	345	215	285
70	15.1	11.6	11.3	1390	55400	452	294	323
76	17.5	13.0	13.1	1620	58600	519	347	342
80	19.4	13.9	14.2	1770	60600	566	384	421
90	24	16.8	17.3	2200	65400	685	484	686
100	29.2	18.7	20.4	2650	70000	805	593	940
120	40.8	23.7	26.9	3650	78800	1060	833	1260
140	54.2	28.7	33.6	4780	87400	1310	1100	1590
160	69.4	33.8	40.5	6030	95900	1570	1380	1950
180	85.8	39.0	47.5	7380	104000	1820	1680	2320
200	103.0	44.2	54.5	8830	112000	2100	1990	2710
250	150	57.2	72.0	12800	132000	2800	2810	3730
300	199	70.2	89.5	1710	152000	3540	3690	4800

2. 对流换热

对流换热遵从方程

$$\rho c_p\left(\frac{\partial T}{\partial t}+u\frac{\partial T}{\partial x}+v\frac{\partial T}{\partial y}+w\frac{\partial T}{\partial z}\right)=\frac{\partial}{\partial x}\left(k\frac{\partial T}{\partial x}\right)+\frac{\partial}{\partial y}\left(k\frac{\partial T}{\partial y}\right)+\frac{\partial}{\partial z}\left(k\frac{\partial T}{\partial z}\right)+q$$

(9.3)

式中，q 为热源项；c_p 为流体的比定压热容；ρ 为流体质量密度；u、v 和 w 分别为流体沿 x、y 和 z 坐标方向的速度分量。若热导率 k 与位置坐标无关，且无发热项，那么式(9.3)简化为

$$\rho c_p \left(\frac{\partial T}{\partial t} + u \frac{\partial T}{\partial x} + v \frac{\partial T}{\partial y} + w \frac{\partial T}{\partial z} \right) = k \mathbf{V}^2 T \tag{9.4}$$

如果流体是静止的液体，u、v 和 w 均为零，那么式(9.4)可以进一步简化为

$$\rho c_p \frac{\partial T}{\partial t} = k \mathbf{V}^2 T \tag{9.5}$$

一些常用低温材料的比定容热容见表 9.4。

表 9.4　一些低温材料的比定容热容 c_v　　［单位：J/(kg·K)］

材料	温度 T/K									
	2	4	6	10	20	40	80	100	200	300
钢	0.028	0.091	0.23	0.86	7.7	60	205	254	350	386
铝	0.108	0.201	0.50	1.4	8.9	77.5	357	481	797	902
银	0.0239	0.124	0.39	1.8	15.5	78	166	187	225	236236
金	0.025	0.16	0.50	2.2	15.9	57.2	99.2	108.3	123.5	128.5
铂	0.074	0.186	0.37	1.12	7.4	38	88	100	127	133
铅	0.09	0.7	3.0	13.7	53.1	94.4	114	118	125	130
锌	0.028	0.11	0.29	2.5	26	125	258	293	367	390
锡(白)	0.048	0.245	1.27	8.1	40	106	173	189	214	222
铟	0.141	0.95	3.59	15.5	60.8	141	193	203	225	233
不锈钢	0.467	0.468	0.546	0.814	6	—	—	251	—	490
康铜	0.23	0.42	0.73	1.69	6.8	—	190	238		
锰铜	0.146	—	—	—	—	—	—	—		
焊锡[50Sn,50Pb]	—	—	—	—	—	101.2	146.8	155.0	173.1	182
焊锡[40Sn,60Pb]	0.06	0.60	2.3	11.7	47.5	—	—	—		
伍德合金	0.06	0.62	2.9	13.4	46.0	—	—	—		
派热克斯玻璃	0.025	0.201	0.753	4.19	27.4					
石英玻璃	0.02	0.18	0.71	4.0	24.4	—	218	268	525	738
聚四氟乙烯	0.3	1.3	4.2	18	76	170	320	386	710	1010
尼龙	0.152	1.22	—	—	—	—	—	—		
石墨(多晶体)	0.024	0.13	0.35	1.2	6.3					
环氧树脂 I	0.24	2.25	8.2	27.2	81.1	—	—	—		
环氧树脂 502	0.1999	2.22	—	—	—	—	—	—		
GE7031 清漆	0.31	2.99	7.90	24.5	93	249	510			
表面黏合剂 100A	0.237	2.52	—	—	—	—	—	—		
阿皮松脂 N	—	—	—	—	—	—	543	654	1177	3590
阿皮松脂 T	0.228	2.22	7.24	25.5	94.8	251	521	636	1175	2160

对于低温容器装置来讲，其目的是保持与环境绝热，将漏热减小到最低程度，参见图 9.4，在杜瓦内外夹层间保持真空，减小气体对流产生传热。考虑稀薄气体情况，气体对流传热（W）与真空度（压强）的关系为

$$Q = cA_1 aP (T_2 - T_1) \qquad (9.6)$$

式中，a 和 P 分别为杜瓦容器内夹层气体的热适应系数和压强；A_1 为杜瓦容器的外壁面积；T_1 和 T_2 分别为杜瓦容器内壁和外壁温度；系数 c 由式（9.7）确定：

$$c = \frac{\gamma + 1}{\gamma - 1} \sqrt{\frac{8RT}{\pi M}} = \frac{\gamma + 1}{\gamma - 1} \sqrt{\frac{8kT}{\pi m}} \qquad (9.7)$$

式中，$\gamma = c_p/c_v$，γ 叫做比热容比，c_p 和 c_v 分别为气体的比定压热容和比定容热容；R 和 k 分别为普适气体常量和玻尔兹曼常量；M 和 m 分别为气体分子的摩尔质量和分子量。

表 9.5 列出几种常见气体不同温度的系数 c 值。

表 9.5　几种常见气体的 c 值

气体	N_2	O_2	H_2	H_2	He
T_1 和 T_2 的范围	≤400K	≤300K	300～77K	77～20K	300～4.2K
c	0.1193	0.1118	0.3961	0.2986	0.2101

表 9.6 列出几种常见气体在标准状态下的比热容比；100℃水蒸气的比热容比 $\gamma = 1.32$。通常情况下，气体比热容与温度有关，表 9.7 列出几种气体比定容热容与温度的关系。

表 9.6　几种常见气体标准状态下的比热容比 γ

气体	空气	N_2	O_2	H_2	单原子气体（He，Ne，Ar 等）	CO_2	CO
比热容比 γ	1.4034	1.405	1.398	1.408	1.67	1.302	1.404

表 9.7　几种气体比定容热容 c_v 与温度的关系

气体	$c_v/[J/(kg \cdot K)]$
空气	$717.756 \times (1 + 3.45 \times 10^{-5} T + 6.30 \times 10^{-8} T^2)$
N_2	$735.621 \times (1 + 3.45 \times 10^{-5} T + 6.30 \times 10^{-8} T^2)$
O_2	$644.349 \times (1 + 3.45 \times 10^{-5} T + 6.30 \times 10^{-8} T^2)$
H_2	$9656.436 \times (1 + 1.5 \times 10^{-4} T)$
单原子气体（Ne, Ne, Ar 等）*	$12.518/M$
CO_2	$527.537 \times (1 + 8.11 \times 10^{-4} T - 1.84 \times 10^{-7} T^2)$
CO	$736.039 \times (1 + 3.45 \times 10^{-5} T + 6.30 \times 10^{-8} T^2)$
$H_2O(100℃)$	$1603.544 \times (1 + 3.39 \times 10^{-4} T - 1.72 \times 10^{-7} T^2)$

* M 是单原子气体的分子量。

为了比较全面描述气体的热力学特性,表9.8列出了几种常见气体在常压下、0℃情况下的热导率。

表9.8　常见气体在标准大气压和0℃时的热导率

气体	分子式	分子量	热导率 $k/[W/(m \cdot K)]$
氢	H_2	2.016	0.1742
氦	He	4	0.1474
甲烷	CH_4	16.031	0.03019
氨	NH_3	17.031	0.02185
氖	Ne	20.2	0.04551
一氧化碳	CO	28	0.02340
乙烯	C_2H_2	28.031	0.01704
氮气	N_2	28.016	0.02428
空气	—	—	0.02412
一氧化氮	NO	30.008	0.02324
氧气	O_2	32	0.02449
氩气	Ar	39.91	0.01662
二氧化碳	CO_2	44	0.01474
一氧化二氮	N_2O	44.016	0.01541
氯气	Cl_2	70.916	0.007658
氪气	Kr	82.9	0.008876
氙气	Xe	130.2	0.005192
氟利昂	CCl_2F	137.4	0.00837

下面讨论热适应系数的计算。如图9.5所示为两个冷热平行板表面温度分别为 T_1 和 T_2,一个温度为 T_2 的气体分子与温度为 T_1 的冷表面碰撞,将一定的能量传递给冷表面,气体分子不可能在冷表面停留足够长的时间来建立新的热平衡,所以带有相当于较 T_1 高的温度 T_1' 的动能($T_1' > T_1$)离开冷表面1。这个温度为 T_1' 的分子穿过空间与温度为 T_2 的热壁碰撞。同理,气体分子也不会在热表面 T_2 处停留足够长的时间去建立新的热平衡,所以它带有相当于 T_2' 的动能($T_2' < T_2$)离开热表面2。气体分子与壁面碰撞时趋向热平衡程度由热适应系数 a 描述

$$a = \frac{\text{气体分子实际传递的能量}}{\text{最大可能传递的能量}} = \frac{T_i - T_e}{T_i - T_w} \tag{9.8}$$

式中,T_i 为入射气体分子的有效温度;T_e 为反射气体分子的有效温度;T_w 为容器器壁的温度。

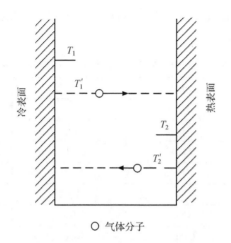

图 9.5　自由气体分子传导的气体分子"温度"

按照定义式(9.8),并结合图 9.5 知,冷热表面的热适应系数分别为

$$a_1 = \frac{T_2' - T_1'}{T_2' - T_1} \tag{9.9}$$

$$a_2 = \frac{T_2' - T_1'}{T_2 - T_1'} \tag{9.10}$$

冷热表面的温差为

$$T_2 - T_1 = \left(\frac{1}{a_1} + \frac{1}{a_2} - 1\right)(T_2' - T_1') = \frac{T_2' - T_1'}{a} \tag{9.11}$$

式中,a 为综合或有效热适应系数,

$$a = \left(\frac{1}{a_1} + \frac{1}{a_2} - 1\right)^{-1} \tag{9.12}$$

如果图 9.5 中内外壁为同心圆桶状或同心球壳体,那么综合热适应系数为

$$a = \left[\frac{1}{a_1} + \frac{A_1}{A_2}\left(\frac{1}{a_2} - 1\right)\right]^{-1} \tag{9.13}$$

这里 A_1 和 A_2 为冷热表面所围成的截面面积。因此,综合热适应系数 a 由器壁冷热壁的热适应系数 a_1 和 a_2 得到;但是 a_1 和 a_2 不能够通过计算获得,只能通过实验测量,与气体的种类、温度、器壁固体表面材料的种类及其表面的粗糙度有关,且介于 0~1。对于气体分子完全漫反射,$a=1$;对于完全镜向反射,$a=0$。表 9.9 给出几种气体不同温度下的适应系数 a 值。

表 9.9　几种气体的适应系数 a 值

温度/K	He	Ne	H$_2$	空气
300	0.29	0.66	0.29	0.8~0.9
77	0.42	0.83	0.53	1.0
20	0.59	1.0	0.97	1.0
4	1.0	—	—	—

3. 热辐射换热

只要温度 $T>0\text{K}$，任何物体将向外通过热辐射形式辐射热量。不同的物体吸收或辐射能力不同。为了讨论方便，把能够全部吸收落在物体上所有辐射能的物体称之为理想黑体或绝对黑体，简称黑体。黑体辐射能量密度 E_0（W/m^2）与绝对温度 T^4 成正比，即遵从斯特藩-玻尔兹曼定律（Stefan-Boltzmann）：

$$E_0 = \sigma T^4 \tag{9.14}$$

$\sigma = 5.67 \times 10^{-8}\,\text{W/(m}^2 \cdot \text{K}^4)$ 称为斯特藩-玻尔兹曼常量。在实际工程应用中，式（9.14）通常写成

$$E_0 = C_0 \left(\frac{T}{100}\right)^4 \tag{9.15}$$

式中，C_0 定义为绝对黑体的辐射系数，$C_0 = \sigma \times 10^8\,\text{W/(m}^2 \cdot \text{K}^4)$。实际物体不可能是黑体，对于辐射能量有吸收、反射和透射三种方式。因此，实际物体以灰体来近似，其概念是光谱辐射特性不随波长的变化而改变。灰体辐射的能量密度与温度的关系为

$$E = C \left(\frac{T}{100}\right)^4 \tag{9.16}$$

其中，C 为灰体辐射系数，$C < C_0$。

将灰体辐射的能量与同一温度下黑体所辐射的能量的比定义为黑度 ε

$$\varepsilon = \frac{E}{E_0} = \frac{C\left(\dfrac{T}{100}\right)^4}{C_0\left(\dfrac{T}{100}\right)^4} = \frac{C}{C_0} \tag{9.17}$$

在实际应用中，重要的是确定其辐射能力，如果黑度 ε 已知，由式（9.17）可知能得到实际物体的辐射能力 E

$$E = \varepsilon E_0 = \varepsilon C_0 \left(\frac{T}{100}\right)^4 \tag{9.18}$$

黑度 ε 与物体的材料特性、温度及其表面状态（粗糙度、氧化程度）密切相关，一般由实验来确定。表 9.10 为常用低温材料的黑度 ε 实验值。

表 9.10　几种低温应用材料的黑度（或发射率）

材料	表面情况	ε		
		4K	77K	300K
铜	箔 干净、抛光 严重氧化	— 0.0062～0.015 —	0.017 0.015～0.019 —	— 0.03 0.78
不锈钢	—	—	0.048	0.08
黄铜	干净、抛光 严重氧化	0.018@2K	0.029	0.03 0.60
铝	干净、抛光 表面粗糙 氧化层厚度 $1\mu m$ 涤纶薄膜双面喷铝	0.011	0.018 0.04	0.030 0.055 0.300
银	大块 镀层	0.0044	0.0080 0.0083	0.02 0.017
金	箔 板 铜或不锈钢镀金 涤纶薄膜双面喷金	—	0.01～0.023 0.026 0.025～0.027 0.02	0.02～0.03
铅	箔 大块 氧化	0.011 0.012	0.036 0.036	0.05 0.28
锌	箔 大块 铜镀锌	0.027@20K	0.02 0.026 0.033	0.05
锡	箔 大块 铜镀锡 玻璃镀锡	0.013@2K 0.012	0.038@90K 0.013 0.038	0.06 0.05 0.02
焊锡		—	0.032	
玻璃		—	0.87@90K	0.94
镍	箔 抛光 抛光铁镀镍		0.022 0.022	0.04 0.045
铬	板 镀层		0.08 0.08	0.08 0.08～0.26
铸铁	抛光	—	—	0.21
莫涅耳合金	—	—	0.11	0.20
石英	—	—		0.93
大部分非金属	—	—	—	＞0.8

注：表中引用的黑度是沿材料表面法向测量得到的，在实际计算中需要用半球平均计算各方向的平均值时，表面粗糙的物体可以直接引用表中数值，但是对于磨光表面的金属，在计算时则需要乘上校正系数 1.2 来修正其黑度沿该方向上的显著变化。

9.2.2　低温绝热的基本类型和结构

低温绝热的目的是使得通过传导、对流和热辐射等传热方式传递到低温装置的热量尽可能减小到最低程度,以便维持低温系统的正常工作。

低温绝热一般可分为两类:真空绝热和非真空绝热。非真空绝热又称为普通绝热或堆积绝热,即在低温装置外表直接堆积或绑扎一定厚度的绝热材料的绝热方式。而真空绝热是将绝热空间保持一定真空度的绝热方式,包括高真空绝热、真空粉末绝热、真空多层绝热和多屏绝热等方式。图 9.6 为低温绝热基本形式的示意图。图 9.7 给出各种材料绝热方式在不同真空度下的有效热导率范围。

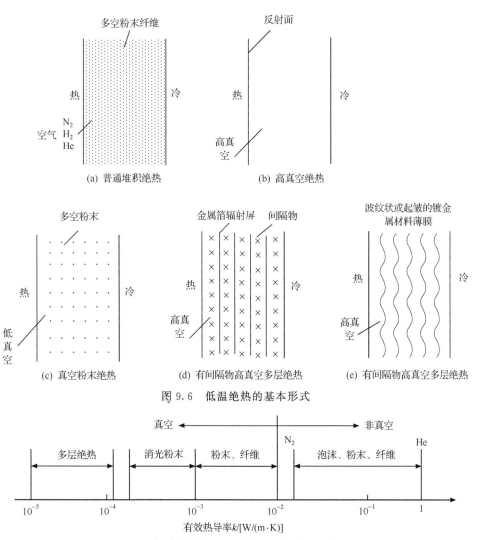

图 9.6　低温绝热的基本形式

图 9.7　各种材料低温绝热方式的有效热导率范围

1. 普通绝热(堆积绝热)

普通绝热属于一种非真空绝热方式。如图 9.6(a)所示,由各种不同材质构成的质量轻、热导率小的材料,含有大量气体。绝热材料可分为纤维状、多孔粉末状和泡沫状三种。其中,纤维状绝热材料包括矿棉、玻璃纤维和陶瓷纤维等;多孔粉末状材料包括碳酸镁、硅藻土、膨胀蛭石、膨胀珠光砂和气凝胶;泡沫状绝热材料主要包括聚氨酯泡沫、聚苯乙烯泡沫、玻璃泡沫和微孔橡胶等。普通绝热方式中固体导热和气体导热是主要的传导热量方式,其传热量占总传热量的 90%以上。为了减小固体导热,低温容器或装置内外夹层之间填充上述三类绝热材料。为了防止绝热材料中气体的冷凝导致绝热性能退化,堆积材料中常常需要充入冷凝温度低于低温容器内壁温度的气体,如氮气、氢气或氦气。在各种气体环境中常用的几种绝热材料的热导率在表 9.11 中列出。在低温温度高于液氮温度 77K 的情况下,填充气体常常采用氮气。在氮气氛围中,在从室温到 77K 温度范围内几种绝热材料的平均热导率见表 9.12。表 9.13 列出几种常用粉末状绝热材料在 77~310K 温度范围内的热导率。

这种绝热结构制作工艺简单、成本低廉,但是其有漏热太大、绝热层厚度过大等重要缺陷,一般在低于液氮温度 77K 下很少采用这种绝热方式。

表 9.11　不同气体环境中几种常用绝热材料的热导率

绝热材料	密度 ρ /(kg/m³)	平均温度 T/K	填充气氛中的热导率 k/[W/(m·K)]					
			Kr	CO_2	空气	N_2	He	H_2
珠光砂	130	188	—	—	—	0.0325	0.126	0.145
气凝胶	100	188	—	—	—	0.0196	0.062	0.080
硅凝胶	93	190	—	—	0.0299		0.116	
微孔橡胶	56	190	0.0102	—	0.0215		0.122	
矿棉	150	190	0.0142	—	0.0313		0.136	
玻璃棉 (线径 $d=2.58\mu m$)	74	338	—	0.0255	0.0336		0.181	
玻璃棉 (线径 $d=0.69\mu m$)	174	338	—	0.0259	0.0356		0.126	0.198

表 9.12　填充氮气时几种常用绝热材料的平均热导率（温度范围：77～298K）

绝热材料	密度 $\rho/(kg/m^3)$	粒度（目）	平均热导率 $k/[W/(m \cdot K)]$	处理工艺
碳酸镁	160	粉末状	0.0456	湿含量 6.7%
气相胶	110	—	0.0252	烘干
硅胶	446	30～100	0.0688	烘干
602 气相色谱硅胶	290	80～160	0.0372	—
601 气相色谱硅胶	150	粉末状	0.0285	—
软木	—	—	0.0690	
蛭石	—	100	0.0621	
矿渣棉	188	棉絮状	0.0375	
丝棉	145	—	0.0427	
15μm 玻璃棉	95	—	0.0421	
3μm 超细玻璃棉	70	—	0.0241	
石英纤维	40～50	球粒状	0.0329	烘干
聚苯乙烯	30	整体	0.0351	
浇铸成型聚氨酯	—	整体	0.0245	
喷涂成型聚氨酯	—	—	0.0175	
CO_2 聚氨酯	60	—	0.0265	
半硬聚氨乙烯	214	—	0.0342	
F-11 聚氨酯	40	—	0.0893	
脲甲醛	30	雪花状	0.0266	

表 9.13　几种常用绝热粉末材料的热导率（温度范围：77～310K）

绝热材料	密度 $\rho/(kg/m^3)$	粒度（目）	热导率 $k/[W/(m \cdot K)]$		
			常压	大气压	1.33Pa
高压气凝胶	104	40～80	0.0184	0.0151	0.00159
	124		0.0184	0.0154	0.00131
常压气凝胶	120	粉末	—	0.0267	0.00143
	170		0.0277	0.0267	0.00121
蛭石	290	40～80	—	0.0544	0.00151
	300	80～100	—	0.0534	0.00108
气相胶	290	80～120	—	0.0300	0.00111

2. 高真空绝热

高真空绝热是一种纯粹的真空绝热方式,其结构如图 9.6(b)所示,在低温容器内外夹层之间不填充任何材料,为了达到理想的绝热效果,绝热夹层真空度需要抽到 10^{-3} Pa 以下。图 9.8 为高真空绝热真空夹层残余气体热导率与真空度的变化关系。

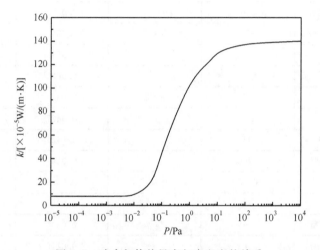

图 9.8　残余气体热导率与真空度的关系

在这种绝热方式中,辐射漏热是此种绝热结构的主要漏热源。对于真空夹层高真空绝热方式其辐射传热为

$$Q = \frac{\sigma A_1 (T_2^4 - T_1^4)}{\dfrac{1}{\varepsilon_1} + \dfrac{A_1}{A_2}\left(\dfrac{1}{\varepsilon_2} - 1\right)} \tag{9.19}$$

式中,ε_1 和 ε_2 分别为真空夹层内外(冷热)壁的热辐射发射率(黑度);T_1 和 T_2 分别为真空夹层内外壁的温度;A_1 和 A_2 分别为内外壁表面面积。

为了减小辐射漏热,真空夹层壁面材料常常采用低发射率的铜、铝等材料,并将其表面抛光,维持较高的光洁度,增加反射率。

单纯真空绝热具有结构简单、紧凑、热容小、制造工艺简便等优点,但是辐射漏热降低有限,从长期工程应用考虑,这种绝热方法具有漏热偏大、维护频繁等缺点,从而限制了其应用。但一种情况例外,在一些交流实验应用场合,玻璃杜瓦低温容器常常采用这种绝热方式。

3. 真空多孔绝热

这种绝热方法是在绝热夹层空间填充多孔绝热粉末和纤维材料,并将绝热夹层抽真空至 1~10Pa 的较低真空,其结构如图 9.6(c)所示。常用的多孔绝热材料有气凝胶、蛭石、珠光砂及微球等绝热材料。真空夹层中,绝热粉末和纤维的热导率与残余气体压强(真空度)的关系如图 9.9 所示。绝热夹层中压强在高于 1.33 $\times 10^3$ Pa 时,绝热粉末和纤维材料热导率变化不大;当压强进一步降低时,热导率近似随压强线性减小。进一步减小压强,如小于 1Pa 时,热导率基本不变。此时,气体传导热量将变得小于辐射传热和固体导热。绝热粉末和纤维热导率受到压强降低的影响,此时辐射与固体导热起主要作用。因此这种绝热方法对真空的要求很低,比较容易实现。

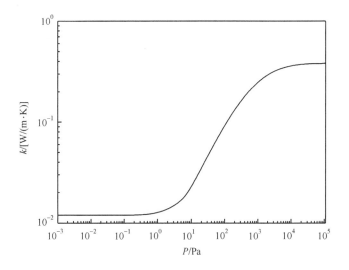

图 9.9 所示为绝热粉末热导率随真空度的变化曲线

真空绝热粉末和纤维的导热由式(9.20)来确定

$$Q = \frac{kA_\mathrm{m}(T_2 - T_1)}{\delta} \qquad (9.20)$$

式中,k 为绝热材料的热导率;A_m 为绝热体的平均传热面积;T_2 和 T_1 分别为热壁和冷壁的表面温度;δ 为绝热层厚度。

对于同心圆柱壳体面,

$$A_\mathrm{m} = \frac{A_2 - A_1}{\ln\left(\dfrac{A_2}{A_1}\right)} \qquad (9.21)$$

对于同心球壳体面,

$$A_\mathrm{m} = \sqrt{A_1 A_2} \qquad (9.22)$$

表 9.14 列出了几种常用粉末状和纤维多孔绝热材料在不同温度范围和真空度下的热导率。

表 9.14　常用粉末状和纤维多孔绝热材料的热导率

绝热材料	密度 ρ/(kg/m³)	真空度/Pa	温度范围/K	热导率 k/[W/(m·K)]
珠光砂（>80目）	140	<0.13	300~76	1.06×10^{-3}
珠光砂（30~80目）	135	<0.13	300~76	1.26×10^{-3}
珠光砂（>30目）	106	<0.13	300~76	1.83×10^{-3}
珠光砂	80~96	<0.13	300~20.5	0.7×10^{-3}
珠光砂	80~96	充 He 气	300~20.5	0.1004
珠光砂	80~96	充 N₂ 气	300~20.5	0.032
硅气橡胶	80	<0.13	300~76	2.72×10^{-3}
硅气橡胶（掺 Al 粉 15%~45%）	96	<0.13	300~76	0.61×10^{-3}
玻璃纤维	118	0.26	422	0.57×10^{-3}
玻璃纤维毡	63	1.3	297	1.44×10^{-3}
玻璃纤维毡	128	0.13	297	1.00×10^{-3}
玻璃纤维毡	128	1.46	297~77	0.71×10^{-3}
聚苯乙烯泡沫	32	常压	300~76	0.027
聚苯乙烯泡沫	72	常压	283	0.040
泡沫玻璃	128~160	常压	200	0.057
硅藻土	320	<0.13	278~20.5	1.11×10^{-3}
聚氨酯泡沫	26	常压	297	0.021
聚氨酯泡沫	96	常压	297	0.038
聚氨酯泡沫	80	常压	297	0.035

虽然真空多孔绝热粉末和纤维绝热要求的真空低,绝热性能比普通绝热方式高两个量级,而比高真空绝热方式真空度高一个量级,但是其夹层间距及绝热空间大、结构复杂而笨重等缺点,也极大地限制了其工程应用。

4. 高真空多层绝热

如图 9.6(d) 和 (e) 所示,这种绝热方式是在绝热夹层空间包裹多层有间隔物金属箔或无间隔物的波纹状或起皱镀金属材料薄膜,以便极大地减少辐射漏热;同时维持较高真空度,减少气体对流传热。图 9.10 是多层绝热示意图,在温度 T_1 和 $T_2(T_1 < T_2)$ 之间的空间内安置 n 个辐射屏,T_1 和 T_2 分别为冷壁和热壁温度;A_1 和 A_2 是冷壁和热壁表面面积;A_{s1},A_{s2},$\cdots$,A_{sn} 是 n 个辐射屏的表面面积;Q_1,Q_2,$\cdots$,Q_n 是各层辐射热流量;ε_1 和 ε_2 为冷热壁面的发射率(黑度),ε_{s1},ε_{s2},$\cdots$,ε_{sn}

是安置的 n 个辐射屏的发射率(黑度)。当达到热平衡时,$Q_1 = Q_2 = \cdots = Q_n$,在两个温度为 T_1 和 $T_2(T_1 < T_2)$ 之间安放 n 个辐射屏后的热流量为

$$Q = \frac{\sigma A_1 (T_{n+2}^4 - T_1^4)}{\dfrac{1}{\varepsilon_1} + \dfrac{A_1}{A_2}\left(\dfrac{1}{\varepsilon_2} - 1\right) + \sum_{i=1}^{n}\left(\dfrac{A_1}{A_{si}}\right)\left(\dfrac{1}{\varepsilon_{i1}} + \dfrac{1}{\varepsilon_{i2}} - 1\right)} \tag{9.23}$$

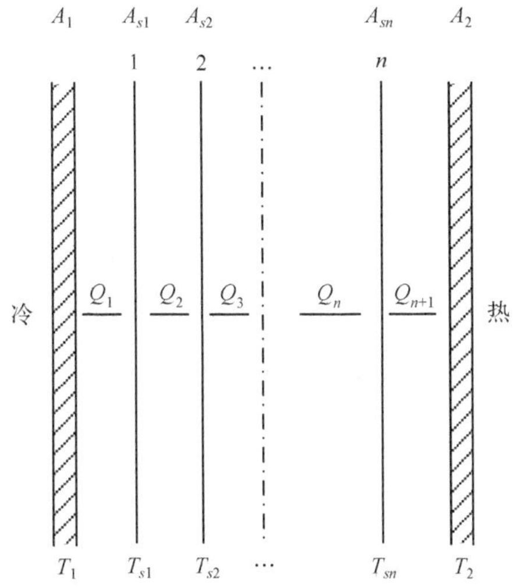

图 9.10　多层真空绝热模型

若各绝热辐射屏的黑度 ε(发射率)相同,那么式(9.23)变为

$$Q = \frac{\varepsilon}{(n+1)(2-\varepsilon)}\sigma A_1 (T_{n+2}^2 - T_1^2) \tag{9.24}$$

如果 $n = 0$,即真空夹层内没有热辐射屏,那么辐射能量变为如式(9.17)所描述的真空绝热方式的热辐射。

对于辐射屏,总是希望其发射率尽可能的低,所以要求表面光洁。如果采用金属箔,要求厚度尽可能小,即横截面小,以便减小纵向传热。对于间隔材料,则要求其热导率尽可能低,且放气性差,有一定强度,厚度也尽可能小。一般采用在间隔材料上覆着一层金属箔,目前常用的间隔材料有无碱玻璃纤维布、玻璃纤维纸、尼龙网布和植物纤维纸等。对于多层绝热的组合,常用的材料是玻璃纤维布、尼龙网布与铝箔交替重叠缠绕和复合材料(单面喷铝涤纶薄膜或铝箔纸)直接缠绕。通常为了减小横向传热接触面积、增加接触热阻,将复合材料波纹化。一些常用辐射屏材料组合方式在不同温度范围、厚度、层数及真空度下的有效热导率和比热容流(单位面积热辐射能量)列于表 9.15 所示。

表 9.15　几种常用多层绝热材料的有效热导率和比热容流

材料名称及组合方式*	层数	总厚度/mm	真空度/mPa	温度范围/K	有效热导率 $k/[\mathrm{W}/(\mathrm{m}\cdot\mathrm{K})]$	比热容流 $q/(\mathrm{W}/\mathrm{cm}^2)$
$40\mu\mathrm{m}$ 铝箔＋$25\mu\mathrm{m}$ 玻璃布	129	26.5	18.7	77～300	9.71×10^{-5}	4.16×10^{-5}
$20\mu\mathrm{m}$ 铝箔＋$15\mu\mathrm{m}$ 玻璃布	50	30	2.27	77～300	2.51×10^{-4}	5.38×10^{-4}
$2\mu\mathrm{m}$ 双面喷铝涤纶薄膜＋20 目尼龙布	71	24.4	6.68	77～300	1.67×10^{-4}	4.29×10^{-4}
$2\mu\mathrm{m}$ 双面喷铝涤纶薄膜＋$12\mu\mathrm{m}$ 玻璃纸	71	25.6	6.68	77～300	2.03×10^{-4}	4.91×10^{-4}
$1\mu\mathrm{m}$ 单面喷铝涤纶薄膜＋$50\mu\mathrm{m}$ 植物纤维纸	31	8.9	5.34	77～300	1.09×10^{-4}	7.58×10^{-4}
GS-80 绝热材料	10	2.55	14.7	77～381	2.48×10^{-5}	2.04×10^{-4}
GS-80 绝热材料	30	2.00	12.8	77～310	6.77×10^{-6}	8.05×10^{-5}
铝箔纸	10	2.70	14.9	77～303	3.83×10^{-5}	3.10×10^{-5}
$20\mu\mathrm{m}$ 铝箔＋$120\mu\mathrm{m}$ 炭纸(34%)	10	9.5	4.1	77～293	7.14×10^{-6}	1.163×10^{-4}
$1\mu\mathrm{m}$ 双面喷铝涤纶薄膜＋$120\mu\mathrm{m}$ 炭纸	10	8.5	1.87	77～293	7.86×10^{-6}	1.42×10^{-4}
$8.7\mu\mathrm{m}$ 铝箔＋机制炭纸	10	3.24	—	77～300	1.53×10^{-6}	1.09×10^{-4}

* 第一列数值指厚度。

　　多层绝热中,真空度对绝热性能具有两方面的影响,一方面是表观真空度,即与绝热空间相连的真空计测量得到的真空度对绝热性能的影响;另一方面是多层绝热层内部的真空度对绝热性能的影响。图 9.11 为绝热空间真空度与多层绝热的有效热导率的关系曲线。当真空度较低即气压大于 10Pa 时,真空度对于热导率影响很小;当真空度在 10^{-2}～10Pa 范围内时,随着真空度的提高,热导率急剧减小;当真空度优于 10^{-3}Pa 时,热导率趋近于恒定值;因此,对于多层绝热的表观真空度至少要优于 10^{-2}Pa。

　　另外,绝热层密度即单位厚度内多层绝热辐射屏的数目增加时,辐射传热将减小;但是并不是越厚越好;当厚度增加过多时,辐射传热减小,纵向(与平面平行)横截面增加,但是接触热阻也将减小,这样固体导热将增加,因此存在一个最佳厚度,需要根据实际绝热材料进行优化。表 9.16 给出几种典型辐射屏材料不同温度时的纵向热导率。镀铝薄膜的纵向热导率是铝箔的几百分之一。此外,边界温度、压缩负荷(缠绕拉力、自身重量、支撑物压缩)等因素引起绝热层局部压力不均匀等,增大层间接触面积,可导致多层绝热有效热导率增加,从而增大传热。有关这方面的内容,参见相关低温绝热与传热技术专业相关设计手册。

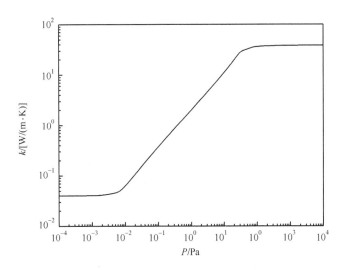

图 9.11 多层绝热的表观真空度与有效热导率的关系

表 9.16 几种典型辐射屏材料的纵向热导率

材料名称	厚度/μm	纵向热导率 $k/[W/(m \cdot K)]$		
		300K	77K	20K
铝箔	6.3	1.91	2.54	25.4
聚酯薄膜	6.3	0.90×10^{-3}	8.58×10^{-4}	5.33×10^{-4}
铝膜	12.7	3.83×10^{-3}	5.1×10^{-3}	5.1×10^{-2}
镀铝薄膜	—	4.75×10^{-3}	5.98×10^{-3}	5.153×10^{-2}

虽然低温杜瓦容器由质地密实的材料加工制成,一般采用不锈钢材料,真空维持时间长,但是仍然存在自然放气现象,夹层间的多层绝热材料也释放残余气体。表 9.17 列出了不锈钢材料的典型放气特性。

表 9.17 不锈钢材料的典型放气率

处理方法	放气率/[Torr · L/(s · cm²)]*
长期暴露大气,不进行任何处理,抽气 1h	2×10^{-7}
除油清晰,不烘烤,抽气 4h	2×10^{-9}
除油清晰,250℃烘烤,同时抽气 15h	1×10^{-12}
真空炉 1000℃烘烤 3h 真空度为 2×10^{-6}Torr	10^{-14}

* 1Torr＝133.32Pa。

在交流应用中,低温杜瓦容器应该采用非金属材料制成,一般采用玻璃钢材料,虽然玻璃钢材料质地致密、强度与不锈钢相当,但是玻璃钢材料本身渗透气体,因此真空难以长期维持,需要定期抽真空。表 9.18 列出几种非金属材料的气体渗透特性,其他非金属材料的气体渗透特性见附录 A5.1。

表 9.18　列出几种非金属材料的气体渗透特性

材料名称		气体种类	厚度 d/mm	压差 ΔP/Pa	渗透率 K/[cm · Hg · s/cm]*
环氧玻璃钢		N$_2$	0.525	8.4×10^4	5.1×10^{-11}
		He		8.5×10^4	3.7×10^{-9}
		H$_2$		8.5×10^4	4.5×10^{-10}
聚乙烯加树脂类三层复合膜		He	0.079	3.5×10^4	6.0×10^{-12}
		CO$_2$		3.4×10^4	1.0×10^{-11}
		O$_2$		3.5×10^4	8.8×10^{-11}
涤纶+聚乙烯复合膜	1#	He	0.055	4.4×10^4	2.4×10^{-9}
		O$_2$		6.7×10^4	3.2×10^{-11}
		N$_2$		6.7×10^4	1.2×10^{-10}
	2#	He	0.016	6.7×10^4	5.2×10^{-10}
		O$_2$		8.6×10^4	1.5×10^{-11}
		N$_2$		6.7×10^4	1.2×10^{-11}
	3#	He	0.016	8.6×10^4	1.0×10^{-9}
		O$_2$		6.7×10^4	3.2×10^{-10}
		N$_2$		3.5×10^4	3.2×10^{-11}
		空气		8.5×10^4	2.4×10^{-10}
尼龙绸		He	0.183	5.1×10^4	1.2×10^{-9}
		N$_2$		8.5×10^4	5.6×10^{-10}
		O$_2$		6.4×10^4	2.3×10^{-10}

* 1atm＝76cmHg＝760Torr。

基于低温杜瓦材料的放气和渗漏特性,在真空多层绝热低温杜瓦容器夹层间需要安放气体吸附剂,如图 9.12(a)、(b)和(d)所示。气体吸附剂吸收杜瓦壁及绝热材料释放出的残余气体,维持高的真空度,减小传热。吸气剂一般采用活性炭和分子筛材料。表 9.19 列出活性炭的性能参数。值得注意的是,对于液氧、液氟等强氧化剂低温容器的绝热,不能使用活性炭作为吸附气体材料。

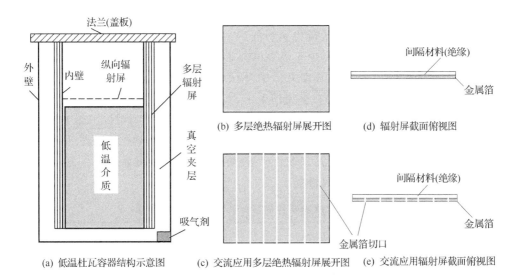

图 9.12　低温杜瓦容器及辐射屏

表 9.19　活性炭吸气剂的性能

气体	吸气量/(cm³/g)							
	273K		265K		195K		77K	
	133.3Pa	1333Pa	133.3Pa	1333Pa	133.3Pa	1333Pa	133.3Pa	1333Pa
He	—	—	—	—	—	—	2.78×10^{-3}	2.78×10^{-2}
H_2	2.2×10^{-3}	2.78×10^{-2}	—	—	7.7×10^{-3}	7.7×10^{-2}	—	—
Ar	5.8×10^{-2}	0.581	7.6×10^{-2}	0.764	0.21	2.00	2.63	36.3
N_2	3.3×10^{-2}	0.318	—	—	0.396	3.65	8.45	46.5
CO	3.6×10^{-2}	0.359	—	—	0.794	7.10	—	—
CO_2	0.497	4.67	—	—	—	—	—	—
CH_4	0.115	1.12	0.249	2.37	—	—	—	—
C_2H_4	0.985	8.71	—	—	—	—	—	—
NH_3	1.086	10.05	—	—	—	—	—	—
Kr	0.34	3.40	0.497	3.81	2.93	15.03	—	—
Xe	1.58	9.32	2.46	12.10	16.0	60.0	—	—

　　以上介绍的金属低温杜瓦容积适用于直流和无感交流应用情况。对于交流应用来讲,除了上面考虑以上情况之外,低温容器的设计必须考虑以下三个问题:其

一,低温杜瓦容器壳体材料不能使用金属材料,因为金属材料在交变磁场下感应涡流,导致涡流损耗的产生;为了避免涡流的产生,杜瓦容器壳体材料应该采用非金属材料,如玻璃钢和玻璃材料,由于玻璃容易碎裂,一般实用超导电力装置低温容器不采用玻璃材料。其二,在真空夹层中,辐射屏绝热材料金属箔上必须开切口,如图 9.12(c)和(e)所示,使得在交流情况下,在金属箔上不至于感应出较大环流,引起涡流损耗。其三,由于活性炭是半导体材料,在交变电磁场情况下影响绝缘特性,如超导变压器中,坚决禁止使用活性炭气体吸附剂。应该以非金属、非半导体绝缘气体吸附剂材料,如分子筛来取代半导体活性炭气体吸附剂。表 9.20 列出几种分子筛气体吸附材料的吸气性能。

表 9.20　13X 分子筛的最大吸气速率和吸气容量

气体	N_2	空气	Ar	H_2
最大吸气速率/[L/(s·g)]	0.8	0.48	0.27	0.01
吸气容量/(Pa·L/g)	8198	7598	6665	可略

真空多层绝热结构方式具有结构紧凑、漏热小、维持时间长等优点,是目前绝热效果最好的结构形式,广泛应用于低温、超导等工程领域。本书介绍的低温容器或装置,如果没有特别说明,均采用这种真空多层绝热结构形式。

9.2.3　低温容器的结构设计

按照用途不同,低温杜瓦容器分为使用低温容器和储存低温容器,前者用于提供低温环境,如超导装置的低温环境,一般设计成为大口径直立圆筒状,便于超导装置及其他低温装置的安装,其结构示意如图 9.13 所示。后者用于低温介质的储存、运输等,一般设计成小口径圆罐状,以便减小辐射漏热,其结构示意如图 9.14 所示。低温杜瓦容器的内壁和外壁常常选择不锈钢材料,上端用法兰连接,法兰间以垫圈密封。为了提高机械强度,内壁底部采用厚壁不锈钢材料。绝热层采用双面镀铝薄膜加间隔物缠绕成高真空多层绝热方式。

低温杜瓦容器的初步设计步骤:

1) 设计参数的选择

(1) 压力设计。由于低温容器内壁和外壁之间是真空夹层,两侧承受很大压力差,一面为大气压力,另一面为高真空,设计压力取最大压差 10.1N/cm²。

(2) 壁厚附加量 c 的确定。壁厚附加量按式(9.25)确定。

$$c = c_1 + c_2 + c_3 \tag{9.25}$$

式中,c_1、c_2 和 c_3 分别为钢板或钢管的厚度负偏差、根据低温介质的腐蚀性和低温容器的使用寿命而确定的腐蚀裕度和封头冲压时壁厚拉伸减弱附加量。

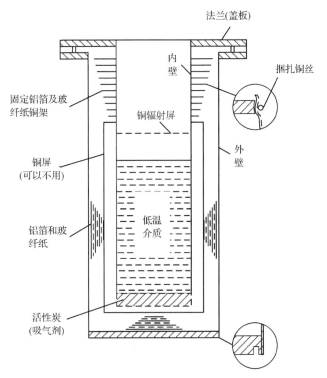

图 9.13　大口径直立圆筒状低温容器结构示意图

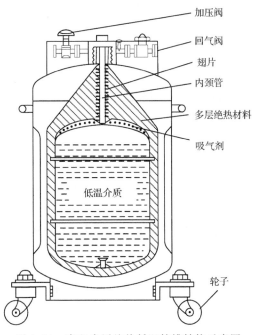

图 9.14　真空多层绝热低温储槽结构示意图

（3）许应应力 σ 取下列参数中的最小值：

$$\sigma = \frac{\sigma_b}{n_b} \quad \sigma = \frac{\sigma_s}{n_s} \quad \sigma = \frac{\sigma_D}{n_D} \quad 或 \quad \sigma = \frac{\sigma_n}{n} \tag{9.26}$$

式中，σ 为材料的许应应力（N/cm²）；σ_b 为材料的最低强度极限（N/cm²）；σ_s 为工作温度下材料的屈服极限（N/cm²）；σ_D 为工作温度下材料的持久极限（N/cm²）；σ_n 为工作温度下材料的蠕变极限（N/cm²）；n_b、n_s、n_D 和 n_n 为安全系数。

（4）焊缝系数 ϕ 的确定。选用双面对接焊缝。

2）计算步骤

（1）圆筒内壁厚度（mm）按式（9.27）计算：

$$s = \frac{PD_i}{2[\sigma]^t \phi - P} + c \tag{9.27}$$

应力校合：

$$\sigma' = \frac{P(D_i + (s-c))}{2(s-c)} \tag{9.28}$$

式中，s 为圆筒内壁厚度（mm）；P 为设计压力（N/cm²）；D_i 为圆筒壁内径（mm）；c 为壁厚附加量（mm）；ϕ 为焊缝系数；σ' 为工作温度下器壁的计算应力（N/cm²）；$[\sigma]^t$ 为工作温度下材料的许应应力。如果 $\sigma' < [\sigma]^t$ 强度足够，圆筒壁允许的最大工作压力（N/cm²）为

$$P_{max} = \frac{2[\sigma]^t \phi (s-c)}{D_i + (s-c)} \tag{9.29}$$

（2）圆筒外壁的厚度（mm）按式（9.30）确定：

$$S = D_i^{0.6} \left(\frac{mPL}{2.59E} \right)^{0.4} \tag{9.30}$$

式中，m 为稳定系数（查阅相关手册得到）；E 为材料的弹性模量（N/cm²）；L 为圆筒壁的计算长度。

（3）绝热层设计。选用多层高真空绝热方式。

3）低温杜瓦容器顶部法兰（盖板）设计

对于低温杜瓦容器直径不是很大的顶部法兰盖板，可以采用简单的平板结构，设计和制造比较容易，且容易在其上表面布置其他部件，如引线、拉杆、液面计等。如果选择不锈钢材料，对于常用的圆形法兰盖板的厚度（mm）为

$$t = D_c \left(\frac{KP}{[\sigma]^t \phi} \right)^{1/2} + c \tag{9.31}$$

式中，D_c 为盖板直径（mm）；K 为结构特征系数，查阅相关手册得到；P 为设计压力（N/cm²）。

在交流应用中,低温杜瓦容器内外壁需要采用非金属材料,如玻璃和玻璃钢杜瓦容器。仅在实验室可以采用玻璃杜瓦,在工程中需要采用玻璃钢材料作为内外壁材料,同时多层绝热层金属箔需要有切口,避免形成环流,考虑绝缘问题,吸气剂采用有机绝缘分子筛,避免使用半导体吸气剂材料,如活性炭、氧化铝等,其结构见图 9.13。此外,非金属低温容器常用纤维增强复合材料,如玻璃钢材料。为防止渗漏,常采用内衬结构(如聚酰亚胺、涤纶等)和电化学沉积镍、铝,或涂上一层氟化物共聚体涂料。非金属低温容器的日蒸发率要小于金属低温容器,这是因为材料的传导漏热大为减小所致。但是,有些文献通过实验研究指出:在真空和 25℃ 下,玻璃钢经过 40h 后放气率趋于稳定,其放气率为 2.137×10^{-4} Pa·m³/s·m²,若将玻璃钢充分老化,其放气率可降到 6.3×10^{-6} Pa·m³/s·m²(6℃时)。玻璃钢的放气率与不锈钢相比要大 3~6 个数量级。同时,非金属材料的渗透率高达 $6 \times 10^{-12} \sim 10^{-9}$ cm³/cm²,而金属材料的渗透率几乎为零,通常不考虑。所以,非金属低温容器的优良绝热性能难于像金属低温容器那样保持较长的时间,为改善真空的保持时间,可采取以下几种有效的措施:①采用表面涂层法减少玻璃钢材料的放气;②零件真空烘烤;③薄膜阻挡法;④表面真空镀金属膜法;⑤合理化的工艺,控制含胶量、压紧力和浸胶均匀性以及在环氧中渗加石墨粉、石英粉末等。此外,由于放气是玻璃钢本身具有的内禀特性,与致密的金属杜瓦不同,玻璃钢低温杜瓦容器真空夹层需要定期抽真空。本书附录 A5 中,表 A5.2 列出 JB/T 5905—92 规定的真空多层绝热液氮和液氧低温容器的基本参数,表 A5.3 和 A5.4 给出几种产品级不锈钢低温容器和非金属低温杜瓦容器的基本性能参数,以供参考。

9.2.4　低温介质输液管及低温管道

对于潜热很小的低温介质如液氦,从低温介质储槽输送到工作低温杜瓦容器时,不能采用普通金属管。为了减小在低温介质输送过程中低温介质的消耗,往往需要使用特制的绝热输液管。尤其是在液氦输送过程中,甚至绝热性能差的输液管会使得液氦在输液管中完全气化,完全没有液体输出。另外,在输液管本身冷却的过程中,也应该尽量减小低温介质的消耗。为了满足这些要求,通常采用高真空绝热杜瓦管作为输液管。

输液管一般制成 U 形结构,一种 U 形输液低温杜瓦管结构示意如图 9.15 所示,入口插进低温介质储槽中,出口插入工作低温杜瓦容器。如图 9.16 为从储槽通过输液管将低温介质输送到工作低温杜瓦容器中的示意图。

为了减少固体传热及减少焊口,输液管内外壁一般由导热性能差的不锈钢或德银管材料制作。外壁的室温部分及内壁的中间部分,有时也采用铜等发射率低的材料制成,以减少辐射漏热。与低温杜瓦容器真空多层绝热方法一样,在输液管

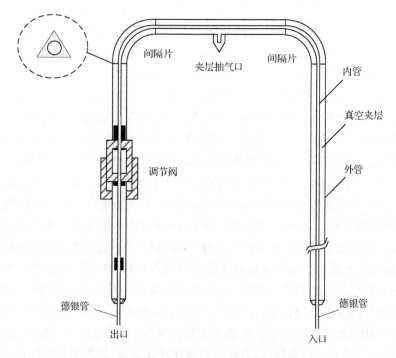

图 9.15 常用 U 型输液管结构示意图

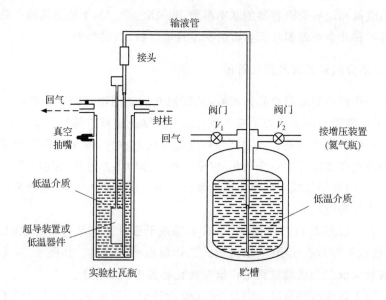

图 9.16 将低温介质从储槽经过输液管输入低温装置

内壁的外表面和外壁的内表面要缠绕多层镀铝涤纶薄膜或者抛光,以减少辐射漏热;为了维持夹层高真空,在夹层入口处安置少量活性炭等吸气剂材料。在输液管真空夹层的某些位置,如转弯处或波纹管附近,需要安装一些间隔片,以防止内外管壁接触,形成热短路,增加漏热。一般间隔片采用导热性很低的材料制成,如环氧片、聚四氟乙烯等材料制作。图 9.15 中左上角虚线圆内所示为间隔片常用结构,中间圆孔直径稍大于内管外径,保证内管穿过。间隔片在内管外壁两侧上点焊锡定位,外径稍小于外管直径,以使间隔片尽量与外管内壁少接触(点接触),保证漏热最小。在实际设计和制作输液管时,必须考虑内管的热收缩。这种收缩尽管每米只有 2.8mm,但是也不容忽视。为了弥补这种冷收缩应力,输液管内外管常常以不锈钢波纹管代替直管,成为柔性输液管。图 9.17 为柔性低温杜瓦管示意图,内外管壁为不锈钢波纹管,内外壁间是真空夹层,内壁上缠绕多层绝热材料。这种低温杜瓦管广泛应用于超导电缆中。

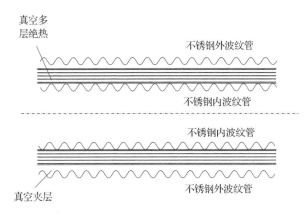

图 9.17　柔性低温杜瓦管示意图

9.2.5　极低温容器——双杜瓦结构容器

极低温一般是指温度低于液氦温度(4.2K),常用减压降温的方法来实现。如图 9.1 所示,随着气体压力下降,饱和气体温度降低。对于液氦来讲,当温度低于 2.172K 时,液氦将变成超流氦(黏滞阻力为零),会产生自动上爬液氦膜,造成液氦大量损失。基于这种原因,常常将极低温容器设计成双杜瓦结构,并在双杜瓦结构之间夹层设置液氮冷屏。图 9.18 所示为极低温容器的结构示意图。这种极低温容器常常用于大型超导磁体工程、CICC 导体中。

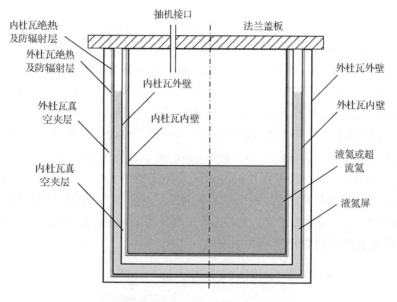

图 9.18　极低温容器结构示意图

9.3　低　温　制　冷

在超导电力应用中,制冷及低温技术与超导技术是一对孪生兄弟,两者相互依存、相互协调及相互促进发展。随着超导电力技术的发展,对于低温及制冷技术提出了更高要求。可靠、高效、方便、廉价的低温制冷技术成为超导电力应用关键技术之一,了解低温制冷技术对于超导电力装置的应用非常必要。本节简要介绍低温制冷原理和几种常用的制冷机。

9.3.1　低温制冷原理和制冷机

1. 卡诺(Carnot)循环

卡诺循环有在两个热源 Q_1 和 Q_2,温度为 T_1 与 $T_2(T_2 > T_1)$,如图 9.19 所示,由四个过程组成:(Ⅰ)工质(如气体)在 T_2 下恒温可逆膨胀,这时由高温热源吸热 Q_2;(Ⅱ)绝热可逆膨胀,温度由 T_2 降至 T_1;(Ⅲ)在 T_1 下恒温可逆压缩,这时向低温热源放热 Q_1;(Ⅳ)绝热可逆压缩,温度由 T_1 升至 T_2,系统复原,完成一次循环。卡诺循环的制冷量和制冷系数分别为

$$Q_0 = R(T_2 - T_1)\ln\left(\frac{V_2}{V_1}\right) \tag{9.32}$$

$$\beta = \frac{T_1}{T_2 - T_1} \tag{9.33}$$

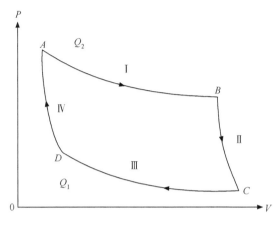

图 9.19　理想的卡诺循环

卡诺循环效率最高,但是它是假想的一种热力学循环系统,这里介绍卡诺循环的目的是为其他热力学循环原理制成的制冷机的制冷效率提供参考对比。

2. 斯特林(Stirling)循环与斯特林制冷机

斯特林循环由两个等温过程和两个等容过程组成,理想循环如图 9.20 所示,Ⅰ 和 Ⅲ 为等温过程,Ⅱ 和 Ⅳ 是等容过程。斯特林循环的理论制冷量为

$$Q_0 = RT_3 \ln\left(\frac{V_1}{V_2}\right) \tag{9.34}$$

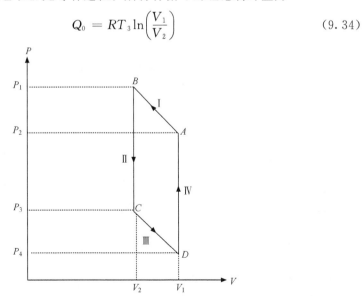

图 9.20　理想的斯特林循环

制冷效率为

$$\beta = \frac{T_3}{T_1 - T_3} \tag{9.35}$$

依据斯特林循环,研制成斯特林制冷机,制冷温度最低达到 12K,目前主要由荷兰斯特林低温和制冷公司(Stirling Cryogenics & Refrigeration BV)生产,有两个系列四种产品:单级单缸、单级四缸(见图 9.21)、双级单缸(见图 9.22)和双级四缸斯特林制冷机。表 9.21 为斯特林低温和制冷公司生产的各种制冷机性能参数。斯特林制冷机适合于工作在 20K～77K 温区,50～500W 制冷量的高温超导电力装置的应用场合。

图 9.21　单级单缸和四缸斯特林制冷机

图 9.22　单缸双级斯特林制冷机

表 9.21　几种商用斯特林制冷机主要性能参数

类型	型号	制冷量/W		功耗 /kW	冷却水 /(L/h)	重量 /kg	连续工作 时间/h
		20K 级	80K 级				
单级	SPC-1	—	1030	12	750	600	6000
	SPC-4	—	4250	45	4000	1255	6000
双级	SPC-1T	50	150	12	750	750	6000
	SPC-4T	200	600	45	3750	1400	6000

3. 逆布雷顿(Reverse Brayton)循环及逆布雷顿制冷机

逆布雷顿循环由两个等压过程和一个等熵过程组成,如图 9.23 所示,Ⅰ 和 Ⅲ 为等压过程,Ⅱ 和 Ⅳ 为等熵过程。

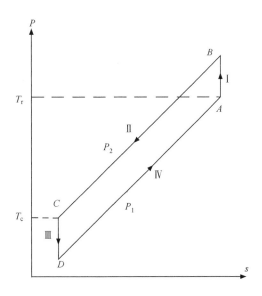

图 9.23　逆布雷顿理想循环

理论制冷量为

$$Q_0 = \frac{k}{k-1} R T_\mathrm{c} \frac{\dfrac{T_\mathrm{r}}{T_\mathrm{c}} \Big[\Big(\dfrac{P_2}{P_1}\Big)^{\frac{\gamma-1}{\gamma}} - 1 \Big]}{\dfrac{T_\mathrm{r}}{T_\mathrm{c}} \Big(\dfrac{P_2}{P_1}\Big)^{\frac{\gamma-1}{\gamma}} - 1} \tag{9.36}$$

式中，γ 是比热容比(等于 c_p/c_v)。

循环理论制冷系数为

$$\beta = \frac{1}{\dfrac{T_\mathrm{r}}{T_\mathrm{c}} \Big(\dfrac{P_2}{P_1}\Big)^{\frac{\gamma-1}{\gamma}} - 1} \tag{9.37}$$

根据逆布雷顿循环研制成的制冷机称作逆布雷顿制冷机,制冷温度范围4.2～120K,在4.5K单机最大制冷量达到20kW,广泛应用于大科学工程中的大型低温超导磁体装置、航空航天氢氧燃料液化等装置。目前,国际上该制冷机由法国液空公司(Air Liquide)和林德低温技术公司(Linde Kryotechnik AG)提供。与斯特林制冷机相比,虽然布雷顿制冷机制冷量大,但是其效率低、结构复杂、系统庞大、需要辅助设备多、占地面积大、操作要求技能高等缺点,主要适合于制冷量大于200W/20K 的应用场合及其大型低温超导磁体和气体液化厂。通常没有现成产品,需要根据用户要求进行专门设计。

4. G-M 制冷循环及 G-M 制冷机

G-M 制冷循环由绝热升压过程、等压充气过程、绝热放气过程和等压排气四个过程组成,如图 9.24 所示。它使容器中的高压气体向低压空间放气产生膨胀,由消耗气体自身内能而降温产生制冷效应。在完成一次循环后理论制冷量

$$Q_0 = (P_H - P_L)nV \tag{9.38}$$

$$\beta = \frac{Q_0}{W} \tag{9.39}$$

式中,W 为循环消耗的功率

$$W = (m_1 + m_2)\frac{kRT_a}{\gamma - 1}\Big[1 - \Big(\frac{P_H}{P_L}\Big)^{\frac{\gamma-1}{\gamma}}\Big] \tag{9.40}$$

其中,$m_1 + m_2$ 为压缩进出膨胀机的气体质量;T_a 为进入压缩机之前气体所处的温度;n 为摩尔数,$n = m/M$,m 为气体质量,M 为气体摩尔质量。

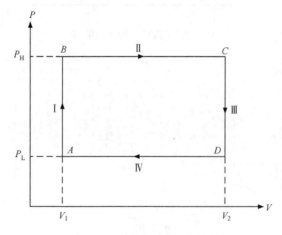

图 9.24　理想 G-M 制冷循环

G-M 制冷机热力学循环由升压、进气、放气膨胀和排气四个过程组成,由压缩机和制冷机冷却部分构成;图 9.25 为 G-M 制冷机实物图片,左侧为 G-M 制冷机压缩机,右侧上角为 G-M 制冷机冷却部分,右下角为低温容器部分,由制冷机冷头冷却。目前,G-M 制冷机分三种制冷模式:单级 G-M 制冷机,制冷温度到液氮温度(77K),双级 G-M 制冷机和直接冷却到 4.2K 的制冷机。在 G-M 制冷机产品中,单级 G-M 制冷机在液氮温度(77K)可以提供 600W 以上的冷量,双级 G-M 制冷机在液氖温区(20K)和液氮温区可以同时提供制冷量,4.2K 的 G-M 制冷机可在30~50K 和 4.2K 两个温区提供制冷量,连续无故障工作时间达到一万小时。G-M 制冷机制冷主要性能和最低无载制冷温度分别见表 9.22 和表 9.23。

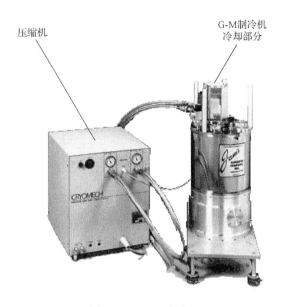

图 9.25　G-M 制冷机

表 9.22　产品级 G-M 制冷机冷量范围

制冷温度/K	单级 G-M 制冷机/W	双级 G-M 制冷机/W	4.2K G-M 制冷机/W
77	600W	<100W	—
50	—	—	<30
20	—	<15W	—
4.2K	—	—	<1.5W

表 9.23　产品级 G-M 制冷机最低制冷温度

类型	单级 G-M 制冷机/W	双级 G-M 制冷机/W	4.2K G-M 制冷机/W
第一级	～10K	～45K	～30K
第二级	—	7～10K	2.6K

　　G-M 制冷机在液氮温度的制冷系数仅为卡诺循环制冷系数的 10%～14%。但是由于 G-M 制冷机结构简单、体积小、振动小、可靠性高,使用方便,广泛应用于低温电子学、红外探测、超导应用领域中。目前,国际上 G-M 制冷机制造商主要有美国 CTI-Cryogenics 公司、Cryomech 公司、日本住友公司、Leyblod 公司,且 G-M 制冷机是国际上唯一得到工业化大批量生产的低温制冷机。

　　5. 脉冲管制冷机原理

　　脉冲管制冷机利用高低压气体对脉管空腔的充放气过程而获得制冷效果的原理制成的。图 9.26 是脉冲管制冷机原理示意图。脉冲管制冷机主要由压缩机、蓄冷器、气体活塞和气库等组成。单级小孔气库型脉管制冷机温度最低可达到低于49K 的制冷温度,1990 年改进为双向进气型,脉冲管制冷机才真正成为可与 G-M 制冷机性能相比拟的制冷机。

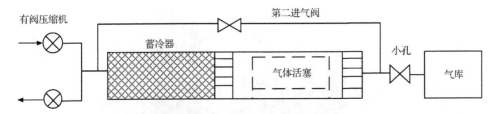

图 9.26　脉冲管制冷机原理示意图

　　由于脉冲管制冷机采用被动的调相方式,其性能与调相机构和调节参数有着密切关系,制冷机效率也差异很大。所以,脉冲管制冷机的效率要比以上其他制冷方式低。同时,由于大制冷量的脉冲管制冷机技术还不成熟,所以很少应用于超导电力装置的冷却系统中。

9.3.2　适合于超导电力装置的制冷机的选择

　　图 9.27 所示为几种制冷方式在不同温度范围的制冷效率比较,对于高温超导电力应用,工作温度在液氮温区,所以适合于高温超导电力装置冷却的制冷机中,斯特林制冷机的效率最高,在液氮温区其效率达到卡诺循环的 32% 左右。

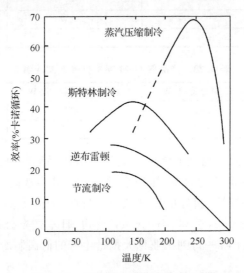

图 9.27　几种制冷机制冷效率比较

　　高温超导电力装置冷却选用制冷机有多种方案,主要选用原则是:首先考虑制冷机的工作可靠性、操作的简便性、工作环境的适应性(如冷却水、预冷液氮、噪声、占地面积等),其次考虑制冷机的效率,对于几百千瓦输入功率的大制冷机系统,效率对降低高温超导电力装置的运行成本很重要,所以可适当优先考虑制冷效率。

9.4　超导电力装置的冷却技术

超导电力装置的冷却方式主要有四种:开式浸泡式冷却、闭式减压浸泡式冷却、闭式浸泡式冷却、迫流循环冷却和制冷机直接冷却。

9.4.1　开式浸泡式冷却

开式液氮浸泡冷却是把超导体浸泡在低温介质中来实现自身冷却,而蒸发掉的低温气体完全排放到大气中不再回收。浸泡冷却是将超导装置直接放入低温介质中,低温介质由液体挥发成气体,利用低温介质相变潜热达到低温介质温度,如图 9.28所示。浸泡冷却技术可根据低温液体分为液氢浸泡冷却、液氮浸泡冷却、液氖浸泡冷却技术。对于高温超导磁体通常采用液氮和液氖浸泡冷却。在高温超导电力装置中大部分都工作在液氮温区(如工作在 65~90K),只有少数超导磁体为了提高磁体稳定性和工程电流密度工作在更低温区,如液氖温区(27K 附近)。但是,这种冷却方式虽然比较简单,适合于实验室使用,但是不适用于超导电力工程规模应用。

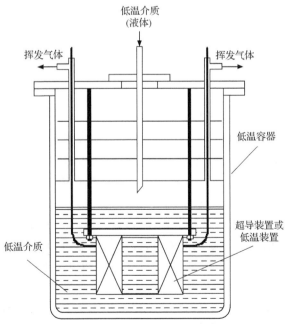

图 9.28　开始浸泡冷却示意图

9.4.2　闭式减压浸泡式冷却

　　闭式减压蒸发冷却方式与9.2.5节减压降温原理近似,利用减压的方法,降低低温介质沸点温度。该方式的原理流程如图9.29所示,循环中低温介质的冷却由过冷器中负压低温介质的蒸发完成,过冷器接抽机,将低温介质气体抽出,降低过冷器的容器气压,使得其内低温介质温度降低。过冷程度(温度)同时由备压低温介质储槽和过冷器容器中的压力来控制和实现。

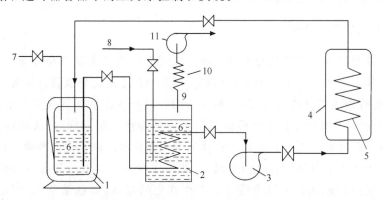

图 9.29　减压降温制冷原理流程示意图

1. 低温介质储槽；2. 过冷器；3. 低温泵；4. 低温装置(冷却对象)；5. 换热器；6. 低温介质；
7. 加压气体；8. 低温介质补充；9. 蒸发低温介质气体；10. 空气换热器；11. 抽机

　　这种制冷方式虽然简单,但是靠蒸发低温介质来达到制冷目的,消耗低温介质多,需要不断补充低温介质,不适合于长期运行应用。

9.4.3　闭式浸泡式冷却

　　闭式浸泡式冷却是指超导装置仍采用低温介质直接浸泡来实现冷却,但蒸发掉的低温介质蒸气依靠制冷机再冷凝后,重新返回到低温容器中,从而使超导装置低温冷却系统不消耗或少消耗低温介质。闭式浸泡冷却高温超导装置示意如图9.30所示,其结构就是在典型的开式低温介质浸泡冷却超导装置中加入一个挥发蒸气冷凝器。冷凝器与浸泡冷却系统之间依靠低温介质热虹吸循环有机地结合在一起,当冷却装置中的低温介质被蒸发以后,蒸气向上流动,进入冷凝器,被制冷机的冷头(也叫冷量换热器)冷凝成液体,低温液体依靠重力的作用自动流回到冷却装置中。如果制冷机的制冷量恰好等于冷却装置和冷凝器的热负载,系统就不用再补充液氮,从而降低了冷却装置的运行成本和操作维护的繁琐性。所以,闭式浸泡冷却集合了开式浸泡冷却和制冷机直接冷却的优点于一身,是超导电力装置中冷却方式的最佳冷却方法。由于这种方法可有效降低超导装置的运行成本且操作简单、维护方便,适合于长期运行工程场合。但是,由于制冷机冷头与超导装置处于同一容器内,高压绝缘难以处理,因此这种冷却方式一般只适合于中低压(电压)场合。

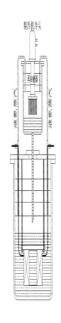

图 9.30　闭式液氮浸泡冷却高温超导磁体装置示意图

9.4.4　迫流循环冷却

过冷迫流循环冷却主要应用于大型超导电力装置,如超导电缆、超导变压器及超导限流器等。不同于中小型、中低压超导电力装置,大型超导电力装置的冷却需克服低温介质在冷却过程中的流动黏滞阻力,同时还要避免低温在长距离吸热后不产生蒸气而使超导装置局部冷却效果恶化,因此多采用迫流循环冷却。图 9.31 为迫流循环冷却超导电力装置示意图。低温系统主要包括制冷机、热交换器、低温泵、低温储槽等。冷却系统主要由三部分组成:超导电力装置部分、制冷部分和低温介质储槽部分。前两部分由柔性绝热管连接,过冷液氮通过绝热输液管循环。电流引线、减压阀、挥发蒸气及输液管处于超导电力装置上盖板顶部,过冷低温介质入口置于低温杜瓦的底部,为了使低温介质返回制冷系统,过冷低温介质的出口置于超导电力装置的顶部以上。一个大气压下的过冷低温介质输入到超导电力装置杜瓦的底部,升温的过冷低温介质循环返回制冷系统,与低温制冷机冷却过冷低温介质通过热交换器循环交换热量,低温介质自身被冷却后由低温泵再次送入超导电力装置中。通过中间高压气体钢瓶的注入和减压阀,可以控制超导电力装置

部分的压力 P_2 高于制冷系统的压力 P_1，此压差（P_2-P_1）可以自动将超导电力装置杜瓦内的过冷液氮循环返回到制冷系统中去。

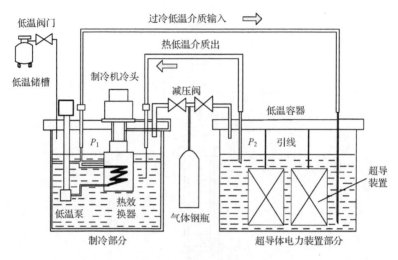

图 9.31　迫流冷却流程示意图

　　制冷系统由不锈钢杜瓦、低温介质泵及制冷机构成。制冷机冷头与热交换器相连并置于低温介质中，与从超导电力装置低温杜瓦中返回的低温介质进行热交换将其冷却，经过低温介质泵将过冷低温介质循环输送到超导电力装置的杜瓦容器中。

　　控制部分由压力控制器、液面计、温度计和低温介质泵控制器组成。压力控制器使超导装置杜瓦内的压力维持在略高于一个大气压水平；液面计用于显示超导装置液面高度，保证超导装置始终处于超导状态。在超导装置的顶部、中部和底部分别埋设温度传感器，检测其温度变化，从而控制制冷机的制冷程度从而保证超导装置正常工作。

　　制冷机闭式循环系统，具有低温系统维护量小、效率高、低噪声、价格便宜等优点，而且由于超导电力装置与制冷装置分离，低温绝缘相对容易处理，因此，它适合于高电压超导电力装置的应用场合。

9.4.5　制冷机直接冷却

　　制冷机直接冷却技术是基于低漏热高温超导电流引线的出现和小型化 G-M 制冷机技术的进步，推动了制冷机直接冷却超导电力装置及超导器件的应用。制冷机直接对超导装置或器件的冷却是通过固体导热的方式完成，改变了传统浸泡式和对流换热冷却超导装置及器件的方式。图 9.32 为一台 G-M 制冷机直接冷却超导装置的结构示意图，由超导装置或器件、高温超导电流引线、G-M 制冷机、辐射屏等组成。超导装置与制冷机冷头通过高导热的无氧铜与超导装置连接,通过导冷进行冷却。制冷机直接冷却超导装置具有很多优点:运行方便、无需复杂的低温介质及设备、结构紧凑、操作容易、免维护、运行费用低等。另外,液氮在64K以下已成固体,不能作为冷却介质,只有液氖可作冷却介质,但氖气价格较贵,需要回收,不像使用液氮那样方便。而制冷机可在液氦、液氖和液氢温区同时提供制冷量,易于配合工作在64K以下温区的高温超导电力装置。用制冷机直接冷却可使高温超导电力装置工作在20~30K,大大提高高温超导电力装置的性能。但是,制冷机直接冷却超导装置,主要应用于直流、低压超导磁体装置系统或小型超导器件场合,不适合于交流、高压超导电力装置应用。

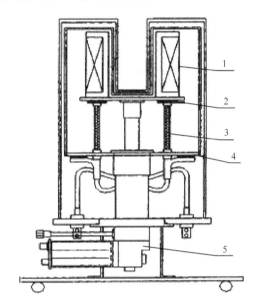

图 9.32　G-M制冷机冷却超导磁体装置示意图
1-超导装置;2-4. 绝缘垫片;3-高温超导电流引线;5-G-M制冷机

参 考 文 献

陈国邦,张鹏.2004. 低温绝热与传热技术.北京:科学出版社.

崔益民,潘皖江,武松涛. 2002.聚酰亚胺薄膜在大型低温超导磁体中的应用.绝缘材料,35(5):15—17.

符锡理.1989.真空多层绝热理论研究和传热计算.低温工程,48(2):1—11.

李洵,沈强,王传彬,等.2005. AlN陶瓷的烧结致密化与导热性能.中国陶瓷,41(1):39—42.

时东陆,周午纵,梁维耀.2008.高温超导应用研究.上海:上海科学技术出版社.

王惠玲,饶荣水,唐跃进,等. 2001超导电力低温技术展望.电力系统自动化,17:65—68.

王惠龄,汪京蓉. 2008. 超导应用与低温技术.北京:国防工业出版社.

徐成海,张世伟,谢元华,等.2007.真空低温技术与设备.北京:冶金工业出版社.

徐虹玲,王惠龄,王建,等. 2003. 低温技术在高温超导(HTS)电力系统中的应用.低温工程,132(2):

20—24.

徐烈. 1986. 绝热技术. 北京：国防工业出版社.

阎守胜, 陆果. 1985. 低温物理实验的原理与方法. 北京：科学出版社.

赵镇南. 2002. 传热学. 北京：高等教育出版社.

中国电气工程大典编程委员会. 2010. 中国电气工程大典. 北京：中国电力出版社.

Gong L H, Gang Z C, Xu X D, et al. 2007. The cryogenic system of 10. 5kV/1. 5kA high-T_c superconducting fault current limiters. Cryogenics, 47: 450—454.

Reed R P, Park A F. 1983. Materials at Low Temperatures. Ohio State: American Society for Metals, Metals Park.

Saburo U, Ejima H, Suzuki T. 1995. Cryogenic small-flaw strength and creep deformation of epoxy resins. Cryogenics, 39: 729—734.

Sekiya H, Moriyama H, Mitsui H. 1995. Effect of epoxy cracking resistance on the stability of impregnated superconducting solenoids. Cryogenics, 35: 809—813.

Zhang Y H, Li S G, Dang Y Q, et al. 2005. Novel silica tube/polyimide composite films with variable low dielectric constant. Advanced Materials, 17(8): 1056—1059.

第 10 章　超导电力装置供电技术

超导电力装置运行于低温环境,需要从室温电源获得能量。外部电源必须通过一对电流引线与超导装置连接,温度跨度从室温到 77K 或 4.2K,因此电流引线通常是从室温到低温环境最大的漏热源,决定着超导电力装置的运行成本。除了传导漏热外,由于超导电力装置常常运行在较高电流,从几十安培到几万安培范围,对于大电流运行条件下的超导电力装置,其焦耳热也是低温系统的热损耗源。为了减小电流引线的漏热,使其降低到最低程度,希望能使电流引线的传导热和电阻焦耳热都尽可能的小。但是,根据 Wiedeman-Franz 定律,热导率 k 和电阻率 ρ 互为倒数。对于同样形状的引线,如果选择的金属引线的热导率低,虽然可以减小引线中的热传导热流,但是电阻率却增加了,进而增加焦耳热损耗;反之,选择的金属引线的电阻率低,虽然焦耳热减小了,但是热导率的增加导致了热传导热流的增加。另外,对于同种材料的引线,从引线的截面和长度考虑,加大引线的截面积,可以减小焦耳热。但却增加热传导所引起的漏热;减小截面积时,情况正好相反。人们想尽各种办法降低电流引线漏热,除了优化设计传导冷却电流引线结构外,采用气冷电流引线、混合电流引线、珀尔帖电流引线等不同结构,在很大程度上降低了电流引线漏热,减小制冷负荷,提高效率。

在超导电力装置(通常指超导磁体)直流运行情况下,采用超导开关(persistent current switch,PCS)技术,结合可插拔式结构电流引线,在超导磁体励磁结束后,将超导开关闭合-超导磁体闭环运行,电流引线拔出,超导磁体内电流持续流动,无需外部电源继续供电。

另一种解决电流引线漏热问题的方法是采用磁通泵技术,通过外部变压器式全波斩波技术,变压器原边与外部电源连接,副边与超导开关及超导磁体连接,实现超导磁体无电流引线供电。

10.1　电流引线的设计

根据结构、冷却方式的不同,电流引线分为以下几种类型。按冷却方式可分为传导冷却电流引线和气冷电流引线;按与超导磁体的连接方式可分为可插拔式电流引线和固定电流引线;按照超导引线材料分为传统金属材料电流引线、高温超导电流引线、珀尔帖电流引线等。本节介绍电流引线的设计包含以上各种引线的类型中,包括传导冷却电流引线(包含可插拔电流引线)、气冷电流引线、珀尔帖电流

引线及混合超导电流引线。各种电流引线一般的热传导方程为

$$\mathbf{\nabla}(kA\mathbf{\nabla}T)+G_J+G_d-G_q=0 \tag{10.1}$$

式中，k 为电流引线热导率；A 为引线截面积；G_J 为焦耳热项；G_d 为引线发热项，来源于磁热（磁通跳跃）、机械产生的损耗、交流损耗等；G_q 为冷却项。

10.1.1 传导冷却电流引线

图 10.1 为传导冷却电流引线与超导电力装置连接运行示意图，冷却方式是低温介质浸泡方式，引线材料通常选择无氧铜。电流引线连接外部电源 SS 和处于低温环境中的超导电力装置，温度跨度从室温到低温介质温度。图 10.2 为一维电流引线示意图，图中，左端为低温端 T_L，右端为室温端 T_H，长度为 L，在传导（绝热）冷却电流引线中，$G_d=G_q=0$，只有传输电流 I 时引线产生的焦耳热项 $G_J=\rho I^2/A$，坐标原点选择在低温端。

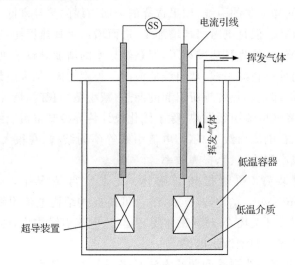

图 10.1　传导冷却电流引线运行示意图

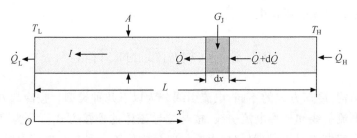

图 10.2　一维电流引线结构示意图

电流引线的热传导方程(10.1)变为

$$\mathbf{\nabla}(k(T)A\,\mathbf{\nabla}T)+\frac{\rho(T)I^2}{A}=0 \tag{10.2}$$

式中，$k(T)$、$\rho(T)$ 和 A 分别为电流引线材料的热导率、电阻率和横截面积；I 为引线传输电流。

如果引线长度 L 远大于其截面尺寸，那么可以用一维热传导模型描述，则式(10.2)变为

$$\frac{\mathrm{d}}{\mathrm{d}x}\Big[k(T)A\frac{\mathrm{d}T}{\mathrm{d}x}\Big]+\frac{\rho(T)I^2}{A}=0 \tag{10.3}$$

依据傅里叶传导定律，引线漏热为

$$Q\mathrm{d}x=-kA\mathrm{d}T \tag{10.4}$$

即

$$\frac{\mathrm{d}x}{kA}=-\frac{\mathrm{d}T}{Q} \tag{10.5}$$

联立方程(10.3)～方程(10.5)可得

$$Q(T)=\sqrt{Q_L^2-2I^2\int_{T_L}^{T}k\rho\mathrm{d}T} \tag{10.6}$$

电流引线长度与面积之比为

$$\frac{L}{A}=\int_{T_L}^{T_H}\frac{k}{\sqrt{Q_L^2-2I^2\int_{T_L}^{T}k\rho\mathrm{d}T}}\mathrm{d}T \tag{10.7}$$

电流引线分为三种运行方式：优化运行、欠流运行(under-current)和过流运行。

1) 优化运行

为了达到电流引线传输电流 I 时，向低温漏热 Q_L 最小，对式(10.6)取最小值

$$(Q_L)_{\min}=I\sqrt{2\int_{T_L}^{T_H}k\rho\mathrm{d}T} \tag{10.8}$$

将式(10.8)代入式(10.7)得到优化运行电流 I_{opt}，

$$\Big(\frac{IL}{A}\Big)_{\mathrm{opt}}=\int_{T_L}^{T_H}\frac{k}{\sqrt{2\int_{T}^{T_H}k\rho\mathrm{d}T}}\mathrm{d}T \tag{10.9}$$

即

$$I_{\mathrm{opt}}=\frac{A}{L}\int_{T_L}^{T_H}\frac{k}{\sqrt{2\int_{T}^{T_H}k\rho\mathrm{d}T}}\mathrm{d}T \tag{10.10}$$

即当运行电流 I 按照式(10.10)所限制的条件运行时，能够保证电流引线向低温端漏热 Q_L 最小。

2) 欠流运行

如果电流引线运行电流 I 小于式(10.10)所给出的电流，那么电流引线运行叫

做欠流运行,

$$I < I_{\text{opt}} = \frac{A}{L} \int_{T_L}^{T_H} \frac{k}{\sqrt{2 \int_T^{T_H} k\rho \mathrm{d}T}} \mathrm{d}T \tag{10.11}$$

电流引线上温度为 T 时的热流为

$$Q(T) = \sqrt{Q_L^2 - 2I^2 \int_{T_L}^T k\rho \mathrm{d}T} \tag{10.12}$$

引线长度与其截面之比为

$$\frac{L}{A} = \int_{T_L}^{T_H} \frac{k}{\sqrt{Q_L^2 - 2I^2 \int_{T_L}^{T_H} k\rho \mathrm{d}T}} \mathrm{d}T \tag{10.13}$$

3) 过流运行

如果电流引线运行电流 I 大于式(10.10)所给出的电流,那么电流引线运行叫做欠流运行,

$$I > I_{\text{opt}} = \frac{A}{L} \int_{T_L}^{T_H} \frac{k}{\sqrt{2 \int_T^{T_H} k\rho \mathrm{d}T}} \mathrm{d}T \tag{10.14}$$

电流引线上位置为 x 处温度为 $T(x)$ 部分的热流量为

$$Q(T(x)) = \begin{cases} \sqrt{Q_L^2 - 2I^2 \int_{T_L}^T k\rho \mathrm{d}T} & 0 \leqslant x \leqslant L_P \\ -\sqrt{2I^2 \int_T^{T_P} k\rho \mathrm{d}T} & L_P \leqslant x \leqslant L \end{cases} \tag{10.15}$$

其中,L_P 是最高温度 T_P 对应的电流引线长度,由式(10.16)确定

$$Q_L^2 = 2I^2 \int_{T_L}^{T_P} k\rho \mathrm{d}T \tag{10.16}$$

过流运行条件下,电流引线长度与面积之比为

$$\frac{L}{A} = \int_{T_L}^{T_H} \frac{k}{\sqrt{Q_L^2 - 2I_2 \int_{T_L}^T k\rho \mathrm{d}T}} \mathrm{d}T + \int_{T_H}^{T_P} \frac{k}{\sqrt{2I^2 \int_T^{T_P} k\rho \mathrm{d}T}} \mathrm{d}T \tag{10.17}$$

图 10.3 为电流引线在欠流、优化电流和过流情况下,电流引线上的温度分布。在欠流和优化电流运行条件下,电流引线上温度始终低于室温端温度 T_H;而在过流情况下,电流引线上温度最高点不是室温 T_H,而是电流引线上 L_P 处的温度,$T_H < T_P$。

图 10.4 是以 RRR=20 的无氧铜电流引线为例计算得到的引线向低温端漏热与引线几何长度和截面的关系曲线,温度跨度范围为77~300K。在过流运行条件下电流超过 0.7kA,L/A 超过 100cm^{-1} 时,电流引线烧毁。

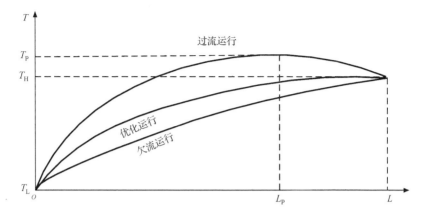

图 10.3　电流引线欠流、优化电流和过流情况下温度分布

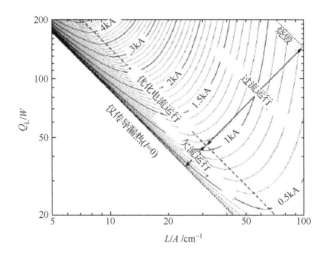

图 10.4　RRR＝20 的无氧铜电流引线在不同运行条件下的漏热与其长度及截面比的关系

10.1.2　传导冷却电流引线近似设计

由于电流引线热导率 k、电阻率 ρ 和比热容 C 均为温度的函数,因此对于电流引线优化设计计算没有精确的解析解,只能进行数值计算。但是如果作一些简单近似,可以得到精确的解析解。下面分别介绍几种常用的近似解法。

1. 热导率和电阻率均为常数

如果取电流引线的热导率 k 和电阻率 ρ 在运行温度范围的平均值作为引线设计的热导率和电阻率,即热导率 k 和电阻率 ρ 均为常数,分别代入优化运行电流设

计时的向低温端最小漏热和优化运行电流式(10.8)和式(10.10)

$$(Q_L)_{min} = I\sqrt{2k\rho(T_H - T_L)} \tag{10.18}$$

$$I_{opt} = \frac{A}{L}\sqrt{\frac{2k}{\rho}(T_H - T_L)} \tag{10.19}$$

如果电流引线传输的是交流电流,那么优化运行设计为

$$\left(\frac{L}{A}\right)_{opt} = \frac{1}{I_{RMS}}\sqrt{\frac{2k}{\rho}(T_H - T_L)} \tag{10.20}$$

式中,I_{RMS} 是交变电流的均方根值,即用交流电流有效值代替直流运行电流 I 即可得到交流电流引线的优化设计。

再将常数热导率和电阻率代入式(10.2)和式(10.13)或者式(10.16)和式(10.17)分别得到

$$\frac{L}{A} = \sqrt{\frac{2k}{\rho I^2}}\left[\sqrt{\frac{Q_L^2}{2I^2k\rho}} - \sqrt{\frac{Q_L^2}{2I^2k\rho} - (T_H - T_L)}\right] \tag{10.21}$$

$$Q_L = \frac{\rho I^2 L}{2A} + \frac{kA}{L}(T_H - T_L) \tag{10.22}$$

如果电流引线传输的是交变电流,直接将式(10.22)在一个周期积分即可,

$$Q_L = \frac{\rho L}{2A}\int_0^\tau I^2 \mathrm{d}t + \frac{kA}{L}(T_H - T_L)\tau \tag{10.23}$$

τ 是交变电流周期。

2. Wiedemann-Franz 近似

金属导体热导率 k 和电阻率 ρ 遵从 Wiedemann-Franz 定律 $k\rho = L_0 T$,其中 L_0 是洛伦兹数,$L_0 = 2.45 \times 10^{-8}\ \mathrm{W \cdot \Omega \cdot K^{-2}}$。在室温温区,电阻率 ρ 和热导率 k 近似满足

$$\frac{\rho}{\rho_H} = \left(\frac{T}{T_H}\right)^n \qquad \frac{k}{k_H} = \left(\frac{T}{T_H}\right)^{1-n} \tag{10.24}$$

在从液氮温度到室温温度范围,$n \approx 1$,所以 k 近似为常数,电阻率 ρ 与温度成正比,根据 Wiedemann-Franz 定律,

$$\rho = \frac{L_0}{k}T = \alpha T \qquad \alpha = \frac{L_0}{k} \tag{10.25}$$

则方程(10.3)的解为

$$T(x) = \frac{T_L\sin(\beta x) + T_H\sin[\beta(L - x)]}{\sin(\beta L)} \qquad \beta = \frac{I}{A}\sqrt{\frac{\alpha}{k}} \tag{10.26}$$

电流引线向冷端漏热为

$$Q_L = -kA \frac{\mathrm{d}T}{\mathrm{d}x}\bigg|_{x=0} = I \sqrt{k\alpha} \frac{T_H - T_L\cos\delta}{\sin\delta} \qquad \delta = \sqrt{\frac{\alpha}{k}} \frac{LI}{A} \tag{10.27}$$

1) 优化电流运行

对 Q_L 取极值，即 $\mathrm{d}Q_L/\mathrm{d}(L/A)=0$，得到最佳运行电流 I_{opt} 和最小漏热 Q_{Lmin}，

$$\left(\frac{LI}{A}\right)_{opt} = \frac{k}{\sqrt{L_0}}\cos^{-1}\left(\frac{T_L}{T_H}\right) \tag{10.28}$$

$$Q_{Lmin} = I \sqrt{L_0 \left(T_H^2 - T_L^2\right)} \tag{10.29}$$

2) 欠流运行

对于欠流运行情况，$I < I_{opt}$，由式(10.12)和式(10.13)可知，电流引线漏热和长度与其截面比值 L/A 分别为

$$Q_L = I \sqrt{L_0}\left[T_H\csc\left(\frac{IL \sqrt{L_0}}{kA}\right) - T_L\cot\left(\frac{IL \sqrt{L_0}}{kA}\right)\right] \tag{10.30}$$

$$\frac{L}{A} = \frac{k}{I \sqrt{L_0}}\left[\sin^{-1}\left(\frac{T_H}{T_P}\right) - \sin^{-1}\left(\frac{T_L}{T_P}\right)\right] \tag{10.31}$$

式中，T_P 是"虚"峰值温度，由式(10.32)定义

$$T_P = \sqrt{\frac{Q_L^2}{I^2 L_0} + T_L^2} \tag{10.32}$$

这里"虚"峰值温度 $T_P < T_H$。

3) 过流运行

对于过流运行情况，$I > I_{opt}$，方程(10.15)计算的电流引线漏热与欠流情况计算公式(10.30)相同，但是 $T_P > T_H$。由式(10.17)可知电流引线的长度与其截面比值 L/A 为

$$\frac{L}{A} = \frac{k}{I \sqrt{L_0}}\left[\cos^{-1}\left(\frac{T_H}{T_L}\right) + \cos^{-1}\left(\frac{T_L}{T_H}\right)\right] \tag{10.33}$$

如果运行电流是交变电流，$I = I(t)$，周期为 τ，那么引线漏热负荷为

$$Q_L = \sqrt{L_0}\left[T_H\int_0^\tau I\csc\left(\frac{IL \sqrt{L_0}}{kA}\right)\mathrm{d}t - T_L\int_0^\tau I\cot\left(\frac{IL \sqrt{L_0}}{kA}\right)\mathrm{d}t\right] \tag{10.34}$$

这时对 Q_L 进行优化，取 $\mathrm{d}Q_L/\mathrm{d}(L/A)=0$，得到优化结果为

$$\frac{T_L}{T_H} = \frac{\int_0^\tau I^2 \csc\left[\frac{I \sqrt{L_0}}{k}\left(\frac{L}{A}\right)_{opt}\right]\cot\left[\frac{I \sqrt{L_0}}{k}\left(\frac{L}{A}\right)_{opt}\right]\mathrm{d}t}{\int_0^\tau I^2 \csc^2\left[\frac{I \sqrt{L_0}}{k}\left(\frac{L}{A}\right)_{opt}\right]\mathrm{d}t} \tag{10.35}$$

4) 峰值温度 T_P 的计算

在过流运行条件下，由图 10.2 及能量平衡可知

$$Q\mathrm{d}Q = -L_0 I^2 T\mathrm{d}T \tag{10.36}$$

考虑 Wiedemann-Franz 定律 $k\rho = L_0 T$ 和傅里叶热传导定律式(10.4),对式(10.36)在温度范围 T_L 到 T_P 进行积分得到

$$(Q_P^2 - Q_L^2) = -L_0 I^2 (T_P^2 - T_L^2) \tag{10.37}$$

在峰值温度 T_P 处,温度梯度 $dT/dx = 0$,所以

$$Q_P = -kA \frac{dT}{dx} \Big|_{T=T_P} = 0 \tag{10.38}$$

联合式(10.30)和式(10.27)得到峰值温度 T_P,

$$T_P = \csc\left(\frac{IL\sqrt{L_0}}{kA}\right)\sqrt{T_H^2 + T_L^2 - 2T_H T_L \cos\left(\frac{IL\sqrt{L_0}}{kA}\right)} \tag{10.39}$$

此峰值温度计算只适合于过流运行情况,即 $T_P > T_H$;与欠流运行的"虚"峰值温度不同,该"虚"峰值温度只是一个计算参数。

对于实际情况,洛伦兹数 L_0 往往不是常数,随温度的升高而增大。图 10.5 所示为铜、铝和银三种金属材料的洛伦兹数随温度的变化关系。Wiedemann-Franz 近似与实际情况有偏差;但是由于洛伦兹数随温度变化没有解析表达式,因此精确计算时需要用数值解法。

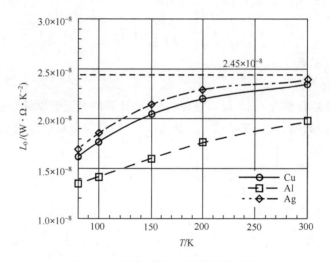

图 10.5 洛伦兹数 L_0 随温度的变化

3. Mcfee 近似

另一种近似计算电流引线优化设计的方法是由 Mcfee 于 1959 年提出的,假定在非优化运行条件下,电流引线向低温端漏热负荷为

$$Q_L = \frac{(Q_L)_{min}}{2}\left(\frac{I}{I_{opt}} + \frac{I_{opt}}{I}\right) \tag{10.40}$$

这里 $(Q_L)_{min}$ 和 I_{opt} 分别由式(10.8)和式(10.10)确定,为了简便计算,两者分别采

用 Wiedemann-Franz 近似[优化设计结果见式(10.28)和式(10.29)],并代入式(10.40)得

$$Q_{\mathrm{L}} = \frac{\sqrt{L_0\,(T_{\mathrm{H}}^2 - T_{\mathrm{L}}^2)}}{2}\left[\frac{L\,\sqrt{L_0}}{kA\cos^{-1}\,(T_{\mathrm{L}}/T_{\mathrm{H}})}I^2 + \frac{kA}{L\,\sqrt{L_0}}\cos^{-1}\left(\frac{T_{\mathrm{L}}}{T_{\mathrm{H}}}\right)\right]$$

$$(10.41)$$

$$\left(\frac{L}{A}\right)_{\mathrm{opt}} = \frac{k}{I\,\sqrt{L_0}}\cos^{-1}\left(\frac{T_{\mathrm{L}}}{T_{\mathrm{H}}}\right) \qquad (10.42)$$

如果电流引线运行于交流模式,周期为 τ,在一个周期内对式(10.41)进行积分得到引线向低温端漏热负荷为

$$Q_{\mathrm{L}} = \frac{\sqrt{L_0\,(T_{\mathrm{H}}^2 - T_{\mathrm{L}}^2)}}{2}\left[\frac{L\,\sqrt{L_0}}{kA\cos^{-1}\,(T_{\mathrm{L}}/T_{\mathrm{H}})}\int_0^{\tau} I^2\,\mathrm{d}t + \frac{kA}{L\,\sqrt{L_0}}\cos^{-1}\left(\frac{T_{\mathrm{L}}}{T_{\mathrm{H}}}\right)\tau\right]$$

$$(10.43)$$

对式(10.42)中 L/A 求微分,$\mathrm{d}Q_{\mathrm{L}}/\mathrm{d}(L/A)=0$,直接求出交流运行情况下电流引线优化结果为

$$\left(\frac{L}{A}\right)_{\mathrm{opt}} = \frac{k}{I_{\mathrm{RMS}}\,\sqrt{L_0}}\cos^{-1}\left(\frac{T_{\mathrm{L}}}{T_{\mathrm{H}}}\right) \qquad (10.44)$$

式中,I_{RMS} 为交变电流的均方根值。

为了对三种近似方法和精确计算方法电流引线优化设计结果有直观地认识,图 10.6 给出了三种优化近似计算方法和精确计算方法优化结果的比较,可知 Wiedemann-Franz 近似最接近精确计算结果,而平均热导率和电导率模型误差最大,Mcfee 近似处于两者之间。

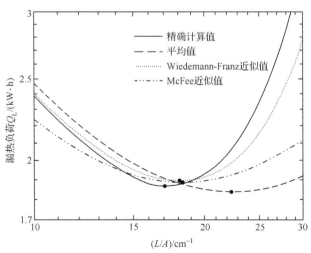

图 10.6 漏热负荷计算比较

10.1.3　可插拔(拆卸)电流引线

可插拔电流引线一般都是传导冷却电流引线结构,其优化设计也与传导冷却电流引线相同,必须与超导开关(PCS)配合使用(超导开关将在10.2节介绍)。所

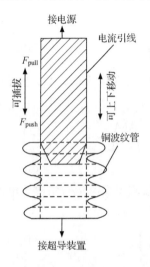

不同的是,可插拔电流引线与超导电力装置(一般为直流运行超导磁体)的连接可拆卸,超导电力装置与超导持续电流开关并联,当电源为超导电力装置励磁时,先打开超导开关,当励磁结束后,超导开关闭合,电流引线与超导电力装置分开并拔出,超导电力装置闭环运行,完全消除电流引线漏热的影响。图10.7所示为可插拔电流引线结构示意图,可插拔电流引线上端与电源直接连接,下端通过铜波纹管或具有弹性的铜导体与超导电力装置连接,其中铜波纹管或具有弹性的铜导体与超导电力装置之间的连接是固定连接,电流引线压在铜波纹管或具有弹性的铜导体中,形成电流通路。当超导电力装置励磁结束后,闭合超导开关,电流引线从铜波纹管或具有弹性的铜导体中拔出,完全消除电流引线的漏热。在大多数 MRI(NMR)及其他商用超导磁体中,均采用可插拔电流引线。

图 10.7　可插拔电流引线
结构示意图

10.1.4　气冷电流引线

在大电流运行浸泡式冷却超导电力装置中,为了减小电流引线向低温系统中的漏热,通常采用气冷电流引线结构,充分利用挥发低温介质冷气的冷量,减小电流引线上的温度梯度,达到减小电流引线漏热的目的。图10.8和图10.9为两种简单结构气冷电流引线结构示意图。图10.8中电流引线的结构是在电流引线外安装套筒,套筒与外界相连,低温容器密封,挥发冷气只能通过电流引线套筒排出,这样冷气将冷却电流引线,一般在电流引线外焊接一些高热导率的金属散热器,增加冷却接触面积,减缓冷气纵向流动速度,使得电流引线与冷气热交换充分。图10.9结构中电流引线,直接在电流引线中心开洞并与外界相通,低温容器密封,挥发冷气只能通过电流引线中心孔流出,一般这种结构加工比较困难,可以采用多段开孔引线焊接工艺实现。

图10.10所示为铜气冷引线结构示意图,下端为低温端与低温介质接触,上端为室温端,坐标原点选择在低温端处;长度为 L,截面积为 A。考虑电流引线横向尺寸远小于纵向长度,那么引线可以采用一维热传导模型。在热传导方程(10.1)

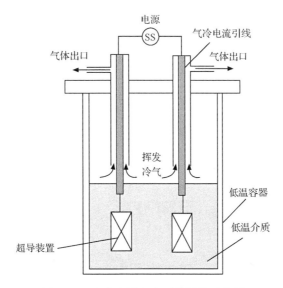

图 10.8 安装套筒电流引线结构示意图

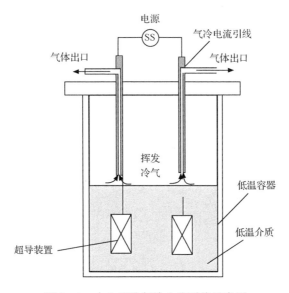

图 10.9 中心开孔气冷电流引线示意图

中,发热项 $G_d=0$,G_J 是焦耳热项,在气冷条件下,冷却项 G_q 为

$$G_q = Ph(T-\Theta) = f\dot{m}C_g(\Theta)\frac{\mathrm{d}\Theta}{\mathrm{d}t} \tag{10.45}$$

式中,P 为冷却周长;Θ 为冷气温度;$\dot{m} = \mathrm{d}m/\mathrm{d}t = Q_L/C_L$ 为冷气挥发质量速率,C_L 为低温介质潜热;f 为对流换热效率,$0 \leqslant f \leqslant 1$,$f=0$ 对应于 10.1.1 节中的传导冷却电流引线;h 为换热系数,

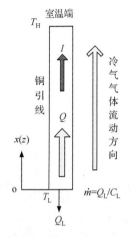

图 10.10　气冷引线
示意图

$$h = Nu \frac{\lambda_g}{de} \tag{10.46}$$

Nu 为努塞尔数；λ_g 为冷气热导率，$de = 4A/P$ 为电流引线水力直径，A 和 P 分别为引线截面积和冷却周长。将式(10.45)和式(10.46)代入一维热传导方程(10.1)，有

$$\frac{\mathrm{d}}{\mathrm{d}x}\left(k(T)A\frac{\mathrm{d}T}{\mathrm{d}x}\right) + \frac{\rho I^2}{A} - Ph(T - \Theta) = 0 \tag{10.47}$$

或者

$$\frac{\mathrm{d}}{\mathrm{d}x}\left(k(T)A\frac{\mathrm{d}T}{\mathrm{d}x}\right) + \frac{\rho I^2}{A} - f\dot{m}C_g(\Theta)\frac{\mathrm{d}\Theta}{\mathrm{d}t} = 0 \tag{10.48}$$

作变换

$$\mathrm{d}z = \frac{I\mathrm{d}x}{kA} \tag{10.49}$$

$$q = \frac{Q_L}{I} \tag{10.50}$$

$$u = \frac{C_p}{C_L} \tag{10.51}$$

$$\alpha = \frac{fqu}{2} \tag{10.52}$$

结合 Wiedemann-Franz 定律 $k\rho = L_0 T$，方程(10.48)变换为

$$\frac{\mathrm{d}^2 T}{\mathrm{d}z^2} - 2\alpha\frac{\mathrm{d}T}{\mathrm{d}z} + L_0 T = 0 \tag{10.53}$$

考虑边界条件 $T(0) = T_L$，$T(z_1) = T_H$，方程(10.53)的解为

$$T(z) = T_H \frac{\mathrm{e}^{\alpha z}\sin(\beta z)}{\mathrm{e}^{\alpha z_1}\sin(\beta z_1)} + T_L\mathrm{e}^{\alpha z}[\cos(\beta z) - \sin(\beta z)\cot(\beta z_1)] \tag{10.54}$$

其中

$$\beta = \sqrt{L_0 - \alpha^2} \tag{10.55}$$

$$z_1 = \frac{I}{A}\int_0^L \frac{\mathrm{d}x}{k} \tag{10.56}$$

气冷电流引线向低温端的最小漏热为

$$Q_L = Iq = I\frac{\mathrm{d}T}{\mathrm{d}z}\bigg|_{z=0} = \frac{T_H\beta}{\mathrm{e}^{\alpha z_1}\sin(\beta z_1)} + T_L[\alpha - \beta\cot(\beta z_1)] \tag{10.57}$$

如果 $f = \alpha = 0$，式(10.54)和式(10.57)对应于经过变换式(10.49)的传导冷却情况，即式(10.26)和式(10.27)。考虑气冷电流引线在室温端 $T = T_H$ 温度梯度为零，$\mathrm{d}T/\mathrm{d}z = 0$，引线上的温度分布

$$T_H[\alpha + \beta\cot(\beta z_1)] = \frac{T_L\beta e^{\alpha z_1}}{\sin(\beta z_1)} \tag{10.58}$$

$\alpha = f = 0$ 对应于传导冷却电流引线的优化设计,式(10.57)和式(10.58)变为

$$\cos(\beta_0 z_{1opt}) = \frac{T_L}{T_H} \Rightarrow \cos\left(\frac{\sqrt{L_0}LI}{kA}\right)_{opt} = \frac{T_L}{T_H} \Rightarrow \left(\frac{LI}{A}\right)_{opt} = \cos^{-1}\left(\frac{T_L}{T_H}\right)$$
$$\tag{10.59}$$

$$(Q_L)_{min} = Iq\big|_{f=0} = I\beta_0\sqrt{T_H^2 - T_L^2} = I\sqrt{L_0(T_H^2 - T_L^2)} \tag{10.60}$$

其中,$\beta_0 = \sqrt{L_0}$,式(10.59)~式(10.60)与 Wiedemann-Franz 传导冷却电流引线优化设计式(10.28)和式(10.29)完全一致。

10.1.5　高温超导电流引线

高温超导材料的热导率比金属铜低几个数量级,直流运行没有电阻,传导漏热很低,因此在传导冷却超导装置中,一般均采用高温超导电流引线。在有些大电流运行场合,电流引线工作于液氦温区的超导装置中,如 ITER 大型超导磁体,电流引线运行在 4.2~77K 温度范围,适合采用高温超导电流引线。高温超导电流线的结构示意图如图 10.11(a)所示,引线分为上下两段:上段为普通金属,其上端

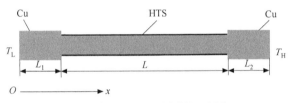

(a) 高温超导电流引线结构示意图

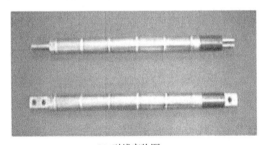

(b) 引线实物图

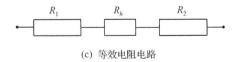

(c) 等效电阻电路

图 10.11　高温超导电流引线结构

处于室温;下段为高温超导体,其下端与超导装置相连。图 10.11(b)是实际应用的高温超导电流引线,上段与下段的连接点由制冷机一级冷头冷却,其温度在高温超导体的临界温度以下。由于高温超导体工作在超导态,其内没有焦耳热产生,又由于氧化物高温超导体具有很低的热导率(Bi-2223 体材在 4~77K 温区的平均热导率只有不锈钢的 1/3),因此,此二元结构的电流引线可显著降低电流引线向冷端的漏热。目前,此漏热已可降低至铜气冷引线的十分之一以下(总制冷功率已可降低至五分之一以下)。理论上高温超导引线越长,电流引线向低温端漏热越小。

若高温超导电流引线横向截面远小于其长度,可以采用一维热传导方程进行求解,以下分 4 种情况讨论。

1) 传导冷却直流运行

传导冷却高温超导电流引线在直流运行条件下,热传导方程为

$$\begin{cases} \dfrac{\mathrm{d}}{\mathrm{d}x}\left[k_i(T) A_i \dfrac{\mathrm{d}T}{\mathrm{d}x} \right] + G_{\mathrm{Ji}} = 0 \\ \dfrac{\mathrm{d}}{\mathrm{d}x}\left[k_{\mathrm{h}}(T) A_{\mathrm{h}} \dfrac{\mathrm{d}T}{\mathrm{d}x} \right] + G_{\mathrm{Jff}} = 0 \end{cases} \tag{10.61}$$

边界条件为:在交界处 $x = x_0$ 温度相等,$T_i(x_0) = T_{\mathrm{H}}(x_0)$。其中下标 $i = 1,2$ 分别指高温超导电流引线端部正常金属低温段和高温段,下标 h 表示高温超导段;k 和 A 分别为热导率和截面积;G_{Ji} 和 G_{Jff} 分别为正常金属导体的焦耳热项和磁通流阻损耗项,

$$\begin{cases} G_{\mathrm{Ji}} = \dfrac{\rho_i I^2}{A_i} \\ G_{\mathrm{Jff}} = E_{\mathrm{c}} \left(\dfrac{I}{I_{\mathrm{c}}} \right)^n I \end{cases} \tag{10.62}$$

式中,ρ_i 为引线端部正常金属的电阻率;I_{c}、n 和 E_{c} 分别为引线超导段临界电流、n 值和临界电流判据,一般 $E_{\mathrm{c}} = 1\mu\mathrm{V/cm}$。

2) 传导冷却交流运行

高温超导体在直流运行条件下,超导态运行没有损耗,但是在交流运行情况下会产生磁滞损耗,因此在传导冷却交流运行情况下,热传导方程为

$$\begin{cases} \dfrac{\mathrm{d}}{\mathrm{d}x}\left[k_i(T) A_i \dfrac{\mathrm{d}T}{\mathrm{d}x} \right] + G_{\mathrm{Ji}} = 0 \\ \dfrac{\mathrm{d}}{\mathrm{d}x}\left[k_{\mathrm{h}}(T) A_{\mathrm{h}} \dfrac{\mathrm{d}T}{\mathrm{d}x} \right] + G_{\mathrm{Jff}} + G_{\mathrm{d}} = 0 \end{cases} \tag{10.63}$$

边界条件为:在交界处 $x = x_0$ 温度相等,$T_i(x_0) = T_{\mathrm{H}}(x_0)$。其中 G_{d} 是超导体交流损耗(磁滞损耗),有关超导体交流损耗的分析,参见本书第 5 章有关章节。

3) 气冷直流运行

在气冷方式下,高温超导电流引线一维热传导方程为

$$\begin{cases} \dfrac{\mathrm{d}}{\mathrm{d}x}\left[k_i(T)A_i\dfrac{\mathrm{d}T}{\mathrm{d}x}\right]+G_{Ji}-G_q=0 \\[3mm] \dfrac{\mathrm{d}}{\mathrm{d}x}\left[k_h(T)A_h\dfrac{\mathrm{d}T}{\mathrm{d}x}\right]+G_{Jff}-G_q=0 \end{cases} \tag{10.64}$$

边界条件为:在交界处 $x=x_0$ 温度相等,$T_i(x_0)=T_H(x_0)$。式中,G_q 是气冷冷却项,参见式(10.45)。

4) 气冷交流运行

$$\begin{cases} \dfrac{\mathrm{d}}{\mathrm{d}x}\left[k_i(T)A_i\dfrac{\mathrm{d}T}{\mathrm{d}x}\right]+G_{Ji}-G_q=0 \\[3mm] \dfrac{\mathrm{d}}{\mathrm{d}x}\left[k_h(T)A_h\dfrac{\mathrm{d}T}{\mathrm{d}x}\right]+G_{Jff}+G_d-G_q=0 \end{cases} \tag{10.65}$$

边界条件为:在交界处 $x=x_0$ 温度相等,$T_i(x_0)=T_H(x_0)$。其中 G_d 为交流损耗项,由于金属导体和超导体的电阻率、热导率与温度有关,高温超导体临界电流 I_c 和 n 值都与温度和磁场密切相关,参见本书第 3 章有关章节。因此得到解析解是非常困难的,需要数值计算才能得到精确解。

通常制作电流引线常用的高温超导体有 Bi-2223 棒材、Bi-2212 棒材、织构取向的 Y-123 块材及银和银合金基材 Bi-2223 超导带材。Bi 系超导体临界温度 T_c 高、热导率很低;Y 系热导率较高,但 I_c 也较高,且随磁场的增高下降较 Bi 系慢,因此在磁场较高的场合具有优势。超导带材的临界电流 I_c 比其体(块)材高,但热导率也高得多,对于同样的设计工作电流,使用带材的引线比使用块材的漏热大。尽管如此,由于高温超导体热导率很低和具有脆性,体材尺寸过大容易出现磁热不稳定和冷热循环后出现裂纹,因此对于大电流情况仍倾向于使用带材。由于带材的热导率较高,其长度比棒材长得多,为了减小引线的长度尺寸,带材一般绕成螺旋状。可通过银基合金化和降低基体的截面积来降低带材的热导率。此外,由于超导体临界电流密度 J_c 与温度密切相关,高温超导电流引线采用变截面结构可进一步降低漏热。

10.1.6 珀尔帖热电效应

如图 10.12 所示,有两种半导体材料 A 和 B,在两者结合处(结)处于等温环境 T_0 中,半导体材料 B 中间断开接电源,使得两种材料形成闭合回路,在回路中产生电流,电流密度为 J_N。为了维持等温条件,如果电流 J_N 存在,热流 J_Q 必须流进和流出两个结,这也就意味着图 10.12 的作用像热通泵,在一侧的热量从另一侧移走,这个过程是可逆的,可以用于制冷。这种效应叫做珀尔帖效应。

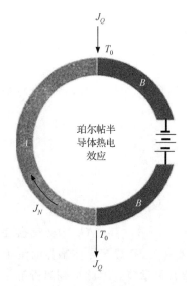

图 10.12　珀尔帖热电效应

在半导体材料中,若电势梯度 ∇V 和温度梯度 ∇T 同时存在时,电流 I 和热流 Q 遵从如下方程:

$$I = -(\nabla V + \eta \nabla T)\frac{A}{\rho} \tag{10.66}$$

$$Q = -kA\nabla T + I\eta T \tag{10.67}$$

式中,η、ρ 和 k 分别为 Seebeck 系数、电阻率和热导率;A 为截面积;对于 n 型半导体 $\eta < 0$,对于 p 型半导体 $\eta > 0$,那么能量平衡方程满足

$$\nabla \cdot Q = I \cdot (-\nabla V) \tag{10.68}$$

假定珀尔帖半导体器件截面内温度分布均匀,如图 10.13 所示,珀尔帖器件的截面积为 A,长度为 L。理论计算表明,若在热电器件两侧维持最大温差,最佳优化电流为

$$I_{\mathrm{opt}} = \eta \frac{T_{\mathrm{L}}}{r_{\mathrm{e}}} = \frac{K_{\mathrm{e}}}{\eta}\left\{\left[1 + 2Z\left(T_{\mathrm{H}} + \frac{Q_{\mathrm{L}}}{K_{\mathrm{e}}}\right)\right]^{1/2} - 1\right\} \tag{10.69}$$

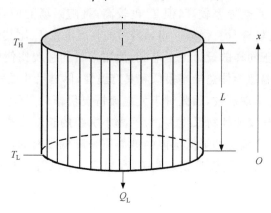

图 10.13　珀尔帖器件一维模型示意图

其中

$$K_{\mathrm{e}} = k\frac{A}{L} \qquad r_{\mathrm{e}} = \rho\frac{L}{A} \qquad Z = \frac{\eta^{2}}{k\rho} \tag{10.70}$$

对于典型的半导体材料 BiTe、BiSb 和 Cu,在液氮温区 77 附近,它们的热传输系数列于表 10.1 中。

表 10.1　BiTe、BiSb 和 Cu 的热传输系数

材料	类型	热导率 $k/[W/(K \cdot m)]$	电阻率 $\rho/(\mu\Omega \cdot m)$	Seebeck 系数 $\eta/(\mu V/K)$
BiTe	p 型	1.78	2.20	75
BiSb	n 型	3.80	1.10	−160
Cu	—	600	2×10^{-3}	0.1

根据表 10.1 中数据计算，BiTe 和 BiSb 产生最大温差的最佳传输电流分别为 43A 和 140A。冷端温度为

$$T_{L} = \frac{1}{\eta I + K_{e}}\left(\frac{1}{2}r_{e}I^{2} + K_{e}T_{H} + Q_{L}\right) \tag{10.71}$$

式中，T_{H} 为热端温度。为了计算冷端温度，若取 $T_{H}=77K$，$Q_{L}=R_{int}I^{2}$，R_{int} 为半导体器件的电阻。

图 10.14 和图 10.15 分别是理论计算和实验得到的 BiTe 和 BiSb 两种半导体

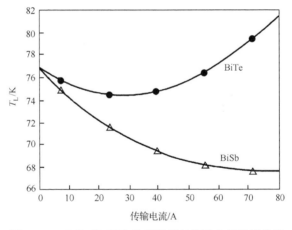

图 10.14　BiTe 和 BiSb 冷端温度与传输电流计算曲线

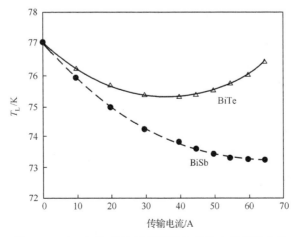

图 10.15　BiTe 和 BiSb 冷端温度与传输电流实验曲线

材料的冷端温度随传输电流的关系,两者整体形状非常相似,但是,计算曲线低温端温度高于实验曲线,原因是在计算过程中采用的热传输系数、热导率、电导率、Seebeck系数等与温度无关,因此精确的计算分析应该采用传输系数与温度的非线性关系,计算结果将与实验结果一致。在传输电流为 30A 时,BiTe 具有最大温差,而 BiTb 随传输电流的增加,冷端温度持续下降。

10.1.7　珀尔帖气冷电流引线

　　考虑将珀尔帖器件与常规金属相连接作为电流引线,且如果引线长度远大于

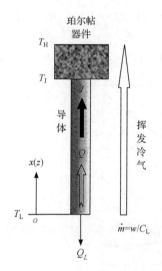

图 10.16　珀尔帖气冷电流引线示意图

其横向尺寸,可以应用一维热模型处理。图 10.16 是珀尔帖气冷电流引线示意图。引线低温端为金属导体与冷却介质接触,低温端温度为 T_L;高温端为珀尔帖器件,下端与金属导体连接,结合点温度为 T_J,引线顶端即珀尔帖器件上端温度为 T_H,引线向低温端漏热为 Q_L,金属导体段和珀尔帖半导体器截面积分别为 A_1 和 A_2。珀尔帖半导体器件发热项为

$$G_d = -I\left(T\frac{d\eta}{dx}\right) = -I\left(T\frac{d\eta}{dT}\right)\left(\frac{dT}{dx}\right) \tag{10.72}$$

将 G_d 和冷却项 G_q[见式(10.45)]代入一维热传导方程(10.1)

$$\frac{d}{dx}\left(kA\frac{dT}{dx}\right) - I\left(T\frac{d\eta}{dT}\right)\frac{dT}{dx} + \frac{I^2\rho}{A} - Ph(T-\Theta) = 0 \tag{10.73a}$$

$$\frac{d}{dx}\left(kA\frac{dT}{dx}\right) - I\left(T\frac{d\eta}{dT}\right)\frac{dT}{dx} + \frac{I^2\rho}{A} - f\dot{m}C_P\frac{dT}{dx} = 0 \tag{10.73b}$$

式中,η 为珀尔帖器件的 Seebeck 系数,其他参量定义与 10.1.3 节相同,并作如式(10.49)和式(10.50)所示的变换,方程(10.73b)变为

$$\frac{d^2T}{dz^2} - \left(T\frac{d\eta}{dT} + 2\alpha\right)\frac{dT}{dz} + k\rho = 0 \tag{10.74}$$

　　1) 在金属导体段

　　电流引线下半段是金属导体,其 Seebeck 系数 η 很小(参见表 10.1),忽略其影响,再考虑 Widemeann-Franz 定律 $k\rho = L_0T$,式(10.74)变为

$$\frac{d^2T}{dz^2} - 2\alpha\frac{dT}{dz} + L_0T = 0 \tag{10.75}$$

方程(10.75)与式(10.53)形式上完全相同,因此两方程的解形式上也相同。

考虑本段边界条件，$T(0) = T_L$，$T(z_1) = T_J$，只需要将式（10.57）和式（10.59）中 T_H 以 T_J 代替即可，

$$q_L = \left. \frac{dT}{dz} \right|_{z=0} = \frac{T_J \beta}{e^{\alpha z_1} \sin(\beta z_1)} + T_L \left[\alpha - \beta \cot(\beta z_1) \right] \qquad (10.76)$$

对于传导冷却引线（$f = \alpha = 0$）向低温端漏热为

$$q_L = \left[T_J - T_L \cos(\beta_0 z_1) \right] \frac{\beta_0}{\sin(\beta_0 z_1)} \qquad (10.77)$$

2) 珀尔帖器件段

在热电器件段，其热电特性参数通常近似认为与温度无关并将其运行温度的平均值为参量。Mahan 数值计算证明，在优良系数（figure of merit）$ZT[ZT = \eta^2 T/(\rho k)]$ 不超过 9 时，数值解与线性微分方程解非常近似，因此方程（10.74）中与 η 有关的项可以近似为零，简化为

$$\frac{d^2 T}{dz^2} - 2\alpha \frac{dT}{dz} + M_0 = 0 \qquad (10.78)$$

这里 $M_0 = k\rho$，考虑到边界条件：

$$T(0) = T_J \qquad T(z_2) = T_H \qquad z_2 = IL_2/(kA_2) \qquad (10.79)$$

已有理论和实验证明，在珀尔帖器件室温端温度梯度为零时，漏热最小；因此线性微分方程（10.75）的第一边界条件为

$$\left. \frac{dT}{dz} \right|_{z=z_2} = 0 \qquad (10.80)$$

方程（10.75）的解为

$$T(z) = T_H + \frac{M_0}{2\alpha}(z - z_2) + \frac{M_0}{4\alpha^2} \left\{ 1 - \exp[2\alpha(z - z_2)] \right\} \qquad (10.81)$$

则金属导体与珀尔帖器件结合处温度 T_J 为

$$T_J = T_L - \frac{M_0}{2\alpha} z_2 + \frac{M_0}{4\alpha^2} \left[1 - \exp(-2\alpha z_2) \right] \qquad (10.82)$$

另一个连续性条件是，结合点处有式（10.68）所示热流连续，所以

$$\left(-\left. \frac{dT}{dz} \right|_{z=z_1} \right)_{CD} = \left(-\left. \frac{dT}{dz} \right|_{z=0} + \eta T_J \right)_{TE} \qquad (10.83)$$

左边 CD 是金属导体段上端，右边 TE 是珀尔帖器件段下端，z_1 和 β 由式（10.55）和式（10.56）确定。由

$$\left[\alpha + \eta + \beta \cot(\beta z_1) \right] T_J = \frac{M_0}{2\alpha} \left[1 - \exp(-2\alpha z_2) \right] + \frac{T_L \beta \exp(\alpha z_1)}{\sin(\beta z_1)} \qquad (10.84)$$

可求出结合处温度 T_J。

对于传导冷却珀尔帖电流引线（$f = \alpha = 0$），温度分布为

$$T(z) = T_H - M_0 \frac{(z - z_2)^2}{2} \tag{10.85}$$

金属导体和珀尔帖器件结合处温度为

$$T_J = T_H - M_0 \frac{z_2^2}{2} \tag{10.86}$$

热流连续性条件式(10.83)变为

$$[\eta + \beta_0 \cot(\beta_0 z_1)] T_J = M_0 z_2 + \frac{T_L \beta_0}{\sin(\beta_0 z_1)} \tag{10.87}$$

求出 T_J，代入式(10.76)或式(10.77)可以求出向低温端漏热 q，它是 z_1 和 z_2 的函数；考虑到约束条件(10.84)，可以得到 q 仅为 z_1（或 z_2）的函数，进而可以进行优化。

3) 优化设计

将式(10.82)代入式(10.76)和式(10.84)得到气冷电流引线的单位电流漏热和 z_1 及 z_2 的关系分别为

$$q = T_L[\alpha - \beta \cot(\beta z_1)] + \frac{\left\{ T_H - \dfrac{M_0}{2\alpha} z_2 + \dfrac{M_0}{4\alpha^2}[1 - \exp(-2\alpha z_2)] \right\} \beta}{\exp(\alpha z_1) \sin(\beta z_1)} \tag{10.88}$$

$$T_H - \frac{M_0}{2\alpha} z_2 + \frac{M_0}{4\alpha^2}[1 - \exp(-2\alpha z_2)]$$

$$= \frac{\dfrac{M_0}{2\alpha}[1 - \exp(-2\alpha z_2)] + \dfrac{T_L \beta \exp(\alpha z_1)}{\sin(\beta z_1)}}{\alpha + \eta + \beta \cot(\beta z_1)} \tag{10.89}$$

根据定义式(10.52)和式(10.55)，α 和 β 均与单位电流漏热 q 有关，因此式(10.85)和式(10.86)是 q 的函数。如果 z_1（或 z_2）已知，可以通过式(10.85)和式(10.86)解出 q 或 z_2（或 z_1）。精确求解最小的 q 和对应的 z_1（或 z_2），需要数值解法才能够得到。

对于传导冷却引线（$\alpha = f = 0$），代入热流约束方程(10.83)、式(10.88)及式(10.89)得到

$$q = \left[T_H - \frac{M_0 z_2^2}{2} - T_L \cos(\beta_0 z_1) \right] \frac{\beta_0}{\sin(\beta_0 z_1)} \tag{10.90}$$

$$T_H - \frac{M_0 z_2^2}{2} = \frac{M_0 z_2 + \dfrac{T_L \beta_0}{\sin(\beta_0 z_1)}}{\eta + \beta_0 \cot(\beta_0 z_1)} \tag{10.91}$$

对于全金属气冷电流引线（$f = 0, \alpha \neq 0$），漏热和温度约束条件为

$$q = \frac{T_H \beta}{[\exp(\alpha z_1) \sin(\beta z_1)]} + T_L[\alpha - \beta \cot(\beta z_1)] \tag{10.92}$$

$$T_{\mathrm{H}}[\alpha + \beta \cot(\beta z_1)] = \frac{T_{\mathrm{L}} \beta \exp(\alpha z_1)}{\sin(\beta z_1)} \tag{10.93}$$

最后一个约束条件是在金属导体引线室温端温度梯度为零,即 $(\mathrm{d}T/\mathrm{d}z)|_{z=z_1}$,对于全金属导体传导冷却电流引线 $(f=0,\alpha=0)$,代入式(10.92)和式(10.93)得到传导冷却电流引线优化设计

$$q = \beta_0 \sqrt{T_{\mathrm{H}}^2 - T_{\mathrm{L}}^2} = \sqrt{L_0} \sqrt{T_{\mathrm{H}}^2 - T_{\mathrm{L}}^2} \Leftrightarrow Q_{\mathrm{L}} = Iq = I \sqrt{L_0} \sqrt{T_{\mathrm{H}}^2 - T_{\mathrm{L}}^2} \tag{10.94}$$

$$\cos(\beta_0 z_1) = \frac{T_{\mathrm{L}}}{T_{\mathrm{H}}} \Leftrightarrow \left(\frac{L_1 I}{A}\right)_{\mathrm{opt}} = \frac{k}{\sqrt{L_0}} \cos^{-1}\left(\frac{T_{\mathrm{L}}}{T_{\mathrm{H}}}\right) \tag{10.95}$$

与本章 10.1.1 节中的式(10.8)和式(10.9)完全相同。

图 10.17 说明珀尔帖电流引线和全铜电流引线在传导冷却 $(f=0)$ 和理想气冷情况下 $(f=1)$,z_2 和 q 与 z_1 的几何关系,相应的优化特性见表 10.2。表 10.2 右边两列列出铜材料气冷电流引线在冷却效率 f 从 0 到 1 时的优化设计参数,$f=0$ 的传导冷却铜引线与气冷电流引线相比,漏热负荷减小了 43.96%。珀尔帖电流引线与全铜电流引线相比,漏热减小量超过 16%,即使冷却效率较低,也可以有效地减小漏热。

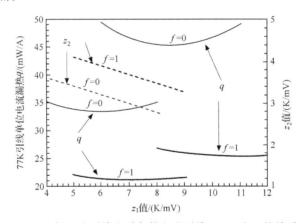

图 10.17　全铜电流引线和珀尔帖电流引线 z_2、z_1 和 q 的关系曲线

表 10.2　导冷引线、气冷电流引线及珀尔帖混合导冷、气冷电流引线优化参数

f	珀尔帖混合电流引线				全铜电流引线		
	$z_1/(\mathrm{K/V})$	$z_2/(\mathrm{K/V})$	$T_{\mathrm{J}}/\mathrm{(K)}$	$q/(\mathrm{mW/A})$	$z_1/(\mathrm{K/V})$	$q/(\mathrm{mW/A})$	$\chi/\%$
0	5900	3207	216.97	33.461	8380	45.384	26.27
0.2	6200	3321	213.93	29.698	8960	38.743	23.54
0.4	6460	3420	211.31	26.829	9460	34.125	21.38
0.6	6700	3506	209.08	24.557	9920	30.543	19.60
0.8	6900	3588	206.92	22.704	10320	27.721	18.10
1	7100	3659	205.12	21.160	10700	25.533	16.8
	36.76%				43.96%		

注:(1) χ 表示与铜引线相比,混合珀尔帖引线漏热负荷减小的百分比;

(2) 两个百分数表示在 $f=1$ 和 $f=0$(传导冷却)时电流引线漏热负荷减小的百分比。

　　图 10.18 给出珀尔帖电流引线和全铜电流引线在传导冷却($f＝0$)和理想气冷情况下($f＝1$)优化运行的温度变化轮廓线,横轴表示归一化长度,0 点表示珀尔帖器件与铜引线之间的结合处位置,正值表示珀尔帖电流引线归一化长度。为了清楚起见,将全铜电流引线向左移动 1 个单位,即负值表示全铜电流引线归一化长度,温度在接合部是连续的等于 T_J,由图可清楚地看到当采用气冷引线技术时,沿着整个电流引线上的温度分布梯度减小,进而减小电流引线向低温容器内的漏热,提高超导电力装置的效率。

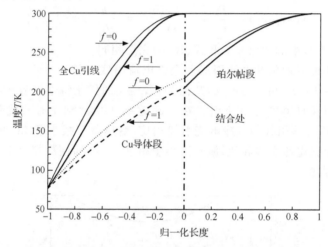

图 10.18　珀尔帖和全铜电流引线温度轮廓特性

　　图 10.19(a)是拟用于 1.5kA 高温超导直流电缆珀尔帖电流引线实物图。目

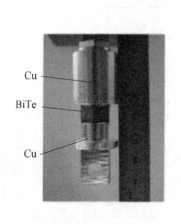

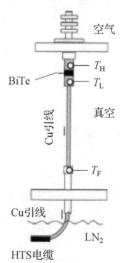

(a) 高温超导直流电缆珀尔帖由流引线实物图　　(b) 实际超导电缆安装珀尔帖电流引线示意图

图 10.19　用于 1.5kA 的高温超导直流电缆珀尔帖电流引线实物图

前,珀尔帖电流引线技术还不是很成熟,主要应用于直流超导磁体技术。对于应用于直流运行和交流运行超导电力装置的珀尔帖电流引线研究开展时间不长,有待于进一步深入研究。

10.2 超 导 开 关

尽管多数超导直流装置(磁体)经常需要长期与外部电源连接,实际上只在励磁和放电时才真正需要电源。直流运行时,电源不给超导装置供电,其作用仅仅是补偿电流引线的损耗。稳定地、长期地直流运行的超导磁体,经常采用超导开关,也叫做超导持续电流开关(persistent current switch,PCS)。PCS 运行具有很多优点,如图 10.20 所示为超导开关的运行示意图。磁体开始励磁时,加热器通电,超导开关处于正常态,电源给超导磁体励磁;达到所需电流后,加热器断电,超导开关恢复到超导态,电源不再起作用;此时,断开电源,磁体电流将通过超导开关与磁体形成闭合回路。然后将电流引线拔掉,并从低温容器取出,从而达到减小电流引线漏热的目的。

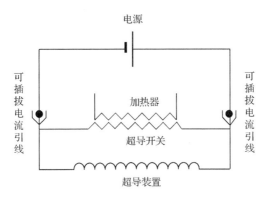

图 10.20 超导电力装置闭合运行及超导开关作用示意图

超导开关的设计中,超导开关电阻是一个非常重要的设计参数,特别注意励磁和放电时的损耗和保护。如果在时间 τ 内超导磁体以恒定的速度励磁,那么损耗为

$$E_R = E_0 \frac{2L}{RT} \tag{10.96}$$

式中,E_0 和 L 分别是超导磁体储存的能量和电感;R 为超导开关电阻,是超导线本身失超电阻和超导焊接接头电阻之和。确定了开关电阻 R 后,才能选择超导开关所用超导线的截面、长度等几何参数和几何形状,同时超导开关在失超后,保证在放电的时间常数内,其温度在安全温度范围,避免温度过高烧毁超导开关。

10.2.1 低温超导开关的设计

低温超导开关通常采用 NbTi/CuNi 二元复合超导线,因为 NiCu 的电阻率比铜高 2~3 个量级,CuNi 在超导线失超后能够提供足够大的电阻,减小超导开关的体积,提高传热效率,增大开关的关断速度。由于低温超导体具有很高的 n 值,所以不用考虑 n 值(磁通流阻)的影响。

假定超导开关焊接电阻为 R_j,超导开关闭环运行时,其电路为简单的 R_L 串联电路,方程为

$$L \frac{\mathrm{d}I}{\mathrm{d}t} + R_j I = 0 \tag{10.97}$$

其中,L 是超导磁体的电感。假定初始条件为 $t=t_0$ 时,$I(t_0)=I_0$,方程(10.97)的解为

$$I(t) = I_0 \exp\left(-\frac{R_j}{L}t\right) = I_0 \exp\left(-\frac{t}{\tau}\right) \tag{10.98}$$

电流衰减时间常数 $\tau = L/R_j$,根据超导磁体的时间稳定性要求,确定 R_j 的焊接电阻值。依据 MRI 成像要求,磁场稳定均匀性要求在半径为 1cm 的球形范围内,磁场均匀度、稳定性在 10ppm(十万分之一)以下,因此 R_j 必须足够小。例如,若磁体电感 $L=10\mathrm{H}$,焊接接头电阻 $R_j = 10^{-11}\,\Omega$,那么时间衰减常数 $\tau = L/R_j = 10^{12}\mathrm{s} \approx 3.16 \times 10^3$ 年,可以满足磁场稳定性要求。因此将式(10.98)展开,略去二次项以上的高次项,

$$I(t) = I_0 \left(1 - \frac{R_j}{L}t\right) \tag{10.99}$$

那么焊接接头电阻为

$$R_j = \frac{\Delta I}{I_0} \frac{L}{\Delta t} \tag{10.100}$$

所以可以通过磁场(电流)衰减率,获得焊接接头电阻的大小。目前,低温超导开关技术比较成熟,已经实现了商业化生产水平;商用高稳定性、高均匀性超导磁体均采用超导开关技术。

10.2.2 高温超导开关的设计

由于高温超导本身具有得晶粒特性、弱连接、次相等缺陷的存在,其 n 值(小于 18)比低温超导体的 n 值(大于 25)小很多,n 值的影响,亦即磁通流阻的影响不可忽略,所以与低温超导开关相比,高温超导开关要复杂得多。假定高温超导开关焊接接头电阻为 R_j,电路方程为

$$L \frac{\mathrm{d}I}{\mathrm{d}t} + R_{\mathrm{joint}} I + E_c L \left(\frac{I}{I_c}\right)^n = 0 \tag{10.101}$$

式中，L 为高温超导开关中超导线的长度；E_c 为临界电流判据；I_c 为临界电流。闭环运行电流衰减，即方程（10.101）的解为

$$I(t) = (I_0^{n-1} + \alpha) \exp\left[\frac{(n-1)t}{\tau} - \alpha\right]^{1/(1-n)} \tag{10.102}$$

其中

$$\alpha = \frac{E_c L}{R_j I_c^n} \tag{10.103}$$

由（10.102）可知，电流衰减不仅仅与时间常数 τ 有关，还与 n 值密切相关。所以电流衰减除焊接接头电阻外，必须考虑 n 值的影响即磁通流阻的影响。

高温超导开关技术研究已经进行了 20 多年，但是到目前为止，仍然不很成熟，未达到商业化应用水平，仍然处于研究阶段。图 10.21 所示为低温超导闭合开关和高温超导开关电流衰减示意图，小图是用霍尔探头测量超导开关中心磁场的变化，来反映超导开关中电流的变化，由图可知低温超导开关比高温超导开关电流衰减慢得多，即稳定性远远高于高温超导开关。

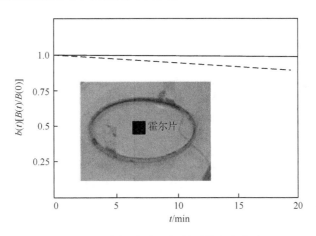

图 10.21　低温和高温超导开关电流衰减
——— 低温超导开关；－ － － 高温超导开关

10.2.3　超导开关的制造

超导开关的制造包括超导开关的绕制和焊接工艺。低温超导材料具有良好的机械特性，而高温超导材料机械特性较差，在绕制、焊接工艺中应采用不同的方法。超导开关应具有很低的接头焊接电阻，采用无感绕制工艺不会产生磁场。

1. 超导开关的绕制

超导开关往往应用于闭合运行的、高均匀、高稳定直流磁体系统中。超导开关

一般绕成小线圈形式,因此超导开关线圈产生的磁场不能对原来磁体磁场产生影响。超导开关线圈应该无感(Bifiliar,noninductive)绕制,如图 10.22 所示,图(a)为无感绕制原理示意图,图(b)为 NbTi/Cu 超导线绕制的实物超导开关线圈,一根超导线中间打折后并绕,使得两者电感相互抵消,电流流向相反,磁场也相互抵消。

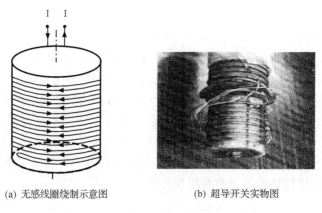

(a) 无感线圈绕制示意图　　　　　　(b) 超导开关实物图

图 10.22　超导开关

2. 超导线的焊接

如前所述,由于低温超导材料机械性能比较好,低焊接接头电阻焊接工艺相对容易实现;而高温超导材料机械性能很差,在满足低接头焊接电阻工艺方面比较困难。低温超导体的低电阻焊接工艺有冷压接合、焊料焊接和激光焊接等方法。图 10.23 为常用的低温超导冷压接焊接工艺示意图,为了使接头接触充分和避免应力集中,在两接头之间通常加一层较软的金属箔,如铟箔等。采用这种压接工艺,容易实现接头电阻小于 $10^{-11}\Omega$ 的要求。

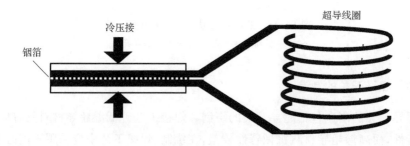

图 10.23　超导接头冷压接示意图

高温超导焊接接头工艺比较复杂。图 10.24 为高温超导线材焊接工艺示意图。图中高温超导材料采用美国超导公司生产的不锈钢加强 Bi2223 多芯超导带材,首先利用加热器(电烙铁)加热至 200℃,去掉上层不锈钢皮,露出 Bi2223 多芯超导带,在去掉不锈钢皮的部分段敷以 PbSn 焊料;再以相同方法制备另一段高温超导段,两者涂 PbSn 焊料的端面对面接触,然后加热压接;待温度下降到室温后,完成焊接。这种焊接只在小规模样品上进行,接头电阻很难小于 $10^{-9}\Omega$,不能满足工程要求,因此高温超导焊接技术目前仍然不成熟,需要深入进行研究。

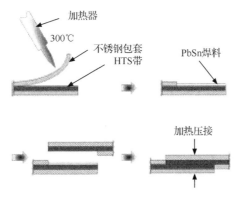

图 10.24　高温超导焊接工艺示意图

10.3　超导磁通泵

超导磁通泵也叫做超导电源,是一种有感负载供电装置,其基本思想是超导磁体系统全超导,无需电流引线,通过电磁感应方法在超导磁体内感应出电流。

10.3.1　超导磁通泵的工作原理

图 10.25 为超导磁通泵工作原理示意图,图中有 C 字形电磁铁心,可以绕自己轴旋转,超导线圈通过超导薄片连接,超导薄片的临界磁场比旋转铁心的磁场低。当铁心旋转到超导薄片上时,由于超导薄片临界磁场低于铁心磁场,超导薄片将失超,从而出现正常态,产生的磁通 $\Delta\phi$ 将穿过超导薄片,超导回路除穿过 $\Delta\phi$ 的磁通部分外仍然处于超导态。当磁铁继续旋转到 P 点时,P 点处超导材料的临界磁场高于磁铁磁场,磁通不能穿过,所以磁通 $\Delta\phi$ 不能再切割超导回路而将磁通冻结,结果在闭合回路中产生大小与磁通 $\Delta\phi$ 有关的电流。磁铁每旋转一周,超导回路中磁通增加 $\Delta\phi$,若旋转频率为 f,那么电源平均输出功率为 $f\Delta\phi$,从而实现了无引线连接的磁体供电功能。

虽然超导磁通泵结构原理简单,但是由于磁通在正常区穿过时会产生涡流损耗,效率很难提高。基于这种考虑,人们又提出了无需运动部件的变压器整流器型超导磁通泵结构。

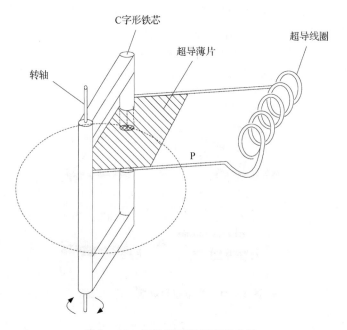

图 10.25　超导磁通泵原理示意图

10.3.2　变压器型超导磁通泵

图 10.26 为变压器全波整流型超导磁通泵原理电路图,图中虚线框内为超导磁通泵等效电路,由变压器、超导开关 3 和 2 组成,两个反并联二极管起保护作用;外电路由需要供电的超导磁体、超导开关 1 和两个起保护作用反并联二极管组成。其工作过程如下:首先打开超导开关 2 和 3,原边线圈 L_p 励磁,在副边线圈 L_s 中感应出电流 I_i,流经磁体 L_i;超导开关 2 闭合,将副边线圈短路,电流流经超导开关 2;然后打开超导开关 3,副边线圈放电,原边线圈电流 I_p 减小为零,完成一次充电。下一次循环如下:

(1)闭合超导开关 2 和 3,第一次充电电流 I_i 流经超导开关 2,并将变压器付边 L_s 短路。

(2)增加原边线圈电流 I_p,在副边感应出电流 I_s,I_s 大于第一次泵入的电流 I_i,经过超导开关 2 的电流很小,是 I_s 和 I_i 的差。

(3)断开超导开关 2,电流 I_s 和 I_i 有差异,被迫达到平衡,增加流经超导线圈的电流 I_L。

(4)闭合超导开关 2,将变压器副边短路。

(5)打开超导开关 3,副边线圈放电,原边线圈电流 I_p 变为零。然后再闭合开关 3,进行下一次循环,直到超导线圈电流达到额定电流为止。

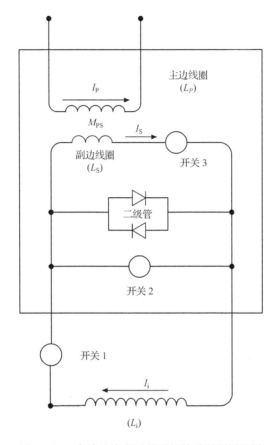

图 10.26　全波整流变压器型超导磁通泵原理图

所有超导开关都是热开关,因此这种磁通泵效率也不很高,但是由于没有运动部件,所以对于高稳定超导磁体的稳定磁场要求,尤其是高温超导磁体的磁通蠕动衰减补偿具有重要应用价值。

10.3.3　超导永磁体磁通泵

在以上两节中介绍了超导线圈磁体磁通泵供电技术,但是对于超导永磁体磁通泵没有涉及。近年来,Cooombs 教授领导的研究小组提出了热触发高温超导YBCO块材永磁体磁通泵技术,为超导永磁体应用提供了新的励磁途径。该磁通泵利用接近居里温度的软磁材料进行励磁,在低温下合适的软磁材料是 $Ni^{II}_{1.5}[Cr^{III}(CN)_6]$ 或 Gadolinium(钆)。硬磁性材料是钕铁硼(NdFeB),退磁很快但是低温下可逆。Gadolinium(钆)在约 294K 温度下经历铁磁/顺磁的转换。图 10.27 为NdFeB实验测量的永磁体磁通密度随温度的变化关系,在温度 150K 以下,NdFeB

的磁化强度急剧减小,所以可以通过温度控制磁场的变化。

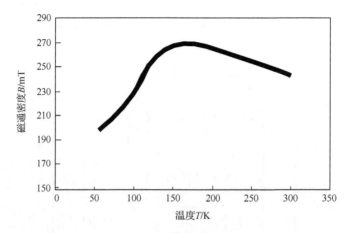

图 10.27　NdFeB 永磁体磁通密度随温度的变化

　　图 10.28 为超导永磁体励磁磁通泵原理示意图,加热器加热到室温,磁铁向硬磁性材料钕铁硼(NdFeB)或软磁性材料 Gadolinium(钆)励磁,成为常规室温永磁体。然后,断开磁体加热器,开通制冷机,温度降低,当温度低于 150K 时,硬磁性材料钕铁硼(NdFeB)或软磁性材料 Gadolinium(钆)磁化强度急剧降低,相当于给

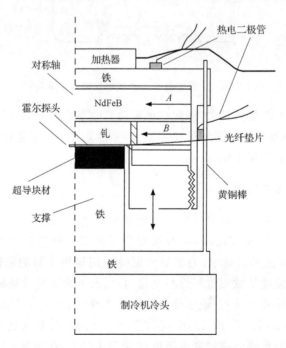

图 10.28　超导永磁体磁通泵励磁原理示意图

超导永磁体磁扫描,超导体捕获磁通,成为永磁体,完成一次循环。下一次,开通加热器,使得钕铁硼(NdFeB)或钆温度升高,磁化强度增大,成为正常磁体,然后关断加热器。在制冷机的作用下,钕铁硼(NdFeB)或钆温度再次降低,磁化强度减小,磁通发生变化,相当于向高温超导永磁体再次励磁。经过多次循环后,超导永磁体在一定超导温度下,达到最大捕获磁通,获得最大磁场。

据最近几年报道,高温超导 YBCO 块材在 20K 温度可以捕获 21T 的磁场,因此,热激发超导磁通泵技术为超导块材的应用——超导永磁体应用提供了有效途径,如高场高温超导永磁体应用、磁流体发电等具有广泛的、潜在的应用前景。有关这方面的研究还处于实验室研究阶段,对于实际工程应用还需要继续进行深入的研究。

参 考 文 献

Chua H T, Ng K C, Xuan X C, et al. 2002. Temperature-entropy formulation of thermoelectric thermodynamic cycles. Physical Review E Statistical Nonlinear Soft Matter Physics, 65: 056111−056116.

Coombs T, Hong Z Y, Zhu X M, et al. 2008. A thermally actuated superconducting flux pump. Physica C, 468: 153−159.

Gesciere A, Willen D, Piga E, et al. 2008. HTS cables open the window for large-scale renewables. Journal of Physics: Conference Series, 97: 012183−012188.

Hamabe M, Fujii T, Yamamoto I, et al. 2009. Recent progress of experiment on DC superconducting power transmission line in chubu university. IEEE Transactions on Applied Superconductivity, 19(3): 1778−1781.

Hamabe M, Nasu Y, Ninomiya A, et al. 2008. Radiation heat measurement on thermally-isolated doublepipe for DC superconducting power transmission. Advances in Cryogenic Engineering, 53A: 168−173.

Mahan G D. 1991. Inhomogeneous thermo-electrics. Journal of Applied Physics, 70(8): 4551−4554.

Masuda T, Yumura H, Watanabe M, et al. 2007. Fabrication and installation results for Albany HTS cable. IEEE Transactions on Applied Superconductivity, 17(2): 1648−1651.

Mukoyama S, Yagi M, Ichikawa M, et al. 2007. Experimental results of a 500mHTS power cable field test. IEEE Transactions on Applied Superconductivity, 17(2): 1680−1683.

Odaka S, Kim S B, Ishiyama A. 1999. Development of kA-class gas-cooled HTS current lead for superconducting fault current limiter. IEEE Transactions on Applied Superconductivity, 9(2): 491−494.

Okumura H, Yamaguchi S. 1997. One dimensional simulation for peltier current leads. IEEE Transactions on Applied Superconductivity, 7(2): 715−718.

Sato K, Okumura H, Yamaguchi S. 2001. Numerical calculations for peltier current lead designing. Cryogenics, 41(7): 497−503.

Wilson M N. 1983. Superconducting Magnets. New York: Oxford University Press, Inc.

Xuan X C. 2003. On the optimal design of gas-cooled peltier current leads. IEEE Transactions on Applied Superconductivity, 13(1): 48−53.

Xuan X C, Ng K C, Yap C, et al. 2002. A general model for studying effects of interface layers on thermoelectric devices performance. International Journal of Heat and Mass Transfer, 45(26): 5159−5170.

Xuan X C, Ng K C, Yap C, et al. 2002. Optimization and thermodynamic understanding of conduction-cooled peltier current leads. Cryogenics, 42(2):141—145.

Yamaguchi S, Hamabe M, Yamamoto I, et al. 2008. Research activities of D C superconducting power transmission line in Chubu University. Journal of Physics: Conference Series, 97: 012290—012293.

Yamaguchi S, Yamaguchi T, Nakamura K, et al. 2004. Peltier current lead experiments and their applications for superconducting magnets. Review of Scientific Instruments, 75(1): 207—212.

Yoon J Y, Lee S R, Kim J Y. 2007. Application methodology for 22.9kV HTS cable in metropolitan city of South Korea. IEEE Transactions on Applied Superconductivity, 17(2):1656—1659.

附 录

A1 复合导体热容、热导率和电阻率的计算

假定一种复合材料由 n 种材料构成,每种材料的体热容为 $(\gamma_i C_i)$,γ_i 和 C_i 分别为复合材料各组分的密度和热容;k_i 和 ρ_i 分别为热导率和电阻率,且每种材料所占的体积百分比为 f_i,$i=1,2,\cdots,n$。图 A1.1 为考虑热量 Q 和电流 I 沿横向传输情况下,有效体热容、热导率计算模型示意图。复合导体的有效体热容、热导率的最小值和电阻率分别为

$$\left(\frac{1}{\gamma C}\right)_{\text{eff}} = \sum_{i=1}^{n} \frac{f_i}{\gamma_i C_i} \qquad (A1.1)$$

$$\frac{1}{k_{\text{eff}}} = \sum_{i=1}^{n} \frac{f_i}{k_i} \qquad (A1.2)$$

$$\rho_{\text{eff}} = \sum_{i=1}^{n} \frac{\rho_i}{f_i} \qquad (A1.3)$$

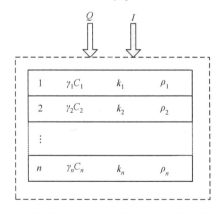

图 A1.1 热流 Q 和电流 I 横向流过复合导体示意图

如果传热方向沿复合体纵向方向,如图 A1.2 所示,热量 Q 和电流 I 纵向流经复合导体,那么复合导体的有效体热容、热导率的最大值和电阻率分别为

$$(\gamma C)_{\text{eff}} = \sum_{i=1}^{n} f_i (\gamma_i C_i) \qquad (A1.4)$$

$$k_{\text{eff}} = \sum_{i=1}^{n} f_i k_i \tag{A1.5}$$

$$\frac{1}{\rho_{\text{eff}}} = \sum_{i=1}^{n} \frac{f_i}{\rho_i} \tag{A1.6}$$

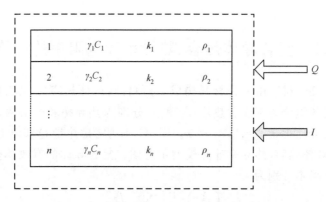

图 A1.2　热流和电流纵向流经复合导体示意图

A2　常用金属、合金及绝缘材料的物理性能特性参数

A2.1　一些合金材料的热导率 k[单位:W/(m · K)]

材料	4K	10K	20K	40K	77K	100K	150K	200K	295K
铝 5083	3.3	8.4	17	33	55	66	85	99	118
铝 5083-T6	5.3	14	28	52	84	98	120	136	155
铍铜	1.9	5.0	11	21	36	41	41	31	9.7
黄铜[1]	2.0	5.7	12	19	29	40	47	64	86
黄铜[2]	3.0	10	22	38	53	—	—	—	—
无氧铜(RRR≈100)	630	1540	2430	1470	544	461	418	407	397
铬镍 Inconel 718	0.64	1.5	3.0	4.7	6.4	7.1	8.1	8.7	9.7
殷钢(Invar)	0.24	0.73	1.7	2.6	4.2	6.2	7.6	10	12
锰铜[3]	0.44	1.4	3.2	6.8	11	—	—	—	—
软焊料(Sn-40wt%Pb)	16	43	56	53	53	—	—	—	—
不锈钢 304,316Ti	0.27	0.90	2.2	4.7	7.9	9.2	11	13	15
不锈钢 6%Al-4%V	—	—	0.84	1.9	3.5	3.8	4.6	5.8	7.4

1) 61.5wt%Cu-35.4wt%Zn-3.1wt%Pb;

2) 68 wt%Cu-32wt%Zn;

3) Cu12wt%Mn-3wt%Ni。

A2. 2　几种聚合物材料的热导率 k [单位:W/(m · K)]

材料	4K	10K	20K	40K	77K	100K	150K	200K	295K
玻璃钢 G-10CR(正常)	0.072	0.11	0.16	0.22	0.28	0.31	0.37	0.45	0.60
玻璃钢 G-10CR(变形)	0.073	0.14	0.20	0.27	0.39	0.45	0.57	0.67	0.86
高密度聚乙烯(HDPE)	0.029	0.090	—	—	0.41	0.45	—	—	0.40
凯芙拉 49(Kevlar)	0.030	0.12	0.29	0.59	1.0	1.2	1.5	1.7	2.0
聚甲基丙烯酸甲酯(有机玻璃)PMMA	0.33	0.060	—	—	—	0.16	0.17	0.18	0.20
聚酰胺(尼龙)	0.012	0.039	0.10	0.20	0.29	0.32	0.34	0.34	0.34
聚酰亚胺薄膜	0.011	0.024	0.048	0.083	0.13	0.14	0.16	0.18	0.19
聚乙烯对苯二酸酯薄膜	0.038	0.048	0.073	0.096	0.12	—	—	—	—
聚氯乙烯(PVC)	0.027	0.040	—	—	—	0.13	0.13	0.13	0.14
聚四氟乙烯(PTFE)特氟龙	0.046	0.10	0.14	0.20	0.23	0.24	0.26	0.27	0.27

A2. 3　几种陶瓷和玻璃的热导率 k [单位:W/(m · K)]

材料	4K	10K	20K	40K	77K	100K	150K	200K	295K
Al_2O_3 烧结	0.49	5.6	24	80	157	136	93	50	—
玻璃陶瓷(Macor)	0.075	0.25	0.60	—	—	—	—	—	—
MgO(晶体)	82	1130	2770	2160	507	294	135	91	61
Pyrex 玻璃	0.10	0.12	0.15	0.25	0.45	0.58	0.78	0.92	1.1
蓝宝石(Al_2O_3,合成晶体)	230	2900	15700	12000	1100	450	150	82	47
α-SiC(单晶,垂直于 c 轴)	27	420	2000	4700	4000	3000	1500	950	510
α-SiC 晶体(平均平行和垂直 c 轴)	185	1345	545	134	43	30	18	13	9

A2.4　一些材料低温下的热导积分 $\int_4^T k(T)\,\mathrm{d}T$

$$\dot{q}_{\mathrm{cond}} = \frac{A}{L}\int_{T_1}^{T_2} k(T)\,\mathrm{d}T = \frac{A}{L}\left[\int_{4K}^{T_2} k(T)\,\mathrm{d}T - \int_{4K}^{T_1} k(T)\,\mathrm{d}T\right]$$

T/K	Cu		Cu 合金		Al			不锈钢	康铜	玻璃	聚合物		
	韧铜	脱氧磷 Cu	Be/Cu 98Cu2Be	Ag 60Cu25 Zn15Ni	Al (2N)	Mn/Al 98.5Al 1.2Mn	Mg/Al 96Al 3.5Mg	303,304, 316,347 的平均		耐热玻璃,石英,硅酸硼	聚四氟乙烯	有机玻璃	尼龙
6	0.80	0.018	0.0047	0.00196	0.138	0.0275	0.0103	0.00063	0.0024	0.211	0.113	0.118	0.0321
8	1.91	0.044	0.0113	0.00524	0.342	0.0670	0.025	0.00159	0.0066	0.443	0.262	0.238	0.0807
10	3.32	0.079	0.0189	0.010	0.607	0.117	0.0443	0.00293	0.0128	0.681	0.44	0.359	0.148
15	8.02	0.208	0.0499	0.030	1.52	0.290	0.112	0.00816	0.0375	1.31	0.985	0.669	0.410
20	14.0	0.395	0.0954	0.0613	2.76	0.534	0.210	0.0163	0.0753	2.00	1.64	1.01	0.823
25	20.8	0.635	0.155	0.102	4.24	0.850	0.338	0.0277	0.124	2.79	2.39	1.44	1.39
30	27.8	0.925	0.229	0.153	5.92	1.23	0.490	0.0424	0.181	3.68	3.23	1.96	2.08
35	34.5	1.26	0.316	0.211	7.73	1.67	0.668	0.0607	0.244	4.71	4.13	2.59	2.90
40	40.6	1.64	0.415	0.275	9.62	2.17	0.770	0.0824	0.312	5.86	5.08	3.30	3.85
50	50.8	2.53	0.650	0.415	13.4	3.30	1.24	0.135	0.457	8.46	7.16	4.95	6.04
60	58.7	3.55	0.930	0.568	17.0	4.55	1.79	0.198	0.612	11.5	9.36	6.83	8.59
70	65.1	4.68	1.25	0.728	20.2	5.89	2.42	0.270	0.775	15.1	11.6	8.85	11.3
76	68.6	5.39	1.46	0.826	22.0	6.72	2.82	0.317	0.875	17.5	13.0	10.1	13.1
80	70.7	5.89	1.60	0.893	23.2	7.28	3.09	0.349	0.943	19.4	13.9	11.0	14.2
90	75.6	7.20	1.99	1.060	25.8	8.71	3.82	0.436	1.11	24.0	16.3	13.2	17.3
100	80.2	8.58	2.40	1.23	28.8	10.2	4.59	0.528	1.28	29.2	18.7	15.5	20.4
120	89.1	11.5	3.30	1.57	33.0	13.2	6.27	0.726	1.62	40.8	23.7	20.0	26.9
140	97.6	14.6	4.32	1.92	37.6	16.2	8.11	0.939	1.97	54.2	28.7	24.7	33.6
160	106	18.0	5.44	2.29	42.0	19.4	10.1	1.17	2.32	69.4	33.8	29.4	40.5
180	114	21.5	6.64	2.66	46.4	22.5	12.2	1.41	2.69	85.8	39.0	34.2	47.5
200	122	25.3	7.91	3.06	50.8	25.7	14.4	1.66	3.06	103.0	44.2	39.0	54.5
250	142	35.3	11.3	4.15	61.8	33.7	20.5	2.34	4.06	150.0	57.2	51.0	72.0
300	162	46.1	15.0	5.32	72.8	41.7	27.1	3.06	5.16	199.0	70.2	63.0	89.5

A2.5　一些材料低温下的比定容热容 c_v［单位：$J/(kg \cdot K)$］

<table>
<thead>
<tr><th colspan="2">材料</th><th>4K</th><th>10K</th><th>20K</th><th>30K</th><th>50K</th><th>77K</th><th>100K</th><th>150K</th><th>200K</th><th>300K</th></tr>
</thead>
<tbody>
<tr><td rowspan="9">金属</td><td>Al</td><td>0.26</td><td>1.40</td><td>8.9</td><td>32</td><td>142</td><td>336</td><td>481</td><td>684</td><td>797</td><td>902</td></tr>
<tr><td>Cu</td><td>0.09</td><td>0.88</td><td>7.0</td><td>27</td><td>97</td><td>192</td><td>252</td><td>323</td><td>356</td><td>386</td></tr>
<tr><td>Fe</td><td>0.38</td><td>1.24</td><td>4.5</td><td>12</td><td>55</td><td>144</td><td>216</td><td>323</td><td>384</td><td>447</td></tr>
<tr><td>In</td><td>0.95</td><td>15.5</td><td>61</td><td>108</td><td>162</td><td>191</td><td>203</td><td>219</td><td>225</td><td>233</td></tr>
<tr><td>Nb</td><td>0.40</td><td>2.20</td><td>11.3</td><td>35</td><td>99</td><td>167</td><td>202</td><td>239</td><td>254</td><td>268</td></tr>
<tr><td>Ni</td><td>0.50</td><td>0.162</td><td>5.8</td><td>17</td><td>68</td><td>163</td><td>232</td><td>328</td><td>383</td><td>445</td></tr>
<tr><td>Si</td><td>0.017</td><td>0.28</td><td>3.4</td><td>17</td><td>79</td><td>177</td><td>259</td><td>425</td><td>556</td><td>714</td></tr>
<tr><td>Ti</td><td>0.32</td><td>1.26</td><td>7.0</td><td>25</td><td>99</td><td>218</td><td>300</td><td>407</td><td>465</td><td>522</td></tr>
<tr><td>W</td><td>0.04</td><td>0.23</td><td>1.9</td><td>8</td><td>33</td><td>68</td><td>89</td><td>114</td><td>125</td><td>136</td></tr>
<tr><td rowspan="8">合金</td><td>Al 2024</td><td>—</td><td>—</td><td>—</td><td>—</td><td>—</td><td>478</td><td>534</td><td>639</td><td>736</td><td>855</td></tr>
<tr><td>Al-6061-T6</td><td>0.29</td><td>1.57</td><td>8.9</td><td>33</td><td>149</td><td>348</td><td>492</td><td>713</td><td>835</td><td>954</td></tr>
<tr><td>黄铜[1)</td><td>0.15</td><td>—</td><td>11</td><td>41</td><td>118</td><td>216</td><td>270</td><td>330</td><td>360</td><td>377</td></tr>
<tr><td>铜镍合金[2)</td><td>0.49</td><td>1.69</td><td>6.8</td><td>22</td><td>83</td><td>175</td><td>238</td><td>322</td><td>362</td><td>410</td></tr>
<tr><td>铬镍铁合金[3) Inconel</td><td>—</td><td>—</td><td>—</td><td>—</td><td>—</td><td>275</td><td>291</td><td>334</td><td>369</td><td>427</td></tr>
<tr><td>不锈钢 304L</td><td>1.7</td><td>4.7</td><td>16</td><td></td><td></td><td></td><td></td><td></td><td></td><td></td></tr>
<tr><td>不锈钢 310L</td><td>2</td><td>5.2</td><td>17</td><td>10</td><td>100</td><td>200</td><td>250</td><td>350</td><td>400</td><td>480</td></tr>
<tr><td>Ti-Al 合金[4)</td><td>—</td><td>—</td><td>—</td><td>—</td><td>7</td><td>98</td><td>217</td><td>300</td><td>410</td><td>477</td><td>529</td></tr>
<tr><td rowspan="9">聚合物及复合物</td><td>环氧树脂(2850FT)</td><td>0.5</td><td>6.3</td><td>22.6</td><td>42</td><td>83</td><td>154</td><td>240</td><td>—</td><td>—</td><td>—</td></tr>
<tr><td>环氧树脂(CY221)</td><td>—</td><td>22</td><td>85</td><td>170</td><td>270</td><td>400</td><td>480</td><td>—</td><td>1000</td><td>1300</td></tr>
<tr><td>G-10CR 玻璃/树脂</td><td>2</td><td>15.4</td><td>47</td><td>81</td><td>149</td><td>239</td><td>317</td><td>489</td><td>664</td><td>999</td></tr>
<tr><td>玻璃/树脂</td><td>0.64</td><td>6.7</td><td>28</td><td>50</td><td>94</td><td>169</td><td>262</td><td>560</td><td>960</td><td>1940</td></tr>
<tr><td>树脂玻璃(PMMA)</td><td>—</td><td>17</td><td>80</td><td>147</td><td>280</td><td>420</td><td>550</td><td>—</td><td>920</td><td>—</td></tr>
<tr><td>聚酰胺(Nylon)</td><td>1.6</td><td>20</td><td>100</td><td>200</td><td>380</td><td>574</td><td>717</td><td>984</td><td>1210</td><td>1620</td></tr>
<tr><td>聚酰亚胺</td><td>0.79</td><td>11.7</td><td>57.9</td><td>116</td><td>224</td><td>338</td><td>414</td><td>537</td><td>627</td><td>755</td></tr>
<tr><td>聚四氟乙烯</td><td>—</td><td>26</td><td>79</td><td>126</td><td>210</td><td>310</td><td>392</td><td>550</td><td>677</td><td>870</td></tr>
<tr><td rowspan="7">陶瓷和非金属</td><td>AlN</td><td>—</td><td>—</td><td>—</td><td>—</td><td>—</td><td>74</td><td>139</td><td>305</td><td>471</td><td>739</td></tr>
<tr><td>阿皮松 N</td><td>2.03</td><td>24.3</td><td>92.5</td><td>172</td><td>332</td><td>522</td><td>657</td><td>913</td><td>1201</td><td>—</td></tr>
<tr><td>碳 C(金刚石)</td><td>—</td><td>0.02</td><td>0.1</td><td>1.0</td><td>2</td><td>8</td><td>20</td><td>84</td><td>195</td><td>518</td></tr>
<tr><td>冰</td><td>0.98</td><td>15.2</td><td>114</td><td>229</td><td>440</td><td>689</td><td>882</td><td>1230</td><td>1570</td><td>—</td></tr>
<tr><td>MgO</td><td>—</td><td>—</td><td>2.2</td><td>6</td><td>24</td><td>101</td><td>208</td><td>465</td><td>680</td><td>940</td></tr>
<tr><td>Pyres(耐热玻璃)</td><td>0.2</td><td>4.2</td><td>—</td><td>—</td><td>—</td><td>—</td><td>—</td><td>—</td><td>—</td><td>—</td></tr>
</tbody>
</table>

续表

材料		4K	10K	20K	30K	50K	77K	100K	150K	200K	300K
陶瓷和非金属	蓝宝石（Al$_2$O$_3$）	—	0.09	0.7	3	15	60	126	314	502	779
	SiC	—	—	—	—	—	52	107	253	405	676
	Si 玻璃（SiO$_2$），石英，晶体 SiO$_2$	—	0.70	11.3	35	97	185	261	413	543	745
	SrTiO$_3$	—	—	—	—	—	181	246	358	439	536
	ZrO$_2$	—	—	—	—	—	100	153	261	347	456

1) 65wt%Cu-35wt%Zn；

2) 60wt%Cu-40wt%Ni；

3) 77wt%Ni-15wt%Cr-7wt%Fe；

4) Ti-6wt%Al-4wt%V。

A2.6 不锈钢管导热量

外径/inch	壁厚	截面积	导热沿 10cm 长管，一端温度 4K，另一端	
	/mm	/cm^2	77K	300K
1/8	0.10	0.0098	3.1mW	30mW
3/16	0.10	0.0149	4.7	45
1/4	0.10	0.020	6.3	61
3/8	0.10	0.045	14	137
1/2	0.10	0.060	19	184
5/8	0.15	0.075	24	230
3/4	0.15	0.091	29	277
1	0.15	0.121	38	370
1+1/4	0.25	0.251	80	770
1+1/2	0.25	0.302	96	924
2	0.38	0.604	191	1847

注：1inch＝25.4mm。

A2.7 焊料的热力学特性

焊料及组分	熔点温度 T_m/℃	密度 γ/(kg/m^3)	抗拉强度 σ/MPa	热导率 k/[W/(m·K)]@85℃
63%Sn-37%Pb	116~126	7300	11.8	34
49%Bi-18%Pb-12%Sn-21%In	85	9010	10	43
50%Bi-25%Pb-12.5%Sn-12.5%Cd	65~70	9600	—	31
50%Bi-26.7%Pb-13.3%Sn-10%Cd	70	9580	18	41
55.5%Bi-44.5%Pb	124	10440	—	44

A2.8　几种元素的电热学特性

元素	原子量	密度@298K /(kg/m³)	德拜温度@295K θ_D/K	比热容@298K C/[J/(kg·K)]	线膨胀系数@298K /(×10⁻⁵ K⁻¹)	电阻率@295K ρ/(×10⁻⁸ Ω·m)	热导率@300K k/[W/(m·K)]	磁化率 10⁻⁶ST	超导转变温度 T_c/K
Al	26.98	2700	380	904	23.1	2.67	237	20.8	1.175
Be	9.013	1850	920	1820	11.3	3.62	200	−23.1	0.026
Cd	112.41	8690	175	231	30.8	7.27	96.8	−19.0	0.517
Cu	63.55	8960	310	385	16.5	1.69	401		
Ga	69.72	5910	240	374	18	14.85	40.6	−23.2	1.083
Au	196.97	19300	185	129	14.2	2.23	317	−34.5	
Ha	178.49	13300	210	144	65.9	33.3	23	66.4	0.128
In	114.82	7310	110	233	32.1	8.75	81.6	−8.2	3.408
Ir	192.22	22500	290	131	6.4	5.07	147	36.8	0.112
Fe	55.85	7870	400	449	11.8	9.71	80.2	铁磁	
Pb	207.20	11300	88	127	28.9	20.9	35.3	−15.8	7.196
Li	6.94	534	360	3570	46	9.36	84.7	13.6	
Mg	24.30	1740	330	1024	24.8	4.43	156	11.8	
Mn	54.94	7430	410	479	21.7	144	7.82	869.7	
Hg	200.59	13534	110@220K	139	60.4	95.9	83.4	−21.4	4.154
Mo	95.94	10200	380	251	4.8	5.39	138	96.2	0.915
Ni	58.69	8900	390	445	13.4	7.01	90.7	铁磁	
Nb	92.91	8570	250	265	7.3	14.5	53.7	241.1	9.25

续表

元素	原子量	密度@298K /(kg/m³)	德拜温度@295K θ_D/K	比热容@298K C/[J/(kg·K)]	线膨胀系数@298K /(×10⁻⁵K⁻¹)	电阻率@295K ρ/(×10⁻⁸Ω·m)	热导率@300K k/[W/(m·K)]	磁化率 10⁻⁶ST	超导转变温度 T_c/K
Os	190.23	22590	400	130	5.1	9.13	87.6	16.3	0.66
Pa	106.42	12000	290	244	11.8	10.6	71.8	766.6	1.4
Pt	195.08	21500	225	133	8.8	10.6	71.6	266.7	
Re	186.21	20800	275	137	6.2	18.6	47.9	94.9	1.697
Ru	101.07	12100	450	239	6.4	7.37	117	59.4	0.49
Si	28.09	23280	700	702	2.49	>1010	125	−3.2	
Ag	107.82	10500	220	235	18.9	1.60	429	−23.8	
Ta	180.95	16400	230	140	6.3	13.2	57.5	177.5	4.47
Tl	204.38	11800	94	129	29.9	16.4	46.1	−36.4	2.38
Th	232.04	11700	140	118	11.0	15	54.0	61.4	1.38
Sn	118.71	7260	160	227	22.0	11.0	66.6	−28.9	3.722
Ti	47.88	4510	360	522	8.6	43.1	21.9	178	0.40
W	183.84	19300	315	132	4.5	5.33	174	69.9	0.0154
U	238.03	19100	160	116	13.9	25.7	27.6	411.3	0.2
V	50.94	6000	380	489	8.4	19.9	30.7	429.5	5.4
Zn	65.39	7140	240	388	30.2	5.94	116	−12.6	0.85
Zr	91.22	6520	250	278	5.7	42.4	22.7	107.5	0.61

A2.9　金属材料的热收缩率

材料	$\Delta L/L/\%$							$\alpha/(\times 10^{-6}\mathrm{K}^{-1})$
金属	4K	40K	77K	100K	150K	200K	250K	293K
Ag	0.413	0.405	0.370	0.339	0.259	0.173	0.082	18.5
Al	0.415	0.413	0.393	0.370	0.295	0.201	0.097	23.1
Au	0.324	0.313	0.281	0.256	0.195	0.129	0.061	14.1
Be	0.131	0.131	0.130	0.128	0.115	0.087	0.045	11.3
Cu	0.324	0.322	0.302	0.282	0.221	0.148	0.070	16.7
Fe	0.198	0.197	0.190	0.181	0.148	0.102	0.049	11.6
Hg	0.843	0.788	0.788	0.592	0.396	0.176	—	57.2
In	0.706	0.676	0.602	0.549	0.421	0.282	0.135	32.0
Mo	0.095	0.094	0.090	0.084	0.067	0.046	0.022	4.8
Nb	0.143	0.141	0.130	0.121	0.094	0.063	0.030	7.3
Ni	0.224	0.223	0.212	0.201	0.162	0.111	0.053	13.4
Pb	0.708	0.667	0.578	0.528	0.398	0.263	0.124	29
Ta	0.143	0.141	0.128	0.117	0.089	0.059	0.028	6.6
Sn(白)	0.447	0.433	0.389	0.356	0.272	0.183	0.086	20.5
Ti	0.151	0.150	0.143	0.134	0.107	0.073	0.035	8.3
W	0.086	0.085	0.080	0.075	0.059	0.040	0.019	4.5

A2.10　合金材料的热收缩率

材料	$\Delta L/L/\%$							$\alpha/(\times 10^{-6}\mathrm{K}^{-1})$
合金	4K	40K	77K	100K	150K	200K	250K	293K
Al-6061-T6	0.414	0.412	0.389	0.365	0.295	0.203	0.097	22.5
黄铜[1]	0.384	0.380	0.353	0.326	0.253	0.169	0.080	19.1
康铜[2]	—	0.264	0.249	0.232	0.183	0.124	0.043	13.8
铍铜[3]	0.316	0.315	0.298	0.277	0.219	0.151	0.074	18.1
Fe(9%Ni)	0.195	0.193	0.188	0.180	0.146	0.100	0.049	11.5

续表

材料	$\Delta L/L/\%$							$\alpha/(\times10^{-6}\,\mathrm{K}^{-1})$
合金	4K	40K	77K	100K	150K	200K	250K	293K
Hastelloy C	0.218	0.216	0.204	0.193	0.150	0.105	0.047	10.9
Inconel [4] 718	0.238	0.236	0.224	0.211	0.167	0.114	0.055	13.0
殷钢 Invar[5]	—	0.004	0.038	0.036	0.025	0.016	0.009	3.0
焊料[6]	0.514	0.510	0.480	0.447	0.343	0.229	0.108	23.4
不锈钢 304	0.296	0.296	0.281	0.261	0.206	0.139	0.066	15.1
不锈钢 310	—	—	—	0.237	0.187	0.127	0.061	14.5
不锈钢 316	0.297	0.296	0.279	0.259	0.201	0.136	0.065	15.2
Ti-6Al-4V	0.173	0.171	0.163	0.154	0.118	0.078	0.036	8.0

1) 65%Cu-35%Zn；

2) 50%Cu-50%Ni；

3) Cu-2%Be-0.3%Co(Be Cu)；

4) 铬镍铁合金；

5) (Fe-36%Ni)；

6) 50%Pb-50%Sn。

A2.11 聚合物材料的热收缩率

材料	$\Delta L/L/\%$							$\alpha/(\times10^{-6}\,\mathrm{K}^{-1})$
聚合物	4K	40K	77K	100K	150K	200K	250K	293K
环氧树脂	1.16	1.11	1.028	0.959	0.778	0.550	0.277	66
环氧树脂(Stycast 2850 FT)	0.44	0.43	0.40	0.38	0.32	0.225	0.12	28
三氟氯乙烯(CTFE)	1.135	1.070	0.971	0.900	0.725	0.517	0.269	67
四氟乙烯树脂(TFE)	2.14	2.06	1.941	1.85	1.600	1.24	0.750	250
树脂玻璃(PMMA)	1.22	1.16	1.059	0.99	0.820	0.59	0.305	75
聚酰胺(尼龙)	1.389	1.352	1.256	1.172	0.946	0.673	0.339	80
聚酰亚胺(Kapton)	0.44	0.44	0.43	0.41	0.36	0.29	0.16	46

A2.12　复合绝缘材料的热收缩率

材料	$\Delta L/L/\%$							$\alpha/(\times 10^{-6}\mathrm{K}^{-1})$
复合材料	4K	40K	77K	100K	150K	200K	250K	293K
G-10CR 环氧玻璃 （平行于玻璃纤维）	0.241	0.234	0.213	0.197	0.157	0.108	0.052	12.5
G-10CR 环氧玻璃（正常）	0.706	0.690	0.642	0.603	0.491	0.346	0.171	41

A2.13　陶瓷和非金属材料的热收缩率

材料	$\Delta L/L/\%$							$\alpha/(\times 10^{-6}\mathrm{K}^{-1})$
陶瓷和非金属	4K	40K	77K	100K	150K	200K	250K	293K
AlN（平行于 a 轴）	—	—	0.032	0.031	0.028	0.020	0.011	3.7
AlN（平行于 c 轴）	—	—	0.025	0.025	0.022	0.017	0.009	3.0
C（金刚石）	0.024	0.024	0.024	0.024	0.023	0.019	0.011	1.0
玻璃（pyrex）	0.055	0.057	0.054	0.050	0.040	0.027	0.013	3.0
MgO	0.139	0.139	0.137	0.133	0.114	0.083	0.042	10.2
石英（平行于光轴）	—	—	—	0.104	0.085	0.061	0.030	7.5
蓝宝石（Al_2O_3）平行于 c 轴	—	0.079	0.078	0.075	0.066	0.048	0.025	6.4
Si	0.022	0.022	0.023	0.024	0.024	0.019	0.010	2.32
α-SiC（多晶）	—	—	0.030	0.030	0.029	0.024	0.013	3.7
硅玻璃	−0.008	−0.005	−0.002	−0.0001	0.002	0.002	0.002	0.4

A2.14　奥氏不锈钢材料的热力学特性

类型	温度/K	密度 γ /(kg/m³)	杨氏模量 /GPa	剪切模量 /GPa	泊松比	断裂强度 /[MPa·m^(1/2)]	热导率 /[W/(m·K)]	热膨胀率 α /[K⁻¹×10⁻⁶]	比热容 C /[J/(kg·K)]	电阻率 ρ /(×10⁻⁸ Ω·m)	相对磁导率 μr	0.2%屈服强度 Y/MPa
AISI 304	295	7860	200	77.3	0.290	—	14.7	15.8	480	70.4	1.02	240
	77		214	83.8	0.278	—	7.9	13.0	—	51.4	—	—
	4		210	82.0	0.279	—	0.28	10.2	1.9	49.6	2.09	—
AISI 310	295	7850	191	73.0	0.305	150	11.5	15.8	480	87.3	1.003	275
	77		205	79.3	0.295	220	5.9	13.0	180	72.4	—	—
	4		207	79.9	0.292	210	0.24	10.2	2.2	68.5	1.10	—
AISI 316	295	7970	195	75.2	0.294	350	14.7	15.8	480	75.0	1.003	240
	77		209	81.6	0.283	510	7.9	13.0	190	56.6	—	—
	4		208	81.0	0.282	430	0.28	10.2	1.9	53.9	1.02	—

A2.15　Nickel 镍钢材料的热力学特性

类型	温度/K	最小工作(service)温度/K	密度 γ/(kg/m³)	杨氏模量/GPa	剪切模量/GPa	泊松比	断裂强度/(MPa·m^(1/2))	热导率/[W/(m·K)]	热膨胀率/(×10⁻⁶K⁻¹)	比热容 C/[J/(kg·K)]
3.5Ni	295	173	7860	204	79.1	0.282	190	35	11.9	450
	172			210	81.9	0.281	210	29	10.2	350
5Ni	295	102	7820	198	77.0	0.283	210	32	11.9	450
	111			208	81.2	0.277	200	20	9.4	250
	76			209	81.6	0.277	90	16	8.8	150

续表

类型	温度/K	最小工作(service)温度/K	密度 γ/(kg/m³)	杨氏模量/GPa	剪切模量/GPa	泊松比	断裂强度/(MPa·m^{1/2})	热导率/[W/(m·K)]	热膨胀率/(×10⁻⁶K⁻¹)	比热容 C/[J/(kg·K)]
9Ni	295	77	7840	195	73.8	0.286	155	28	11.9	450
	111		—	204	77.5	0.281	175	18	9.4	250
	76		—	205	77.9	0.280	170	13	8.8	150

A2.16　铝合金材料的热力学特性

类型	温度/K	密度 γ/(kg/m³)	杨氏模量/GPa	剪切模量/GPa	泊松比	0.2%屈服强度/MPa	热导率/[W/(m·K)]	热膨胀率 α/(×10⁻⁶K⁻¹)	比热容 C/[J/(kg·K)]	电阻率 ρ/(×10⁻⁸Ω·m)
1100-0	295	2750	69		0.330	<35				
22190-T6	295	2830	77.4	29.1	0.330	393	120	23	900	5.7
	77	—	85.1	32.3	0.319	—	56	18.1	340	—
	4	—	85.7	32.5	0.318	—	3	14.1	0.28	2.9
5083 退火	295	2660	71.5	26.8	0.333	145(228 半硬)	120	23	900	5.66
	77	—	80.2	30.4	0.320	—	55	18.1	340	3.32
	4	—	80.9	30.7	0.318	—	3.3	14.1	0.28	3.03
6061-T87	295	2700	70.1	26.4	0.338	275		23	900	3.94
	77	—	77.2	29.1	0.328	—		18.1	340	1.66
	4	—	77.7	29.2	0.327	—		14.1	0.28	1.38

A2.17 几种合金及聚合物的力学特性

	材料	密度 $\gamma/(\text{kg/m}^3)$	杨氏模量/GPa	屈服强度/MPa
合金	铍 Beryllium S-200F	1860	290	240
	无氧铜（退火）	8950	117	70
	Cu-2%Be(C17200-TH 04)	8230	119	1030
	铬镍铁合金 Inconel 625	8440	195/207/207*	500/720/810*
	铬镍铁合金 718	8200	200	1060
	哈氏合金 Hastelloy C-276	8900	192/209/205*	480/700/810*
	Ni（退火）	8900	60/70/91*	60/70/80*
	Ni-13%Cr	8700	111/112/119*	120/160/190*
	Ni-5%W	10400	118/128/134*	180/260/280*
	Ti 3 Al-2.5%V	4500	100	830
	Tit 6 Al-4%V（片）	4400	114	830
聚合物	G-10 玻璃钢	1.65	28	—
	聚酰亚胺	1.43	3.4	210
	聚酯薄膜	1.38	3.8	70
	尼龙	1.14	3.4	—
	聚四氟乙烯（铁氟龙）	2.2	0.3	14

* 表中单值表示室温数据，a/b/c 三值分别对应 295K/76K/4K 温度下的数值。

A2.18 常用骨架材料的热收缩

	材料	$\Delta L/L_{293K-4K}/\%$	$\Delta L/L_{293K-77K}/\%$	$\alpha_{293K}/(\times 10^{-6}\text{K}^{-1})$
金属	Nb	0.143	0.130	7.1
	Ti	0.151	0.143	8.5
	Fe	0.198	0.190	11.5
	Ni	0.224	0.212	12.5
	Cu	0.324	0.302	16.7
	Ag	0.412	0.370	18.5
	Al	0.415	0.393	22.5

续表

材料		$\Delta L/L_{293K-4K}/\%$	$\Delta L/L_{293K-77K}/\%$	$\alpha_{293K}/(\times10^{-6}K^{-1})$
合金	Fe-36Ni	~0.037	0.038	3.0
	Fe-9Ni	0.195	0.188	11.5
	Ti-6%Al-4%V	0.173	0.163	8.0
	Ti-5%Al-2.5%Sn	0.20	0.17	8.3
	Hastelloy C	0.218	0.216	10.9
	Inconel 718	0.24	0.22	13.0
	Monel，S(67Ni-30Cu)	0.25	0.24	14.5
	不锈钢 SS 304	0.29	0.28	15.1
	不锈钢 SS 304L	0.31	0.28	15.5
	不锈钢 SS 316	0.30	0.28	15.2
	Cu-2%Be(UNS C17200-TH 04)	0.31	0.30	18.1
	黄铜 70/30	0.37	0.34	17.5
	Bronze(Cu-5wt%Sn)	0.33	0.29	15.0
	Bronze(Cu-10wt%Sn)	0.38	0.35	18.2
	Bronze(Cu-13.5wt%Sn)	0.40	0.36	18.8
	Al 2024-T86	0.396	0.374	21.5
	Al 7045-T73	0.419	0.394	23.5
软焊料 50/50		0.514	0.480	25.5
绝缘材料	Pyrex	0.055	0.054	3.0
	G-11（warp）	0.21	0.19	11
	G-11(垂直)	0.62	0.55	37
	G-10CR（warp）	0.24	0.21	12.5
	G-10CR(垂直方向)	0.71	0.64	41
	Phenolic, Cotton（warp）	0.26	0.24	15
	Phenolic, Cotton（垂直）	0.73	0.64	42
	Stycast 2850 FT	0.44	0.40	28
	CTFE	1.14	0.97	67
	Epoxy 树脂	1.16	1.03	66
	Plexiglas	1.22	1.06	75
	尼龙	1.39	1.26	80
	特富龙 TFE(Teflon)	2.14	1.94	250

A2.19　几种常用金属结构材料的热导率及电阻率

材料	RRR ρ_{273K}/ρ_{4K}	k@293K /[W/(m·K)]	k@4.2K /[W/(m·K)]	ρ@273K /($\times10^{-8}\Omega$·m)	ρ@77K /($\times10^{-8}\Omega$·m)
Cu(5N)	～2000	394	～11300	1.68	0.19
Cu 无氧(4N)C10100	～150	394	～850	1.72	0.19
Cu C10200(99.95%)	～100	390	～560	1.72	0.19
(电解冷铜)ETP-Cu C11000	～100	390	～560	1.71	—
脱氧磷 Cu C12200	3—5	339	～14—24	2.03	—
黄铜 C36000	～2.5	125	～4.5	7.2	4.7
铍铜退火级 C17000-C17300	1.5—2.5	～84	(1.8—3.0)	6.4—10.7	4.2—8.5
Al(5N)	～1000	235	～3400	2.76	0.23
Al 1100 级	～14	222	～45	—	—
Al 60603 级	～7	218	～22	—	—
Al 5052 级	～1.4	138	～2.8	4.93	—

A2.20　焊料的电阻率

	材料	熔点温度 T_m/℃	ρ_{4K} /($\times10^{-8}\Omega$·m)	ρ_{77K} /($\times10^{-8}\Omega$·m)	ρ_{295K} /($\times10^{-8}\Omega$·m)
焊料	52wt%In-48wt%Sn	118	超导	—	18.8
	97wt%In-3wt%Ag	143	0.02	1.8	9.7
	90wt%In-10wt%Ag	110	0.03	1.8	9.1
	In	157	0.002	1.6	8.8
	63wt%-37wt%Pb	183	超导	3.0	15
	91wt%Sn-9wt%Zn	199	0.07	2.3	12.2
接触 Pad 材料	Ag(蒸发、等离子体溅射)	—	—	0.27	1.6
	Au (蒸发或溅射)	—	—	0.43	2.2
低温超导体基体材料	Cu	—	～0.017	～0.2	1.7
	Bronze(Cu-13wt%Sn)	—	～2	～2	—
高温超导体基体材料	Ag	—	—	0.27	1.6
	Ag(1at%Mn 扩散)	—	2.2	2.7	4.0
	Ag(2at%Mn 扩散)	—	～4.1	～4.6	～6.0

A2.21　几种焊料的超导特性

焊料/wt%	T_c/K	$H_c(1.3K)$/T	熔点温度/℃
60Sn-40Pb	7.05	0.08	182~188
50Sn-50Pb	7.75	0.20	182~216
30Sn-70Pb	7.45	0.15	182~257
95Sn-5Sb	3.75	0.036	232~240
50In-50Sn	7.45	0.64	117~125
50In-50Pb	6.35	0.48	180~209
95.7Pb-1.0Sn-1.5Ag	7.25	0.11	309

A2.22　几种金属材料与铜在室温下的电阻率的比较

材料	Al	黄铜*	康铜(铜镍合金)	锰铜	镍铬合金	磷青铜	铂(白金)	银	钨
ρ_{293K}/ρ_{Cu293}	1.579	3.62	29	28	64	7.5	6.26	0.946	3.15

　*　70%Cu-30%Zn。

A2.23　几种材料的剩余电阻率

材料	电阻率 ρ @293K $\times10^{-8}\Omega\cdot m$	电阻率 ρ @4K $\times10^{-8}\Omega\cdot m$	RRR ρ_{293K}/ρ_{4K}
Cu(电解)	1.68	~0.015	~110
无氧 Cu(99.95%)*	1.68	~0.010	~160
无氧 Cu(99.95%)**	1.71	~0.038	~45
接地铜带(6.35mm 宽)	1.74	~0.070	~25
Ag 箔	1.61	~0.019	~85
Al(99.9995%)***	2.65	~0.0005	~5000

　*　氩气中~500℃退火 1h,真空度≤10^{-4}torr(1.333×10^{-2}Pa);

　**　不退火;

　***　轧制 350℃退火 1h。

A2.24　几种纯金属材料的理想电阻率

（单位：×10⁻⁸Ω·m）

金属材料	10K	20K	50K	77K	100K	150K	200K	250K	295K
Ag(RRR＝1800)	0.0001	0.003	0.103	0.27	0.42	0.72	11.03	1.39	1.60
Al(RRR＝3500)	—	0.0007	0.047	0.22	0.44	1.01	1.59	2.28	2.68
Au(RRR＝300)	0.0006	0.012	0.049	0.19	0.34	0.70	1.05	1.38	1.69
Cu(RRR＝3400)	—	0.0010	0.049	0.19	0.34	0.70	1.05	1.38	1.69
Cu(无氧铜) RRR≅100	0.015	0.017	0.084	0.21	0.34	0.70	1.07	1.41	1.70
Cu(无氧铜) 60％冷拔	0.030	0.032	0.10	0.23	0.37	0.72	1.09	1.43	1.73
Fe(RRR＝100)	0.0015	0.007	0.135	0.57	1.24	3.14	5.3	7.55	9.8
In(RRR＝5000)	0.018	0.16	0.92	1.67	2.33	3.80	5.40	7.13	8.83
Nb(RRR＝213)	—	0.062	0.89	2.37	3.82	6.82	9.55	211.21	14.33
Ni(RRR＝310)	—	0.009	0.15	0.50	1.00	2.25	33.72	5.40	7.04
Pb(RRR＝14000)	—	0.53	2.85	4.78	6.35	9.95	13.64	17.43	20.95
Pt(RRR＝600)	0.0029	0.036	0.72	1.78	2.742	4.78	6.76	8.70	10.42
Ta(RRR＝77)	0.0032	0.051	0.95	2.34	3.55	6.13	8.6	11.0	13.1
Ti(RRR＝20)	—	0.020	1.4	4.45	7.9	16.7	25.7	34.8	43.1
W(RRR＝100)	0.0002	0.0041	0.1150	0.56	1.03	2.11	3.20	4.33	5.36

A2.25　几种合金材料的理想电阻率

（单位：×10⁻⁸Ω·m）

合金材料	10K	20K	50K	77K	100K	150K	200K	250K	295K
Al 1100-0	0.08	0.08	0.16	0.32	0.51	1.07	1.72	2.37	2.96
Al 5083-0	3.03	3.03	3.13	3.33	3.55	4.15	4.79	5.39	5.92
Al 6061-T6	1.38	1.39	1.48	1.67	1.88	2.46	3.09	3.68	4.19
Hastelloy C	123	123	123	124	—		126	—	127
Inconel 625	124	124	125	125			127	—	128
Inconel 718	108	1-8	108	109	—	—	114	134	1567
Berylco 25 （Cu-2％Be-0.3％Co）	6.92	6.92	7.04	7.25	7.46	7.96	8.48	8.98	9.43
Phosphor Bronze A	8.58	8.58	8.69	8.89	9.07	9.48	9.89	10.3	10.7
Cartridge Brass （70％Cu-30％Zn）	4.22	4.22	4.39	4.66	4.90	5.42	5.93	6.42	6.87
CuNi(67％Ni-30％Cu) （Monel）	36.4	36.5	36.6	36.7	36.9	37.4	37.9	38.3	38.5
Ti-6％Al-4％V	—	147	148	150	152	157	162	166	169
不锈钢 SS 304L	49.5	49.4	50.0	51.5	53.3	58.4	63.8	68.4	72.3
不锈钢 SS 310	68.6	68.8	70.4	72.5	74.4	78.4	82.3	85.7	88.8
不锈钢 SS 316	53.9	53.9	54.9	56.8	58.8	63.8	68.9	73.3	77.1
殷钢(Invar) （Fe74％-36％Ni）	50.3	50.5	52.1	54.5	57.0	63.3	70.0	76.5	82.3

A3 贝赛尔函数

0 阶贝赛尔函数

$$\pi I_0(x) = \int_0^\pi \exp[x\cos(t)]\mathrm{d}t \qquad (\mathrm{A3.1})$$

n 阶贝赛尔函数

$$\sqrt{\pi}\left(\frac{2}{x}\right)^n \Gamma\left(n+\frac{1}{2}\right)I_n(x) = \int_0^\pi \sin^{2n}(t)\exp[\pm x\cos(t)]\mathrm{d}t \qquad (\mathrm{A3.2})$$

贝赛尔函数递推公式

$$I_{n-1}(x) - \frac{n}{2}I_n(x) = I_n'(x) \qquad (\mathrm{A3.3})$$

A4 实用高温超导涂层导体(YBCO CC)的涡流损耗

图 A4.1 为第二代实用高温超导涂层导体(YBCO CC)的典型几何结构示意图,坐标原点在超导层中心,坐标轴方向分别在图中标出。YBCO CC 由三层构成:基(衬)底层、YBCO 超导层和金属稳定层,它们的宽度均为 $2a$,厚度分别是 d_f、d_s 和 d_c。其中基(衬)底材料一般采用 Ni 或 Ni 合金材料,具有一定铁磁性。

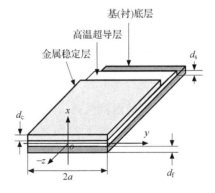

图 A4.1 具有金属稳定层的 YBCO 导体几何结构示意图

对于 YBCO 涂层导体交流损耗由三部分构成:超导层磁滞损耗 P_h、金属稳定层涡流损耗 P_e 和基(衬)底材料的铁磁损耗(也是磁滞性损耗)P_f。有关超导体在各种场形、载流情况下的交流(磁滞)损耗在 5.1 节已详细介绍,这里不再赘述。除超导体交流损耗外,这里介绍 YBCO 涂层导体涡流损耗和铁磁损耗。

1) 超导体传输交流电流情况下的涡流损耗

假定 YBCO 涂层导体传输正弦交流电流

$$I(t) = I_{\mathrm{m}} \sin \omega t \tag{A4.1}$$

式中，I_{m} 为交变电流幅值；$\omega = 2\pi f$ 是圆频率，那么 YBCO 涂层导体的在金属稳定层中产生的涡流损耗（W/m）为

$$P_{\mathrm{e}} = \frac{4\mu_0^2}{\pi^3} \frac{d_{\mathrm{c}} a \omega^2}{\rho} I_{\mathrm{c}}^2 h\left(\frac{I_{\mathrm{m}}}{I_{\mathrm{c}}}\right) \tag{A4.2}$$

式中，I_{c} 是 YBCO 涂层导体的临界电流；ρ 为稳定层电阻率；设 $x = I_{\mathrm{m}}/I_{\mathrm{c}}$，则

$$h(x) = \int_0^x \mathrm{d}x \, \sqrt{xu - u^2}\left[1 - \sqrt{1 - u^2} - \frac{u}{2}\ln\left(\frac{1-u}{1+u}\right) + \frac{1}{8}\ln\left(\frac{1+u}{1-u}\right)\right] \tag{A4.3}$$

2) 超导体处于垂直交变磁场下的涡流损耗

假定 YBCO 涂层导体处于交变磁场 B(t) 中，磁场方向沿 x 方向，即垂直于超导体宽面方向，交变磁场仍然为正弦变化

$$B(t) = B_{\mathrm{m}} \sin \omega t \tag{A4.4}$$

其中，B_{m} 为交变磁场幅值，$\omega = 2\pi f$ 是圆频率，那么 YBCO 涂层导体的在金属稳定层中产生的涡流损耗（W/m）为

$$P_{\mathrm{e}} = \frac{8\mu_0}{3\pi} \frac{d_{\mathrm{c}} a \omega^2}{\rho} H_{\mathrm{m}}^2 h\left(\frac{H_{\mathrm{m}}}{H_{\mathrm{f}}}\right) \tag{A4.5}$$

式中，$B_{\mathrm{m}} = \mu_0 H_{\mathrm{m}}$，$H_{\mathrm{f}} = J_{\mathrm{c}} d_{\mathrm{s}}/\pi$ 是 YBCO 涂层导体的特征磁场 $J_{\mathrm{c}} = I_{\mathrm{c}}/(2ad_{\mathrm{s}})$ 是超导层临界电流密度；设 $x = H_{\mathrm{m}}/H_{\mathrm{f}}$，则

$$h(x) = \int_0^x \mathrm{d}x \, \sqrt{xu - u^2}\left(1 - \frac{3}{\cosh^2 u} + \frac{2}{\cosh^3 u}\right) \tag{A4.6}$$

3) 超导体处于平行交变磁场下的涡流损耗

对于涂层超导体处于平行交变磁场下的涡流损耗，即磁场沿 y 方向，与式（A4.5）形式基本相同，只需将式 A(4.5) 中的 I_{c} 和 I_{m} 作如下变换即可：

$$H_{\mathrm{ac}} = \frac{I_{\mathrm{m}}}{4a} \qquad H_{\mathrm{p}} = J_{\mathrm{c}} d_{\mathrm{s}}/2 = \frac{I_{\mathrm{c}}}{4a} \tag{A4.7}$$

那么单位长度涡流损耗为

$$P_{\mathrm{e}} = \frac{48\mu_0^2}{\pi^3} \frac{d_{\mathrm{c}} a^3 \omega^2}{\rho} H_{\mathrm{p}}^2 h\left(\frac{H_{\mathrm{ac}}}{H_{\mathrm{p}}}\right) \tag{A4.8}$$

4) 基（衬）底材料的铁磁损耗

由于 YBCO 涂层导体材料的基（衬）底材料往往具有铁磁性，在交变磁场下，除了超导层产生的磁滞损耗以及稳定产生涡流损耗以外，衬底材料还会产生铁磁损耗，其铁磁损耗没有精确的解析表达式，但是可以以经验公式描述，单位长度的

铁磁损耗为

$$P_f = Cf\left[\coth(kB)^m - \frac{1}{(kB)^m}\right] \tag{A4.9}$$

式中，C、k 和 m 是常数，与超导体基（衬）底的几何参数和电学性能有关。例如，对于目前涂层导体的基（衬）底选取 Ni5%W，$a=1\text{cm}$，$d_f=75\mu\text{m}$；那么 $m=1.2$；如果 B 的单位选择 mT，超导体铁磁损耗为

$$P_f = 2f\left[\coth(0.28B)^{1.2} - \frac{1}{(0.28B)^{1.2}}\right] \tag{A4.10}$$

A5　非金属及不锈钢低温容器的性能

A5.1　几种非金属材料的气体渗透特性

材料	渗透常数@23℃ $K/(\text{m}^2/\text{s})$				
	N_2	O_2	H_2	He	Ar
聚乙烯	9.9×10^{-13}	3.0×10^{-12}	8.2×10^{-12}	5.7×10^{-12}	2.7×10^{-12}
PTFE(聚四氟乙烯) (Teflon)	2.5×10^{-12}	8.2×10^{-12}	2.0×10^{-11}	5.7×10^{-10}	4.8×10^{-12}
甲基丙希酸甲脂 Perspex	—	—	2.7×10^{-12}	5.7×10^{-12}	—
尼龙 31	—	—	1.3×10^{-13}	3.0×10^{-13}	—
聚苯乙烯-1	—	5.1×10^{-13}	1.3×10^{-11}	1.3×10^{-11}	—
聚苯乙烯-2	6.4×10^{-12}	2.0×10^{-11}	7.4×10^{-11}	—	—
聚苯乙烯-3	$(6\sim11)$ $\times10^{-13}$	$(2.5\sim3.4)$ $\times10^{-12}$	$(6\sim12)$ $\times10^{-12}$	$(4\sim5.7)$ $\times10^{-12}$	—
聚酯 25-V-200	—	—	4.8×10^{-13}	8.0×10^{-13}	—
CS2368B 氯丁橡胶	2.1×10^{-13}	1.5×10^{-12}	8.2×10^{-12}	7.9×10^{-12}	1.3×10^{-12}
氟橡胶	—	—	2.2×10^{-12}	8.2×10^{-12}	—
聚酰亚胺带	3.2×10^{-14}	1.1×10^{-13}	1.2×10^{-12}	2.1×10^{-12}	—

A5.2　JB/T 5905—92 规定的真空多层绝热液氮和液氧低温容器的基本参数

有效容积/L	2	3	5	10	15	30	50		100		150	
工作压力/MPa	<0.1							0.1~1.4	<0.1	0.1~1.4	<0.1	0.1~1.4
液氧日蒸发率/%	10	6.76	4.1	2.8	2.19	1.56	1.37	1.88	0.8	1.75	0.75	1.6
液氮日蒸发率/%	16	11	6.5	4.5	3.5	2.5	2.2	3.0	1.3	2.8	1.2	2.56

有效容积/L	200		300		500	1000	2000	3000	5000	10000
工作压力/MPa	<0.1	0.1~1.4	<0.1		0.1~1.4					
液氧日蒸发率/%	0.69	1.3	0.62	0.94	0.62	0.50	0.44	0.40	0.30	0.25
液氮日蒸发率/%	1.1	2.1	1.0	1.50	1.0	0.8	0.70	0.64	0.48	0.40

A5.3　几种小型不锈钢低温容器的技术性能

厂商	型号	容量/L	工作压力/Pa	贮存介质	LN_2日蒸发量/%	颈管直径/mm	外形尺寸(长×宽)/mm²	自重/满重/kg
法国空气液化公司	TC10	10	—	LN_2,LO_2,LAr	5	16	330×480	—
	TC25	25	—	同上	3	40	427×686	14
	TD26	26	—	LN_2	2	50×205	380×652	11.8/33
	TD35	35	—	LN_2	0.75	50×205	460×655	14.5/40.5
	TD50	50	9×10^4	LN_2,LO_2	2.5	25	780×117	—
	TD60	60	—	LN_2	1.25	50×205	680×850	22/70
日本冷机株式会社	DLS-50B	42	1.32×10^5 5.07×10^4	LN_2	3	—	435×855	37

厂商	型号	容量 /L	工作压力 /Pa	贮存介质	LN₂ 日蒸发量/%	颈管直径 /mm	外形尺寸(长×宽)/mm²	自重/满重 /kg
日本大阪酸素	LICON50	42	1.013×10^5	LN_2	3.5	—	465×840	44
美国 LTD 公司	SSV50	50	1.52×10^5	LN_2	2.5	—	460×760	25
日本大阪酸素	LICON100	84	1.013×10^5	LN_2	1.8	—	500×1220	77
日本冷机株式会社	DLS-1208	100	1.013×10^5 5.07×10^4	LN_2	1.7	—	505×1210	61
美国 LTD 公司	SSV75	75	1.52×10^5	LN_2	2	—	460×990	40
美国 LTD 公司	SSV100	100	1.52×10^5	LN_2	1.75	—	460×1245	50
法国空气液化公司	TC100	100	9×10^4 5×10^4	LN_2,LO_2,LAr	1.3	—	544×1200	40

A5.4　几种非金属低温杜瓦容器的性能

容积/L	绝热形式	外形尺寸(外径×高)/mm²	工作介质	日蒸发量/%	备注
5	真空硅胶	—	液氮	8.6	
15	真空	—	液氮	7.4	大口径、立式低温杜瓦容器
25	真空多层	0.46×0.85	液氮	2.4	
30	真空多层	0.46×0.85	液氮	1.4	
400	真空多层	0.61×1.83	液氮	2.0	